高等职业教育"十四五"规划教材
工作手册式教材

中 兽 医

刘思伽　张朝胜　主编

中国农业大学出版社
·北京·

内容简介

本教材以项目(典型工作任务)为载体,以真实的病例为依托,构建教学内容。以理法方药贯穿全书,介绍了中兽医的病证理论、诊断、辨证,中兽药以及针灸的基本内容和操作技能,突出传统经典理论(六经、温病、脏腑辨证),通过表格、思维导图、漫画等新形式展现。为让学生根据患病动物出现的各种症状进行综合分析,培养岗位能力,本教材将中兽医相关的基础知识和实践技能整合为一体。

图书在版编目(CIP)数据

中兽医 / 刘思伽,张朝胜主编. -- 北京 :中国农业大学出版社,2025. 8. -- ISBN 978-7-5655-3459-1

Ⅰ. S853

中国国家版本馆 CIP 数据核字第 2025SA9678 号

书　　名　中 兽 医

作　　者　刘思伽　张朝胜　主编

策划编辑　康昊婷　　　　**责任编辑**　康昊婷

封面设计　郑　川　李尘工作室

出版发行　中国农业大学出版社

社　　址　北京市海淀区圆明园西路 2 号　　　　**邮政编码**　100193

电　　话　发行部 010-62733489,1190　　　　读者服务部 010-62732336

编辑部 010-62732617,2618　　　　出　版　部 010-62733440

网　　址　http://www.caupress.cn　　　　**E-mail** cbsszs@cau.edu.cn

经　　销　新华书店

印　　刷　北京溢漾印刷有限公司

版　　次　2025 年 8 月第 1 版　　2025 年 8 月第 1 次印刷

规　　格　185 mm×260 mm　　16 开本　　23.5 印张　　630 千字

定　　价　69.00 元

编审人员

主　编　刘思伽（广东科贸职业学院）
　　　　张朝胜（广东科贸职业学院）

副主编　李佳蓉（广西农业工程职业技术学院）
　　　　符世熊（安顺职业技术学院）
　　　　刘艳冬（贵州农业职业学院）
　　　　程邓芳（重庆三峡职业学院）
　　　　李慧侠（温州科技职业学院）
　　　　张　园（西安职业技术学院）

参　编　（按姓氏笔画排列）
　　　　叶春欣（广东科贸职业学院）
　　　　全　瑛（广东厚朴中西医猫科中心）
　　　　刘付国树（广东科贸职业学院）
　　　　邹振兴（湖南环境生物职业技术学院）
　　　　沈永强（广东高山动物药业有限公司）
　　　　张学艳（贵州农业职业学院）
　　　　罗蔼剑（广西职业技术学院）
　　　　郝永峰（重庆三峡职业学院）
　　　　郭晓建（福建农业职业技术学院）

审　稿　邱深本（广东科贸职业学院）

前　言

中兽医学是中华民族数千年来积累的医学智慧结晶，作为大健康和新农科的重要保障，承载着守护动物健康、保障畜牧业生产的独特使命。在当代社会，人们对绿色养殖、动物福利、生态保护和宠物健康日益重视，中兽医学凭借其“整体观念”“辨证论治”和“自然疗法”的核心思想，正在全球范围内焕发新的生命力。本教材立足于传承与创新，旨在为畜牧兽医、动物医学和宠物医疗技术等专业学生、从业者及科研人员提供一部系统、科学、实用的中兽医理论与实践指南。

编写团队认真贯彻党的二十大精神，对相关职业和岗位的工作要求进行了细致的调研和分析，并考虑了就业后的学习要求进行编写。

1. 扎根传统，弘扬文化自信

系统梳理中兽医经典理论与技术，阐释阴阳五行、脏腑经络等核心思想，挖掘古籍文献中动物疾病防治的实践经验，展现中华优秀传统文化在兽医领域的独特价值，增强学生的民族自豪感和文化认同感。

2. 科技赋能，推动学科融合

结合党的二十大“实现高水平科技自立自强”要求，融入现代兽医学、生物技术及信息技术成果，探索中草药活性成分分析、针灸机理数字化研究等前沿方向，推动传统经验与现代科学的对话，为中兽医现代化注入新动能。

3. 服务产业，助力乡村振兴

聚焦畜牧业绿色低碳转型需求，详解中兽医在生态养殖、疫病防控、抗生素减量替代中的应用方案，突出“简、便、验、廉”的实践优势，为保障食品安全、促进农民增收提供技术支持。

4. 践行生态文明，守护“同一健康”

贯彻“人与自然生命共同体”理念，强调中兽医在动物福利提升、人畜共患病防治及生态环境维护中的作用，引导学生以整体思维统筹动物健康、公共卫生与生态安全。

本教材以“传承经典、融合现代、注重实践”为原则，内容涵盖基础理论、诊断技术、中药方剂、针灸疗法及临床各科，注重理论与实践结合，穿插典型案例与实训指导。在编写过程中，我们广泛征求行业专家、一线兽医工作者意见，力求语言简明、逻辑清晰，兼顾专业性与实用性，力求在传统智慧与现代科学之间搭建桥梁。同时，编写时注重以下特色：①理论体系化，通过逻辑清晰的框架，将抽象的中兽医哲学思想转化为可理解、可操作的知识体系；②案例导向性，结合临床常见病证案例（如家畜消化系统疾病的治疗、宠物外感病的治疗），解析辨证施治的全过程；③技术可视化，通过图文结合的方式，详解针灸穴位定位、经典方剂等实操技术，辅助读者快速掌握技能。

本教材的编写汇聚了十多位中兽医领域专家的经验智慧，并参考国内外最新研究成果。特别感谢广东温氏食品集团股份有限公司、广州立德宠物医院提供的支持。我们期待本教材能成为读者探索中兽医之道的启明灯，也衷心希望更多同仁投身于这一学科的传承与发展中，共同推动传统医学与现代养殖业、宠物医疗的深度融合，为动物健康与生态可持续发展贡献力量。

由于编者水平所限，教材中难免会有诸多疏漏之处，敬请广大读者提出宝贵意见。

编 者

2025 年 2 月

目　录

中兽医

模块一 绪论

项目一
中兽医的历史

项目导读

中兽医学是我国优秀传统文化遗产中的重要组成部分，其以整体观念和辨证论治为特色，其病证防治技术是现代兽医工作者用于诊疗动物疾病的一种非常有效的手段。在历史上，中兽医学为保障动物的生命健康和繁衍，促进畜牧业的发展，以及提高人民的生活水平等方面都做出了重要贡献。随着社会进步与科技发展，现代中兽医学已经融合了许多其他自然学科，并结合了现代高新技术，在对家畜、家禽、伴侣动物、竞技动物、水产动物以及野生动物等各类动物疾病的防治、人畜共患病的控制及整个现代畜牧业的稳定发展方面发挥着越来越重要的作用。

项目目标

知识目标

1. 掌握中兽医的概念。
2. 理解中兽医体系形成过程。

技能目标

1. 具有中兽医的基础思维方式的能力。
2. 具有讲解推广中兽医的概念和意义的能力。
3. 具备与动物主人良好沟通交流的能力。

素质目标

1. 具备良好的职业道德和职业责任感。
2. 具备吃苦耐劳、乐于钻研、爱岗敬业的工作态度。
3. 了解中兽医体系形成过程，增强爱国意识和爱国情怀。
4. 了解中兽医的作用，增强民族自豪感和中国传统文化自信心。

一、中兽医学的概念

中兽医学是中国传统兽医学的简称，专门研究中国传统兽医理、法、方、药及针灸技术，以防治动物（家畜、家禽、伴侣动物、水产动物、竞技动物以及野生动物）病证和动物保健为主要内容的一门综合性应用学科。

中兽医学具有非常悠久的历史，起源于中国古代，是我国历代劳动人民同动物疾病作斗争的经验总结和理论升华。经过数千年的临床实践和继承发展，中兽医学逐渐形成以阴阳五行学说为指导思想，以辨证论治和整体观念为特点的理论体系与以四诊、辨证、方药及针灸为主要手段的诊疗方法。中兽医学的主要内容包括基础理论、诊法、中药、方剂、针灸和病证防治等部分，其自成体系，相对于现代兽医学，具有其独特的理论体系和诊疗手段（表 1-1）。

表 1-1 中兽医学与现代兽医学的比较

项目	形成背景	指导思想	诊断方法	疾病认识	治疾手段
西兽医	实验验证	现代医学	现代综合	辨病微观	西药、手术、理化
中兽医	实践经验	古代哲学	四诊	辨证宏观	中药、针灸、按摩

二、中兽医学发展简史

中兽医学起源于原始社会，即人类开始驯化野生动物为家畜的时期。人们把火、石器、骨器等，用于战胜家畜疾病，出现了温热疗法、针砭术和外治法等。考古学发现，在新石器时代的河南仰韶遗址（公元前 5000—公元前 3000 年）中，发掘出猪、马、牛等家畜的骨骼，以及石刀、骨针和陶器等，在陕西半坡遗址（公元前 4800—公元前 4300 年）和姜寨遗址（公元前 4600—公元前 4400 年）中，不但发掘出猪、羊、犬、鸡的骨骼残骸及石刀、骨针、陶器等生活和医疗用具，而且还有用细木围成的圈栏遗迹。在内蒙古多伦县头道洼新石器遗址中出土的砭石，经鉴定具有切割脓疡和针刺两种作用。这些考古发现说明，在新石器时代的仰韶文化时期，不但家畜的饲养已经普及，而且人类为了保护所饲养的动物，已开始把火、石器、骨器等战胜自然的工具用于防治动物疾病。对药物的认识，同样也源于人类的生产劳动和生活实践。原始人集体出猎，共同采集食物，必然发生过因食用某种植物而使所患疾病得以治愈，或因误食某种植物而中毒的事例。经过无数次尝试，人们对某些植物的治疗作用和毒性有了认识，获得了原始的药理学和毒理学知识。如《淮南子·修务训》中有“神农尝百草之滋味一日而遇七十毒”的记载，便生动地说明了药物的起源情况。

奴隶社会时期（公元前 21 世纪—公元前 476 年），我国兽医学有了初步发展，如商时期（公元前 16 世纪至公元前 11 世纪）的甲骨文记载有猪圈、牛棚、羊栏、马厩及人畜通用的病名和药名，如胃肠病、体内寄生虫、齿病、药酒等，还有青铜刀、青铜针，并开始应用阉割术。在殷周之际，产生了带有朴素性质的阴阳及五行学说，后成为中兽医学的推理工具。《周礼》记载，约公元前 11 世纪，已设有专职兽医，诊治“兽病”及“兽疡”，并已采用灌药、手术及护养等综合措施治疗家畜疾病。在春秋（公元前 770—公元前 476 年）或以前还记载有人畜通用药物 100 多种，以及严重危害家畜的疾病，如狂犬病、疥癣及猪囊虫（米猪）等。

封建社会前期（公元前 475—公元 265 年），是中兽医学进一步奠定基础的阶段。当时出现了《黄帝内经》（约公元前 3 世纪），总结了秦汉以前几千年的医学经验，是一部十分珍贵的医学遗产。中兽医学的基本理论就源于这本书，并一直有效地指导着临床实践。本书中还记载了以预防为主的“治未病”医学思想。秦汉时期（公元前 221—公元 220 年），中兽医学又有了进一步发展，如秦代出现的“厩苑律”是世界上最早的兽医法规，汉代出现的《神农本草经》是我国最早的一部人畜通用药学专著，是汉以前药物知识的总结，收载药物 365 种，而且对药物性味、功能有明确的认识，如“牛扁杀牛虱小虫，又疗牛病”“桐花主傅猪疮”，特别是用水银治疗皮肤病更是世界医学史籍中最早的记载。汉代名医张仲景著有《伤寒杂病论》，充实和发展了前人辨证论治的经验，一直为兽医临床所借鉴，后世医者称该书为“方书之祖”。在汉简中还记载有兽医方剂，并把药做成丸剂给马内服。依据记载，这一时期已用铁制九针，且针药并用治兽病，用革制马鞋护蹄，出现了专门的马医、牛医及畜牧兽医书《相六畜》(三十八卷)《马经》《牛经》等。东汉名医华佗发明了中药全身麻醉的“麻沸散”，推动了外科手术的发展。

封建社会中期(265—1368 年)，中兽医学形成了完整的学术体系，并继续向前发展，在魏晋南北朝时，晋人葛洪(281—341 年)所著《肘后备急方》中炼丹术的记载成为制药化学的开端，比欧洲早 500～600 年，其中还有“治牛马六畜水谷疫疠诸病方”，应用灸法和“谷道入手”的诊疗技术、黄丹治脊疮等十几种病的治疗方法，以及应用类似狂犬病疫苗，防治狂犬病；并指出疥癣里有虫。北魏贾思勰所著《齐民要术》第六卷是畜牧兽医专卷，有治疗畜病方剂 40 多种，对群发病提出了早期隔离的方法，用以控制疾病的发展。隋唐时期(581—907 年)，兽医学分科已较细致，病证诊治、方药、针灸均有了专著如《疗马方》《伯乐治马杂病经》等，并已经开始兽医教育，在当时的太仆寺中就有“兽医六百人，兽医博士四人，学生一百人”。9 世纪初，日本派留学生来我国学习兽医，唐人李石著的《司牧安骥集》是我国最早的教科书，也是较完整的一部中兽医古籍，对其理论和技术有较系统的论述。在西藏和新疆出现《医马论》《医牛方》等，唐高宗时所颁的《新修本草》被认为是世界上最早的一部人畜通用药典。孙思邈著《备急千金要方》和《千金翼方》，对我国医药学，特别是方剂学的发展做出重要贡献，被后人称为“药王”。宋元时期(960—1368 年)，中兽医学有了进一步的发展与充实，病浅者送上监，病重者送下监，是中国兽医院的开端。还有尸体剖检机构“皮剥所”，以及兽医专用药房“药蜜库”。该时期，出版了许多兽医专著，如《伯乐针经》《医驼方》《马经》《疗驼经》《安骥方》《重集医马方》等，这些专著促进了兽医技术的发展。《使辽录》记载，11 世纪时，我国少数民族已用醇作麻醉剂；北宋末期出现著名兽医师常顺；元代出现著名兽医师卞宝(卞管勾)，著有《痊骥通玄论》，对脏腑病理及一些多发病进行了总结性论述，并提出了“胃气不和，则生百病”的脾胃发病学说。封建社会后期(1368—1840 年)，中兽医学得到进一步总结和发展。明代著名的兽医师喻本元、喻本亨所著的《元亨疗马集》，内容丰富，是国内外流传最广的一部中兽医代表作。李时珍“岁历三十稔，书考八百余家”，编著了举世闻名的《本草纲目》，收载药物 1 897 种，方剂 11 096 首，附图 1 160 幅，内容极为丰富，为人畜通用，刊行后不久，即传往国外，对世界医药的发展做出了杰出的贡献，被公认为世界伟大科学家之一。但鸦片战争前的清代，中兽医学发展缓慢，李玉书于 1736 年对《元亨疗马集》进行改编，增加了部分内容，将“三十六论”并作“二十八论”，现代流行的多是该版本。郭怀西编撰《注释马牛驼经大全集》，此后仅有部分著作如《抱犊集》《串雅兽医方》《养耕集》等湮没于民间。

鸦片战争以后(1840—1949 年)，我国沦为半殖民地半封建社会，中兽医学被认为是“医方小道”，广大民间兽医师遭到压迫，以致“无人学兽医者久矣”(《猪经大全序》)。这一阶段的中兽医书籍主要有《抱犊集》(佚名，1850 年)、《牛马捷经歌》(李春松，1861 年)、《活兽慈舟》(李南晖，1873 年)、《牛经切要》(佚名氏，1886 年)、《猪经大全》(佚名氏，1891 年)、《牛经备要医方》(沈莲舫，1924 年)等；流传的抄本主要有《畜宝》(佚名，1990 年)、《驹儿编全卷》(佚名，1909 年)、《治骡马良方》(1933 年)等。《活兽慈舟》侧重黄牛、水牛同证异治，《畜宝》重点收集猪、牛、犬、猫相法，《猪经大全》据考是四川人的作品。1904 年，北洋政府在保定建立了北洋马医学堂，从此西方现代兽医学开始有系统地在中国传播，使得中国出现了两种不同学术体系的兽医学，因而有了中、西兽医学之分，当时国内的反动统治阶级对中医和中兽医学采取了摧残及扼杀政策，于 1929 年悍然通过了“废止旧医案”，立即遭到了广大人民群众的强烈反对。在此情况下，民间兽医师遭受歧视和压迫，严重地阻碍了中兽医学的发展，但这一时期仍出现了《驹儿编全卷》(1909 年)、《治骡马良方》(1933 年)以及《兽医实验国药新手册》(1940 年)等书籍。

中华人民共和国成立后，中兽医学进入蓬勃发展的新阶段。初期，人民政府及时发出了“保护畜牧业，防止兽疫”的指示，并重视发挥民间兽医的作用。1956 年 1 月，国务院颁布了《关于加强民间兽医工作的指示》，对中兽医提出了“团结、使用、教育和提高”的政策。1956 年 9 月在北京召开了第一届“全国民间兽医座谈会”，提出了“使中西兽医紧密结合，把我国兽医学术推向一个新的阶段”的战略目标。1958 年，毛泽东同志作出“中国医药学是一个伟大的宝库，应当努力发掘，加以提高”的指示，进一步明确了中兽医学的发展方向。

项目二
中兽医理论体系的基本特点

项目导读

中兽医学的形成过程受我国古代朴素的唯物论和自发的辨证法的指导和影响，在长期的临床实践中，逐步形成了以整体观念和辨证论治为特色的学术体系。中兽医学中的整体观念就是把动物体作为一个以脏腑经络为核心的有机整体，将机体和自然界一切事物都看成是阴阳对立统一的两个方面，认为疾病的发生是阴阳失调、邪正斗争的过程，强调机体的内因作用，故有“正气存内，邪不可干，邪之所凑，其气必虚”（《素问·刺法论》《素问·评热病论》）。治病就是调整阴阳，扶正祛邪，而辨证论治观念体现三个方面：在诊断上，形成了以“四诊”为方法，以“八纲”为辨证纲领，以“脏腑辨证、六经辨证、卫气营血辨证”为基础进行临床辨证的理论。在疾病上，重视预防，主张“未病先防”。在具体治疗上，强调“辨证求因”“审因论治”“治病求本”，并提出“标本缓急”“虚实补泻”等一系列治则。

项目目标

知识目标

1. 掌握中兽医的基本特点。
2. 理解中兽医的独特理论体系。

技能目标

1. 具有中兽医的辨证思维方式的能力。
2. 具有讲解推广中兽医的基本特点的能力。
3. 具备与动物主人良好沟通交流的能力。

素质目标

1. 具有继承和发扬中兽医学的事业心和责任感。
2. 具备吃苦耐劳、乐于钻研、爱岗敬业的工作态度。
3. 了解中兽医体系形成过程，增强爱国意识和爱国情怀。
4. 了解中兽医的作用，增强民族自豪感和中国传统文化自信心。

任务一　整体观念

案例导入

犬，3 月龄，咳嗽，流透明鼻涕，发热，精神萎靡，食欲不振，舌苍白，脉浮迟，兽医师通过问诊了解到南方夏天炎热，给犬一直开空调，并对着出风口。

请思考：

1. 在中兽医的诊断过程中，为什么要问动物所处的环境气候呢？
2. 在中兽医的诊断过程中，整体观念包括哪些方面？
3. 为什么古人说“揣其外而知其内”？
4. 采用的治疗方案是什么？

任务准备

整体观念就是统一性、完整性和联系性的思想。中兽医学非常重视动物体本身的统一性、完整性及其与自然界的相互关系。它认为动物体是一个有机整体，构成动物体的各个组成部分结构上不可分割，在功能上相互协调、相互作用，在病理上相互影响。同时，也认识到动物体与自然界有着密切的关系，动物生活在自然环境中，它与外界环境之间息息相关。自然界为动物的生命活动提供了基本的物质基础和空间，成为动物正常生存的条件，但也可成为动物疾病发生的外部因素，动物在能主动地适应自然和影响自然的过程中，维持着机体的正常生命活动，即动物体与自然环境构成一个有机整体。这种机体自身整体性，内外环境统一性的思想，称为整体观念。因此，中兽医学的整体观念实际上是指动物体本身的整体性和动物体与自然环境的相关性两个方面，它贯穿于中兽医学理法方药的各个方面。

一、动物体本身的整体性

中兽医学认为，动物体是以心、肝、脾、肺、肾五个生理系统为中心，通过经络使各组织器官紧密相连而形成的一个完整统一的有机体。五脏与六腑互为表里，与九窍各有所属，各脏腑组织器官之间相互依赖、相互联系，以维持机体内部的平衡和正常的生命活动。中兽医认识疾病，首先着眼于整体，重视整体与局部之间的关系。一方面，机体某一部分的病变可影响其他部分，甚至引起整体性的病理改变，如脾气虚原是一脏的病变，但迁延日久，则会因机体生化乏源而引起肺气虚、心气虚，甚至全身虚弱；另一方面，整体的状况又可影响局部的病理过程，如全身虚弱的动物，其创伤愈合较慢等。总之，疾病是整体患病，局部病变是整体患病的局部表现。

中兽医诊察疾病往往从整体出发，通过观察机体外在的各种临床表现，去分析研究内在的全身或局部的病理变化，即“察其外而知其内”。动物体是一个有机整体，无论是整体还是局部的病变，都必然会在机体的形体、窍液及色脉等方面有所反映。以察口色为例，观察口舌局部的变化，但通过对口色的观察，分析机体内部脏腑的虚实、气血的盛衰、津液的盈亏、病邪的轻重、疾病的进退等。

中兽医治疗疾病也从整体出发，既注意脏腑之间的联系，又注意脏腑与形体、窍液的联系。如见口舌糜烂，当知心开窍于舌，便认为此即心火亢盛的表现，应以清心泻火的方法治疗。此外，

"表里同治",或"从五官治五脏",以及"见肝之病,当先实脾"等,都是从整体观念出发,确定治疗原则和治疗方法的具体体现。

二、动物体与自然环境的相关性

中兽医学认为,动物体与自然环境之间是相互对立而又统一的。动物不能离开自然界而生存,自然环境的变化可以直接或间接地影响动物体的生理功能。当动物能够通过调节自身的功能活动以适应所处环境的变化时,便不致引起疾病,否则就会导致病理过程。例如,一年四季的气候变化是春温、夏热、秋凉、冬寒,动物可以通过气血进行调节适应。春夏阳气发泄,气血趋于表,则皮肤松弛,疏泄多汗;秋冬阳气收藏,气血趋于里,则皮肤致密,少汗多尿。同样,随四时的不同,动物的口色有"春如桃花夏似血,秋如莲花冬似雪"的变化,脉象有"春弦、夏洪、秋毛、冬石"的改变,这都属于生理调节的范围。但当气候异常或动物调节适应机能失调导致机体与外界环境之间失去平衡时,则可引起与季节性环境变化相关的疾病,如风寒、风热、中暑等。

动物体与自然环境相关,因此在治疗动物疾病时,就要考虑自然环境对动物体的影响。古人在总结自然界变化对机体影响规律的基础上,提出了一些有关疾病防治的措施。例如,脾肾阳虚性咳喘,往往夏季减轻,秋冬加重,常用"温补脾肾"之剂调养,并着重在阳气最旺的夏季来调养预防,此谓"春夏养阳";而阴虚肝旺的动物,春季易使病发作,故在阴盛的冬季给予滋补,以预防春季发病,此谓"秋冬养阴"。此外,"因时、因地、因畜制宜"的治疗原则,也是整体观念在中兽医治疗中的体现。

总之,中兽医学中的整体观念,对于动物疾病的防治有着极为重要的指导意义。在临床实践中,一定要从整体观念出发,既要考虑动物体本身的整体性,又要注意动物体和外界环境的相关性。只有这样,才能对疾病做出正确的诊断,采取有效的防治措施。

任务实施

(一)布置任务

根据所学知识,针对以上提供的病例资料,按要求分别完成以下任务。

(1)初步诊断:________________

(2)诊断依据:________________

(二)工作评价

根据以上任务的完成情况,分别对初步诊断、诊断依据等两项任务给予评价和点评。

工作评价			
评价内容	评价结果		
	正确	基本正确	错误
初步诊断			
诊断依据			
学生反思			
教师点评			

任务二 辨证论治

案例导入

周末，叶老师和学生助理接诊一只无精打采的成年威尔士柯基犬。主诉：昨晚呕吐，今天发现它不想吃东西，所以带它来医院看看，接着叶老师检查了犬的毛发、眼睛、鼻子、舌头、肛门，并详细询问了症状、居住的环境、呕吐前后的气候变化等信息，再把脉。叶老师看到舌红苔厚，口气大，粪便硬，肚子大，触诊腹部结实有宿便，在诊断结果上写“食积”，再在治疗原则写“消食”，处方用“保和丸”。

请思考：

1. 在中兽医对疾病的诊治过程中，兽医师应怎么做？其具体步骤是什么？
2. 中兽医的证候代表的含义是什么？
3. 怎样理解“同病异治”和“异病同治”？

任务准备

辨证论治包括相互关联的辨证和论治两个过程。它是中兽医认识疾病、确定防治措施的基本过程。“辨证”就是把通过四诊及其他各种诊断手段所获取的病情资料，在中兽医学理论的指导下进行综合分析，以判断为某种性质的“证”的过程，即识别疾病证候的过程；“论治”是根据证的性质确定治则和治法的过程。辨证是论治的前提和依据，论治是治疗疾病的手段和方法，也是辨证的目的和结果。治疗原则和治疗措施是否恰当取决于辨证是否正确；而辨证论治的正确性又有待于临床治疗效果的检验。因此，辨证和论治是诊疗疾病过程中相互联系不可分割的两个方面，也是理法方药在临床上的具体运用。

为更好地理解“证”的概念，必须把“病”“证”“症”三者做比较。“病”，是指有特定病因、病理、发病形式、发展规律和转归的一个完整的病理过程，即疾病的全过程，如感冒、痢疾、肺炎等。“症”，即症状，是疾病的具体临床表现，如发热、咳嗽、呕吐、疲乏无力等。“证”，既不是疾病的全过程，又不是疾病的某一项临床表现，而是对疾病发展过程中不同阶段和不同类型病机的本质，包括病因（如风寒、风热、湿热等）、病位（如表、里、脏、腑等）、病性（如寒、热等）和邪正关系（如虚、实等）的概括，它既反映了疾病发展过程中该阶段病理变化的全部情况，同时也提出了治疗方向。如“脾虚泄泻”证，既指出病位在脾，正邪力量对比属虚，临床症状主要表现为泄泻，又能据此推断出致病因素为湿，从而也就指出了治疗方向为“健脾燥湿”。由此可见，“病”是机体发生病理变化的全过程，“症”专指病证的外在表现，“证”是对疾病过程不同阶段和不同类型的概括。换而言之，“证”反映的是疾病在某一特定阶段病理变化的实质，因此，在辨病基础上的辨证是中兽医认识和分析疾病的重要特点。

相对于“辨病治疗”和“对症治疗”，中兽医学的辨证论治更能抓住疾病发展不同阶段的本质，既能看到同一种疾病可以包括不同的证，又可看到不同的病在发展过程中可以出现相同的证，因而采取“同病异治”或“异病同治”的治疗措施。如同为外感表证，若属外感风寒，则治宜辛温解表，方用麻黄汤类；若属外感风热，则治宜辛凉解表，方用银翘散类，此谓“同病异治”；而虽然脱肛、子宫下垂、虚寒泄泻等病的性质不同，但当其均以中气下陷为主证时，都可以用补中益气之剂进行治疗，谓之“异病同治”。

任务实施

(一)布置任务

根据所学知识，针对以上提供的病例资料，按要求分别完成以下任务。

(1)诊断步骤：____________________

(2)证候：____________________

(3)治疗原则：____________________

(4)治疗处方：

Rp：   兽医师：

(二)工作评价

根据以上任务的完成情况，分别对诊断步骤、证候、治疗原则和治疗处方等 4 项任务给予评价和点评。

工作评价			
评价内容	评价结果		
	正确	基本正确	错误
诊断步骤			
证　　候			
治疗原则			
治疗处方			
学生反思			
教师点评			

项目三
中兽医常用的思维方式

项目导读

中兽医是中国传统文化的重要组成部分，植根于中国传统文化，在其发生发展过程中时刻受中国传统思想文化的影响。中兽医思维方法更是受中国传统思维方式的影响，并在中兽医学理论体系的形成与临床应用中，进一步发展和凸显了中国传统思维方法的特点，最终形成中兽医学别具一格、独具特色的诊断、用药、治疗理论体系和临床技能。

中兽医哲学思维是在中华民族对宇宙自然和生命现象的认知过程中逐渐发展形成的。中华民族的生存环境、经济特征、先民对世界的认知与理解，以及逐步发展和成熟的汉字、古代象数思维与比兴思维的演进等，均促成了中兽医哲学思维的形成。在中国传统哲学思想的深刻影响下，在长期的医疗实践中，中兽医学形成了独特的思维方式。中兽医思维不仅是中国传统哲学思维方式的集中体现，也是对中国传统思维方式的继承与提高。中兽医哲学思维方法，从工具、媒介、特点、目的等不同的角度，可分为象思维、中和思维、变易思维等。其中，象思维是中兽医思维的主要工具和媒介；中和思维是中兽医思维的最终目的；变易思维反映中兽医思维的动态过程。中兽医哲学思维方法实际上就是一种思维方法，之所以分出几种思维方式，是因为从不同角度、不同层面分析的结果。这些思维方法之间，在表述上虽然彼此相对独立，但在实际运用中相互联系、相互为用、相互交融，共同体现于中兽医学理论体系与临床实践之中。

项目目标

知识目标

1. 掌握象思维、变易思维和中和思维的概念。
2. 理解象思维、变易思维和中和思维方式的临床运用。

技能目标

1. 具有运用象思维方式的能力。
2. 具有运用变易思维方式的能力。
3. 具有运用中和思维方式的能力。

素质目标

1. 具备良好的职业道德和职业责任感。
2. 具备吃苦耐劳、乐于钻研、爱岗敬业的工作态度。

任务一 象思维

案例导入

六淫之中，具有善行数变的特性的邪气是（　　）。【2013 执业兽医资格考试真题】

A. 风　　B. 寒　　C. 暑　　D. 湿　　E. 燥

请思考：

1. 风的特性是什么？

2. 自然气候中风的运动状态是怎样的？

3. 当风进入动物机体后，动物的表现如何？

任务准备

象思维，是指运用带有直观、形象、感性的图像、符号等象工具来揭示认知世界的本质规律，通过类比、象征等手段把握认知世界的联系，从而构建宇宙统一模式的思维方式。中兽医学的象思维主要体现在取象运的思维方法中，运用取象比类，分析动物的生理病理功能结构，建立“藏象”学说。对疾病的认识上，将各种病症表现归结为“证象”，建立辨证论治理论体系。所谓“藏象”“脉象”“证象”等，其本质就是“意象”。

一、取象思维与藏象理论的建构

中兽医藏象学说对脏腑生理功能与特点、气血循环与作用的认识，以及经络系统的建构，都借用了取象思维的方法。

1. 建构藏象系统，阐释脏腑功能

《素问·五藏生成篇》中说“五藏之象，可以类推”，即对“象”的类比推理。《黄帝内经》将机体五脏六腑与形体官窍、生理心理活动，乃至自然界的物象也联系起来，构成了中兽医学的藏象系统。《素问·金匮真言论》云：“东方青色，入通于肝，开窍于目，藏精于肝……其畜鸡，其谷麦，其应四时，上为岁星，是以春气在头也。其音角，其数八，是以知病之在筋也，其臭臊……”即以五行为框架，将五脏、四时、五方、五气、五味、五色、五畜、五音、五数等联系在一起，从而构建了中兽医的藏象理论。

对脏腑生理功能的认识，也多借用取象思维以推论。《素问·灵兰秘典论》云：“心者，君主之官也，神明出焉。肺者，相傅之官，治节出焉。肝者，将军之官，谋虑出焉……凡此十二官者，不得相失也。故主明则下安，以此养生则寿，殁世不殆，以为天下则大昌。主不明则十二官危，使道闭塞而不通，形乃大伤，以此养生则殃，以为天下者，其宗大危，戒之戒之。”将机体脏腑与社会人事中的职官相类比，不仅说明五脏六腑是统一和谐的整体，也阐述了五脏六腑的主要生理功能及地位。

2. 推论气血运行及病理变化原理

《灵枢·玉版》言：“人之所受气者，谷也。谷之所注者，胃也。胃者，水谷气血之海也。海之所行云雨者，天下也. 胃之所出气血者，而经隧也。经隧者，五脏六腑之大络也”。认为胃为气血之源头，并借助海之行云雨于天下推论也。胃所出气血，通过经络而布散五脏六腑。对气血运行的病理变化，中兽医学也借用取象思维来认识。《素问·离合真邪论》云："天地温和，则经水安静；天寒地冻，则经水凝泣；天暑地热，则经水沸溢；卒风暴起，则经水波涌而陇起。夫邪之入于脉也，寒则血凝泣，暑则气淖泽，虚邪因而入客，亦如经水之得风也，经之动脉，其至也亦时陇起。"即借用气候变化对江河之水的影响，推论六淫邪气对经脉气血的影响。

3. 建构经络理论，阐释气血多少

马王堆帛书《足臂十一脉灸经》《阴阳十一脉灸经》中本只有十一条经脉，但为了与十二月之数相对，到了《黄帝内经》中经脉之数变成了十二。如《素问·阴阳别论》言："人有四经、十二从……四经应四时，十二从应十二月，十二月应十二脉"。《灵枢·阴阳系日月》中具体论述了十二月与十二脉的对应关系，以经脉配十二月建立经脉循环，则经脉在数量上需要满足十二条，故经脉之数不足十二时，则将原先五脏中的心脏分为心与心包络，以凑足其数，而当经脉之数超过十二时，三阴三阳分类已不能容之，则另立奇经八脉以统之。《灵枢·海论》还根据九州之中有东南西北四海，推论"人亦有四海十二经水，经水者皆注于海……人有髓海，有血海，有气海，有水谷之海，凡此四者，以应四海也"。《灵枢·经水》还将人身体的十二经脉与自然界十二条河流相比较，借十二条河流之大小、水量之多少、源流之长短远近，说明"十二经之多血少气，与其少血多气，与其皆多血气，与其皆少血气，皆有大数"。

二、象思维在病因病机理论中的应用

中兽医学以自然界风、寒、暑、湿、燥、火六种气候变化的不同特征，与机体疾病情况下的临床表现相比较，寻找二者之间的相似关系，以确定病因的名称。《素问·风论》说："风者，善行数变。""故风者，百病之长也，至其变化，乃为他病也，无常方，然致有风气也。"《黄帝内经·素问·阴阳应象大论》说"风胜则动"，以自然界具有善行数变、动摇不居特点的风来命名临床上游走多变、动摇震颤特点的病证。对其他病邪的认识也与此基本相同。《灵枢·五变》说："木之阴阳，尚有坚脆，坚者不入，脆者皮弛，至其交节，而缺斤斧焉。夫一木之中，坚脆不同，坚者则刚，脆者易伤，况其材木之不同，皮之厚薄，汁之多少，而各异耶。夫木之蚤(早)花先生叶者，遇春霜烈风，则花落而叶萎；久曝大旱，则脆木薄皮者，枝条汁少而叶萎；久阴淫雨，则薄皮多汁者，皮溃而漉；卒风暴起，则刚脆之木，枝折杌伤；秋霜疾风，则刚脆之木，根摇而叶落。凡此五者，各有所伤，况于人乎？"也是运用象思维的方法。生动形象地揭示了体质与发病的关系。

三、象思维在病证诊断中的应用

中兽医诊断以司外揣内为基本方法，即观察外在的病理现象(如症状、体征等)，以推测内脏的变化。司外揣内的方法，必然着眼于动物所表现出的各种病理现象，而对"象"的认识自然离不开取象思维的方法。故《素问·示从容论》说："夫圣人之治病，循法守度，援物比类。"《素问·五脏生成篇》也说："夫脉之大小滑涩浮沉，可以指别；五藏之象，可以类推；五藏相音，可以意识；五色微诊，可以目察。能合脉色，可以万全"。中兽医临床诊断的过程，正是在取象思维方法的引导下，根据望、闻、问、切所获得的资料(象)，通过相关的物象或意象以达到认识病证规律(道象)的过程。如《灵枢·邪气脏腑病形》说："十二经脉，三百六十五络，其血气皆上于面而走空窍。"因此，通过面部色泽的变化，可以诊察脏腑气血的虚实盛衰。首先，这体现在以五行之象来确定病位，如《灵枢·五色》说："以五色命脏，青为肝，赤为心，白为肺，黄为脾，黑为肾"，即从五色的不同以推断病变所在之脏腑。其次，取具体物象以阐述善色与恶色，如《素问·脉要精微论》说："赤欲如白（帛）裹朱，不欲如赭；白欲如鹅羽，不欲如盐；青欲如苍璧之泽，不欲如蓝；黄欲如罗裹雄黄，不欲如黄土；黑欲如重漆色，不欲如地苍。"脉诊是中兽医学独特的诊断方法，也是最难以把握的诊断方法，素令医者有"心中易了，指下难明"之叹，因此对脉象的认识更是离不开大量的物象。如《素问·脉要精微论》云："春日浮，如鱼之游在波；夏日在肤，泛泛乎万物有余；秋日下肤，蛰虫将去；冬日在骨，蛰虫周密，君子居室。"其中以"鱼之游""蛰虫"形象化的手段描述了四时正常的脉象变化。又如《素问·平人气象论》说："平肝脉来，耎弱招招，如揭长竿末梢，曰肝平，春以胃气为本。病肝脉来，盈实而滑，如循长竿，曰肝病。死肝脉来，急益劲，如新张弓弦，曰肝死"，其中借助于"长竿""弓弦"等日常生活中的物象，比喻和论述肝的平、病、死脉。不仅如此，脉象名称本身也多借助于一定的物象来表达与认识，如釜沸脉、鱼翔脉、虾游脉、屋漏脉、雀啄脉、解索脉等，无一例外均是象思维的产物。

四、象思维在治疗中的运用

《素问·四气调神大论》云："是故圣人不治已病，治未病；不治已乱，治未乱，此之谓也。夫病已成而后药之，乱已成而后治之，譬犹渴而穿井，斗而铸锥，不亦晚乎？"《灵枢·逆顺》说："兵法曰：无迎逢逢之气，无击堂堂之阵。刺法曰：无刺熇熇之热，无刺漉漉之汗，无刺浑浑之脉，无刺病与脉相逆者"，以治国之法、兵法与治病之法相互类比、阐发。《伤寒论》论六经病欲解时提出，少阳为春生之气，为一阳，为嫩阳，寅、卯、辰三时恰为一日阳气渐长渐旺之际，此时天地阳气出于阴气，机体阳气也于此时升腾、舒展，浮游于半表半里之间，故被郁之少火易随寅、卯、辰三时天阳升发之际而舒越，正与少阳病用柴胡汤和解表里、发散少阳的作用一样，故云"少阳病欲解时，从寅至卯上"。太阳为夏长之气，为三阳，为老阳，巳、午、未三时恰为一日阳气最为隆盛之际，此时天地阳气开散，机体阳气也于此时最为盛壮，开散于表，故表闭之寒邪易随巳、午、未三时天阳隆盛之际而发散，正与太阳病用麻黄、桂枝助阳散寒解表的作用一样，故云"太阳病欲解时，从巳至未上"。在关于疾病的转归与预后上同样运用了象思维。

五、象思维在用药组方中的运用

中兽医临床组方用药也离不开取象思维的指引。

1. 中兽医对药物性能的认识，除实践经验外，象思维也是一个途径

《本草蒙筌》说："人身法象天地，则治上当用（当归）头，治中当用身，治下当用尾，通治则全用。"这种把药物的基本性能、功效应用与其气味厚薄、阴阳寒热、采收时月、质地色泽、入药部位，以及药材生熟等联系起来的方法，古人称为用药法象。"象"也就是某药之所以有某种功能的根据。

2. 象思维是组方配伍乃至选用煎服方法的思路之一

《素问·至真要大论》论组方的原则时说："主病之谓君，佐君之谓臣，应臣之谓使。"其中君、臣、佐、使即取象于人类社会中的官职。对此，清代韦协梦《医论三十篇》进一步阐述说："官有正师司旅，药有君臣佐使。君药者，主药也，如六官之有长，如三军之有帅，可以控取群药，而执病之

权。臣药者，辅药也。如前疑、后丞、左辅、右弼、匡之、直之、辅之、翼之。佐药者，引经之药，从治之药也。引经者，汇众药而引入一经，若军旅之有前驱，宾客之有傧相……使药者，驱遣之药也。”

3. 象思维是古代医家认识与说明不同剂型效能的方法之一

李东垣《用药心法》中以象推论说：“去下部之疾，其丸极大而光且圆；治中焦者次之；治上焦者极小……丸者，缓也，不能速去之，其用药之舒缓而治之意也。”

任务实施

(一)布置任务

根据所学知识，针对以上提供的题目，按要求分别完成以下任务。

(1)风的特性：______

(2)自然气候中风的运动状态：______

(3)当风进入动物机体后，动物的表现：______

(二)工作评价

根据以上任务的完成情况，分别对“风的特性”“自然气候中风的运动状态”“当风进入动物机体后，动物的表现”等 3 项任务给予评价和点评。

<table>
<tr><th colspan="4">工作评价</th></tr>
<tr><td rowspan="2">评价内容</td><td colspan="3">评价结果</td></tr>
<tr><td>正确</td><td>基本正确</td><td>错误</td></tr>
<tr><td>风的特性</td><td></td><td></td><td></td></tr>
<tr><td>自然气候中风的运动状态</td><td></td><td></td><td></td></tr>
<tr><td>当风进入动物机体后，动物的表现</td><td></td><td></td><td></td></tr>
<tr><td>学生反思</td><td colspan="3"></td></tr>
<tr><td>教师点评</td><td colspan="3"></td></tr>
</table>

任务二 变易思维

案例导入

营养物质(阴)的必然要耗用能量(阳)的生理过程体现的阴阳关系是(　　)。【2019 执业兽医资格考试真题】

A. 阴消阳长　　B. 阳消阴长　　C. 阳损及阴　　D. 阴盛阳虚　　E. 阳盛阴虚

请思考:

1. 在变易思维中,正常阴阳的关系是怎样的?
2. 在动物发生疾病时,阴阳的变易关系是怎样的?
3. 在诊疗时,需要考虑哪些变易的因素?

任务准备

变易思维是指在观察分析和处理问题时,注重事物的运动变化规律的思维方法。这种思维先把一切事物都看成是相互对立的两个方面的统一体,然后从既相互对立又相互依存的对立统一关系中揭示事物运动变化的根本原因。这种思维方式注重事物运动的变化,注重在两极对立中把握事物的辩证统一。在中兽医学上的变易思维是将生命、健康和疾病看作普遍联系和永恒运动变化着的过程,不仅重视疾病的传变转化,而且重视治疗的应变而动。

一、关于机体气机运动的认识

中兽医学把动物生命运动看成是气升降出入过程,并把建立在此基础上的阴阳对立统一的动态平衡作为治疗的终极目标。机体的阴阳二气存在对立、转化、资生和制约的关系,始终处在彼此消长和不断运动变化状态;五行之中存在相生相克的关系,生中有克、克中有生,构成一个能量交流、功能制约的藏象模型,即机体生命模型。

1. 气的升降出入

中兽医气化理论认为,气具有运动的属性,生命的生成、发展、变更乃至消亡,无不根源于气的运动,而气运动的源泉在于气自身具有运动的能量。气的阴阳对立统一运动表现为上下、升降、出入、动静、聚散、清浊的相互运动。《素问·六微旨大论》言:“气之升降,天地之更用也……升已而降,降者谓天;降已而升,升者谓地。天气下降,气流于地;地气上升,气腾于天。故高下相召,升降相因,而变作矣。”“出入废,则神机化灭;升降息,则气立孤危。故非出入,则无以生长壮老已;非升降,则无以生长化收藏。”

2. 阴阳的动静相召

《素问·天元纪大论》说:“动静相召,上下相临,阴阳相错,而变由生也。”这是对阴阳二气运动更为深入的论述,认为气有阴阳,阴阳相错,上下相临,交感激荡,动静相召,动亦含静,静即含动。阳主动,阴主静,阳动之中自有阴静之理,阴静之中已有阳动之根。所谓“一动一静,互为其根”,动静相互为用,促进了生命体的发生发展、运动变化。机体始终保持着动静和谐状态、维持着动静对立统一的整体性,从而保证了正常的生命活动。

3. 生命的变化周期

就整个生命过程来说，《黄帝内经》认为，机体生命是一个生、长、壮、老、已的运动变化过程，动物的气血机能活动也经历着阶段性发展。《灵枢·天年》提出十年一周期说，《素问·上古天真论》提出女子七年、男子八年周期说。《灵枢·岁露》和《素问·八正神明论》讨论了太阴月中人体的生理机能的变化规律，把生命节律、气机变化与年岁时日、天象更迭联系起来考察，为临床治疗把握时机提供了正确、珍贵的生理变化周期信息。

二、关于疾病传变的认识

中兽医学对疾病的认识几乎处处体现了变易思维的指导，认为机体发生病变后，随即处于不停顿地抵御修复变化之中，正邪交争，决定了疾病的转归。《黄帝内经》从机体各层次机能的紊乱失调以至于衰竭离决认识病机变化规律。

中兽医学认为，疾病是阴阳矛盾运动失去平衡协调、升降出入的逆乱反常的结果。在疾病过程中，阴阳之间出现了消长失衡的矛盾运动，表现出"阴胜则阳病，阳胜则阴病"，或"阴不制阳，阳不制阴"，或"阴损及阳，阳损及阴"，或"重阴必阳，重阳必阴"的病理转化(《素问·阴阳应象大论》)。

从五行学说的角度而言，疾病的传变又有相生传变和相克传变两大类型。相生传变是指疾病顺着或逆着五行相生次序的传变，临床归纳为"母病及子"和"子病犯母"两种类型。其中"母病及子"隔一相生而传变，预后多属良好。《难经·五十三难》曰："间脏者，传其所生也。假令心病传脾，脾传肺，肺传肾，肾传肝，肝传心，是母子相传，竟而复始，如环无端，故曰生也。"相克传变是指疾病顺着或逆着五行相克次序的传变，临床归纳为"相乘"和"相侮"两种类型。其中"相乘"隔七相克而传变，预后多不良。《难经·五十三难》曰："七传者，传其所胜也……何以言之？假令心病传肺，肺传肝，肝传脾，脾传肾，肾传心，一脏不再伤，故言七传者死也。"对于外感疾病的传变，《素问·缪刺论》说："夫邪之客于形也，必先舍于皮毛；留而不去，入舍于孙脉；留而不去，入舍于络脉；留而不去，入舍于经脉，内连五藏，散于肠胃，阴阳俱感，五藏乃伤。此邪之从皮毛而入，极于五藏之次也。"总结出由表入里、由浅入深的传变规律。《素问·热论》中进一步明确提出，外感疾病的发展过程一般要经历太阳、阳明、少阳、太阴、少阴、厥阴六个阶段的变化。张仲景的《伤寒论》在此基础上提出了以三阴三阳为核心的六经辨证理论，认为太阳病经证不解，病情就会渐次发展至太阳之腑，或入里化热成为阳明经证或腑证，或成为寒热往来的少阳证。若三阳病证仍不解，则病情进一步变化，渐次发生太阴、少阴、厥阴三阴病证。

三、变易思维在治疗中的应用

疾病及其证候的演变，常常受机体内外多种因素的影响而呈现出复杂多变的态势。因此，辨证治疗时必须考虑影响疾病变化、治疗效果的所有因素，如动物年龄、性别、体质状况等的差异，动物所处的空间与时间环境，以及不同个体可能存在和主病相关的其他疾病与并发症等，因畜、因时、因地制宜，灵活权变、顺变而动，以期药证相合，更好地取得疗效。

1. 顺应天时、地理之势

(1)顺应天时，包括顺应四时阴阳变化和昼夜阴阳变化。"春夏则阳气多而阴气少，秋冬则阴气盛而阳气衰"(《素问·厥论》)，影响于疾病常表现为春夏易于热化，秋冬易于寒化。因此治疗疾病时，春夏之令，宜抑阳助阴，药宜寒凉，慎用温热；秋冬之时，宜助阳抑阴，药宜温热，慎施寒凉。顺应昼夜阴阳消长治疗疾病，主要反映在服药时间的选择上。一般来说，上午阳气渐旺，因此凡治阳分、气分病变，具有温阳、益气、健脾等作用的方药宜清晨、上午服，可借助机体阳气欲盛之势，强化药物作用；黄昏时阴气渐生而盛，因此凡治阴分、血分病变，具有滋阴养血、滋补肝肾作用的方药宜黄昏、夜晚服，可顺应机体阴气欲盛之势，彰显药物疗效。

(2)顺应不同地理环境。地质、地形、气候、水土等不同，动物的生活条件、饮食构成、习惯相异，从而造成不同地域的动物群体质和疾病的差异，因此治疗疾病当顺应地理差异之势。例如，我国西北地区，地势高而寒冷少雨，其病多燥寒，治宜辛润；东南地区，地势低而湿热多雨，其病多湿热，治宜清化。同为外感风寒证辛温解表，西北严寒地区药量宜重，且宜用麻桂之属；东南温热地带，则药量宜轻，且多用荆防之类。

2. 顺应机体

脏腑的喜恶会随气机升降出入而变化。苦欲和喜恶是脏腑特性的反映，顺应脏腑特性，是治疗脏腑病证的重要环节。《素问·脏气法时论》对五脏苦欲之治设有专论，指出："肝欲散，急食辛以散之，用辛补之，酸泻之。""心欲耎，急食咸以耎之，用咸补之，甘泻之。""脾欲缓，急食甘以缓之，用苦泻之，甘补之。""肺欲收，急食酸以收之，用酸补之，辛泻之。""肾欲坚，急食苦以坚之，用苦补之，咸泻之。"其中所谓的"补"与"泻"，即五脏本身喜恶而言，顺其性者为补，逆其性者为泻。气是构成和维持机体生命活动的基本物质，升降出入是其运动的基本形式。就机体整体而言，气机的升降出入是保持相对平衡的，但每一个脏腑的气机却有不同的活动倾向或趋势，如肺主宣降来通调水道，脾升清则健，胃降浊则和，肝胆升发阳气，心肾水升火降则阴阳交通，五脏主贮藏，六腑主降泻等。治疗不同脏腑病证时应顺其性而治之，如治疗肺病以宣散肺邪、降气宽胸，治脾病以益气升提，治胃病以通腑和胃，脏虚偏于静补，腑虚偏于通补等，如此才能顺应脏腑气机之势。

机体气机变化还受季节因素的影响。一般而言，春升、夏浮、秋降、冬沉，这种四时气机的升降运动，不仅使机体生理产生相应变动，也会影响疾病病位之深浅及病势之逆陷，因此治病也应顺应四时气机升降之势。李东垣说："凡治病服药，必知时禁。夫时禁者，必本四时升降之理，汗、下、吐、利之宜"(《脾胃论·用药宜禁论》)。例如，吐法鼓舞胃气上逆，以鼓涌邪气自上而出，其势上行，故一般春夏无忌，而秋冬则不宜；汗法透邪，药势上行外散，宜用于春夏气升之时，而于秋冬气机降沉，尤其冬月闭藏之令，则宜慎用；下法功在推荡邪气自下而出，药势趋下，不利于机体气机之升浮，故春夏不宜。

3. 顺应动物的体质、情绪而治

中兽医治疗疾病以辨证论治为特点，体质是形成病证的内在基础，影响着个体对某种致病因素的易感性，产生病变类型和传变的倾向性，以及治疗反应的差异性。证是各种致病因素作用于体质以后形成的临床类型。体质受年龄、性别、生活条件等因素影响，所谓因畜制宜，其核心是顺应动物体质的治疗。《外感温热篇》指出："且吾吴湿邪害人最广，如面色白者，须要顾其阳气，湿胜则阳微也。法应清凉，然到十分之六七，即不可过于寒凉，恐成功反弃，何以故也？湿热一去，阳亦衰微也。面色苍者，须要顾其津液，清凉到十分之六七，往往热减身寒者，不可就云虚寒而投补剂，恐炉烟虽熄，灰中有火也。须细察精详，方少少与之，慎不可直率而往也。"

患病动物情绪变化与疾病息息相关。不良情绪的产生缘于客观事物不能满足动物的需要。因此，为了使动物保持愉快的心境，以利于疾病的康复，兽医师在临证时应在合理的范围内，尽可能顺从满足动物的需要。《素问·移精变气论》指出，"闭户塞牖，系之病者，数问其情，以从其意"，强调兽医师在治疗上要"顺其志""便病人"。《石室秘录·治法》亦云："医者，意也。因病人之意而用之，一法也；因病症之意而用之，又一法也；因药味之意而用之，又一法也。”指出兽医师治病既要着眼于疾病的证候表现，更要注意动物的性情好恶和精神状态，即使遣方用药也应照顾到动物的心理特点。

4. 未病防病，既病防变

《素问·四气调神大论》云：“是圣人不治已病治未病，不治已乱治未乱”，强调未病之前，应重视预防。《素问·阴阳应象大论》云：“故善治者治皮毛，其次治肌肤，其次治筋脉，其次治六腑，其次治五脏。治五脏者，半死半生也。”认为有病早治可以降低病害，提高治愈率。《灵枢·逆顺》云：“上工刺其未生者也，其次刺其未盛者也。下工刺其方袭者也，与其形盛者也，与其病之与脉相逆者也。故曰上工治未病，不治已病。”《金匮要略·脏腑经络先后病脉证》云：“夫治未病者，见肝之病，知肝传脾，当先实脾，四季脾旺不受邪，即勿补之。中工不晓相传，见肝之病，不解实脾，惟治肝也。”主张已病之后，当谨防疾病的传变、恶化，应及时截断疾病向相关脏腑传变的趋势，扭转疾病蔓延发展的势态。未病防病、有病早治、已病防变的思想，是着眼于疾病发展演变而提出的治疗原则，也是变易思维在中兽医学领域的运用。

任务实施

(一)布置任务

根据所学知识，针对以上提供的题目，按要求分别完成以下任务。

(1)在变易思维中，正常阴阳的关系：____

____

(2)在动物发生疾病时，阴阳的变易关系：____________________________________

____

(3)在诊疗时，需要考虑哪些变易的因素：____________________________________

____

(二)工作评价

根据以上任务的完成情况，分别对“在变易思维中，正常阴阳的关系”“在动物发生疾病时，阴阳的变易关系”“在诊疗时，需要考虑哪些变易的因素”等3项任务给予评价和点评。

工作评价			
评价内容	评价结果		
	正确	基本正确	错误
在变易思维中，正常阴阳的关系			
在动物发生疾病时，阴阳的变易关系			
在诊疗时，需要考虑哪些变易的因素			
学生反思			
教师点评			

任务三 中和思维

案例导入

马,10 岁,发病 1 日,精神尚可,证见耳寒鼻冷,四肢发凉,粪便稀薄,口色淡白,口津滑腻,舌苔白,脉迟,该病可辨证为(　　)。【2016 执业兽医资格考试真题】

A. 虚证　　B. 正证　　C. 寒证　　D. 热证　　E. 表证

请思考:

1. 该病例属于什么证?
2. 若该病例属于寒证,运用中和思维诊治,需要用寒性还是热性药物治疗?
3. 如何理解中和思维在动物生理病理中的应用?

任务准备

中和思维是指在观察分析和研究处理问题时,注重事物发展过程中各种矛盾关系的和谐、协调、平衡状态,不偏执、不过激的思维方法。其基本特征是注重事物的均衡性、和谐性,行为的适度性、平正性。中兽医学的中和思维强调在观察分析和研究处理生命问题时,注重各种矛盾关系的和谐、协调或平衡。例如,在疾病的认识上,中兽医学侧重于“阴阳失调”的关系性因素,提出了以关系失调为核心的病因病机理论;在治疗上,中兽医学注重宏观地调和动物的阴阳状态,而不是微观地消除病原体,并提出调和致中的治病、养生学说。

一、阴阳的动态平衡

1. 阴阳的动态平衡

《素问·生气通天论》说:“生之本,本于阴阳。”机体一切正常的生命现象最终可以高度概括为阴阳的中正平和状态。中兽医阴阳学说讲求阴与阳之间的平和、协调、互动的关系,认为形神一气,不离阴阳,机体阴阳动态的相对平衡意味着健康。《素问·生气通天论》云:“阴平阳秘,精神乃治。”《素问·调经论》说:“阴阳匀平,以充其形,九候若一,命曰平人。”《灵枢·终始》说:“平人者不病,不病者。脉口、人迎应四时也。上下相应,而俱往来也,六经之脉不结动也。本末之寒温之相守司也,形肉血气必相称也,是谓平人。”《汉书·艺文志》云:“经方者……以通闭解结,反(返)之于平。”《景岳全书·传忠录·阴阳》说:“天地阴阳之道,本贵和平,则气令调而万物生。此造化生成之理也。”强调健康动物应具备:①机体自身的阴阳平衡。机体阴阳二气无过、无不及,交融感荡,高度和谐的最佳状态。②机体与环境(自然环境和社会环境)的阴阳平衡。机体脏腑运作、气血周流与天地四时阴阳变化同步相应。

2. 五行生克制化的动态平衡

中兽医以五行学说相生相克、互为制化的关系来说明机体在以五脏为核心的藏象系统中,各个部分不是孤立的,而是协调平衡、配合运作的。由于任何两部分总有相克或相生的关系,表面上看是不平衡的,然而就五行整体看,生和克在整合的机体中表现出综合的、动态的相对平衡。

五行生克制化构成一个大的和谐、平衡系统，共同维护机体的阴阳平衡和健康状态。五行中的每一行，由于既生它又被生，既克它又被克，在机体中藏象上的表现也呈现出动态均势。五行所达到的平衡，不是绝对的静止，而是建立在运动基础之上的循环运动。某一行太强或太弱就会出现“乘”或“侮”的不正常情况，五行固有的和谐、平衡状态就会被打破，反映在机体上表现为产生疾病；在五行出现“乘”或“侮”时，也会发生“亢则害，承乃制”(《素问·六微旨大论》)的关联，力图维护、弥补固有平衡，反映在机体上表现为抵御外邪、自我修复。因此，五行生克运动表面上看是周而复始的循环，实际上反映了生命体整体和谐、动态平衡的气机运化本质。

3. 阴阳五行动态相对平衡

中兽医将阴阳、五行的基本属性、功用落实到生命体阴阳气血、脏腑经络、九窍百骸之间对待互根、和谐统一、制约转化、动态平衡的藏象关系上。这种以阴阳、五行、象模型为核心框架的调和致中思维方式，从《黄帝内经》以来得以充分发展并贯彻到中兽医学的各个领域。中兽医学认识到，一方面，正是这种阴阳对峙、五行往复的运动确保了机体能够维持相对平衡，生命体才得以生存。一旦这种运动停止，平衡也就不存在；一旦机体失衡，运动也就发生无序的变化。如果打破这种和谐的动态平衡状态，脏腑气血就会出现功能障碍，引起机体的不适、病变，甚至死亡。另一方面，就机体脏腑经络、气血百骸而言，机体阴阳五行的平衡不是绝对的平衡，而是整体协调的、运动状态下的相对平衡，就是说阴阳、五行所代表的藏象各元素相互关联地共处于一个统一体中，表现出相对稳定状态。

二、阴阳失调的发病机制

阴阳保持中正平和状态，机体即处于正常的状态。反之，阴阳失去相对平衡而出现偏盛或偏衰状态，机体即处于病理状态，故《素问·生气通天论》说：“阴不胜其阳，则脉流薄疾，并乃狂；阳不胜其阴，则五脏气争，九窍不通。”机体阴阳失调的发病因素大致有四个方面。

1. 时气失常

时气失常是指时令气候变化超出了机体适应调节能力，或时令气候变化虽不剧烈，但机体的调节能力基于某些原因而低下，不能与时令气候变化相适应而引发的疾病。《素问·六节藏象论》说：“未至而至，此谓太过，则薄所不胜，而乘所胜也，命曰气淫……至而不至，此谓不及，则所胜妄行，而所生受病，所不胜薄之也，命曰气迫。”《黄帝内经》运气七篇更是系统论述了气候变化的太过、不及和平气对机体发病的不同影响。

2. 情志过激

情志过激是指为喜、怒、忧、思、悲、恐、惊“七情”失常而引起的病理变化。《灵枢·口问》说：“大惊卒恐，则血气分离，阴阳破败，经络厥绝，脉道不通，阴阳相逆，卫气稽留，经脉虚空，血气不次，乃失其常。”《素问·举痛论》说：“怒则气上，喜则气缓，悲则气消，恐则气下……惊则气乱……思则气结。”

3. 饮食失节

饮食失节包括饥饱失常、五味偏嗜和饮食不洁三方面。其中饥饱失常和五味偏嗜明显体现了失中致病的思想。《灵枢·五味》说：“谷不入，半日则气衰，一日则气少矣。”《素问·痹论》说：“饮食自倍，肠胃乃伤。”

4. 劳逸失度

劳逸失度包括形劳、神劳、房劳三方面的过度。《素问·举痛论》说:"劳则气耗……劳则喘息汗出,外内皆越,故气耗矣。"《灵枢·本神》说:"心怵惕思虑则伤神。"

《素问·经脉别论》所说"生病起于过用",尽管疾病发生的原因很复杂,但无论是时气失常、情志过激,还是饮食失节、劳逸失度,都可归结为失中违和,同样反映了中和思维的观念。

三、调和致中的治病原则

调和致中的治病原则主要反映在阴阳调和,五行调节,针灸、本草、方剂治病等方面。

1. 阴阳调和

《素问·至真要大论》说:"谨察阴阳所在而调之,以平为期。"调整机体阴阳之间的不和谐,纠正阴阳偏盛偏衰的状态,使阴阳恢复动态相对平衡,是中兽医学一切临床理论与实践的出发点与最终归宿。《灵枢·官能》说:"寒与热争,能合而调之;虚与实邻,知决而通之。"这是把调节阴阳具体化为调节寒热与虚实。《素问·至真要大论》说:"从内之外者,调其内;从外之内者,治其外;从内之外而盛于外者,先调其内而后调其外;从外之内而盛于内者,先治其外而后调其内;中外不相及,则治主病。"这是把调节阴阳具体化为从表里论治。《素问·至真要大论》说:"微者逆之,甚者从之,坚者削之,客者除之,劳者温之,结者散之,留者攻之,燥者濡之,急者缓之,散者收之,损者温之……适事为故。"这是调节阴阳的具体措施。

2. 五行调节

中兽医注重五行生克的原理以及五脏功能的调节。《素问·气交变大论》说:"胜复盛衰,不能相多也;往来小大,不能相过也;用之升降,不能相无也;各从其动而复之耳。"《素问·五常政大论》云:"微者复微,甚者复甚,气之常也。"正因为如此,机体才能在局部出现不平衡的情况下,通过调节继续维持整体上的相对平衡。中兽医将五行学说运用于治疗,提出了五行相胜相生的多渠道调节机制。如肝郁生火,除直接疏肝气、养肝血、畅肝用之外,还可根据病情依五行生克的原则,通过泻子虚母(清心火)、滋水涵木(养肾水)、培土侮木(健脾土)、宣肺抑肝(疏肺金)等方法控制肝火。

3. 针灸、本草、方剂治病

在针刺理法方面,《素问·阴阳应大论》说,"故善用针者从阴引阳,从阳引阴,以右治左,以左治右",利用阴阳的相互作用关系,通过调节阴(或阳)而起到治疗阳(或阴)的效果,从而实现阴阳和平;《灵枢·九针十二原》说,"凡用针者,虚则实之,满则泄之。宛陈则除之,邪胜则虚之",通过针刺对气血补虚泻实使之恢复平衡。在本草用药方面,《素问·汤液醪醴论》载,"黄帝问曰:为五谷汤液及醪醴,奈何?岐伯对曰:必以稻米,炊之稻薪,稻米者完,稻薪者坚。帝曰:何以然?岐伯曰:此得天地之和,高下之宜,故能至完;伐取得时,故能至坚也。"清代医家徐大椿认为,"盖人者,得天地之和气以生,其气血之性,肖乎天地,故以物性之偏者投之,而亦无不应也"(《神农本草经百种录·菖蒲》)。人得天地之和气以生,而本草万物则感天地之偏气以生。因此,当机体出现阴阳气血偏颇、经络脏腑虚实的病态时,可以用药性寒、温、凉、热、升、降、沉、浮之偏以纠机体之偏,同样体现了调阴阳致中和的思想。在组方配伍方面,《素问·至真要大论》指出,"主病之谓君,佐君之谓臣,应臣之谓使"。在具体用药组方上,为防止某些药性太过伤正,主张"平治于权衡"(《素问·汤液醪醴论》),应用反佐法以制约其太过。在用药剂量方面,强调"适中","补泻无过其度"(《灵枢·五禁》),"无使过之,伤其正也"(《素问·五常政大论》),无不体现了调和致中的思维特征。

任务实施

(一)布置任务

根据所学知识,针对以上提供的病例资料,按要求分别完成以下任务。

(1)该病例属于什么证:______

(2)若该病例属于寒证,运用中和思维诊治,需要用寒性还是热性药治疗:______

(3)如何理解中和思维在动物生理病理中的应用:______

(二)工作评价

根据以上任务的完成情况,分别对“该病例属于什么证”“若该病例属于寒证,运用中和思维诊治,需要用寒性还是热性药治疗”“如何理解中和思维在动物生理病理中的应用”等3项任务给予评价和点评。

<table>
<tr><th colspan="4">工作评价</th></tr>
<tr><td rowspan="2">评价内容</td><td colspan="3">评价结果</td></tr>
<tr><td>正确</td><td>基本正确</td><td>错误</td></tr>
<tr><td>该病例属于什么证</td><td></td><td></td><td></td></tr>
<tr><td>若该病例属于寒证,运用中和思维诊治,需要用寒性还是热性药治疗</td><td></td><td></td><td></td></tr>
<tr><td>如何理解中和思维在动物生理病理中的应用</td><td></td><td></td><td></td></tr>
<tr><td>学生反思</td><td colspan="3"></td></tr>
<tr><td>教师点评</td><td colspan="3"></td></tr>
</table>

中兽医

模块二

中兽医基础理论

模块导读

阴阳五行学说，是我国古代带有朴素的唯物论和自发的辩证法性质的哲学思想，是用以认识世界和解释世界的一种世界观和方法论。在两千多年前的春秋战国时期，这一学说被引用到医药学中，作为推理工具，借以说明动物体的组织结构、生理功能和病理变化，并指导临床的辨证及病证防治，成为中兽医学基础理论的重要组成部分。宇宙间一切事物可以看作是由阴阳两个对立面构成的，而万物的发生、发展与变化又都是阴阳相互斗争的结果。五行是构成物质世界的最基本元素，五行之间存在生克制化规律。通过掌握阴阳五行的概念、特性和基本内容，掌握阴阳五行学说在动物机体的生理、病理和疾病的诊断与治疗中的应用等知识，探讨疾病的证候，从而认识和掌握疾病的发生发展规律，就能对疾病做出相应的诊断，为疾病防治提供诊疗依据。

模块目标

知识目标

1. 掌握阴阳五行的概念及特性。
2. 理解阴阳五行的基本内容。

技能目标

1. 具有分析症状阴阳属性的能力。
2. 具有辨别证候阴阳属性的能力。
3. 具有运用事物五行属性归类和生克乘侮规律确定五脏病位的能力。
4. 具有根据五行之间的生克关系来推测病情轻重顺逆的能力。

素质目标

1. 具备良好的职业道德和职业责任感。
2. 具备吃苦耐劳、乐于钻研、爱岗敬业的工作态度。
3. 具备主动服务的意识和团结协作的精神。
4. 树立人与动物和谐相处的生态理念，尊重生命，关爱动物。

项目一
阴阳学说

案例导入

周先生家养一金毛犬，雄性，4 岁，体重 30 kg，外出淋雨回来未能及时吹干，后发现不进食，体温升高，身体蜷曲怕冷，精神差，鼻流清涕，偶尔打喷嚏，咳嗽，小便清长，主人给犬口服麻杏石甘口服液，金毛犬情况变得更差，体温升高怕冷，咳嗽加剧，咳出清澈痰液，遂就诊。

请思考：

1. 该犬的感冒寒热属性是什么？
2. 诊断依据主要有哪些？
3. 如何进一步明确诊断？
4. 应该采用哪一类感冒药？

任务一　阴阳学说

阴阳学说是我国古代朴素的辩证法思想。古人认为，任何事物都具有既对立又统一的阴阳两个方面，经常不断地运动和相互作用，这是一切事物运动变化的根源。动物体也是如此。

《素问·阴阳应象大论》说："阴阳者，天地之道也，万物之纲纪，变化之父母，生杀之本始，神明之府也，故治病必求于本。"认为机体的生理活动、疾病的发生发展等，也超不出阴阳这个根本。因此，想要掌握疾病的发展过程，探求疾病的本质，从而获得满意的疗效，就必须探求机体的阴阳变化情况。

一、阴阳的基本概念

阴阳的最初含义是指日光的向背，向日为阳，背日为阴，以日光的向背定阴阳。向阳的地方具有明亮、温暖的特性，背阳的地方具有黑暗、寒冷的特性，于是又以这些特性来区分阴阳。在长期的生产生活实践中，古人遇到种种彼此相互联系又相互对立的现象，于是就不断地引申其义，将天地、上下、日月、昼夜、水火、升降、动静、内外、雌雄等，都用阴阳加以概括，阴阳也因此失去其最初的含义，成为一切事物对立而又统一的两个方面的代名词(表 2-1)。古人正是从这一朴素的对立统一观念出发，认为阴阳两方面的相反相成，消长转化，是一切事物发生、发展、变化的根源。

阴阳既然是指矛盾的两个方面，也就代表了事物两种相反的属性。一般认为，识别阴阳的属性，是以上下、动静、有形无形等为准则。概括起来，凡是向上的、运动的、无形的、温热的、向外的、明亮的、亢进的、兴奋的及强壮的均属于阳；凡是向下的、静的、有形的、寒凉的、向内的、晦暗的、减退的、抑制的及虚弱的均属于阴。

阴阳既可以代表相互对立的事物或现象，又可以代表同一事物内部对立着的两个方面。前者如天与地、昼与夜、水与火、寒与热等，后者如机体内部的气和血、脏与腑，中药的温性与寒性等。

表 2-1　事物、现象的阴阳属性归类

属性	时间	季节	温度	湿度	重量	性状	亮度	运动状态
阳	昼	春、夏	温热	干燥	轻	清	明	上升、运动、兴奋
阴	夜	秋、冬	寒凉	湿润	重	浊	暗	下降、静止、抑制

阴阳所代表的事物属性，不是绝对的，而是相对的。这种相对性，一方面表现为阴阳双方是通过比较而加以区分的；另一方面则表现为阴阳之中复有阴阳。如以背部和胸腹的关系来说，背部为阳，胸腹为阴；而属阴的胸腹，又以胸在膈前属阳，腹在膈后属阴。又如以脏腑的关系来说，脏为阴，腑为阳；而属于阴的五脏，又以心、肺位居膈前而属阳，肝、脾、肾位居膈后而属阴；属于阴的肝，又因其气主升，性疏泄而属阳，为阴中之阳。由此可见，阴阳是相对的，不是固定不变的，阴中有阳，阳中有阴，阴阳之中复有阴阳(图 2-1)。宇宙中的事物可以概括为阴和阳两类，一种事物内部又可以分为阴和阳两个方面，而每一事物内部的阴或阳的一方，还可以再分阴阳。这种事物既相互对立又相互联系的现象，在自然界无穷无尽。

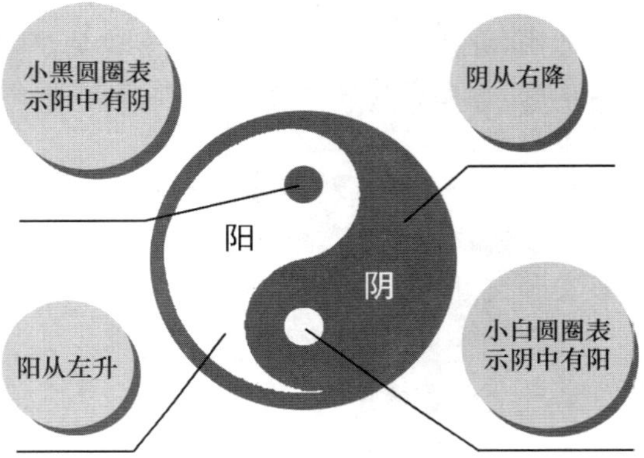

图 2-1　阴阳鱼的含义

二、阴阳的基本关系

阴阳的相互关系主要体现在对立制约、互根互用、消长平衡和相互转化四个方面。

1. 阴阳的对立制约

阴阳对立是指阴阳双方存在着相互排斥、相互斗争和相互制约的关系。对立，即相反，如动与静、寒与热、上与下等都是相互对立的两个方面。对立的双方，通过排斥、斗争以相互制约，从而取得统一，使事物达到动态平衡。以动物体的生理机能为例，机能之亢奋为阳，抑制为阴，二者相互制约，从而维持动物体的生理状态。中兽医治病会“动极者镇之以静，阴亢者胜之以阳”，务求使阴阳双方相互制约达到协调平衡，即“阴平阳秘，精神乃治”。

阴阳之间的对立制约关系一旦失衡，就会发生疾病，出现“阴胜则阳病，阳胜则阴病”“阳虚则阴盛”“阴虚则阳亢”等情况。

2. 阴阳的互根互用

阴阳互根是指阴阳双方具有相互依存、互为根本的关系，即阴或阳的任何一方，都不能脱离另一方面而单独存在，每一方都以相对立的另一方作为存在的前提和条件。

阴阳互用是指阴阳双方存在着相互资生、相互促进的关系。所谓“孤阴不生，独阳不长”“阴生于阳，阳生于阴”，便是说“孤阴”和“独阳”不但相互依存，而且还有相互资生、相互促进的关系。

以动物机体活动为例，器官的机能活动（阳）必须依赖于营养物质（阴）的供给；而营养物质又依靠脏器的机能活动化生。因此，营养物质是机能活动的物质基础，机能活动是化生营养物质的动力。这种相互依存、互相化生的关系贯穿于整个生命活动的全过程，一旦“阴阳离决”，生命就将告终。

3. 阴阳的消长平衡

阴阳消长，是指阴阳双方不断运动变化，此消彼长，又力求维系动态平衡的关系。阴阳双方在对立互根的基础上永恒地运动变化着，不断出现“阴消阳长”与“阳消阴长”的现象，这是一切事物运动发展和变化的过程。例如，从冬至春至夏，气候由寒逐渐变热，是一个“阴消阳长”的过程；由夏至秋至冬，气候由热逐渐变寒，则是一个“阳消阴长”的过程。

在动物体中，各种机能活动（阳）必然要消耗一定的营养物质（阴），这属于阳长阴消的过程；反之，各种营养物质（阴）的化生，又必须要消耗一定的能量，而这就是阴长阳消的过程。在正常生理状态下，这种阴阳消长始终处于动态平衡中，如果这种状态被打破，失去平衡，将造成某一方面的偏盛或偏衰，从而导致疾病发生（图 2-2）。如《素问·阴阳应象大论》中所说的“阴盛则阳病，阳盛则阴病”就是指阴阳消长的变化导致阴阳平衡失调，并引起“阳气虚”或“阴液不足”的病证，其治疗应分别以温补阳气和滋阴增液使阴阳重新达到平衡为原则。

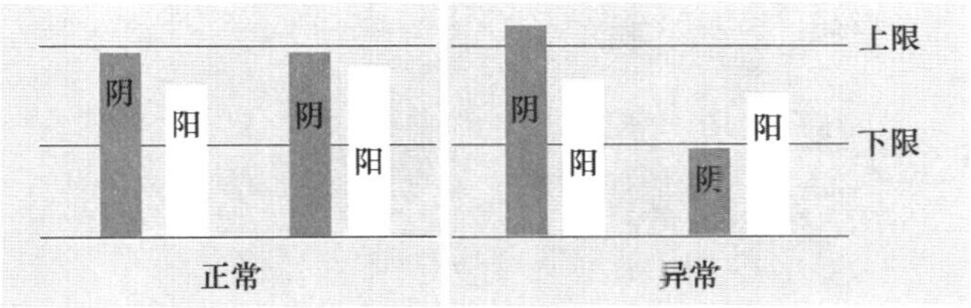

图 2-2　阴阳消长变化关系

4. 阴阳的相互转化

阴阳转化是指对立的阴阳双方在一定条件下，可向其属性相反的方面转化，即阴可以转化为阳，阳可以转化为阴。正如《素问·阴阳应象大论》中所说的“重阴必阳，重阳必阴”“寒极生热，热极生寒”。如果说阴阳消长是属于量变的过程，而阴阳转化属于质变的过程。在疾病的发展过程中，阴阳的转化经常可见。如动物外感风寒，出现耳鼻发凉，肌肉颤抖等寒象；若治疗不及时或治疗失误，寒邪入里化热，就会出现口干、舌红、气粗等热象，这就是由阴证向阳证的转化。又如患热性病的动物，由于持续高热，热甚伤津，气血两亏，呈现出体弱无力、四肢发凉等虚寒症状，这便是由阳证向阴证的转化。此外，临床所见由实转虚、由虚转实、由表入里、由里出表等病证的变化，都是阴阳转化的例证。

综上所述，阴阳的对立制约、互根互用、消长平衡和相互转化，从不同角度说明了阴阳之间的相互关系及其运动规律，它们之间不是孤立的，而是相互联系、相互影响、互为因果的。对立制约是阴阳最普遍的规律，阴阳双方通过对立制约来取得平衡。互根互用说明了阴阳双方彼此依存，互相促进，不可分离。消长平衡和相互转化是阴阳运动的最基本形式，阴阳消长稳定在一定范围内，则取得动态平衡；否则，便出现阴阳的转化。阴阳的运动是永恒的，而平衡只是相对的。了解这些内容，有助于理解阴阳学说在中兽医学领域的应用，从而更好地服务于临床诊治。

任务二　阴阳学说在中兽医中的应用

阴阳学说贯穿于中兽医学理论体系的各个方面，用以说明动物体的组织结构、生理功能和病理变化，并指导临床诊断和治疗。

一、生理方面

1. 说明动物体的组织结构

动物体是一个既对立而又统一的有机整体，其组织结构可以用阴阳两个方面来加以概括说明。就大体部位来说，体表为阳，体内为阴；上部为阳，下部为阴；背部为阳，胸腹为阴。就四肢的内外侧而论，则外侧为阳，内侧为阴。就脏腑而言，则脏为阴，腑为阳；而具体到每一脏腑，又有阴阳之分，如心阳与心阴、肾阳与肾阴、胃阴与胃阳等。总之，动物体的每一组织结构均可以根据其所在的上下、内外、表里、前后等各相对部位以及相对的功能活动特点来概括阴阳，并进而说明它们之间的对立统一关系（图 2-3）。

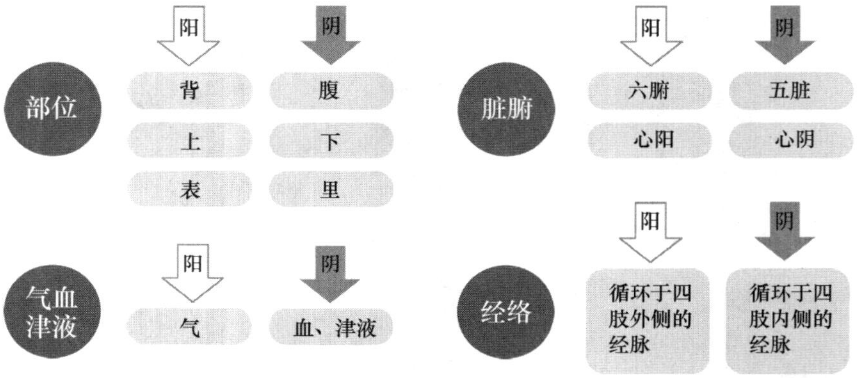

图 2-3　动物体生理的阴阳属性分类

2. 说明动物体的生理

一般认为，物质为阴，功能为阳，正常的生命活动是阴阳这两个方面保持对立统一的结果。《素问·生气通天论》说："阴者，藏精而起亟（亟，可作气解）也；阳者，卫外而为固也。"就是说"阴"代表着物质或物质的贮藏，是阳气的源泉；"阳"代表着机能活动，起着卫外而固守阴精的作用；没有阴精就无以产生阳气，而通过阳气的作用又不断化生阴精，二者同样存在着相互对立、互根互用、消长转化的关系。在正常情况下，阴阳保持着相对平衡，以维持动物体的生理活动，正如《素问·生气通天论》所说："阴平阳秘，精神乃治。"否则，阴阳不能相互为用而分离，精气就会竭绝，生命活动也将停止，就像《素问·生气通天论》中所说的"阴阳离决，精气乃绝"。

二、病理方面

1. 说明疾病的病理变化

中兽医学认为，疾病是动物体内的阴阳两方面失去相对平衡，出现偏盛偏衰的结果。疾病的发生与发展关系到正气和邪气两个方面。正气，是指机体的机能活动和对病邪的抵抗能力，以及对外界环境的适应能力等；邪气，泛指各种致病因素。正气包括阴精和阳气两个部分，邪气也有阴邪和阳邪之分。疾病的过程多为邪正斗争引起机体阴阳偏盛偏衰的过程。

在阴阳偏盛方面，阴邪致病可使阴偏盛而阳伤，出现“阴盛则寒”的病证。如寒湿阴邪侵入机体，致使“阴盛其阳”，从而发生“冷伤之证”，动物表现为口色青黄、脉沉迟、鼻寒耳冷、身颤肠鸣、不时起卧等症状。相反，阳邪致病，可使阳偏盛而阴伤，出现“阳盛则热”的病证。如热燥阳邪侵犯机体，致使“阳盛其阴”，从而出现“热伤之证”，动物表现为高热、唇舌鲜红、脉洪数、耳耷头低、行走如痴等症状。正如《素问·阴阳应象大论》中所说：“阴胜则阳病，阳胜则阴病，阴胜则寒，阳胜则热。”《元亨疗马集》也有“夫热者，阳胜其阴也，夫寒者，阴胜其阳也”的说法。

在阴阳偏衰方面，中兽医学认为一旦机体阳气不足，不能制阴，相对地会出现阴有余，发生阳虚阴盛的虚寒证；相反，如果阴液亏虚，不能制阳，相对地会出现阳有余，发生阴虚阳亢的虚热证。正如《素问·调经论》所说：“阳虚则外寒，阴虚则内热。”由于阴阳双方互根互用，任何一方虚损到一定程度，均可导致对方的不足，即所谓“阳损及阴，阴损及阳”，最终可导致“阴阳俱虚”。如某些慢性消耗性疾病，在其发展过程中，会因阳气虚弱致使阴精化生不足，或因阴精不足致使阳气化生无源，最后导致阴阳两虚。

阴阳的偏胜或偏衰均可引起寒证或热证，但二者有着本质的不同。阴阳偏胜所形成的病证是实证，如阳邪偏胜导致实热证、阴邪偏胜导致实寒证等；而阴阳偏衰所形成的病证则是虚证，如阴虚则出现虚热证、阳虚则出现虚寒证等。故《素问·通评虚实论》说：“邪气盛则实，精气夺则虚。”

2. 说明疾病的发展

在病证的发展过程中，由于病性和条件的不同，可以出现阴阳的相互转化。如“寒极则热，热极则寒”，即阴证和阳证的相互转化。临床上可以见到由表入里、由实转虚、由热化寒和由寒化热等变化。如患败血症的动物开始表现为体温升高、口舌红、脉洪数等热象，当严重者发生“暴脱”时，则转而表现为四肢厥冷、口舌淡白、脉沉细等寒象。

3. 判断疾病的转归

若疾病经过“调其阴阳”，恢复“阴平阳秘”的状态，则以痊愈而告终；若继续恶化，终致“阴阳离决”，则以死亡为转归。

三、诊断方面

既然阴阳失调是疾病发生、发展的根本原因，那么任何疾病无论其临床症状如何错综复杂，只要在收集症状和进行辨证时以阴阳为纲加以概括，就可以执简驭繁，抓住疾病的本质。

1. 分析症状的阴阳属性

一般来说，凡口色红、黄、赤紫者为阳，口色白、青、黑者为阴；凡脉象浮、洪、数、滑者为阳，沉、细、迟、涩者为阴；凡声音高亢、洪亮者为阳；声音低微、无力者为阴；身热属阳，身寒属阴；口干而渴者属阳，口润不渴者属阴；躁动不安者属阳，蜷卧静默者属阴。

2. 辨别证候的阴阳属性

一切病证不外乎“阴证”和“阳证”两种。八纲辨证就是分别从病性（寒热）、病位（表里）和正邪消长（虚实）几个方面来分辨阴阳，并以阴阳作为总纲统领各证（表证、热证、实证属阳证，里证、寒证、虚证属阴证）。临床辨证要先分清阴阳，才能抓住疾病的本质。故《素问·阴阳应象大论》

说："善诊者，察色按脉，先别阴阳。"又如《元亨疗马集》说："凡察兽病，先以色脉为主，然后定夺其阴阳之病。"《景岳全书·传忠录》也说："凡诊病施治，必须先审阴阳，乃为医道之纲领。阴阳无谬，治焉有差？医道虽繁，而可以一言蔽之者，曰阴阳而已。故证有阴阳，脉有阴阳，药有阴阳。……设能明彻阴阳，则医理虽玄，思过半矣。"

四、治疗方面

1. 确定治疗原则

阴阳偏盛偏衰是疾病发生的根本原因，因此泻其有余、补其不足、调整阴阳，使其重新恢复协调平衡就成为诊疗疾病的基本原则。正如《素问·至真要大论》中说："谨察阴阳所在而调之，以平为期。"对于阴阳偏胜者，应泻其有余，或用寒凉药以清阳热，或用温热药以祛阴寒，此即"热者寒之，寒者热之"的治疗原则；对于阴阳偏衰者，应补其不足，阴虚有热则滋阴以清热，阳虚有寒则益阳以祛寒，此即"壮水之主以制阳光，益火之源以消阴翳"（王冰《素问》注释）的治疗原则，但也要注意"阳中求阴""阴中求阳"，以使阴精、阳气生化之源不竭。

2. 用阴阳来概括药物的性味与功能，指导临床用药

一般来说，温热性的药物属阳，而寒凉性的药物属阴；辛、甘、淡味的药物属阳，而酸、咸、苦味的药物属阴；具有升浮、发散作用的药物属阳，而具沉降、涌泄作用的药物属阴。根据药物的阴阳属性，就可以灵活地运用药物调整机体的阴阳，以期补偏救弊。如热盛用寒凉药以清热，寒盛用温热药以祛寒，便是《内经》中所指出的"寒者热之，热者寒之"用药原则的具体运用。

（五）预防方面

动物体与外界环境密切相关，动物体的阴阳必须适应四时阴阳的变化，否则便易引起疾病。因此，加强饲养管理，增强动物体的适应能力，就可以防止疾病的发生。正如《素问·四气调神大论》所说："春夏养阳，秋冬养阴，以从其根，逆之则灾害生，从之则苛疾不起。"《元亨疗马集·腾驹牧养法》中也提出了"凡养马者，冬暖屋、夏凉棚""切忌宿水、冻料、尘草、砂石食之"的预防措施。此外，还可以通过春季放大血、灌四季调理药等方法来调和气血，协调阴阳，预防疾病。

任务实施

（一）布置任务

根据所学知识，针对以上提供的病例资料，按要求分别完成以下任务。

（1）初步诊断：________________

（2）诊断依据：________________

（3）鉴别诊断：________________

（4）为了确诊疾病，需做哪些进一步检查：________________

____

（5）确诊疾病：________________

____

（6）治疗原则：________________

____

（7）治疗处方：

Rp：
兽医师：

（二）工作评价

针对以上任务的完成情况，分别对初步诊断、诊断依据、鉴别诊断、进一步检查、确诊疾病、治疗原则和治疗处方等 7 项任务给予评价和点评。

工作评价			
评价内容	评价结果		
	正确	基本正确	错误
初步诊断			
诊断依据			
鉴别诊断			
进一步检查			
确诊疾病			
治疗原则			
治疗处方			
学生反思			
教师点评			

项目二
五行学说

案例导入

刘女士养了一只边牧犬，雄性，4岁，体重20 kg，半个月前髋关节置换，手术后伤口有清亮的渗出液，每天可以抽出渗出液8 mL。治疗方案是艾条灸局部和足三里穴，灸4 d后，渗出液减少至消失。

请思考：

1. 该犬的渗出液属性是什么？
2. 诊断依据主要有哪些？
3. 从五行学说来解释艾灸的作用。
4. 如果口服，应采用哪些方剂？

任务一 五行学说

五行学说是我国古代的一种朴素的唯物主义哲学思想。五行学说认为，宇宙间的一切事物，都是由木、火、土、金、水五种物质元素组成的，自然界各种事物和现象的发展变化都是这五种物质不断运动和相互作用的结果。天地万物的运动秩序都要受五行生克制化法则的支配。

中兽医学把五行学说应用于医学领域，以系统结构观点来观察机体，阐述机体局部与局部、局部与整体之间的有机联系，以及机体与外界环境的统一，对于揭示机体内部与外界环境的动态平衡的调节机制，阐明健康与疾病、疾病的诊断和防治规律等有重要作用。在中兽医学中，五行学说被用以说明动物体的生理功能、病理变化，并指导临床实践。

一、五行的基本概念

五行中的“五”，是指木、火、土、金、水五种物质；“行”，是指这五种物质的运动和变化。古人在长期的生活和生产实践中发现，木、火、土、金、水是构成宇宙中一切事物的五种基本物质，这些物质既各具特性，又相互联系、运行不息。历代思想家就是将这五种物质的特性作为推演各种事物的法则，对一切事物进行分类归纳，并将五行之间的生克制化关系作为阐释各种事物之间普遍联系的法则，对事物间的联系和运动规律加以说明，从而形成五行学说的。

五行学说源于“五材说”，但它又不同于“五材”。它不是单纯地指五种物质，而是包括了五种物质的不同属性及其相互之间的联系和运动，认为事物之间通过五行的生克制化关系以保持动态平衡，从而维持事物的生存和发展。

二、五行学说的基本内容

五行学说是以五行的抽象特性来归纳各种事物，以五行之间生克制化的关系来阐释宇宙中各种事物或现象之间相互联系和协调平衡的学说。

（一）五行的特性

五行的特性来自古人对木、火、土、金、水五种物质的自然现象及其性质的直接观察和抽象概括。一般认为，《尚书洪范》中所说的“水曰润下、火曰炎上、木曰曲直、金曰从革、土爰稼穑”，是对五行特性的经典概括（表 2-2）。

1. 木的特性

“木曰曲直”，曲，屈也；直，伸也。曲直，原指树木的枝条具有生长、柔和、能曲又能直的特性，后引申为凡有生长、升发、条达、舒畅等性质或作用的事物和现象，均属于木。

2. 火的特性

“火曰炎上”，炎，有焚烧、热烈之意；上，即上升。炎上，原指火具有温热、蒸腾向上的特性，后引申为凡有温热、向上等性质或作用的事物和现象，均属于火。

3. 土的特性

“土爰稼穑”，爰，通曰；稼，即种植谷物；穑，即收获谷物。稼穑，泛指人类种植和收获谷物等农事活动。农事活动均在土地上进行，因而引申为凡有生化、承载、受纳等性质或作用的事物和现象，均属于土。故有“土载四行”“万物土中生”和“土为万物之母”的说法。

4. 金的特性

“金曰从革”，从，即顺从；革，即变革。从革，是指金属物质可以顺从人意，变革形状，铸造成器。也有人认为，金属源于对矿物的冶炼，其本身是顺从人意，变革矿物而成，故曰“从革”。又因金之质地沉重，且常用于杀伐，所以引申为凡有沉降、肃杀、收敛等性质或作用的事物和现象，均属于金。

5. 水的特性

“水曰润下”，润，即潮湿、滋润；下，即向下、下行。润下，是指水有滋润下行的特点，后引申为凡具有滋润、下行、寒凉、闭藏等性质或作用的事物和现象，均属于水。

表 2-2 五行学说

五行	特性	含义
木	升发、条达	树木的枝干都是向上向外周舒展的。凡具有生长、升发、条达、舒畅等性质或作用的事物和现象，归属于木
火	温热、向上	火具有温热、上升、光明的特性。凡具有温热、上升、光明等性质或作用的事物和现象，归属于火
土	长养、化育	土具有载物、生化的特性。凡具有生化、承载、受纳等性质或作用的事物和现象，归属于土
金	清肃、敛降	金质地刚硬，但有随人意而更改的柔和之性。凡具有沉降、肃杀、收敛等性质或作用的事物和现象，归属于金
水	滋润、下走	水具有滋润、下行的特性。凡具有滋润、下行、寒凉、闭藏等性质或作用的事物和现象，归属于水

(二)五行的归类

五行学说是将自然界的事物和现象,以及动物体脏腑组织器官的生理、病理现象,进行广泛联系,按五行的特性以"取类比象"或"推演络绎"的方法,根据事物不同的形态、性质和作用,分别将其归属于木、火、土、金、水五行之中。现将自然界和动物体有关事物或现象的五行归类,择要列于表 2-3。

表 2-3 五行归类

自然界							五行	动物体						
五音	五味	五色	五化	五气	五方	五季		五脏	五腑	五官	五体	五志	五脉	五液
角	酸	青	生	风	东	春	木	肝	胆	目	筋	怒	弦	泪
徵	苦	赤	长	暑	南	夏	火	心	小肠	舌	脉	喜	洪	汗
宫	甘	黄	化	湿	中	长夏	土	脾	胃	口	肌肉	思	代	涎
商	辛	白	收	燥	西	秋	金	肺	大肠	鼻	皮毛	悲	浮	涕
羽	咸	黑	藏	寒	北	冬	水	肾	膀胱	耳	骨	恐	沉	唾

(三)五行的相互关系

1. 五行的相生、相克和制化

木、火、土、金、水五行之间不是孤立的、静止不变的,而是存在着有序的相生、相克和制化关系,从而维持着事物生化不息的动态平衡,这是五行之间关系正常的状态。

(1)五行相生。生,即资生、助长、促进。五行相生,是指五行之间存在着有序的资生、助长和促进的关系,借以说明事物间有相互协调的一面。五行相生的次序如下:木→火→土→金→水→木(图 2-4)。

图 2-4 五行相生

在相生关系中,任何一行都有"生我"和"我生"两方面的关系。"生我"者为母,"我生"者为子。以木为例,水生木,水为木之母;木生火,火为木之子。再以金为例,土生金,土为金之母;金生水,水为金之子。五行之间的相生关系,也称为母子关系。

(2)五行相克。克,即克制、抑制、制约。五行相克,是指五行之间存在着有序的克制和制约关系,借以说明事物间相互拮抗的一面。五行相克的次序如下:木→土→水→火→金→木(图 2-5)。

图 2-5 五行相克

在相克关系中,任何一行都有"克我"及"我克"两方面的关系。"克我"者为我"所不胜","我克"者为我所胜。以土为例,土克水,则水为土之"所胜";木克土,则木为土之"所不胜"。又以火为例,火克金,则金为火之"所胜";水克火,则水为火之"所不胜"。五行之间的相克关系,也称为"所胜、所不胜"关系。

(3)五行制化。制,即制约、克制;化,即化生、变化。五行制化,是指五行之间相互生化、相互制约以维持平衡协调的关系。

五行的制化关系是五行生克关系的相互结合。没有生,就没有事物的发生和成长;没有克,事物就会因过分亢进而为害,就不能维持正常的协调关系。因此,必须有生有克,相反相成,才能维持和促进事物间的平衡协调和发展变化。

2. 五行的相乘、相侮和母子相及

五行的相乘、相侮和母子相及是五行间生克制化关系遭受破坏的结果。相乘、相侮是五行间相克关系异常的表现，母子相及则是五行间相生关系异常的变化。

（1）五行相乘。乘，凌也，有欺侮之意。五行相乘，是指五行中某一行对其所胜一行的过度克制，即相克太过，是事物间关系失去相对平衡的另一种表现。五行相乘的次序同于五行相克。

木→土→水→火→金→木

引起五行相乘的原因有“太过”和“不及”两个方面。“太过”是指五行中的某一行过于亢盛，对其所胜加倍克制，导致被乘者虚弱。以木克土为例，正常情况下木克土，如木气过于亢盛，对土克制太过，土本无不足，但也难以承受木的过度克制，导致土的不足，称为“木乘土”。“不及”是指某一行自身虚弱，难以抵御来自所不胜者的正常克制，使虚者更虚。仍以木克土为例，正常情况下木能制约土，若土气过于不足，木虽然处于正常水平，土却难以承受木的克制，导致木克土的力量相对增强，使土更显不足，称为“土虚木乘”。

（2）五行相侮。侮，有欺侮、欺凌之意。五行相侮，是指五行中某一行对其所不胜一行的反向克制，即反克，又称“反侮”，是事物间关系失去相对平衡的另一种表现。五行相侮的次序与五行相克相反。

木→金→火→水→土→木

引起相侮的原因也有“太过”和“不及”两个方面（图 2-5）。“太过”是指五行中的某一行过于强盛，使原来克制它的一行不但不能克制它，反而受到它的反克。例如，在正常情况下，金克木，但若木气过于亢盛，金不但不能克木，反而被木所反克，出现“木侮金”的逆向克制现象。“不及”是指五行中的某一行过于虚弱，不仅不能克制其所胜的一行，反而受到它的反克。例如，在正常情况下，金克木，木克土，但当木过度虚弱时，不仅金来乘木，而且土也会因木之虚弱而对其进行反克，称为“土侮木”。

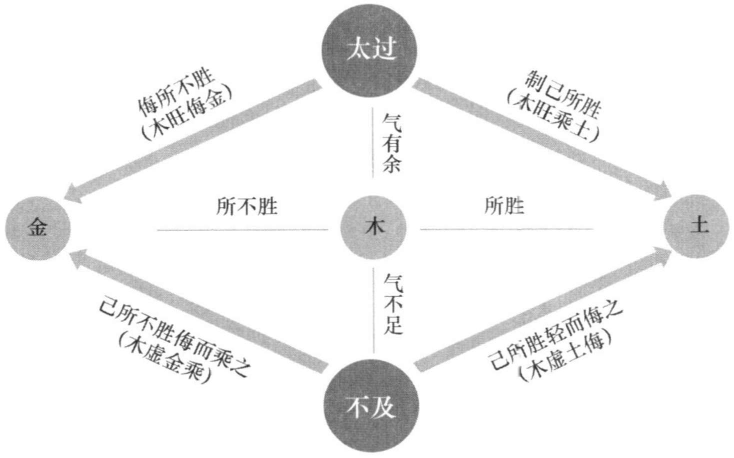

图 2-6　五行相乘相侮的关系

（3）母子相及。及，即累及、连累之意。母子相及，是指五行之中互为母子的各行之间相互影响的关系，属于五行之间相生异常的变化，包括母病及子和子病犯母两种类型。

母病及子，是指五行中作为母的一行异常，必然影响子的一行，结果是母子都出现异常。例如，水生木，水为母，木为子；若水不足，无力生木，则导致木的不足，最终是水竭木枯，母子俱衰。母病及子的顺序与相生的顺序相同。

子病犯母，是指五行中作为子的一行异常，会影响作为母的一行，结果母子都出现异常。例如，木生火，木为母，火为子。若火太旺，势必耗木过多，导致木的不足；而木不足，生火无力，火势也衰，最终是子耗母太过，母子皆不足。子病犯母的顺序与相生的顺序相反。

总之，五行的生克制化，是正常情况下五行之间相互资生、促进和制约的关系，是事物维持正常协调平衡关系的基本条件。而五行的相乘、相侮和母子相及，则是五行之间生克制化关系失调情况下发生的异常现象，是事物间失去正常协调平衡关系的表现。

任务二 五行学说在中兽医中的应用

在中兽医学中，五行学说主要是以五行的特性来分析说明动物体脏腑、组织器官的五行属性，以五行的生克制化关系来分析脏腑、组织器官的各种生理功能及其相互关系，以五行的乘侮关系和母子相及来阐释脏腑病变的相互影响，并指导临床的辨证论治。

一、生理方面

1. 按五行的特性来分别脏腑器官的属性

中兽医学在五行配五脏的基础上，又以类比的方法，根据脏腑组织的性能、特点，将机体的五脏、六腑、五官及体表组织等与五行对应，从而为藏象学说奠定了理论基础。

2. 以五行生克制化的关系，说明脏腑器官之间相互资生和制约的关系

例如，肝能制约脾（木克土），脾能资生肺（土生金），而肺又能制约肝（金克木）等。又如，心火可以助脾土的运化（火生土），肾水可以抑制心火的有余（水克火），其他依此类推（图 2-7）。五行学说认为机体通过这种生克制化来维持相对的平衡协调，保持正常的生理活动。

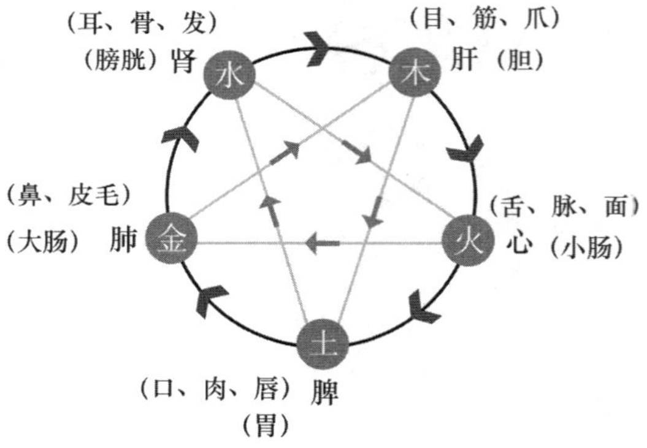

图 2-7 脏腑器官之间的关系

二、病理方面

疾病的发生及传变规律，可以用五行学说加以说明。根据五行学说，疾病的发生是五行生克制化关系失调的结果，五脏之间在病理上存在着生与克的传变关系。相生的传变关系包括母病及子和子病犯母两种类型（表 2-4），相克的传变关系包括相乘为病和相侮为病两条途径（表 2-5）。

1. 母病及子

母病及子是指疾病的传变从母脏传及子脏。

2. 子病犯母

子病犯母是指疾病的传变从子脏传及母脏。

表 2-4　相生传变

类型	发病描述	病情轻重	举例
母病及子	病邪从母脏传来，侵入子脏，即先有母脏的病变，后有子脏的病变	“母病及子”为顺，其病轻	肾（母）阴虚不能滋养肝（子）木，使肝血不足，阴虚生内热
子病犯母	邪从子脏传来，侵入母脏，即先有子脏的病变，后有母脏的病变	“子病犯母”为逆，其病重	心（子）火亢盛而致肝（母）火炽盛

3. 相乘为病

相乘为病即相克太过而为病，其原因一是“太过”，二是“不及”。

4. 相侮为病

相侮为病即反向克制而为病，其原因也是“太过”和“不及”。

表 2-5　相克传变

途径	发病描述	病情轻重	举例
相乘为病	相克太过为病	较重	木旺乘土（肝木克伐脾土），肝气横逆，疏泄太过，影响脾，导致胃失和降之证
相侮为病	反克为害	较轻	木火刑金（肝火偏旺，影响肺气清肃），既有胸胁疼痛、口苦等肝火过旺之证，又有咳嗽、咳痰等肺失清肃之候

一般来说，按照相生规律传变时，母病及子病情较轻，子病犯母病情较重；按照相克规律传变时，相乘传变病情较重，相侮传变病情较轻。

三、诊断方面

五行学说认为，动物体的五脏、六腑与五官、五体、五色、五液、五脉之间是存在着五行属性联系的一个有机整体，脏腑的各种功能活动及其异常变化可反映于体表的相应组织器官，即“有诸内，而必形诸外”，故脏腑发生疾病时就会表现出色泽、声音、形态、脉象诸方面的变化，据此可以对疾病进行诊断。《元亨疗马集》提出的“察色应症”，便是以五行分行四时，代表五脏分旺四季，又以相应五色（青、黄、赤、白、黑）的舌色变化来判断健、病和预后。如肝木旺于春，口色桃色者平，白色者病，红者和，黄者生，黑者危，青者死等。又如《安骥集·清浊五脏论》中所说的“肝病传于南方火，父母见子必相生；心属南方丙丁火，心病传脾祸未生；……心家有病传于肺，金逢火化倒销形；肺家有病传于肝，金能克木病难痊”，即是根据疾病相生、相克的传变规律来判断预后的。

四、治疗方面

(1)根据相生规律确定治疗原则（表 2-6）。

表 2-6 相生规律治疗原则

治疗原则	释义	适应证
滋水涵木法	滋养肾阴以养肝阴（又称滋养肝肾法）	肾阴亏损而肝阴不足，甚者肝阳偏亢之证
益火补土法	温心阳而补脾阳（又称温心健脾法）	心阳虚弱而致脾阳不振之证
培土生金法	补脾益气而补益肺气（又称补养脾肺法）	脾胃虚弱，不能滋养肺脏而致肺虚脾弱之证
金水相生法	滋养肺肾阴虚（又称补肺滋肾法）	肺虚不能输布津液以滋肾，或肾阴不足。精气不能上滋于肺，而致肺肾阴虚者

(2)根据相克规律确定治疗原则。克者属强，被克者属弱，因而，在治疗上同时采用阴阳学说和五行学说的相互关系(表 2-7)。

表 2-7 相克规律治疗原则

治疗原则	释义	适应证
抑木扶土法	以疏肝健脾药为治疗肝旺脾虚的方法。如疏肝健脾法、平肝和胃法、调理肝脾法	适用于木旺克土之证
培土制水法	用温运脾阳或温肾健脾药治疗水湿停聚为病的方法，又称为敦土利水法、温肾健脾法	适用于脾虚不运、水湿泛滥而致水肿胀满之证
佐金平木法	清肃肺气以抑制肝木的一种治疗方法，又称为泻肝清肺法	多用于肝火偏盛，影响肺气清肃之证（木火刑金）
泻南补北法	泻心火滋肾水，又称为滋阴降火法（因心主火，火属南方；肾主水，水属北方，故称本法为泻南补北法，此为水不制火时的治法）	适用于肾阴不足，心火偏旺，水火不济，心肾不交之证

(3)指导针灸取穴。将手足十二经四肢末端的穴位分属于五行，即井、荥、输、经、合五种穴位对应木、火、土、金、水。临床根据不同的病情以五行生克乘侮规律进行选穴治疗。

(4)指导情志疾病的治疗。情志生于五脏，五脏之间有生克关系，所以情志之间也存在生克关系。情志在病理上和内脏有密切关系，故在临床上可以用情志的相互制约关系来达到治疗的目的。如"怒伤肝，悲胜怒……喜伤心，恐胜喜……思伤脾，怒胜思……忧伤肺，喜胜忧……恐伤肾，思胜恐"(《素问·阴阳应象大论》)，即所谓以情胜情。

需要注意的是，并非所有的疾病都可用五行生克这一规律来治疗。机械地生搬硬套，很可能贻误诊治时机。在使用这一理论时，既要正确地掌握五行生克的规律，又要根据具体病情进行辨证施治。

任务实施

(一)布置任务

根据所学知识，针对以上提供的病例资料，按要求分别完成以下任务。

(1)初步诊断：________________

(2)诊断依据：________________

(3)鉴别诊断：______

(4)为了确诊疾病，需做哪些进一步检查：______

______

(5)确诊疾病：______

______

(6)治疗原则：______

(7)治疗处方：

Rp：   兽医师：

(二)工作评价

针对以上任务的完成情况，分别对初步诊断、诊断依据、鉴别诊断、进一步检查、确诊疾病、治疗原则和治疗处方等7项分别给予评价和点评。

工作评价			
评价内容	评价结果		
	正确	基本正确	错误
初步诊断			
诊断依据			
鉴别诊断			
进一步检查			
确诊疾病			
治疗原则			
治疗处方			
学生反思			
教师点评			

项目三 藏象

项目导读

“藏象”二字，首见于《素问·六节藏象论》。藏是指藏于体内的内脏，象是指表现于外的生理、病理现象。如张景岳在《类经》中说：“象，形象也。藏居于内，形见于外，故曰藏象。”藏象包括各个内脏实体及其生理活动和病理变化表现于外的各种征象。藏象学说是研究动物体各个脏腑的生理功能、病理变化及其相互关系的学说。它是历代医家在医疗实践的基础上，在阴阳五行学说的指导下，概括总结而成的，是中兽医学理论体系中极其重要的组成部分。对于阐明动物机体的生理和病理以及临床实践具有普遍的指导意义。

项目目标

知识目标

1. 掌握中兽医脏腑的基本概念、分类和各自的主要功能。
2. 理解脏腑之间的相互联系和相互作用，如心与小肠、肺与大肠等。
3. 了解脏腑功能失调时可能出现的症状和中医治疗方法。
4. 了解中兽医脏腑理论在中华文化中的地位和影响。

技能目标

1. 能够理解中兽医脏腑各自的功能和相互之间的关系。
2. 能够分析脏腑功能失调可能导致的病理变化。
3. 能够将中兽医脏腑理论应用于日常生活中的健康维护和简单自我诊断。
4. 能够对中兽医脏腑理论进行综合分析，并与西兽医理论进行比较。

素质目标

1. 培养对中兽医学科的尊重和专业精神。
2. 提高健康意识，理解预防疾病的重要性。
3. 激发对中兽医知识的终身学习兴趣。
4. 理解作为未来中兽医从业者应承担的道德责任和社会责任。
5. 培养对不同医学文化的理解与尊重，促进跨文化交流。

案例导入

李奶奶家有一只6岁的雌性家猫，体重4 kg。近日，家猫出现食欲不振、精神萎靡的症状，且经常蹲在角落里不愿活动。李奶奶观察到猫咪的眼屎增多，口色偏黄，小便黄赤，大便干燥，偶尔还会发出低沉的呻吟声。考虑到家猫可能患病，李奶奶带它前往宠物医院进行检查。

请思考：

1. 根据中兽医脏腑学说，家猫的症状可能与哪个或哪些脏腑功能失调有关？
2. 在中兽医理论中，家猫的眼屎增多和口色偏黄可能指示哪些内在问题？
3. 如何利用中兽医的四诊（望、闻、问、切）方法来进一步收集家猫的病情信息？
4. 针对家猫目前的症状，应该使用哪些治疗原则和药物？

任务一　藏象学说

藏象学说的形成，主要有三个方面。

一是古代的解剖知识。如《灵枢・经水》说："夫八尺之士，皮肉在此，外可度量切循而得之，其死，可解剖而视之。其脏之坚脆，腑之小大，谷之多少，脉之长短，血之清浊……皆有大数。"为脏腑学说的形成，在形态学方面奠定基础。

二是长期来对机体生理、病理现象的观察。例如，皮肤受凉而感冒，会出现鼻塞、流涕、咳嗽等症状，因而认识了皮毛、鼻和肺之间存在着密切的联系。

三是反复的医疗实践，从病理现象和治疗效应来分析和反证机体的某些生理功能。例如，许多眼疾，从肝着手治疗而获愈，久之，便得出了"肝开窍于目"的理论；在使用某些补肾药物后，可以加速骨折的愈合，因而认识到肾的精气有促进骨骼生长的作用，从而产生"肾主骨"之说。

此外，古代哲学思想——阴阳五行学说渗透到医学领域，对藏象学说的形成产生了很大的影响。有关脏腑及其他组织器官的属性及其功能活动，脏腑器官构造与功能间互根互用的关系等都可用阴阳加以概括。为了更清楚地说明五脏六腑的特性以及脏腑间的关系，则运用五行学说加以解释，一方面把五行归属于五脏，另一方面用五行的生克规律说明脏腑间的生化制约，使之处于平衡的运动状态。这就使藏象学说更为系统化、理论化。

在《黄帝内经》所奠定的基础上，《难经》对脏腑的解剖形态和功能的认识又增进了一步，首次提出"左肾右命门"的观点，促进了后世对命门的认识与争鸣。《中藏经》以脉证为中心，分述五脏六腑的寒热虚实，判断证候的顺逆，形成了系统的脏腑辨证理论。唐代孙思邈《千金要方》记述了五脏六腑的轻重、大小、长短、宽狭、容量等，将五脏、五季（春、夏、长夏、秋、冬）、五方（东、南、中、西、北）、五体（筋、脉、肉、皮、骨髓）等纳入五行的范畴，说明脏腑器官之间及与自然界的整体联系（表2-8）。杂病则以五脏为中心，分列病证并阐述其证治方药。宋代医家钱乙认为，治病以五脏为纲，配合五腑（六腑除三焦外）、五官、五志等进行辨证，认为五脏的发病特点是心主惊、肝主风、脾主困、肺主喘、肾主虚，并对五脏为病的常见症状作了归纳，立法用药颇具匠心，对后世影响很深。金代张元素以脏腑寒热虚实来分析病机，进行辨证治疗，并从补虚、泻实、温寒、清热几个方面提出常用方药，对脏腑辨证作出很大的贡献。金元医家李东垣提出"内伤脾胃，百病由生"的论点，突出脾胃在发病中的重要性，立方用药侧重补中升阳。清代叶天士提出了养胃阴的理论和方药，补充和发展了李东垣的内伤脾胃学说。另一位清代医家王清任认为业医治病，当先明脏腑，并躬身实践，解剖尸体，对传统理论提出某些质疑，如否定“心主思”之说，认为“灵机记性在脑不在心”。经过历代医家长期的探索和实践，藏象学说逐步成为中兽医学基础理论的重要内容之一。

藏象学说的主要特点是以五脏为中心的整体观。主要体现在以脏腑分阴阳，一阴一阳相为表里，脏与腑是一个整体。如心与小肠、肺与大肠、脾与胃、肝与胆、肾与膀胱以及心包与三焦相为表里。

五脏与形体诸窍联结成一个整体。五脏各有外候，与形体诸窍各有特定的联系，这是藏象学说整体观的又一具体体现。按照藏象学说的理论：心，其华在面，其充在血脉，开窍于舌；肺，其华在毛，其充在皮，开窍于鼻；脾，其华在唇，其充在肌，开窍于口；肝，其华在爪，其充在筋，开窍于目；肾，其华在发，其充在骨，开窍于耳和二阴。

五脏的生理活动与精神情志密切相关。动物的精神情志与意识思维活动，是大脑的主要功能，这在《黄帝内经》等文献中已有所记载。但是，藏象学说认为动物的精神情志和意识思维活动，与五脏的生理活动具有密切的关系。由于五脏的生理活动能够统率全身整体的生理功能，所以认为大脑的生理功能正常，有赖于五脏生理功能的平衡协调。五脏的功能活动异常，则大脑的精神情志和意识思维活动也必受其影响；反之，精神情志和意识思维活动的失常，也势必反作用于五脏，从而影响五脏的生理功能，因此，《素问·宣明五气篇》中所说：“心藏神，肺藏魄，肝藏魂，脾藏意，肾藏志”，并不是不认识大脑的生理功能，而是进一步把动物的精神意识和思维活动加以科学的分类，探讨其与各脏生理活动的关系。

表 2-8 五脏五行图

五脏	五体	五官	五志	五液	五季
心	脉	舌	喜	汗	夏
肝	筋	目	怒	泪	春
脾	肉	口	思	涎	长夏
肺	皮	鼻	悲、忧	涕	秋
肾	骨	耳、二阴	惊、恐	唾	冬

五脏生理功能之间的平衡协调是维持机体内在环境相对恒定的重要环节；同时，通过五脏与形体诸窍的联系、五脏、与精神情志活动的关系，沟通体内外环境之间的联系，维系着体内外环境之间的相对平衡协调。

综上所述，藏象学说的形成虽以一定的古代解剖知识为基础，但其发展主要是基于“有诸内者，必形诸外”的观察研究方法，因而其观察分析的结果，必然大大地超越了机体解剖学的脏腑范围，形成了独特的生理和病理的理论体系。因此，藏象学说中的心、肺、脾、肝、肾等脏腑的名称，虽与现代动物体解剖学的脏器名称相同，但在生理、病理的含义方面，却不完全相同。中兽医藏象学说中一个脏腑的生理功能，可能包含着现代解剖生理学中几个脏器的生理功能；而现代解剖生理学中的一个脏器的生理功能，也可能分散在藏象学说的某几个脏腑的生理功能之中。这是因为藏象学说中的脏腑，不单纯是一个解剖学的概念，更重要的是概括了机体某一系统的生理学和病理学概念。

藏象学说以脏腑为基础。脏腑，是内脏的总称。按照脏腑的生理功能特点，可分为脏、腑、奇恒之腑三类。脏，即心、肺、脾、肝、肾，合称为“五脏”；腑，即胆、胃、小肠、大肠、膀胱、三焦，合称为“六腑”；奇恒之腑，即脑、髓、骨、脉、胞宫。

五脏的共同生理特点是化生和贮藏精气；六腑的共同生理特点，是受盛和传化水谷。奇恒之腑，是指形态及其生理功能均有异于“六腑”，不与水谷直接接触，而是一个相对密闭的组织器官，而且还具有类似于脏的贮藏精气的作用，因而称为奇恒之腑。《素问·五藏别论》说：“所谓五藏者，藏精气而不泻也，故满而不能实。六腑者，传化物而不藏，故实而不能满也。所以然者，水谷入口，则胃实而肠虚；食下，则肠实而胃虚。故曰，实而不满，满而不实也。”这里的“满”和“实”，主要是针对精气和水谷的各自特点而言，如王冰说：“精气为满，水谷为实。五脏但藏精气，故满而不实；六腑则不藏精气，但受水谷，故实而不能满也”。脏与腑的这些区别并不仅仅是说明其生理上的功能特点，而且具有指导临床实践的意义。如“脏病多虚，腑病多实”“脏实者可泻其腑，腑虚者可补其脏”等，至今仍不失为指导临床的准则。

现代更广义的藏象五系统：心系统、肺系统、脾系统、肝系统、肾系统。

任务二　五　脏

一、心

1. 生理功能

心居于胸腔，膈膜之上，圆而尖长，形似倒垂的未开莲蕊，有心包卫护于外。心为神之居、血之主，脉之宗，在五行属火，起着主宰生命活动的作用，故称为“君主之官”。心的生理功能主要有两方面：一是主血脉，二是主神志。心开窍于舌，其华在面，在志为喜，在液为汗。心的经脉下络于小肠，心与小肠相为表里(表 2-9)。

心在脏腑的功能活动中起主导作用，使之相互协调，为机体生命活动的中心。如《灵枢·邪客篇》说：“心者，五脏六腑之大主也，精神之所舍也。”

(1)心主血脉。心是血液运行的动力，脉是血液运行的通道。心主血脉，是指心有推动血液在脉管内运行，以营养全身的作用。故《素问·痿论》说：“心主身之血脉。”由于心、血、脉三者密切相关，所以心的功能正常与否，可以从脉象、口色上反映出来。如心气旺，心血充足，则脉象平和，节律调匀，口色鲜明如桃花色。

(2)心藏神。神，是指精神活动，即机体对外界事物的客观反映。心藏神，是指心为一切精神活动的主宰。《素问·六节藏象论》说：“心者，生之本，神之变也。”心藏神的功能与心主血脉的功能密切相关。心血充盈，心神得养，则动物“皮毛光彩，精神倍增”。

(3)心开窍于舌。舌为心之苗，心的气血上通于舌，心的生理功能及病理变化最易在舌上反映出来。心血充足，则舌体柔软红润，运动灵活。《安骥集·师皇五脏论》说：“心者外应于舌。”

(4)心主汗。汗由津液所化生，是津液发散于肌腠的部分。津液是血液的重要组成部分，血为心所主，血汗同源，故称“汗为心之液”。如《素问·宣明五气篇》指出：“五脏化液，心为汗。”心与汗有密切关系，出汗异常，往往与心有关。

2. 心功能异常的症状

(1)血行异常。心有推动血液在脉管内运行，以营养全身的作用。若心气不足，心血亏虚，则脉细无力，口色淡白。若心气衰弱，血行瘀滞，则脉涩不畅，脉律不整或有间歇，出现结脉或代脉，口色青紫等症状。

(2)神志异常。心主宰着机体的精神活动。若心血不足，神不能安藏，则出现精神活动异常或惊恐不安。故《安骥集·碎金五脏论》说:"心虚无事多惊恐,心痛癫狂脚不宁。"同样,心神异常,也可导致心血不足,血行不畅,脉络瘀阻。

(3)口舌异常。若心血不足,则口舌色淡而无光。若心血瘀阻,则口舌青紫。若心经有热,则舌质红绛,口舌生疮。

(4)出汗。如果心阳不足,常常引起腠理不固而自汗。心阴血虚,往往导致阳不摄阴而盗汗。又因血汗同源,津亏血少,则汗源不足,而发汗过多,又容易伤津耗血。故《灵枢·营卫生会篇》有"夺血者无汗,夺汗者无血"之说。

【附】心包络

心包络,简称心包,又可称为"膻中",是包在心脏外面的包膜,具有保护心脏的作用。心包的形态和部位,古动物也有描述。《医学正传》说:"心包络,实乃裹心之包膜也,包于心外,故曰心包络也。"《医贯》也说:"心之下有心包络,即膻中也,象如仰盂,心即居其中。"心居包络之中,膻中在心之外,所以《黄帝内经》比之为心之宫城。如《灵枢·胀论》说:"膻中者,心主之宫城也。"在经络学说中,手厥阴经属于心包络,与手少阳三焦经相为表里,故心包络又称为脏。在藏象学说中,认为心包络是心之外围,有保护心脏的作用,所以外邪侵袭于心,首先包络受病。《灵枢·邪客》说:"心者,五脏六腑之大主,精神之所舍也,其脏坚固,邪弗能容也。容之则心伤,心伤则神去,神去则死矣。故诸邪之在于心者,皆在于心之包络。"在温病学说中,将外感热病中出现的神昏、谵语等症,称为"热入心包"或"蒙蔽心包"。

表 2-9 心的功能及病理表现

心的功能	心的病理表现
主血脉——行血,以输送营养物质;生血,使血液不断地得到补充	心气不足:脉细弱无力
	心阳不足:舌质淡白胖嫩、自汗
	心阴不足:五心烦热、盗汗、心悸、失眠多梦、颧红、咽干
	心血亏虚:面色和舌色淡白、脉细无力、心悸心慌
主藏神——血液是神志活动的物质基础,心主血脉的功能异常,必然出现神志的改变	心血瘀阻:面色青紫、舌质紫暗有瘀点或瘀斑、脉涩或结代、心前区憋闷或刺痛
	心火上炎:口舌生疮、失眠心烦、面红目赤、小便赤黄有热感、口渴
	心不藏神:精神意识思维活动异常,如失眠多梦、神志不宁、谵语、狂乱、反应迟钝、昏迷

二、肺

1. 生理功能

肺位于胸腔,左右各一。由于肺位最高,故称为"华盖"。因肺叶娇嫩,不耐寒热,易被邪侵,故又称"娇藏"。为魄之处、气之主,在五行属金。肺的主要生理功能是:主气、司呼吸,主宣发肃降,通调水道,朝百脉而主治节,以辅佐心脏调节气血的运行。肺上通喉咙,外合皮毛,开窍于鼻,在志为忧,在液为涕。肺的经脉下络于大肠,与大肠相表里(表 2-10)。

(1)肺主气、司呼吸。肺主气,是指肺有主宰一身之气的生成、出入与代谢的功能。《素问·

六节藏象论》说："肺者，气之本。"

①肺主呼吸之气。是指肺为体内外气体交换的场所，通过肺的呼吸作用，机体吸入自然界的清气，呼出体内的浊气。通过不断的呼浊吸清，吐故纳新，促进着气的生成，调节着气的升降出入运动，从而保证机体新陈代谢的正常进行，实现机体与外界环境的气体交换，以维持正常的生命活动。

②肺主一身之气。是指全身之气均由肺所主，特别是和宗气的生成有关。宗气由水谷精微之气与肺所吸入的清气组成，两者会于肺中在元气的作用下而生成。宗气是促进和维持机体机能活动的动力。一方面，维持肺的呼吸功能，使内外气体得以交换；肺的呼吸运动，即是气的升降出入运动。肺有节律地一呼一吸，对全身之气的升降出入运动起着重要的调节作用。另一方面，由肺入心，推动血液运行，并宣发到身体各部，以维持脏腑组织的机能活动，故有"肺朝百脉"之说。血液虽然由心所主，但必须依赖肺气的推动，才能保持其正常运行。首先，肺的呼吸功能健全与否，直接影响宗气的生成，也影响全身之气的生成。其次，肺主一身之气，还体现于对全身的气机具有调节作用。

《素问・阴阳应象大论》说："天气通于肺。"肺主一身之气和呼吸之气，实际上都隶属于肺的呼吸功能。肺的呼吸均匀和调，是气的生成和气机调畅的根本条件。反之，呼吸功能失常，必然影响宗气的生成和气的运动，肺主一身之气和呼吸之气的作用也就减弱；如果肺丧失了呼吸的功能，清气不能吸入，浊气不能排出，机体的生命活动也就终结。所以说，肺主一身之气的作用，主要取决于肺的呼吸功能。但是，气的不足，升降出入运动的异常，以及血的运行和津液的输布排泄异常，均可影响肺的呼吸运动，而出现呼吸的异常。

(2)肺主宣发、肃降、通调水道。宣发，即宣通、发散；肃降，即清肃、下降。肺主宣发和肃降，是指肺气的运动具有向上、向外宣发和向下、向内肃降的双向作用。

①肺主宣发。一是通过肺的气化，排出体内的浊气。二是将脾所转输的津液和水谷精微，布散到全身，外达于皮毛，即《灵枢・决气》所说的"上焦开发，宣五谷味，熏肤、充身、泽毛，若雾露之溉，是谓气"。三是宣发卫气，调节腠理之开合，将代谢后的津液化为汗液，排出体外。因此，肺失于宣散，即可出现呼气不利，胸闷，咳喘，以及鼻塞、喷嚏和无汗等病理现象。

②肺主肃降。一是吸入自然界的清气。二是由于肺位最高，为华盖之脏，故将肺吸入的清气和由脾转输至肺的津液和水谷精微向下布散。三是肃清肺和呼吸道内的异物，以保持呼吸道的洁净。因此，肺失于肃降，出现呼吸短促或表浅、咳痰、咯血等病理现象。

肺的宣发和肃降，是相反相成的矛盾运动。在生理情况下，相互依存和相互制约；在病理情况下，则又常常相互影响。所以说，没有正常的宣发，就没有很好的肃降；没有很好的肃降，也必然会影响正常的宣发。宣发与肃降正常，则气道通畅，呼吸调匀，体内外气体得以正常交换。如果二者的功能失去协调，就会发生"肺气失宣"或"肺失肃降"的病变，而出现喘、咳、肺气上逆之证。《素问・脏气法时论》说："肺苦气上逆。"《素问・至真要大论》也说："诸气膹郁，皆属于肺。"

③肺主通调水道。通，即疏通；调，即调节；水道，是水液运行和排泄的道路。肺的通调水道功能，是指肺的宣发和肃降对体内水液的输布、运行和排泄起着疏通和调节的作用。肺主宣发，不但将津液和水谷精微宣发至全身，而且主司腠理的开合，调节汗液的排泄；肺气肃降，不但将吸入之清气下纳于肾，而且也将体内的水液不断地向下输送，而成为尿液生成之源，经肾和膀胱的气化作用，生成尿液而排出体外。这就是肺在调节水液代谢中的作用，也就是肺的通调水道的生理功能，所以说"肺主行水"和"肺为水之上源"。如果肺的通调水道功能减退，就可发生水液停聚而生痰、成饮，甚则水泛为肿等病变。

(3)肺主一身之表，外合皮毛。一身之表，包括皮肤、汗孔、被毛等组织，是机体抵御外邪侵袭的外部屏障。肺合皮毛，是指肺与皮毛不论在生理方面还是在病理方面均存在着极为密切的关系。在生理方面：一是皮肤汗孔具有散气的作用，参与呼吸调节，而有"宣肺气"的功能；二是皮毛有赖于肺气的滋养，才能润泽，否则就会憔悴枯槁。

(4)肺开窍于鼻。鼻为肺窍，有司呼吸和主嗅觉的功能。肺气正常则鼻窍通利，嗅觉灵敏。《灵枢·脉度篇》说："肺气通于鼻，肺和则鼻能知香臭矣。"

2. 肺功异常的症状

(1)呼吸异常。肺主气的功能正常，则气道通畅，呼吸均匀；若病邪伤肺，使肺气不利，则引起呼吸功能失调，出现咳嗽、气喘、呼吸不利等症状；若肺气不足，则出现体倦无力、气短、自汗等气虚症状。

(2)宣降异常。若肺气不宣而壅滞，则引起胸满、呼吸不畅、咳嗽、皮毛焦枯等症状。若肺气不能肃降而上逆，则会引起咳嗽、气喘等症状。肺通调水道的功能，是肺宣发和肃降作用共同配合的体现。若肺的宣降功能失常，就会影响机体的水液代谢，出现水肿、腹水、胸腔积液以及泄泻等证。

(3)皮毛异常。肺经有病可以反映于皮毛，而皮毛受邪也可传肺，如肺气虚的动物，不仅易汗，而且经久可见皮毛焦枯或被毛脱落。

(4)鼻窍异常。肺的病理变化可以通过鼻反映于外，如外邪犯肺、肺气不宣，常见鼻塞流涕、嗅觉不灵等症状。鼻为肺窍，鼻又可成为邪气犯肺的通道，如风热之邪侵犯肺卫，多由鼻窍而入。此外，喉是呼吸的门户和发音器官，又是肺脉通过之处。其功能也受肺气的影响，肺有异常，往往引起声音嘶哑、喉痹等病变。

表 2-10 肺的功能及病理表现

肺的功能	肺的病理表现
主气——吸入清气，呼出浊气 主行水——肺气的宣发和肃降，推动全身津液的输布和排泄 朝百脉——全身血液经肺的呼吸进行气体交换后运行于全身 主治节——肺气可治理和调节肺的呼吸及全身之气血津液	肺失宣肃： ①肺气不宣，鼻塞、咳嗽、恶寒、发热、无汗等 ②肺失清肃，胸闷、气促、咳嗽、痰多等
	肺气不足： ①呼吸机能减退，咳嗽、气短、声低、息微，甚则喘促、呼吸困难等 ②水液停聚，咳痰清稀甚则聚痰成饮，甚则水肿 ③卫阳虚弱，表虚自汗、畏寒等
	肺阴亏损：干咳无痰或痰少而黏、气短、潮热盗汗、颧红、五心烦热，甚则痰中带血

三、脾

1. 生理功能

脾位于中焦，在膈之下。它的主要生理功能是主运化、升清和统摄血液。脾胃有经络相互络属，脾和胃相为表里。脾和胃同属于消化系统的主要脏器，机体的消化运动，主要依赖于脾和胃的生理功能。机体生命活动的持续和气血津液的生化，都有赖于脾胃运化的水谷精微，而称脾胃为气血生化之源，"后天之本"。《素问·灵兰秘典论》说："脾胃者，仓廪之官，五味出焉。"脾开窍于口，其华在唇，在五行属土，在志为思，在液为涎，主肌肉与四肢(表 2-11)。

(1)脾主运化。运，即转运输送；化，即消化吸收。脾主运化，是指脾具有把水谷(饮食物)化为精微，并将精微物质转输至全身的生理功能。脾的运化功能，可分为运化水谷和运化水液两个方面。

①运化水谷。即对饮食物的消化和吸收。饮食入胃后，对饮食物的消化和吸收，实际上主要在胃和小肠内进行。但是，这一过程必须依赖脾的运化功能，才能将水谷化为精微。同样，水谷也有赖脾的转输和散精功能，才能把水谷精微“灌溉四旁”和布散至全身。如《素问·经脉别论》说的“食气入胃，散精于肝……浊气归心，淫精于脉”和“饮入于胃，游溢精气，上输于脾，脾气散精，上归于肺”等，都是说明饮食物中营养物质的吸收，全赖于脾的转输和散精功能。脾的这种生理功能，即《素问·厥论》所说的“脾主为胃行其津液者也”。因此，脾的运化水谷精微功能旺盛，机体的消化吸收功能才能健全，才能为化生精、气、血、津液提供足够的养料，使脏腑、经络、四肢百骸，以及筋肉皮毛等组织得到充分的营养，从而进行正常的生理活动。反之，若脾的运化水谷精微的功能减退，即脾失健运，机体的消化吸收机能因之而失常，出现腹胀、便溏、食欲不振，乃至倦怠、消瘦和气血生化不足等病变。脾胃为后天之本，气血生化之源。

②运化水液。也称为“运化水湿”，是指对水液的吸收、转输和布散作用，是脾主运化的组成部分。在饮食物中，营养物质的吸收多属于液态状物质。所谓运化水液的功能，是指对被吸收的水谷精微中多余水分，能及时地转输至肺和肾，通过肺、肾的气化功能，化为汗和尿排出体外。因此，脾的运化水液功能健旺，就能防止水液在体内发生不正常停滞，也就能防止湿、痰、饮等病理产物的生成。反之，脾的运化水液功能减退必然导致水液在体内的停滞，产生湿、痰、饮等病理产物，甚则水肿。《素问·至真要大论》说：“诸湿肿满，皆属于脾。”这也就是脾虚生湿，脾为生痰之源和脾虚水肿的发生机理。

运化水谷和水液是脾主运化功能的两个方面，二者可分而不可离。脾的运化功能不仅是脾的主要生理功能，而且对于整个动物体的生命活动至关重要，故称脾胃为“后天之本”，气血生化之源。这实际上是对饮食营养和消化吸收功能的重要生理意义在理论上的高度概括。李中梓在《医宗必读》中说：“一有此身，必资谷气，谷入于胃，洒陈于六腑而气至，和调于五脏而血生，而人资之以为生者也，故曰后天之本在脾。”

脾胃为“后天之本”，在防病和养生方面也有着重要意义。李东垣在《脾胃论·脾胃盛衰论》中说：“百病皆由脾胃衰而生也。”在日常生活中，不仅要注意饮食营养，而且要善于保护脾胃；在患病时，针对病情进行忌口，用药时也要顾及脾胃。

(2)脾主升清。脾的运化功能以升清为主。所谓“升清”的升，是指脾气的运动特点，以上升为主，故又说“脾气主升”。“清”，是指水谷精微等营养物质。“升清”，是指水谷精微等营养物质的吸收和上输于心、肺、头目，通过心肺的作用化生气血，以营养全身，故说“脾以升为健”。升和降是脏腑气机的一对矛盾运动。一方面，脾的升清是和胃的降浊相对而言的，也就是升清和降浊相对而言。另一方面，脏腑之间的升降相因，协调平衡是维持机体内脏相对恒定于一定位置的重要因素。因此，脾的升清功能正常，水谷精微等营养物质才能吸收和正常输布，正如李东垣所强调的脾气升发，则元气充沛，动物体始有生生之机；同时，由于脾气的升发，机体内脏才不致下垂。若脾气不能升清，则水谷不能运化，气血生化无源，可出现神疲乏力、头目眩晕、腹胀、泄泻等症。《素问·阴阳应象大论》说：“清气在下，则生飧泄。”脾气(中气)下陷，则可见久泄脱肛，甚或内脏下垂等证。

(3)脾主统血。统，是统摄、控制的意思，是脾有统摄血液在经脉之中流行，防止逸出脉外的功能。《难经·四十二难》说：“脾主裹血，温五脏。”这里的裹，是指脾具有包裹血液，勿使外逸的意思，实际上也就是指脾有统血的功能。脾统血的主要机理实际上是气的固摄作用。

(4)脾主肌肉。四肢肌肉的生长发育及功能活动主要依赖脾所运化水谷精微的濡养。《素问·痿论》说：“脾主身之肌肉。”脾气健运，营养充足，则肌肉丰满，活动有力，步行轻健。

(5)脾开窍于口。脾主水谷的运化，口是水谷摄入的门户；又脾气通于口，与食欲有着直接关系。脾气旺盛,则食欲正常。《灵枢·脉度篇》说:"脾气通于口,脾和则口能知五谷矣。"脾主运化,其华在唇,口唇可以反映出脾运化功能的盛衰。若脾气健运,营养充足,则口唇鲜明,光润如桃花色。

2. 脾功异常的症状

(1)运化不足。若脾失健运,水谷运化功能失常,就会出现腹胀、腹泻、精神倦怠、消瘦、营养不良等症,以及出现水湿内停的各种病变。如停留肠道则为泄泻,停于腹腔则为腹水,溢于肌表则为浮肿,水湿聚集则成痰饮。重者,脾气不升反而下陷,除导致泄泻外,还可引起如脱肛、子宫脱垂等内脏脱垂诸证。

(2)慢性出血。若脾气虚弱,统摄乏力,气不摄血,就会引起各种出血性疾患,尤以慢性出血为多见,如长期便血等。

(3)消瘦无力。若脾不健运,肌肉痿软。重者,四肢痿软无力,倦怠喜卧。

(4)口唇异常。若脾失健运,则动物食欲减退,甚至废绝,口唇淡白无光。脾有湿热,口唇红肿。脾经热毒上攻,则口唇生疮,口流黏涎。

表 2-11 脾的功能及病理表现

脾的功能	脾的病理表现
主运化——将水谷转化为精微,并转输到全身 主统血——控制血液在经脉中运行而不外溢 主升清——将水谷精微等营养物质向上输入心肺而营养全身。脾气上升还能维持内脏位置稳定	脾气虚:食欲不振、纳食不化、腹胀便溏、四肢倦怠乏力或轻度浮肿
	中气下陷:眩晕体倦、内脏下垂、久泄脱肛、便意频数、小便淋漓难尽等
	脾不统血:便血、鼻衄、尿血、皮下出血、皮肤出血等各种慢性出血
	脾阳不振:形寒肢冷、脘腹冷痛、喜热食、泄泻、体肿
	脾虚湿困:脘腹闷痛、四肢困倦、纳食减少、口淡乏味或口黏不渴,甚或恶心欲吐、大便不实,甚或浮肿
	脾阴虚:食欲减退、唇干口燥、大便秘结、胃脘灼热、形体消瘦、舌红少苔等

四、肝

1. 生理功能

肝位于腹部,横膈之下,右胁之内。肝为魂之处,血之藏,筋之宗。肝在五行属木,主动,主升。《素问·灵兰秘典论》说:"肝者,将军之官,谋虑出焉。"《素问·六节藏象论》说:"肝者,罢极之本,魂之居也。"肝的主要生理功能是主疏泄和主藏血。肝开窍于目,主筋,其华在爪,在志为怒,在液为泪。肝与胆有经络相互络属其间,而且肝与胆本身也直接相连,互为表里(表 2-12)。

(1)肝藏血。肝有贮藏血液及调节血量的功能。当动物休息或静卧时,机体对血液的需要量减少,一部分血液则贮藏于肝;而在使役或运动时,机体对血液的需要量增加,肝便排出所藏的血液,以供机体活动之需。故有"动则血运于诸经,静则血归于肝"之说。肝血供应的充足与否,与动物耐受疲劳的能力有着直接的关系。当动物使役或运动时,若肝血供给充足,则可增加对疲劳的耐受力,否则易于产生疲劳,故《素问·六节藏象论》中称"肝为罢极之本"。

(2)肝主疏泄。疏,即疏通;泄,即发散。肝主疏泄,是指肝具有保持全身气机疏通条达的作用。气机是机体脏腑功能活动基本形式的概括。气机调畅,升降正常,是维持脏腑生理功能的前提。"肝喜条达而恶抑郁",全身气机的舒畅条达,与肝的疏泄功能密切相关,主要表现在以下几个方面。

①协调脾胃运化。肝气疏泄是保持脾胃运化功能的重要条件。一是因为肝的疏泄功能使全身

气机疏通畅达，协助脾胃之气的升降和二者的协调；二是肝能输注胆汁，以帮助食物的消化。

②调畅气血运行。肝的疏泄功能直接影响气机的调畅，而气与血，如影随形，气行则血行，气滞则血瘀。因此，肝疏泄功能正常是保持气血通畅的必要条件。

③调控精神活动。动物的精神活动，除“心藏神”外，与肝气有密切关系。肝疏泄功能正常，也是保持精神活动正常的必要条件。

④通调水液代谢。肝气疏泄还包括疏利三焦，通调水液升降通路的作用。

(3)肝主筋。筋，即筋膜(包括肌腱)，是联系关节、约束肌肉、主司运动的组织。肝主筋，是指肝有为筋提供营养，以维持其正常功能的作用。肝主筋的功能与“肝藏血”有关，肝血充盈，筋得到充分的濡养，其活动才能正常。“爪为筋之余”，故肝血的盛衰，可引起爪甲(蹄)荣枯的变化。肝血充足，则筋强力壮，爪甲(蹄)坚韧。

(4)肝开窍于目。目主视觉，肝有经脉与之相连，其功能的发挥有赖于五脏六腑之精气，特别是肝血的滋养。《素问·五藏生成篇》说：“肝受血而能视。”由于肝与目关系密切，故肝的功能正常与否，常常在目上得到反映。若肝血充足，则双目有神，视物清晰。

2.肝功异常的症状

(1)藏血失职。一是肝血不足，血不养目，则发生目眩、目盲或血不养筋，则出现筋肉拘挛或屈伸不利。二是肝不藏血，则引起动物不安或出血。肝的阴血不足还可引起阴虚阳亢或肝阳上亢，出现肝火、肝风等证。

(2)疏泄失常。若肝气郁结，疏泄失常，影响脾胃，可引起黄疸、食欲减退、嗳气、肚腹胀满等消化功能紊乱的现象。肝能调畅气血运行，若肝失条达，肝气郁结，则见气滞血瘀；若肝气太盛，血随气逆，可见呕血、衄血。肝能调控精神活动，若肝气疏泄失常，气机不调，可引起精神活动异常，出现躁动或精神沉郁，胸胁胀痛等症状。肝能通调水液代谢，若肝气疏泄功能失常，可影响三焦的通利，引起水肿、胸腔积液、腹水等水液代谢障碍的病变。

(3)筋爪异常。若肝血不足，血不养筋，可出现筋弱无力，伸屈不灵，爪甲(蹄)多薄而软，甚至变形而易脆裂。若邪热劫津，津伤血耗，可引起四肢抽搐、角弓反张、牙关紧闭等肝风内动之证。

(4)眼目异常。若肝血不足，则双目干涩，视物不清，甚至夜盲；肝经风热，则目赤痒痛；肝火上炎，则目赤肿痛生翳。

表 2-12　肝的功能及病理表现

<table>
<tr><th>肝的功能</th><th>肝的病理表现</th></tr>
<tr><td rowspan="7">主疏泄——疏通、畅达全身气机
主藏血——贮藏血液，调节血量</td><td>疏泄不及：胸胁、乳房、少腹(小腹两旁)、前阴等部位胀痛，甚至出现抑郁、多疑、善虑</td></tr>
<tr><td>疏泄太过：头目胀痛、面红目赤、急躁易怒，甚至出现吐血、咯血、昏厥</td></tr>
<tr><td>肝血不足：肢体麻木、屈伸不利、筋脉拘急、手足震颤、爪甲枯薄脆裂</td></tr>
<tr><td>肝风内动：双目斜视、四肢抽搐、手足震颤、牙关紧闭、角弓反张(因背部肌肉抽搐而导致身体向后挺仰，状如弯弓)</td></tr>
<tr><td>肝阴亏损：胁痛目涩、视力减退、潮热盗汗、口燥咽干</td></tr>
<tr><td>肝火上炎：头晕胀痛、耳鸣、目赤肿痛、急躁易怒、心烦不眠或多梦、口苦口干、便秘、尿短黄，或胁肋灼痛
肝经湿热：目眵增多、右胁肋部胀痛、尿黄、舌红、苔黄腻</td></tr>
<tr><td>肝经风热：迎风流泪、脾气暴躁、头晕眼花</td></tr>
</table>

五、肾

1.生理功能

肾位于腰部,左右各一(有左为肾,右为命门之说)。《素问·脉要精微论》说:"腰者,肾之府也。"肾的主要功能为主藏精,主命门火,主水,主纳气,主骨、生髓、通于脑。肾开窍于耳,司二阴。肾有经脉络于膀胱,与膀胱相表里(表 2-13)。

(1)肾藏精。"精"是一种精微物质,肾所藏之精即肾阴(真阴、元阴),是构成机体的基本物质,也是机体生命活动的物质基础,它包括先天之精和后天之精两个方面。先天之精,即本脏之精,是构成生命的基本物质。它禀受于父母,与机体的生长、发育、生殖、衰老都有密切关系。胚胎的形成和发育均以肾精作为基本物质,同时它又是动物出生后生长发育过程中的物质根源。当机体发育成熟时,雄性则有精液产生,雌性则有卵子发育,出现发情周期,开始有了生殖能力;到了老年,肾精衰微,生殖能力也随之下降,直至消失。后天之精,即水谷之精,由五脏六腑所化生,故又称"脏腑之精",是维持机体生命活动的物质基础。先天之精和后天之精融为一体,相互资生,相互联系。先天之精有赖后天之精的供养才能充盛,后天之精需要先天之精的资助才能化生,故一方的衰竭必然影响另一方的功能。

(2)肾主命门火。命门,即生命之根本的意思;火,即功能。命门火,一般称为元阳或肾阳(真阳),也藏之于肾。它既是肾功能的动力,又是机体热能的来源。肾主命门火,是指肾之元阳,有温煦五脏六腑,维持其生命活动的功能。肾所藏之精需要命门火的温养,才能发挥其滋养各组织器官及繁殖后代的作用。五脏六腑的功能活动也有赖于肾阳的温煦才能正常,特别是后天脾胃之气需要先天命门之火的温煦,才能更好地发挥运化的作用。

(3)肾主水。肾在机体水液代谢过程中起着升清降浊的作用。肾主水,主要是指肾中精气的气化功能,对于体内津液的输布和排泄,维持体内津液代谢的平衡,起着极为重要的调节作用。《素问·逆调论》说:"肾者水脏,主津液。"

动物体内的水液代谢过程是由肺、脾、肾三脏共同完成的,其中肾的作用尤为重要。肾主水的功能主要靠肾阳(命门之火)对水液的蒸化来完成。在正常生理情况下,津液的代谢通过胃的摄入、脾的运化和转输、肺的宣散和肃降、肾的蒸腾气化,以三焦为通道,输送到全身;经过代谢后的津液,则化为汗液、尿液和气排出体外。水液进入胃肠,由脾上输于肺,肺将清中之清的部分输布全身,而清中之浊的部分则通过肺的肃降作用下行于肾,肾再加以分清泌浊,将浊中之清经再吸收上输于肺,浊中之浊的无用部分下注膀胱,排出体外。肾阳对水液的蒸化作用,称为"气化"。肾中精气的蒸腾气化实际上主宰着整个津液代谢过程,肺、脾等内脏对津液的气化均依赖于肾中精气的蒸腾气化;特别是尿液的生成和排泄更与肾中精气的蒸腾气化直接相关,而尿液的生成和排泄在维持体内津液代谢平衡中又起着极其关键的作用,故说肾主水。

(4)肾主纳气。纳,即固摄、受纳的意思。肾主纳气,是指肾有摄纳肺所吸入的清气,防止呼吸表浅的作用,才能保证体内外气体的正常交换。虽动物体的呼吸功能为肺所主,但必须依赖于肾的纳气作用。《类证治裁·喘症》说:"肺为气之主,肾为气之根,肺主出气,肾主纳气,阴阳相交,呼吸乃和。"肾的纳气功能,实际上就是肾的闭藏作用在呼吸运动中的具体体现。从理论上来说,肺吸入之清气,必须下达于肾。如《难经·四难》说:"呼出心与肺,吸入肾与肝。"但实际上是说明了肺的呼吸要保持一定的深度,有赖于肾的纳气作用。因此,肾的纳气功能正常,则呼吸均匀和调。若肾的纳气功能减退,摄纳无权,呼吸就表浅,可出现动辄气喘,呼多吸少等病理现象,这种现象被称为"肾不纳气"。

(5)肾主骨、生髓、通于脑。肾有主管骨骼代谢，滋生和充养骨髓、脊髓及大脑的功能。肾主骨、生髓的生理功能，实际上是肾中精气具有促进机体生长发育功能的一个重要组成部分。骨的生长发育，有赖于骨髓的充盈及其所提供的营养。“肾生骨髓”(《素问·阴阳应象大论》)，“其充在骨”(《素问·六节藏象论》)，都是说肾中精气充盈，才能充养骨髓，故：“肾主身之骨髓”(《素问·四时刺逆从论》)。老年动物的骨质脆弱、易于骨折等，都与肾中精气不足、骨髓空虚有关。

髓，有骨髓、脊髓和脑髓之分，这三者均属于肾中精气所化生。因此，肾中精气的盛衰，不仅影响骨的生长和发育，而且也影响脊髓和脑髓的充盈和发育。脊髓上通于脑，髓聚而成脑，故称脑为“髓海”。肾中精气充盈，则髓海得养，脑的发育就健全，就能充分发挥其“精明之府”的生理功能；反之，肾中精气不足，则髓海失养，而形成髓海不足的病理变化。《灵枢·海论》说：“髓海有余，则轻劲多力，自过其度；髓海不足，则脑转耳鸣，胫酸眩冒，目无所见，懈怠安卧。”《素问·灵兰秘典论》说：“肾者，作强之官，伎巧出焉。”实际上也是指肾中精气主骨生髓生理功能的具体表现。

“齿为骨之余”。齿与骨同出一源，牙齿也由肾中精气所充养。《杂病源流犀烛·口齿唇舌病源流》说：“齿者，肾之标，骨之本也。”牙齿的生长与脱落，与肾中精气的盛衰密切相关。肾中精气充沛，则牙齿坚固而不易脱落；肾中精气不足，则牙齿易于松动，甚至早期脱落。此外，手足阳明经均进入齿中，因此，牙齿的某些病变也与手足阳明经失调有关。

(6)肾开窍于耳、司二阴。耳是听觉器官。听觉的灵敏与否，与肾中精气的盈亏有密切关系。肾中的精气充盈，髓海得养，则听觉灵敏，分辨力较高，故《灵枢·脉度》说：“肾气通于耳，肾和则耳能闻五音矣”。反之，肾中精气虚衰时，则髓海失养，而可见听力减退，或见耳鸣，甚则耳聋。动物到老年，肾中精气多见衰退，听力多见减退。故说肾开窍于耳。

二阴，即前阴(外生殖器)和后阴(肛门)。前阴是排尿和生殖的器官，后阴是排泄粪便的通道。尿液的排泄虽在膀胱，但须依赖肾的气化才能完成。因此，尿频、遗尿、尿失禁、尿少或尿闭，均与肾的气化功能失常有关。至于动物的生殖功能，也为肾所主。粪便的排泄，本是大肠的传化糟粕功能，但也与肾的气化有关。如肾阴不足时，可致肠液枯涸而便秘；肾阳虚损时，则气化无权而致阳虚便秘或阳虚泄泻；肾的封藏失司时，则可见久泄滑脱。故说肾开窍于二阴。

【附】命门

命门一词，最早见于《灵枢·根结》，明确指出：“命门者，目也。”自《难经·三十六难》提出：“肾两者，非皆肾也。其左者为肾，右者为命门。命门者，诸神精之所舍，原气之所系也。”“精神之所舍”说明肾是机体生命的根本，是维持生命的门户，故称命门；“男子以藏精，女子以系胞”说明机体的生殖机能在于命门。命门的作用主要体现在如下几个方面。

(1)原气之根。命门的主要作用之一是作为动物体原气的根本所在。原气是维持生命活动的基本物质，由先天之精所化生，并与后天之精相互转化和补充。《素问·上古天真论》中提到“命门者，精神之所舍，原气之根，水火之宅也”，强调了命门在原气生成和维持中的核心作用。

(2)生殖与发育的基础。命门在生殖系统的功能中扮演着关键角色，影响性激素的分泌和生殖能力。中医认为命门的盛衰直接影响生育能力。《景岳全书》中指出：“命门为生身之本，藏精系胞，为生殖之源”，说明了命门在生殖健康中的重要性。

(3)生命力的象征。命门的强弱直接关系到个体的生命力，是维持生命活动和身体健康的关键。《黄帝内经》中提到命门与生命力的关系，如“命门者，精神之所舍”。

(4)肾的辅助。命门与肾相表里,共同构成了中兽医理论中的"肾命门系统"。肾藏精,主生长、发育和生殖,命门则是肾精转化为原气的场所。《素问·灵兰秘典论》中提到肾与命门的关系,如"肾者,作强之官,伎巧出焉"。

(5)阴阳平衡的调节者。命门内的"命门之火"代表着肾阳,与肾阴相互依存,维持动物体的阴阳平衡。《素问·生气通天论》中提到阴阳平衡的重要性,如"阴平阳秘,精神乃治"。

(6)水液代谢的参与者。命门与肾一起,参与调节动物体的水液代谢,影响尿液的生成和排泄。《素问·逆调论》中提到肾与水液代谢的关系,如"肾者,主水,受五脏六腑之精而藏之"。

(7)精神情绪的影响者。命门的健康状态与个体的精神状态有关,影响动物的意志、情绪稳定。《灵枢·本神》中提到肾藏志,如"肾藏志,志伤则恐惧不宁"。

(8)经络系统的关键节点。命门通过经络系统与全身各脏腑器官相联系,影响气血的生成和运行。《灵枢·经脉》中详细描述了经络系统,如"经脉者,所以能决死生,处百病,调虚实,不可不通"。

(9)延缓衰老的促进者。在中兽医抗衰老理论中,命门的保养被认为是重要的一环,通过调养命门延缓衰老过程。《素问·上古天真论》中提到养生延年的方法,如"上古之人,其知道者,法于阴阳,和于术数,食饮有节,起居有常,不妄作劳,故能形与神俱,而尽终其天年"。

(10)治疗多种疾病的调节中心。在中医治疗中,通过调理命门,可以治疗与肾相关的多种疾病。《景岳全书》等后世医书对命门在治疗中的应用有详细论述。

命门的这些作用不仅是中医理论的重要组成部分,也是中医临床实践的重要指导原则。中医师会根据人的具体情况,结合这些理论进行诊断和治疗,以达到调和身体、预防和治疗疾病的目的。

2.肾功异常的症状

(1)阴精亏虚。肾所藏之精,化生肾气,通过三焦,输布全身,促进机体的生长、发育和生殖。因而,在临床上所见滑精、精亏不孕等证,都与肾有直接关系。

(2)命门火衰。肾主命门之火,命门之火不足,常导致全身阳气衰微。

(3)水液代谢障碍。肾主水,如肾阳不足,命门火衰,气化失常,就会引起水液代谢障碍,发生浮肿、胸腔积液、腹水等证。

(4)呼多吸少。肾主纳气,若肾气虚弱,根本不固,纳气失常,可出现呼多吸少,吸气困难的喘息之证。

(5)骨、髓异常。若肾精亏虚,则髓的化源不足,不能充养骨骼,可导致骨骼发育不良,甚至骨脆无力等证;肾精不足,不足以养脑,出现呆痴,呼唤不应,目无所见,倦息嗜卧等症状;"齿为骨之余",若肾精不足,则牙齿松动,甚至脱落。此外,动物被毛的生长,其营养来源于血,而生机则根源于肾气。肾精充足,则被毛生长正常且有光泽;肾气虚衰,则被毛枯槁甚至脱落。

(6)听力、二便异常。肾开窍于耳,司二阴。若肾精不足,可引起耳鸣,听力减退等证;若肾阳不足,则可引起尿频、阳痿、粪便秘结;若脾肾阳虚,可导致粪便溏泄。

表 2-13　肾的功能及病理表现

肾的功能	肾的病理表现
主藏精——贮藏和分配先天之精和后天之精 主水液——肾阳气化水液，促进水代谢 主纳气——摄纳肺吸入之气而调节呼吸	肾精不足：牙齿松动、生长发育迟缓、性机能减退或早衰、耳鸣、耳聋、衰老加快
	肾阴不足：潮热盗汗、腰膝酸痛、遗精早泄、便秘、心烦不安、口咽干燥、舌红少津、脉细数
	肾阳不足：畏寒肢冷、腰膝冷痛、性机能减退、泄泻、面色苍白、精神萎靡、反应迟钝等
	肾气不足：呼多吸少、气短喘促、动则喘甚

任务三　六　　腑

六腑，即胆、胃、大肠、小肠、膀胱、三焦的总称。它们共同的生理功能是：将饮食物腐熟消化，传化糟粕。《素问・五藏别论》说："六腑者，传化物而不藏，故实而不能满也。所以然者，水谷入口，则胃实而肠虚，食下，则肠实而胃虚。"由于六腑专司传化饮食物，故说"实而不能满也。"饮食物自进入机体至排出体外，要通过七道关隘，以利于对饮食物的消化吸收。由于六腑以传化饮食物为其生理特点，故有实而不能满，六腑以降为顺，以通为用之说。"通"和"降"的不及与太过，都属于病态。

一、胆

胆生理功能：贮藏和排泄胆汁，胆主决断（表 2-14）。

胆，居六腑之首，又隶属于奇恒之腑。胆与肝相连，附于肝之叶间；肝和胆又有经脉相互络属，而为表里。

《灵枢・本输》称"胆者，中精之府"，内藏清净之液，即胆汁。胆汁味苦，色黄绿，由肝之精气所化生，汇集于胆，泄于小肠，以助饮食物消化，是脾胃运化功能得以正常进行的重要条件。《东医宝鉴》说"肝之余气，泄于胆，聚而成精汁"，是指胆汁的化生来源而言；《素问・宝命全形论》说"土得木而达"，即是以五行学说的理论来概括肝胆和脾胃之间存在着克中有用、制则生化的关系。

胆汁的化生和排泄，由肝的疏泄功能控制和调节。若肝的疏泄功能正常，则胆汁排泄畅达，脾胃运化功能也健旺。反之，肝失疏泄，导致胆汁排泄不利，影响脾胃的运化功能，而出现胁下胀满疼痛、食欲减退、腹胀、便溏等症；若胆汁上逆，则可见口苦、呕吐黄绿苦水；胆汁外溢，则可出现黄疸。

总之，胆的主要生理功能是贮藏和排泄胆汁。胆汁直接有助于饮食物的消化，故为六腑之一；因胆本身并无传化饮食物的生理功能，且藏精汁，与胃、肠等腑有别，故又属奇恒之腑。

表 2-14　胆的功能及病理表现

胆的功能	胆的病理表现
助运化——贮藏和排泄胆汁以助运化 主决断——影响自我意识和言行上的准确及果敢	胆气上逆：口苦、呕吐苦水
	胆汁排泄不畅：胁下胀痛、食欲减退、厌食、腹胀便稀、呕吐黄绿苦水
	肝胆湿热：胁痛、口苦、黄疸（身黄、目黄、尿黄）等
	胆气虚弱：言行失准、优柔寡断
	胆热痰扰：心悸（自觉心跳快而强的不适感）、失眠、遇事易惊、多梦

二、胃

胃生理功能：受纳腐熟水谷，胃以降为和(表 2-15)。

胃，又称胃脘，分上、中、下三部。胃的上部称上脘，包括贲门；胃的中部称中脘，即胃体的部位；胃的下部称下脘，包括幽门。

(1)主受纳、腐熟水谷。受纳，是接受和容纳的意思。腐熟，是饮食物经过胃的初步消化，形成食糜的意思。饮食入口，经过食管，容纳于胃，故称胃为"太仓""水谷之海"。机体的生理活动和气血津液的化生，都需要依靠饮食物的营养，故又称胃为"水谷气血之海"。如《灵枢·玉版》说："人之所受气者，谷也；谷之所注者，胃也；胃者，水谷气血之海也。"容纳于胃中的水谷，经过胃的腐熟后，下传于小肠，其精微经脾之运化而营养全身。所以，胃虽有受纳与腐熟水谷的功能，但必须和脾的运化功能配合，才能使水谷化为精微，以化生气血津液，供养全身。饮食营养和脾胃对饮食水谷的运化功能，对于维持机体的生命活动，至关重要。《素问·平动人气象论》说："人以水谷为本。"《素问·玉机真藏论》说："五藏者，皆禀气于胃；胃者，五藏之本也。"说明胃气之盛衰有无，关系到动物体的生命活动及其存亡。李东垣在《脾胃论·脾胃虚实传变论》中说："元气之充足，皆由脾胃之气无所伤，而后能滋养元气。若胃气之本弱，饮食自倍，则脾胃之气既伤，而元气亦不能充，而诸病之所由生也。"临床上诊治疾病，也十分重视胃气，常把"保胃气"作为重要的治疗原则。《景岳全书·杂证谟·脾胃》说："凡欲察病者，必须先察胃气；凡欲治病者，必须常顾胃气。胃气无损，诸可无虑。"

(2)主通降，以降为和。胃为"水谷之海"，饮食物入胃，经胃的腐熟后，必须下行入小肠，进一步消化吸收，所以说胃主通降，以降为和。在藏象学说中，以脾升胃降来概括机体整个消化系统的生理功能，因此，胃的通降作用，还包括小肠将食物残渣下输于大肠，及大肠传化糟粕的功能在内。

胃的通降是降浊，降浊是受纳的前提条件。所以，胃失通降，不仅可以影响食欲，而且因浊气在上而发生口臭、脘腹胀闷或疼痛，以及大便秘结等症状，如《素问·阴阳应象大论》说："浊气在上，则生䐜胀。"若胃气不仅失于通降，进而形成胃气上逆，则可出现嗳气酸腐、恶心、呕吐、呃逆等症状。

表 2-15　胃的功能及病理表现

胃的功能	胃的病理表现
主受纳和腐熟——接受和容纳饮食物，初步消化，形成食糜 主通降——将食糜下传小肠	胃失通降：纳呆脘闷、胀满疼痛、大便秘结
	胃气上冲：恶心、呕吐、呃逆、嗳气、厌食等
	胃气虚弱：胃脘胀痛、厌食纳呆、食物消化不良、大便稀溏
	胃火亢盛：腐熟功能亢进，则消谷善饥、胃中嘈杂、饥肠辘辘
	胃阴不足：口渴、饥不欲食、胃脘嘈杂

三、小肠

小肠生理功能：主受盛化物，泌别清浊，小肠主液(表 2-16)。

小肠，是一个相当长的管道器官，位于腹中，其上口在幽门处与胃之下口相接，其下口在阑门处与大肠之上口相连。小肠与心有经脉互相络属，故与心相为表里。

(1)主受盛和化物。受盛，是接受、以器盛物的意思。化物，具有变化、消化、化生的意思。小肠的受盛功能主要体现于两个方面：一是说明小肠是接受经胃初步消化之饮食物的盛器；二是指经胃初步消化的饮食物，在小肠内必须有相当时间的停留，以利于进一步消化和吸收。小肠的化物功能是将经胃初步消化的饮食物，进一步进行消化，将水谷化为精微。《素问·灵兰秘典论》说："小肠者，受盛之官，化物出焉。"

(2)泌别清浊。泌，即分泌；别，即分别。小肠的泌别清浊功能主要体现在三个方面：①将经过小肠消化后的饮食物，分别为水谷精微和食物残渣两个部分；②将水谷精微吸收，把食物残渣向大肠输送；③小肠在吸收水谷精微的同时，也吸收了大量的水液，故又称"小肠主液"。张介宾在《类经·藏象类》说："小肠居胃之下，受盛胃中水谷而分清浊，水液由此而渗入前，糟粕由此而归于后，脾气化而上升，小肠化而下降，故曰化物出焉。"这就进一步指出：小肠的泌别清浊功能，还与尿液的量有关。如小肠的泌别清浊功能正常，则二便正常；如小肠的泌别清浊异常，则大便变稀薄，而小便短少，小肠内的水液量多寡与尿量有关。临床上常用的"利小便即所以实大便"的治法，即是这个原理在临床治疗中的应用。

由此可见，小肠受盛、化物和泌别清浊的功能，在水谷化为精微的过程中是十分重要的，实际上这是脾胃升清降浊功能的具体表现。因此，小肠的功能失调既可引起浊气在上的腹胀、腹痛、呕吐、便秘等证，又可引起清气在下的便溏、泄泻等证。

表 2-16 小肠的功能及病理表现

小肠的功能	小肠的病理表现
主受盛化物——消化水谷，转化为营养物质 主泌别清浊——吸收饮食精微，使糟粕向下	化物功能失常：腹胀、腹泻、便溏(较稀的大便)
	泌别清浊功能失常：水谷混杂、大便稀薄、小便赤短

四、大肠

大肠生理功能：传化糟粕，大肠主津(表 2-17)。

大肠居腹中，其上口在阑门处紧接小肠，其下端紧接肛门。大肠与肺有经脉相互络属，互为表里。

大肠接受经过小肠泌别清浊后所剩下的食物残渣，再吸收其中多余的水液，形成粪便，经肛门而排出体外，所以《素问·灵兰秘典论》说："大肠者，传导之官，变化出焉。"传导，即接上传下之意。"变化出焉"，即将糟粕化为粪便。大肠的传导变化作用是胃的降浊功能的延伸，同时与肺的肃降有关。如唐宗海在《医经精义·脏腑之官》中论述大肠传导作用时说："大肠之所以能传导者，以其为肺之腑。肺气下达，故能传导。"此外，大肠的传导作用与肾的气化功能有关，故有"肾主二便"之说。

表 2-17 大肠的功能及病理表现

大肠的功能	大肠的病理表现
主传化糟粕——再次吸收小肠下移的食物残渣，形成粪便 主津——重新吸收小肠下移的食物残渣中的水分	传导失常：大便秘结或泄泻
	湿热蕴结：腹痛、里急后重、下痢脓血
	虚寒：肠鸣、腹痛、泄泻等
	实热：肠道失润、大便干燥、秘结不通

五、膀胱

膀胱生理功能:贮尿和排尿,依赖肾的气化功能(表 2-18)。

膀胱位于小腹中央,为贮尿的器官。膀胱和肾直接相通,二者又有经脉相互络属,故为表里。

尿液为津液所化,在肾的气化作用下生成尿液,下输于膀胱。尿液在膀胱内潴留至一定容量时,即可及时自主地排出体外。《素问·灵兰秘典论》说:“膀胱者,州都之官,津液藏焉,气化则能出矣。”

膀胱的贮尿和排尿功能全赖于肾的气化功能。所谓膀胱气化,实际上隶属于肾的蒸腾气化。膀胱的病变,主要表现为尿频、尿急、尿痛或是排尿不利,尿有余沥,甚至尿闭或是遗尿,甚则小便失禁。《素问·宣明五气篇》说:“膀胱不利为癃,不约为遗溺。”膀胱的这些病变,归根结底,也多与肾的气化功能有关。

表 2-17 膀胱的功能及病理表现

膀胱的功能	膀胱的病理表现
贮藏尿液——起到容器的作用 排泄尿液——达到一定容量时,通过肾的气化作用排出体外	津液缺乏:小便短少
	肾气不固、膀胱失约:尿频、遗尿,甚至尿失禁
	肾气不足、膀胱不利:尿痛、尿涩,甚至癃闭(排尿量少,点滴而出,甚至闭塞不通)

六、三焦

三焦生理功能:通行元气,总司气机和气化,为水液运行的道路。

三焦是上焦、中焦、下焦的合称,为六腑之一。三焦的某些具体概念不够明确,《难经·二十五难》和《难经·三十八难》又提出“有名而无形”之说,因而引起了后世的争论,但对三焦的生理功能的认识是一致的,认为三焦的主要生理功能是主持诸气、通行水道。在形态方面,目前部分学者认为三焦是分布于胸腹腔的一个大腑,在动物体脏腑中,唯它最大,故有“孤府”之称。正如张景岳《类经·藏象类》中所指出的,三焦是“脏腑之外,躯体之内,包罗诸脏,一腔之大腑也”。但更重要的并不在于确定三焦是属于哪个实质性脏器,而是在于研究和掌握三焦在生理、病理学上的实际意义。

三焦的主要生理功能,一是通行元气,二为水液运行之道路。

(1)主持诸气,总司全身的气机和气化。三焦是气的升降出入的通道,又是气化的场所,故有主持诸气、总司全身气机和气化的功能。元气,是机体最根本的气。元气根于肾,通过三焦而充沛于全身,充分说明了三焦是气的升降出入的通道,机体的气,是通过三焦而输布到五脏六腑,充沛于全身的。《灵枢·营卫生会》将三焦通行元气的作用,作了较详尽的描述,“上焦如雾,中焦如沤,下焦如渎。”

(2)为水液运行之道路。《素问·灵兰秘典论》说:“三焦者,决渎之官,水道出焉。”决,疏通之意;渎,沟渠。决渎,即疏通水道。也就是说,三焦有疏通水道,运行水液的作用,是水液升降出入的通路。全身的水液代谢,是由肺、脾、胃、肠、肾和膀胱等许多脏腑的协同作用而完成的,但必须以三焦为通道,才能正常地升降出入。如果三焦的水道不够通利,则肺、脾、肾等输布调节水液的功能也难以实现其应有的生理效应。又把水液代谢的协调平衡作用,称为“三焦气化”。

三焦的上述两个方面的功能相互关联。这是由于水液的运行全赖于气的升降出入;机体的气依附于血、津液而存在。气的升降出入的通道必然是血或津液的通道;津液升降出入的通道,必然是气的通道。实际上是一个功能两个方面的作用而已。

(3)上焦、中焦、下焦的部位划分及其各自的生理功能特点。

①上焦。上焦的部位,一般都是根据《灵枢·营卫生会》的论述:“上焦出于胃上口,并咽以上贯膈而布胸中。”将横膈以上的胸部,包括心、肺两脏和头面部,称为上焦;也有将动物上肢归属于上焦。上焦的生理功能特点根据《灵枢·决气》的论述以“开发”“宣化”和“若雾露之溉”为其主要生理功能。上焦是主气的升发和宣散,但它不是有升无降,而是“升已而降”,故说“若雾露之溉”,《灵枢·营卫生会》也因此而概括为“上焦如雾”。《温病条辨》提出“治上焦如羽,非轻不举”的治疗原则,也是以此为其主要的理论依据。

②中焦。中焦的部位是指膈以下,脐以上的上腹部。但在《灵枢·营卫生会》中是指整个胃,即是从胃的上口(贲门)至胃的下口(幽门)。中焦的生理功能特点实际上包括脾和胃的整个运化功能,故中焦是“泌糟粕,蒸津液”,升降之枢,气血生化之源。《灵枢·营卫生会》概括为“中焦如沤”和《温病条辨》提出的“治中焦如衡,非平不安”的治疗原则,均以中焦是“升降之枢”为其主要的理论依据。

从解剖部位来说,中焦所属的脏腑包括脾、胃、肝、胆,在《黄帝内经》中虽未具体指明,但在《黄帝内经》的脉法和王叔和的《脉经》中,均以肝应左关,而属于中焦。至后世温病学说以“三焦”作为辨证纲领后,将外感热病后期出现的一系列肝的病证,列入“下焦”的范围后,现在临床辨证中,仍多从之。

③下焦。下焦的部位一般根据《灵枢·营卫生会》,将胃以下的部位和脏器,如小肠、大肠、肾和膀胱等,均归属下焦。下焦的生理功能特点在《黄帝内经》中说它是排泄糟粕和尿液,如《灵枢·营卫生会》概括为“下焦如渎”,但后世对藏象学说有了发展,将肝、肾、精血、命门原气等都归属下焦,因而扩大了下焦的生理功能特点。《温病条辨》中提出“治下焦如权,非重不沉”,实际上也包含着这一个概念。

任务四 奇恒之腑

奇恒之腑,包括脑、髓、骨、脉、胆、胞宫等六个脏器组织。它们在形态上多属中空而与腑相似,在功能上则不是饮食物消化排泄的通道,而且又贮藏精气,与脏的生理功能特点相类似,所以《素问·五藏别论》说:“脑、髓、骨、脉、胆、胞宫,此六者,地气之所生也,皆藏于阴而象于地,故藏而不泻,名曰奇恒之腑。”奇恒之腑中除胆为六腑之一外,其余的都没有表里配合,也没有五行的配属,这是不同于五脏六腑的又一特点。

脉、髓、骨、胆的生理,前面已论述,本任务仅论述脑与胞宫。

一、脑

脑居颅内,由髓汇集而成。《素问·五藏生成篇》说:“诸髓者,皆属于脑。”《灵枢·海论》说:“脑为髓之海。”这不但指出了脑是髓汇集而成,同时还说明了髓与脑的关系。脑的功能,如《素问·脉要精微论》说:“头者,精明之府。”《灵枢·大惑论》中将眼的结构名称及与脑的关系也作了说明,它说:“五脏六腑之精气,皆上注于目,而为之睛,精之窠为眼,骨之精为瞳子,筋之精为黑眼,血之精为络,窠气之精为白眼,肌肉之精为约束,裹撷筋、骨、血、气之精而与脉并为系,上属于脑，后出于项中。"《大惑论》还把视觉的病理变化与脑联系起来，它说："故邪中其项，因逢其身之虚，其入深，则随眼系以入于脑，入于脑则脑转，脑转则引目系急，目系急，则目眩以转矣。"再如《灵枢·海论》说："髓海不足，则脑转耳鸣，胫酸眩冒，目无所见，懈怠安卧。"《灵枢·口问》也说："上气不足，脑为之不满，耳为之苦鸣，头为之苦倾，目为之眩。"这是把视觉、听觉以及精神状态的病理变化与脑联系起来了。脑、耳、目都在头部，脑之"不满"则可导致耳鸣、目眩以及精神委顿。明代李时珍明确提出脑与精神活动有关，谓"脑为元神之府"。清代汪昂在《本草备要》中有"人之记性，皆在脑中"的记载。后来，王清任在前人对动物认识的基础上，对脑的功能做了较为详细的论述，他在《医林改错》中说："灵机记性在脑者，因饮食生气血，长肌肉，精汁之清者，化而为髓，由脊骨上行入脑，名曰脑髓。……两耳通脑，所听之声归于脑。……两目系如线，长于脑，所见之物归于脑。……鼻通于脑，所闻香臭归于脑。……小儿至周岁，脑渐生，……舌能言一二字。"他的这一认识，已把忆、视、听、嗅、言等感官功能皆归于脑，这种对脑的认识已比《黄帝内经》提高了一大步。

中医学藏象学说，将脑的生理和病理统归于心而分属于五脏，认为心是"君主之官，神明出焉"，为"五脏六腑之大主也，精神之所舍也"。动物的精神意识和思维活动被统归于心，故曰"心藏神"。同时，神又被分为五种不同表现的神，即魂、魄、意、志、神，这五种神分别归属于五脏，且都在心的统领下发挥作用，如心藏神，主喜；肝藏魂，主怒；脾藏意，主思；肺藏魄，主悲；肾藏志，主恐等。其中心、肝、肾与精神意识思维活动的关系更为密切。因此，精神意识思维活动异常的精神情志病决不能简单地认为是心主神明的病变，而与其他四脏无关；脑的病变不能简单地责之于肾，而与其他四脏无关。

二、胞宫

胞宫，即子宫，位于小腹部，在膀胱之后，呈倒梨形。胞宫是主发情和孕育胎儿的器官。

在中医理论中，胞宫（子宫）被视为雌性重要的内生殖器官，具有独特的功能和地位。胞宫的功能包括行经、蓄经、育胎和分娩，这些功能体现了胞宫的特殊性，即它既具有"藏"（贮存）的功能，也具有"泻"（释放）的功能，且藏泻分明，各依其时。胞宫的这些功能是机体生命活动的一部分，是脏腑、经络、气血作用的结果，且与多个脏腑系统有密切的经络联系和功能联系。

胞宫的功能与以下脏腑系统密切相关。

肾：肾为先天之本，主藏精气，与胞宫有直接的经络联系，肾气旺盛是胞宫行经、胎孕、产育等生理功能的基础。

肝：肝藏血并调节血量，与胞宫的行经和胎孕功能有重要调节作用。

脾：脾为气血生化之源，其气主升，对血液有收摄、控制作用，直接为胞宫的行经、胎孕提供物质基础。

胃：胃主受纳，腐熟水谷，为胞宫提供必需的气血，为胞宫的功能提供物质基础。

心：心主神明和血脉，统辖一身上下，胞宫的行经、胎孕功能与心的功能有直接关系。

肺：肺主一身之气，胞宫所需的精微物质由肺气转输和调节。

此外，胞宫与冲、任、督、带四脉也有密切联系，这些奇经八脉中的四脉对调节全身气血、渗灌溪谷、濡润肌肤以及协调胞宫生理功能都有重要意义。冲脉被称为"血海"，对胞宫的行经和胎孕功能至关重要；任脉被称为"阴脉之海"，主一身之阴，与胞宫的妊养功能密切相关；督脉被称为"阳脉之海"，与任脉共同主司孕育功能；带脉则约束冲、任、督三脉，维持胞宫生理活动。

任务五　脏腑关系

一、脏与脏之间的关系

在理论上多以五行生克乘侮，从各脏的生理功能上来阐述相互关系。

(1)心与肺。心、肺同居上焦。心主血，肺主气、朝百脉。心虽行血，但肺主宗气，贯通心脉，二者配合，才能保证气血的正常运行。火克金，心主血，肺主气；心主行血，肺主呼吸，气血相依存、相互为用的关系。

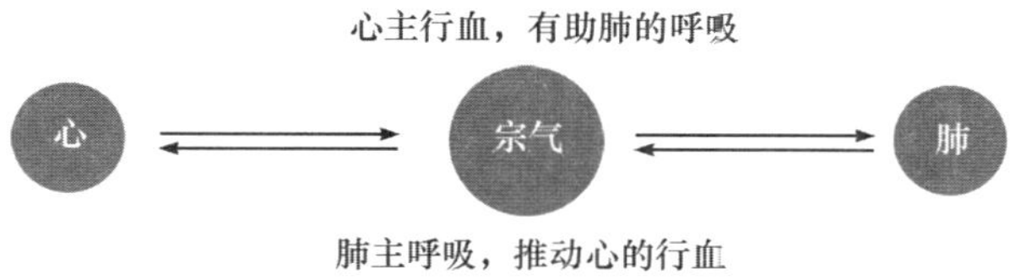

(2)心与脾。心主血而行血，脾生血而统血。心血赖脾所运化的水谷精微以化生。血液的正常运行，除心气的推动外，还有赖于脾气的统摄。火生土，心主血，脾统血，脾为气血生化之源，心与脾关系密切。

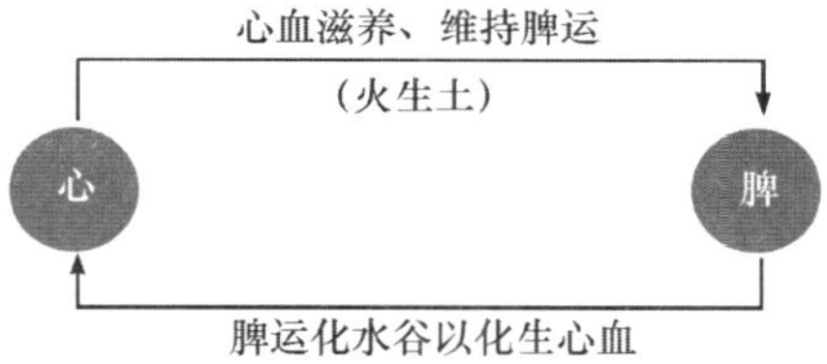

(3)心与肝。心主血，肝藏血；心主神志，肝主疏泄，调节精神情志。心肝配合，能维持血液的正常运行和调节，保持精神情志活动正常。木生火，心主血，肝藏血；心主神志，肝主疏泄的关系。

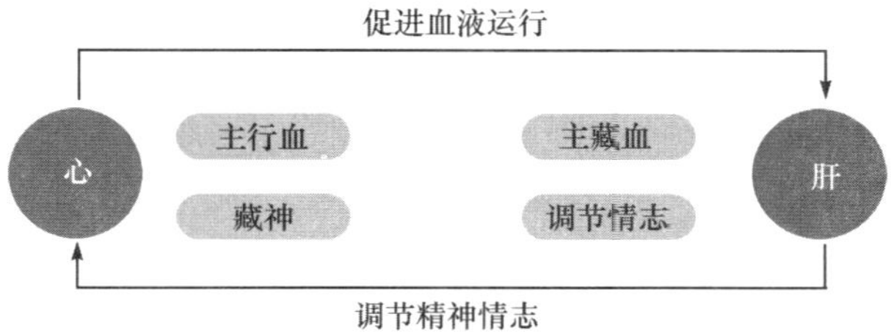

(4)心与肾。心属火，肾属水。在生理状态下，心火下行，肾水上济，二者间维持着动态平衡关系，称为水火既济。水克火，心火下降于肾，肾水上济于心；水火既济，心肾相交的关系。

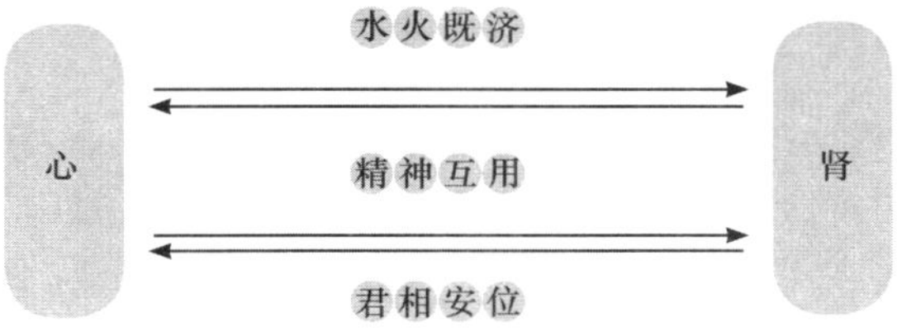

(5)肺与脾。肺主气,脾为气血生化之源;肺主行水,脾能运化水湿,肺脾配合,才能保证动物体气的生成充足,津液代谢正常。土生金的母子关系;气的生成和水液代谢输布依靠肺脾的配合。

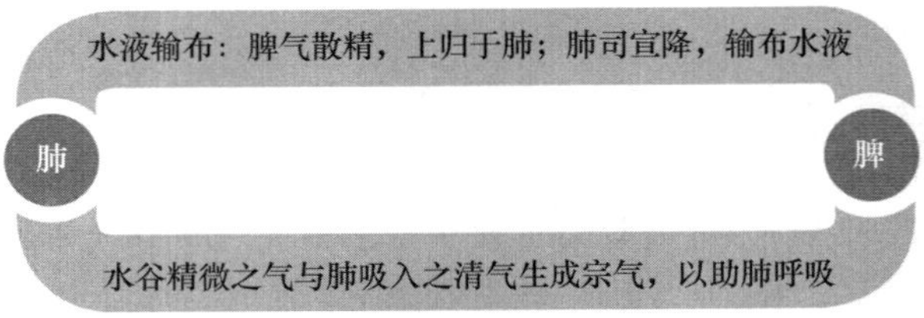

(6)肺与肝。肝主升发,肺主肃降,肝升肺降,才能保持气机调畅,气血运行正常。金克木的关系;肺主降而肝主升,二者相互协调,调节全身气机。

(7)肺与肾。肺主呼气,肾主纳气;肺主行水而通调水道,肾主水,有气化水液的功能,肺肾相互协调,能保持正常的呼吸,完成水液代谢。金生水的同源关系,二者协调调节水液代谢与呼吸运动。

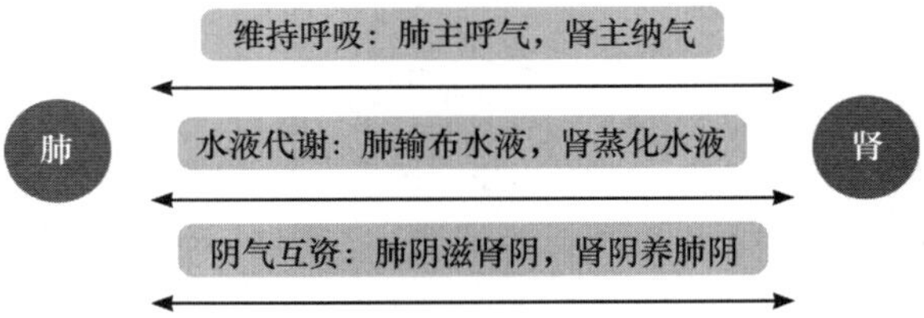

(8)肝与脾。肝主疏泄,有助于脾胃对饮食物的消化、吸收。木克土的关系,肝藏血主疏泄,脾统血为气血生化之源,肝主疏泄与脾主运化相互影响,肝脾在血的生成、贮藏、运行方面密切相关。

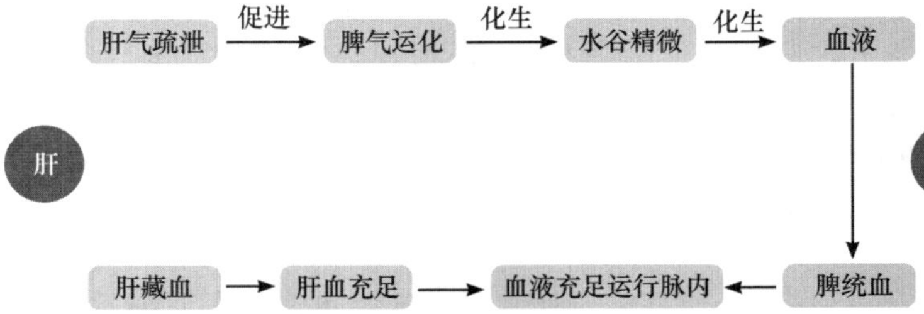

(9)肝与肾。肝藏血,肾藏精,精血互生。肝血依赖肾精的滋养,肾精依赖肝血的补充。水生木,肝肾同源,精血互生关系;肝主疏泄与肾主封藏相互制约。肝肾阴阳相互影响。

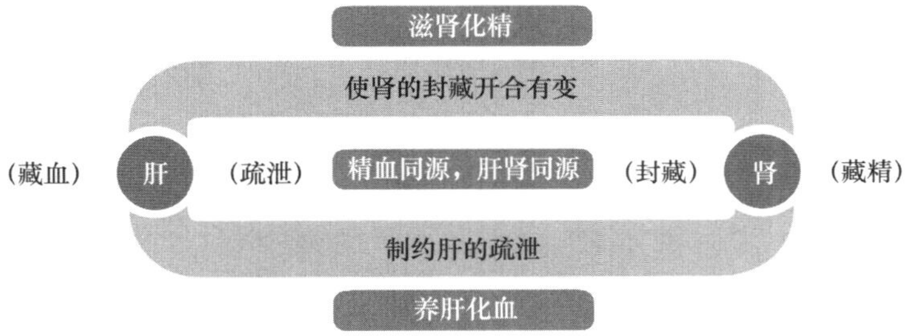

(10)脾与肾。脾为后天之本，肾为先天之本，二者相互资生，相互促进。如果五脏之间的关系失去协调，就会产生各种病理变化。如肺气虚，推动无力；心脉瘀阻，出现胸痛。心肾不交，则出现失眠、心烦。肝脾不和，则出现腹胀、泄泻。肝肾阴亏，则出现头晕、目眩、腰酸。脾肾阳虚，则出现腹泻、水肿等。土克水，先天与后天的关系；相互资生互为因果，脾阳根于肾阳。

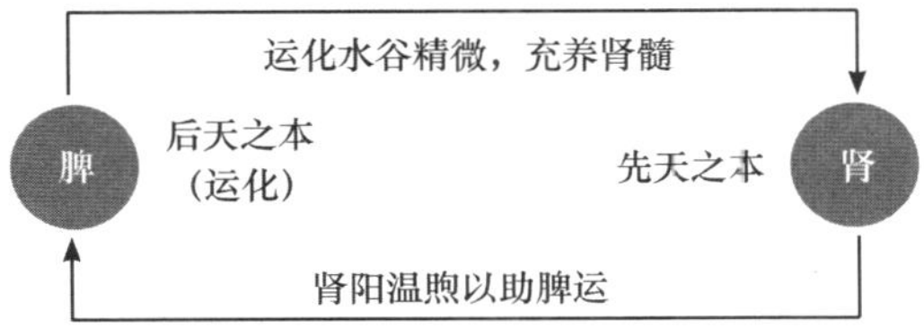

二、六腑之间的关系

六腑，以"传化物"为其生理特点，六腑之间主要体现于饮食物的消化、吸收和排泄过程中的相互联系与密切配合。六腑以通为用，六腑以通为补。

三、脏与腑之间的关系

脏与腑之间是阴阳表里关系，脏为阴，腑为阳，阴阳互为表里。心与小肠，肺与大肠，脾与胃，肝与胆，肾与膀胱，心包与三焦。

(1)心与小肠。心阳下布小肠，则小肠受盛化物、泌别清浊功能正常；若心经有热，移于小肠，会引起小便发黄，甚则尿热尿痛。小肠有热，也可上炎于心，见心烦、口疮。

(2)肺与大肠。肺气的肃降，有助于大肠保持传导功能，而大肠传导正常，又有利于肺气的肃降，否则可出现胸闷、气阻等。

(3)脾与胃。胃主受纳，脾主运化；脾主升清，胃主降浊。二者相辅相成，共同完成饮食物的消化吸收。若脾失健运，可影响胃的受纳和降，出现食少、腹胀；若胃失和降，也可影响脾的升清及运化，出现腹泻。

(4)肝与胆。胆汁源于肝之余气，肝的疏泄，有助于胆汁的排泄。在病理上，肝胆常相互影响，同时受病。

(5)肾与膀胱。膀胱的贮尿与排尿，依赖肾的气化功能。若肾气不足膀胱开阖失度，出现排尿不利、癃闭或失禁、遗尿、尿频等。

(6)心包与三焦。三焦主表，心包在里。若气郁于三焦，自然向内侵入心包经，先影响心包的气血运行，逐渐产生瘀滞。

任务实施

(一)布置任务

根据所学知识,针对以上提供的病例资料,按要求分别完成以下任务。

(1)初步诊断:______

(2)诊断依据:______

(3)鉴别诊断:______

(4)为了确诊疾病,需做哪些进一步检查:______

______

(5)确诊疾病:______

______

(6)治疗原则:______

______

(7)治疗处方:

Rp: 兽医师:

(二)工作评价

针对以上任务的完成情况,分别对初步诊断、诊断依据、鉴别诊断、进一步检查、确诊疾病、治疗原则和治疗处方等7项任务分别给予评价和点评。

工作评价			
评价内容	评价结果		
	正确	基本正确	错误
初步诊断			
诊断依据			
鉴别诊断			

进一步检查			
确诊疾病			
治疗原则			
治疗处方			
学生反思			
教师点评			

项目四
精气血津液神

项目导读

精、气、血、津液是构成动物体的基本物质，也是维持动物体生命活动的基本物质。精，是机体最精专的精微物质；气，是活力很强，运行不息的物质(图 2-8)；血，是循行于脉中的红色液体；津液是动物体内一切正常水液的总称。精、气、血、津液既是动物体脏腑、经络等组织器官生理活动的产物，又为脏腑经络的生理活动提供必需的物质和能量，是这些组织器官功能活动的物质基础。

神是指机体生命活动的外在表现，也就是精神状态。神与脏腑气血盛衰有关：神气充足，则反映脏精充足，机能协调；反之，若脏精衰竭，气血不足，则神气涣散。

研究气、血、津液的生成、输布、生理功能、病理变化及其相互关系的学说，称为气血津液学说。它从整体的角度来研究构成和维持动物体生命活动的基本物质，揭示机体脏腑经络等生理活动和病理变化的物质基础。

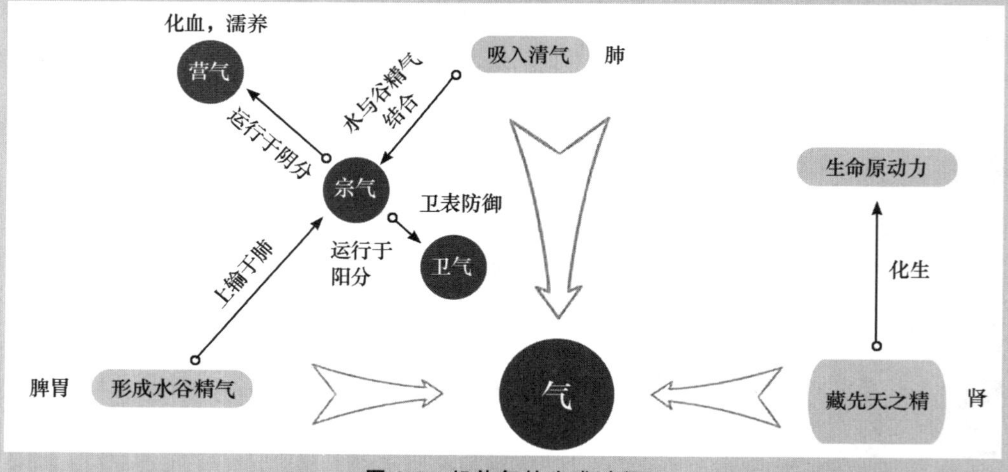

图 2-8　机体气的生成过程

项目目标

知识目标

1. 掌握精、气、血、津液、神的概念及特性。
2. 理解精、气、血、津液、神的基本内容。
3. 理解精、气、血、津液、神的互相关系。

技能目标

1. 具有运用气机理论分析病因的能力。
2. 具备根据精气血津液神理论分析生殖机能盛衰等正常生命现象的能力。

素质目标

1. 以专业知识为载体增强专业自信，践行文化自信。
2. 具备乐于钻研、爱岗敬业的工作态度。
3. 提高人文素质和培养爱国情怀。

任务一　精

案例导入

王女士捡到一只曼基康猫，该猫体形较小，且双后肢长于双前肢，活力一般。养了一段时间，带猫咪注射疫苗后，该猫出现双后肢萎软的情况，约 10 d 后自行缓解。之后服用驱虫药，再次出现双后肢萎软、轻瘫。于是，王女士带该猫到中兽医门诊就诊。

请思考：

1. 该猫可能出现了精的哪种异常？
2. 诊断依据主要有哪些？
3. 应该使用哪一类药物？

任务准备

一、精的基本概念

精，是机体的精微物质，也是维持生命活动的基本物质之一。《素问·金匮真言论》说："夫精者，身之本也。"

精的基本含义有广义和狭义之分。广义的精，泛指构成机体和维持生命活动的精微物质，包括精、血、津、液在内。狭义的精，指肾藏之精，即生殖之精，是促进机体生长、发育和生殖功能的基本物质。

二、精的生成

精按照来源可分为先天之精和后天之精。

1. 先天之精

先天之精又称为"生殖之精"，来源于父母，与生俱来，构成机体的原始物质，是生命的基础。《灵枢·本神》说："生之来，谓之精。"先天之精主要藏于肾。

2. 后天之精

后天之精又称为"脏腑之精"，来源于水谷精微，由脾胃化生并滋养五脏六腑。出生以后，水谷入胃，经过胃的腐熟、脾的运化而生成水谷之精气，并转输到五脏六腑，使之成为脏腑之精。脏腑之精充盛，除供给本身生理活动所需要的以外，其剩余部分则贮藏于肾，以备不时之需。当五脏六腑需要这些精微物质给养的时候，肾脏就把所藏之精气，重新供给五脏六腑。

先天之精和后天之精，其来源虽然不同，但二者相互依存，相互为用。先天之精为后天之精准备了物质基础，后天之精不断地供养先天之精。先天之精只有得到后天之精的补充滋养，才能充分发挥其生理效应；后天之精也只有得到先天之精的活力资助，才能源源不断地化生。即所谓"先天生后天，后天养先天"，二者相辅相成。

三、精的功能

精是构成机体和维持生命活动的精微物质，具有重要的生理功能。

1. 繁衍生殖的功能

生殖之精与生俱来，为生命起源的原始物质，具有生殖以繁衍后代的作用。阴阳和调，胎孕方成，故能有子而繁衍后代。至老年，精气衰微，则丧失了生殖繁衍能力。肾精充足，则生殖能力强；肾精不足，就会影响生殖能力。

2. 生长发育的功能

生始于精，由精而成形。精是胚胎形成和发育的物质基础。肾精不足，则生长发育就会迟缓或障碍。随着精气由盛而衰的变化，动物则从幼年、青年、壮年而步入老年。

3. 生髓化血的功能

肾藏精，精生髓，脑为髓海。故肾精充盛，则脑髓充足而肢体行动灵活、耳目聪敏。精盈髓充则脑自健，脑健则能生智慧，强意志，利耳目，轻身延年。髓居骨中，骨赖髓以养。肾精充足，髓的生成旺盛，骨得髓养则健壮，脑得髓养则维持正常的生理活动。若肾精不足，髓无以化，则会影响骨和脑的功能。

精生髓，髓可化血。精足则血充，故有精血同源之说。临床上补益精髓可以治疗血虚证。

4. 濡养脏腑的功能

饮食经脾胃消化吸收，转化为水谷精微，不断地输布五脏六腑等全身各组织器官之中，起着滋养作用，维持正常生理活动。其剩余部分则归藏于肾，贮以备用。肾中所藏之精，既贮藏又输泄，如此生生不息。"肾者主水，受五脏六腑之精而藏之，故五脏盛乃能泻。是精藏于肾，非生于肾也。五脏六腑之精，肾实藏而司其输泻，输泻以时，则五脏六腑之精，相续不绝。"(《怡堂散记·卷下》)。中兽医有"久病必穷肾"之说，故疾病末期常补益肾之阴精以治。如精不足，则脏腑失养，机体虚弱，抗病力弱，容易发生疾病。

任务实施

(一)布置任务

根据所学知识，针对以上提供的病例资料，按要求分别完成以下任务。

(1)初步诊断：______________________________

(2)诊断依据：______________________________

____

(3)治疗原则：____

____

(二)工作评价

针对以上任务的完成情况，分别对初步诊断、诊断依据、治疗原则等 3 项任务给予评价和点评。

工作评价			
评价内容	评价结果		
	正确	基本正确	错误
初步诊断			
诊断依据			
治疗原则			
学生反思			
教师点评			

任务二　气

案例导入

刘大爷养了一只博美犬，已经 15 岁了，近 2 年逐渐出现不爱活动，活动后喘，有时咳嗽，咳而无痰，咳的声音较小。食欲也有下降，有时排便不成形。舌头不能回缩至口腔，舌头偏干、有裂纹，舌色粉白。

请思考：

1. 该犬可能出现了哪种异常？
2. 诊断依据主要有哪些？
3. 应该使用哪一类药物？

任务准备

一、气的基本概念

气是不断运动的、极其细微的物质。我国古代哲学认为，气是构成整个宇宙的最基本物质，自然界的一切事物均由气构成，如《庄子知北游》说："通天下一气耳。"气存在于宇宙中，有两种状态：一是弥散而剧烈运动不易察觉的"无形"状态；二是集中凝聚在一起的有形状态。习惯上，把弥散无形的气称为气，而把气经凝聚变化形成的有形实体称为形。气的概念被引用到中兽医学中，认为气是构成动物体和维持其生命活动的最基本物质。

1. 气是构成动物体生命的物质

《素问·宝命全形论》说："天地合气，命之曰人。"也就是说，人是由天地之气相合而产生的。动物和人一样，也是由天地合气而产生的，天地之气是构成动物体的基本物质。构成动物体的气也有两种状态：一种是气聚而成形之物，如机体的脏、腑、形、窍、血、津液等；另一种是呈弥散状态，难以直接察觉的无形之气，如机体的元气、宗气等。

2. 气是维持动物体生命活动的物质

动物体不但要从自然界摄取清气，还必须摄入食物才能维持正常的生命活动。食物经脾胃的消化吸收，转变为水谷精微之气，再由水谷精微之气进一步转化为宗气、营气、卫气、血、津液等，起到营养全身各脏腑器官，维持其生理活动的作用。

气是不断运动的，机体的生命活动实际上就是体内气的运动和变化。如机体内外气体的交换，营养物质的消化、吸收和运输，血液的运行，津液的输布和代谢，体内代谢物的排泄等，都是通过气的运动来实现的。如果气的运动和变化停止，动物体的生命活动就会终止。

综上所述，气是存在于动物体内的至精至微的物质，是构成动物体的基本物质，也是维持动物体生命活动的基本物质。机体生命所赖者，唯气而已，气聚则生，气散则死。

二、气的生成与分类

动物体内气的生成主要源于两个方面：一是禀受于父母的先天之精气，即先天之气。它藏之于肾，是构成生命的基本物质，为动物体生长发育和生殖的根本，是机体气的重要组成部分。二是肺吸入的自然界清气和脾胃所运化的水谷精微之气，即后天之气。自然界的清气由肺吸入，在肺内不断地同体内之气进行交换，实现吐故纳新，参与动物体气的生成；水谷精微之气，由脾胃所运化，输布于全身，滋养脏腑，化生气血，是维持机体生命活动的主要物质。

由于气的组成成分、来源、在机体分布的部位及其作用的不同，而有不同的名称，如呼吸之气、水谷之气、五脏之气、经络之气等。但就其生成及作用而言，主要有元气、宗气、营气、卫气四种。

1. 元气

元气根源于肾，包括元阴、元阳（肾阴、肾阳）之气，又称为原气、真气、真元之气。它由先天之精所化生，藏之于肾，又赖后天精气的滋养，才能不断地发挥其作用。如《灵枢·刺节真邪论》说："真气者，所受于天，与谷气并而充身者也。"元气是机体生命活动的原始物质及其生化的原动力。它赖三焦通达周身，使脏腑组织器官得到激发与推动，以发挥其功能，维持机体的正常生长发育。五脏六腑之气的产生，都要根源于元气的资助。因而元气充，则脏腑盛，身体健康少病。反之，若先天禀赋不足或久病损伤元气，则脏腑气衰，抗邪无力，动物就体弱多病，治疗时宜培补元气，以固根本。

2. 宗气

宗气由脾胃所运化的水谷精微之气和肺所吸入的自然界清气结合而成。它形成于肺，聚于胸中，有助肺以行呼吸和贯穿心脉以行营血的作用。如《灵枢·邪客》说："故宗气积于胸中，出于喉咙，以贯心脉，而行呼吸焉。"呼吸及声音的强弱，气血的运行，肢体的活动能力等都与宗气的盛衰有关。若宗气充盛，则机体有关生理活动正常；若宗气不足，则呼吸少气，心气虚弱，甚至引起血脉凝滞等病变。《灵枢·刺节真邪》说："宗气不下，脉中之血，凝而留止。"

3. 营气

营气又称荣气，是水谷精微所化生的精气之一，与血并行于脉中，是宗气贯入血脉中的营养之气。营气进入脉中，成为血液的组成部分，并随血液运行周身。除化生血液外，营气还有营养全身的作用。《灵枢·营卫生会》说："人受气于谷，谷入于胃，以传与肺，五脏六腑，皆以受气，其清者为营，浊者为卫，营在脉中，卫在脉外，营周不休。"由于营气行于脉中，化生为血，其营养全身的功能又与血液基本相同，故营气与血可分而不可离，常并称为"营血"。

4. 卫气

卫气主要由水谷之气所化生，是机体阳气的一部分，故有"卫阳"之称。因其性剽悍、滑疾，故《素问·痹论》称"卫者，水谷之悍气也"。卫气行于脉外，敷布全身，在内散于胸腹，温养五脏六腑；在外布于肌表皮肤，温养肌肉，润泽皮肤，滋养腠理，启闭汗孔，保卫肌表，抗御外邪。《灵枢·本藏》说："卫气者，所以温分肉，充皮肤，肥腠理，司开阖者也。"若卫气不足，肌表不固，外邪就可乘虚而入。

三、气的运动

气是不断运动的，气的运动称为气机，其基本形式有升、降、出、入四种。所谓升，是指气自下而上的运动，如脾将水谷精微物质上输于肺为升；所谓降，是指气自上而下的运动，如胃将腐熟后的食物下传小肠为降；所谓出，是指气由内向外的运动，如肺呼出浊气为出；所谓入，是指气由外向内的运动，如肺吸入清气为入。

气在体内依附于血、津液等载体，故气的运动，一方面体现于血、津液的运行，另一方面体现于脏腑器官的生理活动。升降运动是脏腑的特性，其趋势则随脏腑而异。就五脏而言，心肺在上，在上者宜降；肝肾在下，在下者宜升；脾胃居中，通连上下，为升降的枢纽。就六腑而言，虽然六腑传化物而不藏，以通为用，宜降，但在食物的传化过程中，也有吸收水谷精微和津液的作用，故其气机的运动是降中寓升。

气机的升降对于动物体的生命活动至关重要。只有各脏腑器官的气机升降正常，维持相对平衡，才能保证机体内外气体的交换，营养物质的消化、吸收，水谷精微之气以及血和津液的输布，代谢产物的排泄等新陈代谢活动的正常进行。否则，就会发生升降失调的病证。

四、气的生理功能

气构成和维持动物体的生命，对于动物体具有多种十分重要的生理功能。

1. 推动作用

气的推动作用是指气有激发和推动的作用。气是活力很强的精微物质，能够激发、推动和促进机体的生长发育及各脏腑组织器官的生理功能，推动血液的生成、运行，以及津液的生成、输布和排泄。若气的推动作用减弱，可影响动物体的生长、发育或使脏腑组织器官的生理活动减退，出现血液和津液的生成不足，运行迟缓，输布、排泄障碍等病证。

2. 温煦作用

气的温煦作用是指阳气能够生热，具有温煦机体脏腑组织器官，以及血、津液等的作用。《难经·二十二难》说："气主煦之。"动物体的体温，依赖于气的温煦作用得以维持恒定；机体各脏腑组织器官正常的生理活动，依赖于气的温煦作用得以进行；血和津液等液态物质只有依赖于气的温煦作用，才能环流于周身而不致凝滞。若阳气不足，则会因产热过少而引起四肢、耳、鼻俱凉，体温偏低的寒证；若阳气过盛，则会因产热过多而引起四肢、耳、鼻俱热，体温偏高的热证。故有"气不足便是寒""气有余便是火"之说。

3. 防御作用

气的防御作用是指气有保卫机体、抗御外邪的作用。气一方面可以抵御外邪的入侵，另一方面可以祛邪外出。气的防御功能正常，邪气就不易侵入；或虽有外邪侵入，也不易发病；即使发病，也易于治愈。若气的防御作用减弱，机体就易感外邪而发病，或发病后难以治愈。

4. 固摄作用

气的固摄作用是指气有统摄和控制体内液态物质，防止其无故丢失的作用。气的固摄作用主要表现为三个方面：一是固摄血液，保证血液在脉中的正常运行，防止其溢出脉外；二是固摄汗液、尿液、唾液、胃液、肠液等，控制其正常的分泌量和排泄量，防止体液丢失；三是固摄精液，防止妄泄。气的固摄功能减弱，可导致体内液态物质的大量丢失。例如，气不摄血，可导致各种出血；气不摄津，可导致自汗、多尿、小便失禁、流涎等；气不固精，可出现遗精、滑精、早泄等。

5. 气化作用

所谓气化，是指通过气的运动而产生的各种变化。各种气的生成及其代谢，精、血、津液等的生成、输布、代谢及其相互转化等均属于气化的范畴。机体的新陈代谢过程实际上就是气化作用的具体体现。如果气的气化作用失常，则影响机体的各种物质代谢过程，如食物的消化吸收，气、血、津液的生成、输布，汗液、尿液和粪便的排泄等。

6. 营养作用

气的营养作用主要是指脾胃所运化的水谷精微之气对机体各脏腑组织器官所具有的滋养作用。水谷精微之气可以化为血液、津液、营气、卫气。机体的各脏腑组织器官均需要这些物质的营养，才能正常发挥其生理功能。

任务实施

（一）布置任务

根据所学知识，针对以上提供的病例资料，按要求分别完成以下任务。

（1）初步诊断：____________________

（2）诊断依据：____________________

____

（3）治疗原则：____________________

____

(二)工作评价

针对以上任务的完成情况,分别对初步诊断、诊断依据、治疗原则等 3 项任务给予评价和点评。

工作评价			
评价内容	评价结果		
	正确	基本正确	错误
初步诊断			
诊断依据			
治疗原则			
学生反思			
教师点评			

任务三　血

案例导入

刘大爷养了一只博美犬,已经 15 岁了,近 2 年逐渐出现不爱活动,活动后喘,有时咳嗽,咳而无痰,咳的声音较小。食欲也有下降,有时排便不成形。舌头不能回缩至口腔,舌头偏干、有裂纹,舌色粉白。

请思考:这个病例中气与血的关系?

任务准备

一、血的概念

血是一种含有营气的红色液体。它依靠气的推动,循着经脉流注周身,具有很强的营养与滋润作用,是构成动物体和维持动物体生命活动的重要物质。五脏六腑到筋骨皮肉都依赖于血的滋养才能进行正常的生理活动。

二、血的生成

血主要含有营气和津液，其生成主要有三个方面。①血液主要来源于水谷精微，脾胃是血液的生化之源。脾胃接受水谷精微之气，并将其转化为营气和津液，再通过气化作用，将其变化为红色的血液。由于脾胃所运化的水谷精微是化生血液的基本物质，故称脾胃为“气血生化之源”。②营气入于心脉有化生血液的作用。③精血之间可以互相转化。肾精与肝血之间存在着相互转化的关系，因此临床上的血耗和精亏往往相互影响。

三、血的生理功能

血具有营养和滋润全身的功能，血在脉中循行内至五脏六腑，外达筋骨皮肉，不断地对全身的脏腑、形体、五官九窍等组织器官起着营养和滋润作用，以维持其正常的生理活动。血液充盈，则口色红润，皮肤与被毛润泽，筋骨强劲，肌肉丰满，脏腑坚韧；若血液不足，则口色淡白，皮肤与被毛枯槁，筋骨萎软或拘急，肌肉消瘦，脏腑脆弱。此外，血还是机体精神活动的主要物质基础。若血液供给充足，则动物精神活动正常，否则，就会发生精神紊乱的病证。

任务实施

（一）布置任务

根据所学知识，针对以上提供的病例资料，按要求完成以下任务。

病例中气与血的关系为：____

____

____

（二）工作评价

针对以上任务的完成情况，对气与血的关系任务给予评价和点评。

工作评价			
评价内容	评价结果		
	正确	基本正确	错误
气与血的关系			
学生反思			
教师点评			

任务四　津　　液

案例导入

某马场一匹老年马，近期出现活动能力减弱，饮食尚可，排尿减少，四肢水肿的情况，无明显畏寒表现。触诊肾俞穴较为敏感。

请思考：

1. 这个病例中气与津液的关系？
2. 应该使用哪一类药物？

任务准备

一、津液的概念

津液是动物体内一切正常水液的总称，包括各组织的内在体液及其分泌物，如胃液、肠液、关节液以及涕、泪、唾等。其中，清而稀者称为“津”，浊而稠者称为“液”。津和液虽有区别，但因其来源相同，又互相补充、互相转化，故一般情况下，常统称为津液。津液广泛地存在于脏腑、形体、官窍等器官组织中，起着滋润濡养的作用。同时，津液也是组成血液的物质之一。因此，津液不但是构成动物体的基本物质，而且是维持动物体生命活动的基本物质。

二、津液的生成、输布和排泄

津液的生成、输布和排泄，是一个很复杂的生理过程，涉及多个脏腑的一系列生理活动。《素问·经脉别论》所说“饮入于胃，游溢精气，上输于脾。脾气散精，上归于肺，通调水道，下输膀胱。水精四布，五经并行”，便是对津液代谢过程的简要概括。

1. 津液的生成

津液来源于饮食水谷，经由脾、胃、小肠、大肠吸收其中的水分和营养物质而生成。胃主受纳、腐熟水谷，吸收水谷中的部分精微物质；小肠接受胃下传的食物，分别清浊，吸收其中的大部分水分和营养物质后，将糟粕下输于大肠；大肠吸收食物残渣中的多余水分，形成粪便。胃、小肠、大肠所吸收的水谷精微，一起输送到脾，通过脾布散全身。

2. 津液的输布

津液的输布主要依靠脾、肺、肾、肝和三焦等脏腑的综合作用来完成。脾主运化水谷精微，将津液上输于肺。肺接受脾转输来的津液，通过宣发和肃降作用，将其输布全身，内灌脏腑，外润皮毛，并将代谢后的水液下输于肾及膀胱。肾对津液的输布也起着重要作用：一方面，肾中精气的蒸腾气化，推动着津液的生成、输布；另一方面，由肺下输至肾的津液，通过肾的气化作用再次分别清浊，清者上输于肺而布散全身，浊者化为尿液下注膀胱，排出体外。此外，肝主疏泄，可使气机调畅，从而促进了津液的运行和输布；三焦，则是津液在体内运行、输布的通道。由此可见，津液的输布依赖于脾的转输、肺的宣降和通调水道以及肾的气化作用，而三焦是水液升降出入的通道，肝的疏泄又保障了三焦的通利和水液的正常升降。其中任何一个脏腑的功能失调，都会影响津液的正常输布和运行，导致津液亏损或水湿内停等证。

3. 津液的排泄

一是由肺宣发至体表皮毛的津液，被阳气蒸腾而化为汗液，由汗孔排出体外；二是代谢后的水液，经肾和膀胱的气化作用，形成尿液并排出体外；三是在大肠排泄粪便时，带走部分津液；四是肺在呼气时，也会带走部分津液(水分)。

三、津液的生理功能

津液具有滋润和濡养的作用。津较清稀，滋润作用大于液；液较浓稠，濡养作用大于津。具体地说，津有两方面的功能：一是随卫气的运行敷布于体表、皮肤、肌肉等组织间，起到润泽和温养皮肤、肌肉的作用；二是进入脉中，起到组成和补充血液的作用。液也有两方面的功能：一是注入经脉，随着血脉运行灌注于脏腑、骨髓、脊髓和脑髓，起到滋养内脏，充养骨髓、脊髓、脑髓的作用；二是流注关节、五官等处，起到滑利关节，润泽孔窍的作用。液在目、口、鼻可转化为泪、唾、涎、涕等。

任务实施

(一)布置任务

根据所学知识，针对以上提供的病例资料，按要求分别完成以下任务。

病例中气与津液的关系：____

____

治疗原则：____

____

(二)工作评价

针对以上任务的完成情况，分别对气与津液的关系、治疗原则等2项任务给予评价和点评。

<table>
<tr><th colspan="4">工作评价</th></tr>
<tr><td rowspan="2">评价内容</td><td colspan="3">评价结果</td></tr>
<tr><td>正确</td><td>基本正确</td><td>错误</td></tr>
<tr><td>气与津液的关系</td><td></td><td></td><td></td></tr>
<tr><td>治疗原则</td><td></td><td></td><td></td></tr>
<tr><td>学生反思</td><td colspan="3"></td></tr>
<tr><td>教师点评</td><td colspan="3"></td></tr>
</table>

任务五　神

案例导入

某泰迪犬，13岁，近几天突然出现长时间的嚎叫，无法安睡，无法自主进食，需人工饲喂。呼唤该犬无反应，无法正常行走，站立时持续向左侧转圈，头向左侧倾斜。无中毒史，无用药史。望诊发现其毛发枯燥、爪甲不荣。

请思考：

1. 该犬出现了什么异常？
2. 诊断依据是什么？
3. 治疗原则是什么？

任务准备

一、神的概念

神，又称为神明、精神。志为情志，也属于神的范畴。神的含义有三：其一，泛指自然界的普遍规律，包括生命活动规律；其二，指生命活动的总称；其三，指精神、意识、思维、情志、感觉、动作等生理活动，为生命活动的最高级形式，即中兽医学中狭义的神。神活动主要包括五神（神、魂、魄、意、志）和五志（喜、怒、思、忧、恐）两个方面。

二、神与五脏

中兽医学认为，意识思维虽由心所主宰，但其功能活动受五脏的调节。心藏神，肺藏魄，肝藏魂，脾藏意，肾藏志。心藏神是指心统领和主宰精神、意识、思维、情志等活动。魂、魄、意、志四神以及喜、怒、思、忧、恐五志，均属心神所主。

心藏神，在志为喜。喜则气和志达，可见"喜"是对外界信息的良性反应，有利于"心主血"，但喜乐过甚则伤神，喜乐者神惮而不藏。

肺藏魄，在志为忧。耳目心识，手足运动，为魄之灵。魄即无意识活动，如耳的听觉、目的视觉、皮肤的冷热痛痒感觉，以及躯干肢体的动作等，都属于魄的范畴。故气旺盛则体健魄全，魄全则感觉灵敏，耳聪目明，动作正确协调。反之，肺病则魄弱，甚至导致神志病变。

肝藏魂，在志为怒。魂乃神之变，魂之为言，如梦寐恍惚，变幻游行之境。魂的精神活动包括谋虑，故又有肝主谋虑之说。怒是情绪激动时的一种精神变化，是不良刺激；怒伤肝，常致血液上逆，气机升泄。如果肝失疏泄或肝血不足，魂不能随神活动，就会出现狂乱、夜寐不安等症。

脾藏意，在志为思。意，即意识；思，即思考。正常的思考有赖脾的健运，思考过度或所思不遂则能导致情绪抑郁，饮食不思等，即所谓"思虑伤脾"。脾气健运，化源充足，气血充盈，髓海得养，即表现出思路清晰，意念丰富，记忆力强；反之，脾的功能失常，则会出现呕吐、腹泻等症状。

肾藏志，在志为恐。肾精生髓，上充于脑，髓海满盈，则精神充沛，志的思维意识活动也正常。若髓海不足，志无所藏，则精神疲惫。在兽医临床上，较常见的疾病是猫应激后导致的下泌尿道综合征。某些猫咪平素就性格敏感，在遭遇搬家、家中来陌生人、洗澡等事件后，惊恐不已，常饮食欲废绝，躲至床下，瞳孔放大，继而出现尿频、尿淋漓、尿闭等情况，即为恐伤肾的典型表现。

任务实施

（一）布置任务

根据所学知识，针对以上提供的病例资料，按要求分别完成以下任务。

（1）初步诊断：______________________________

（2）诊断依据：______________________________

____

（3）治疗原则：______________________________

____

（二）工作评价

针对以上任务的完成情况，分别对初步诊断、诊断依据、治疗原则等 3 项任务给予评价和点评。

<table>
<tr><th colspan="4">工作评价</th></tr>
<tr><td rowspan="2">评价内容</td><td colspan="3">评价结果</td></tr>
<tr><td>正确</td><td>基本正确</td><td>错误</td></tr>
<tr><td>初步诊断</td><td></td><td></td><td></td></tr>
<tr><td>诊断依据</td><td></td><td></td><td></td></tr>
<tr><td>治疗原则</td><td></td><td></td><td></td></tr>
<tr><td>学生反思</td><td colspan="3"></td></tr>
<tr><td>教师点评</td><td colspan="3"></td></tr>
</table>

中兽医

模块三

病因病机学说

模块导读

中兽医病因学说是指探讨疾病发生原因及其性质的理论体系，旨在阐明各种致病因素如何作用于机体，引起机体阴阳失衡、脏腑功能失调，从而发生疾病的机制。中兽医认为，疾病的发生是正气与邪气相互作用的结果，正气，即机体的生理功能和抗病能力，邪气则泛指一切能导致机体发病的因素。我国古代中兽医已经认识到动物的疾病由某些致病因素引起，并且认识到不同的致病因素，必然产生不同的发病机制，通过采取不同方法治疗后，观察疗效，总结病因、病机学说。

模块目标

知识目标

1. 明确病因和病机的基本概念。
2. 熟练掌握外感六淫致病的特点和致病特征。
3. 正确理解邪正消长、阴阳失调、气血失调及津液代谢失常的发病学观点。

技能目标

1. 通过案例分析，提高对不同病因的辨析能力，准确判断疾病发生的主要原因。
2. 将病因学知识应用于临床实际，指导疾病的预防和早期诊断。

素质目标

1. 培养良好的职业道德，爱护动物，关爱动物健康，以动物为中心开展诊疗工作。
2. 增强法律意识，确保诊疗行为合法合规。
3. 培养终身学习的习惯，不断更新知识体系，紧跟学科发展前沿。
4. 激发学生的创新意识，鼓励他们在临床实践中探索新的诊疗方法和手段。

案例导入

张先生饲养一只金毛犬，因户外活动过程中气温较低，金毛犬受凉后出现恶寒发热、鼻塞流清涕、咳嗽痰白、打喷嚏、精神萎靡等症状，出现厌食的情况，同时伴有颤抖、蜷缩身体等行为。

请思考：

1. 该犬的病证属性是什么？
2. 诊断依据主要有哪些？
3. 如何进一步明确诊断？应该采用哪一类药？

病因是指引起动物疾病发生的因素。病机是指疾病发生、发展、变化的机理，即是疾病的临床表现、发展转归和诊断治疗的内在根据。

用中兽医的唯物辩证观点看，动物的五脏六腑及其相互关系都是保障动物适应生态环境而存在的。环境是外因，动物的脏腑运动是内因，外因只有通过内因的作用才能致病。在正常情况下，动物能够适应环境变化，保持各器官的正常生理活动，一旦外界发生异常的变化，引起生理失调、平衡失调，就会发病。

中兽医对于动物的抗病能力或因素称为正气，将侵害机体的致病因素称为邪气或邪客。疾病的产生与发展变化就是“正邪相搏”后产生的结果。正气充盛的动物，抗病力强，免疫力高，必然卫外功能固密，外邪不能侵入机体。正气虚弱而卫外不固的动物在正不胜邪的情况下，外邪乘虚，侵入机体，致使动物发病。

关于正邪之论，古代中医、中兽医有很多论述。《素问·刺法论》说：“正气存内，邪不可干。”《元亨疗马集·八证论》说：“真气守于内，精神固于外，其疾患安得而有之。”由此可知，固正气是动物养殖的大计。《素问·平热病论》说：“邪之所凑，其气必虚。”由此可知，在某种情况下，动物气虚体弱，才会导致邪气侵入腠理。

动物的正气盛衰取决于先天之精、后天之水谷精微的供给程度，以及饲养管理。动物和野生物种最大的区别就是人们通过掌握动物的生物学、行为学特征及生理等特点，人工选择、人工控制，为它们创造良好的条件，促进正气旺盛。如果动物饲养管理没能根据不同品种、不同年龄、不同季节分别管理，则为管理人员失职。若致使动物正气不足、外卫功能失固，则造成动物气虚，邪气易入腠理。同一群动物既有整体体质问题，也有个体差异问题。外邪侵入正气弱者会出现发病症状，而正气强者不发病。总而言之，扶正气有助防病。

项目一 病 因

病因，即引起动物疾病发生的因素，中兽医学称为邪气。引起动物疾病的因素很多，主要是外感致病因素、内伤致病因素等。病因的性质，是指不同病因具有不同的致病特点。致病的特点，是指不同致病因素作用于动物机体的形态结构、器官的生理功能，各自反映的临床表现。

病因性质决定着致病特点，而致病特点也反映病因性质。因此，研究、探讨病因性质与致病特点，对于诊断防治疾病、科学管理、消除不良环境都具有重要意义。

中兽医是以阴阳平衡整体观为基础，用感性直观、整体性思维、合理客观推测的方法认识病因。对于动物疾病，不仅用直接观察病因的方法去认识病因，更重要的是根据病理反应来建立病因的概念。任何疾病的证候都是有原因的，没有原因的疾病、证候是不存在的。各种致病因素的性质不同，致病后机体的反应各异，即便是一个群体，同样的致病因素造成的证候仍有个体差异，关键在于合理、客观地推测。推测除掌握客观条件外，主要应以临床表现为依据，通过分析疾病的症状，类比各种病因的性质、特点，抽象推理，辨证求因。

从目前集约化养殖过程中发生的动物疾病现状看，致病的最重要的外因是疫疠(传染病)，其次是六淫、内伤及其他致病因素。

一、外感致病因素

(一)六淫

六淫是指自然界风、寒、暑、湿、燥、火(热)六种反常气候。它们原本是四季气候变化的六种表现，称为六气。

在正常情况下，六气于一年之中有一定的变化规律，而动物在长期的进化过程中，也适应了这种变化，所以不会引起动物的疾病。只有当动物体正气虚弱，不能适应六气的变化或当自然界阴阳不调，六气出现太过或不及的反常变化时，才能成为致病因素，侵犯动物体而导致疾病的发生。这种情况下的六气，便称为“六淫”。“淫”有太过、浸淫之意，六淫就是超过限度的六气。

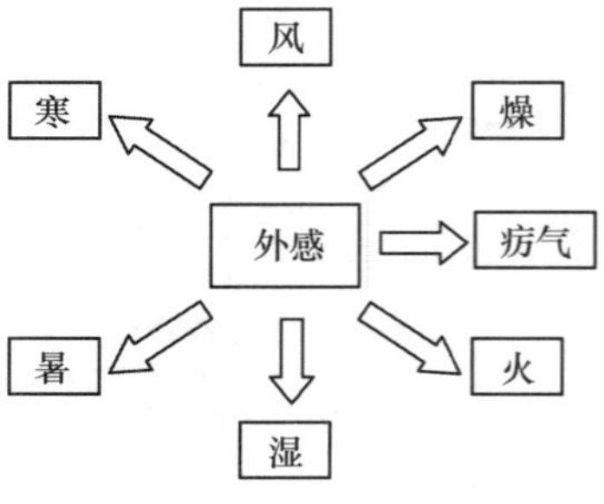

六淫致病，具有下列共同的特点。

(1)外感性。六淫之邪多从肌表、口鼻侵犯动物体而发病，故六淫所致之病统称为外感病。

(2)季节性。六淫致病常有明显的季节性，如春天多温病、夏天多暑病、长夏多湿病、秋天多燥病、冬天多寒病等。但四季之中，六气的变化是复杂的，所以六淫致病的季节性也不是绝对的。如夏季虽多暑病，但也可出现寒病、温病、湿病等。

(3)兼挟性。六淫在自然界中不是单独存在的，六淫邪气既可以单独侵袭机体而发病，又可以两种或两种以上同时侵犯机体而发病。如外感风寒、风热、湿热、风湿等。

(4)转化性。一年之中，四季六气是可以相互转化的，如久雨生晴、久晴多热、热极生风、风盛生燥、燥极化火等。因此，六淫致病，其证候在一定条件下，也可以相互转化。如感受风寒之邪，可以从表寒证转化为里热证等。

(5)地域性。我国幅员辽阔，各地六气不等，温差不同，南方湿热，西北燥热，各地动物在适者生存的自然选择中适应当地六气，如突遇六气剧变则会发生疾病。

从现代科学角度看，六淫除气候因素外，还包括了生物(如细菌、病毒)、物理、化学等多种致病因素。

此外，在临床上除感受外界风、寒、暑、湿、燥、火六淫邪气引起相应的病证外，尚可因机体脏腑本身机能失调而产生类似于风、寒、湿、燥、火的病理现象。由于它们不是由外感受的，而是由内而生，故称为“内生五邪”，即内风、内寒、内湿、内燥、内火五种。因其所引起的病证与外感五邪症状相近，故在相应的病因中一并叙述。

六淫的概念、性质与致病特性如表 3-1 所示。

表 3-1 六淫的概念、性质与致病特性

类型	概念	性质与致病特性
风邪	导致动物发病的风邪，常称为“贼风”或“邪风”，所致之病统称为外风证。因风邪多从皮毛肌腠侵犯机体而致病，其他邪气也常依附于外风入侵机体，外风成为外邪致病的先导，是六淫中的首要致病因素。相对于外风而言，风从内生者，称为“内风”。内风的产生与心、肝、肾三脏有关。	①风为阳邪，其性轻扬开泄。风性善动不居，具有升发、向上、向外的特性，故为阳邪。因风性轻扬，故风邪所伤，最易侵犯动物体的上部和肌表。风性开泄，是指风邪易使皮毛腠理疏泄而开张，出现汗出、恶风的症状。 ②风性善行数变。善行，是指风有善动不居的特性，故风邪致病也具有部位游走不定、变化无常的特点。数变，是指“风无常方”，风邪所致的病证具有发病急、变化快的特点。 ③风性主动。风具有使物体摇动的特性，故风邪所致疾病也具有类似摇动的症状，如肌肉颤动、四肢抽搐、角弓反张等。
寒邪	寒者，冷凉之感。自然界中具有凝结、寒冷特性的外邪称为寒邪，寒邪致病称为外寒病。寒为我国北方冬季之主气。寒邪有外寒和内寒之分。外寒由外感受，多由气温较低，保暖不够，淋雨涉水，汗出当风，以及采食冰冻的饲草饲料，或饮凉水太过所致。外寒侵犯机体，据其部位的深浅，有伤寒和中寒之别。寒邪伤于肌表，阻遏卫阳，称为“伤寒”；寒邪直中于里，伤及脏腑阳气，称为“中寒”。内寒是机体机能衰退，阳气不足，寒从内生的病证。	①寒性阴冷，易伤阳气。寒是阴气盛的表现，其性属阴。机体的阳气本可以化阴，但阴气过盛，阳气不但不能驱除寒邪，反而会为阴寒所伤，正所谓“阴胜则阳病”。因此，感受寒邪，最易损伤机体的阳气，出现阴寒偏盛的寒象。 ②寒性凝滞，易致疼痛。凝滞，即凝结、阻滞，不通畅之意。机体的气血津液之所以能运行不息，畅通无阻，全赖一身阳气的推动。若寒邪侵犯机体，阳气受损，经脉受阻，可使气血凝结阻滞，不能通畅运行而引起疼痛，即所谓“不通则痛”。 ③寒性收引。收引，即收缩牵引之意。寒邪侵入机体，可使机体气机收敛，腠理、经络、筋脉和肌肉等收缩挛急。寒邪侵入筋肉经络，则肢体拘急不伸，冷厥不仁；寒邪客于血脉，则脉道收缩，血流滞涩，可见脉紧、疼痛等。

续表 3-1

类型	概念	性质与致病特性
暑邪	热为夏季之主气，为夏日光照长，火热之气所化生，独见于夏令。热邪也称为温邪、火邪。暑为夏季火热之邪，出现在夏至后，立秋前后，即属伏天。自然界中的火热外邪，称为暑邪。暑邪致病称为暑病或中暑。暑邪致病具有明显季节性。暑与温是同一病邪所致，分界是以二十四节气的夏至为别，前为温，后为暑。暑邪之病只有外感因素，而不存在体内生成。	①暑性炎热，易致发热。暑为火热之气所化生，属于阳邪，故伤于暑者，常出现高热、口渴、脉洪、汗多等一派阳热之象。 ②暑性升散，易耗气伤津。暑为阳邪，阳性升散，故暑邪侵入机体，多直入气分，使腠理开泄而汗出。汗出过多，不但耗伤津液，引起口渴喜饮、唇干舌燥等症，而且气也随之而耗，导致气津两伤，出现精神倦怠、四肢无力、呼吸浅表等。 ③暑多挟湿。夏暑季节，除气候炎热外，还常多雨潮湿。热蒸湿动，湿气较大，故动物体除见到暑热的表现外，还有湿邪困阻的症状，如渴不多饮、身重倦怠、便溏泄泻等。
湿邪	湿为长夏的主气，但一年四季都有。湿有外湿、内湿之分。外湿多由气候潮湿、涉水淋雨、厩舍潮湿等外在湿邪侵入机体所致；内湿多由脾失健运，水湿停聚而成。外湿和内湿在发病过程中常相互影响。感受外湿，脾阳被困，脾失健运，则湿从内生；而脾阳虚损，脾失健运，而使水湿内停，又易招致外湿的侵袭。	①湿为阴邪，阻遏气机，易损阳气。湿性类水，故为阴邪。湿邪留滞脏腑经络，容易阻遏气湿不运，溢于皮肤则成水肿，流溢胃肠则成泄泻。又因湿困脾阳，阻遏气机，致使气机不畅，可引起肚腹胀满、腹痛、里急后重等。 ②湿性重浊，其性趋下。重，即沉重之意，指湿邪致病，常见迈步沉重，呈黏着步样。浊，即秽浊，指湿邪为病，其分泌物及排泄物有秽浊不清的特点，如尿浑浊、泻痢脓垢、带下污秽、目眵量多、舌苔厚腻、疮疡疔毒、破溃流脓淌水等。湿性趋下，主要指湿邪致病，多先起于机体的下部。 ③湿性黏滞，缠绵难退。黏，即黏腻；滞，即停滞。湿性黏滞，是指湿邪致病具有黏腻停滞的特点。湿邪致病的黏滞性，在症状上可以表现为粪便黏滞不爽，尿涩滞不畅；在病程上可表现为病变过程较长，缠绵难退，或反复发作，不易治愈。
燥邪	燥有外燥、内燥之分。外燥多由久晴不雨，气候干燥，周围环境缺乏水分所致，又称为“秋燥”。外燥有温燥、凉燥之分。初秋尚热，犹有夏火之余气，燥与热相合侵犯机体，多为温燥；深秋已凉，燥与寒相合侵犯机体，多为凉燥。内燥多由汗下太过，或精血内夺，以致机体阴津亏虚。	①燥性干燥，易伤津液。燥邪为病，易伤机体的津液，出现津液亏虚的病变，如口鼻干燥、皮毛干枯、眼干不润、粪便干结、尿短少、口干欲饮、干咳无痰等。 ②燥易伤肺。肺为娇脏，喜润恶燥；更兼肺开窍于鼻，外合皮毛，故燥邪为病，最易伤肺，致使肺阴受损，宣降失司，引起肺燥津亏之证，如鼻咽干燥、干咳无痰或少痰等。肺与大肠相表里，若燥邪自肺而影响大肠，可出现粪便干燥难下等。

续表 3-1

类型	概念	性质与致病特性
火邪	火、热、温三者，均为阳盛所生，其性相同，但又同中有异。一是在程度上有所差异，即温为热之渐，火为热之极；二是热与温，多由外感受，而火既可由外感受，又可内生。内生的火多与脏腑机能失调有关。火证常见热象，但火证和热证又有些不同，火证的热象较热证更为明显，且表现出炎上的特征。此外，有时火证还指某些肾阴虚的病证。	①火为热极，其性炎上。上火为热极，其性燔灼，故火邪致病，常见高热、口渴、骚动不安、舌红苔黄、汞赤、脉洪数等热象。又因火有炎上的特性，故火邪侵犯机体，症状多表现在机体的上部。如心火上炎，口舌生疮；胃火上炎，齿龈红肿；肝火上炎，目赤肿痛等。 ②火邪易生风动血。火热之邪侵犯机体，往往劫耗阴液，使筋脉失养，而致肝风内动，出现四肢抽搐、背项强直、角弓反张、眼目直视、狂暴不安等症。血得寒则凝，得热则行，故火热邪气侵犯血脉，轻则使血管扩张，血流加速，甚则灼伤脉络，迫血妄行，引起出血和发斑。 ③火邪易伤津液。火热邪气，最易迫津液外泄，消灼阴液，故火邪致病除见热象外，往往伴有咽干舌燥、口渴喜饮冷水、尿短少、粪便干燥、眼窝塌陷等津干液少的症状。 ④火邪易致疮痈。火邪之邪侵犯血分，可聚于局部，腐蚀血肉而发为疮疡痈肿。在临床上，凡疮疡局部红肿、高突、灼热者，皆由火热所致。

(二)疠气

1. 疠气的概念

疠气是一种外感致病因素，但它与六淫不同，具有很强的传染性。所谓“疠”，是指天地之间的一种不正之气；“疫”，是指瘟疫，有传染的意思。如马的炭疽(偏次黄)、牛瘟、猪瘟以及犬瘟热等，都是由疠气引起的疾病。疫疠可以通过空气传染，由口鼻而入致病，也可随饮食入里或蚊虫叮咬而发病。有的疫疠流行有明显的季节性，称为“时疫”。如动物的流感多发生于秋末，猪乙型脑炎多发生于夏季蚊虫肆虐的季节。

外感疠气与外感六淫致病不同。明代吴有性《瘟疫论》中明确指出：“夫瘟疫之为病，非风非寒非暑非湿，乃天地间别有一种异气所感。”

2. 疠气致病的特点

疫疠发病急骤，能相互传染，蔓延迅速，不论动物的年龄如何，染后症状基本相似。

3. 疠气流行的条件

(1)气候反常。气候的反常变化，如非时寒暑、湿雾瘴气、酷热、久旱等，均可导致疫疠流行。

(2)环境卫生不良。如未能及时妥善处理因疫疠而死动物的尸体或其分泌物、排泄物，导致环境污染，为疫疠的传播创造了条件。

(3)社会因素。社会因素对疫疠的流行也有一定的影响。如战乱不止、社会动荡不安、人民极度贫困，则疫疠就不断地发生和流行；而社会安定、国家和人民富足，就会采取有效的防治措施，预防和控制疫疠的发生和流行。

(4)引种传入疫疠。随着引种工作的开展，因检疫、隔离工作不到位，导致许多国外动物疫病传入我国。同样，国内活体动物及其产品的南北调运等也引起疫疠流行。

(5)根除措施不到位。患过某种疫疠的养殖场和地区由于根除措施不到位而导致疫疠传播、散布。甚至还有人为原因，造成疫疠流行，如非法出售染疫活禽及其产品等。

(6)免疫接种失败。根据疠气种类的不同，可以选择相应的高效疫苗进行免疫接种。如果疫苗选择不合理、接种方法不合理、剂量高或低等，均会导致免疫接种失败，动物仍然发病。

4.预防疠气的一般措施

(1)加强饲养管理，注意动物和环境的卫生。

(2)发现有病的动物，立即隔离，并对其分泌物、排泄物以及已死动物的尸体进行妥善处理。

(3)进行预防接种。

二、内伤致病因素

内伤致病因素，主要包括七情内伤、饮食失宜和劳逸失度。饥饱是饮食失宜，而劳逸则属管理使役不当以及运动不足。此外，动物长期休闲，缺乏适当运动也可能引起疾病，称为“逸伤”。内伤因素，既可以直接导致动物疾病，也可以使动物体的抵抗能力降低，为外感因素致病创造条件。

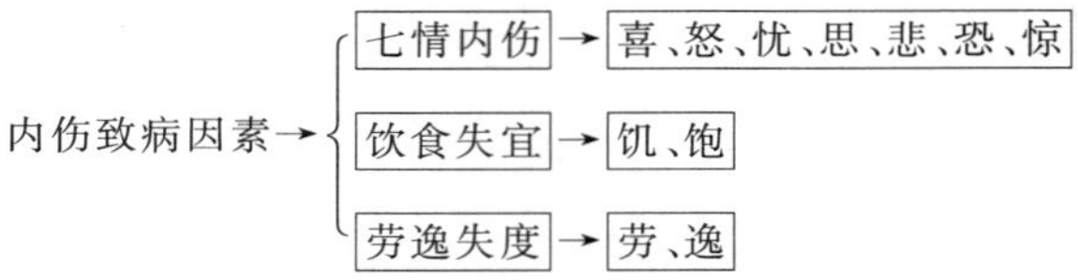

(一)七情内伤

七情内伤是指由情绪变化引起脏腑精气功能紊乱而导致的疾病。七情包括喜、怒、忧、思、悲、恐、惊七种正常的情志活动。只有强烈持久的情志刺激，超越了机体的生理和心理适应能力，才能损伤机体脏腑精气，导致功能失调，进而引发疾病。七情内伤致病，因其直接损伤内脏精气，故可导致或诱发多种情志病和身心疾病。

七情是中医学中人的主要内伤性致病因素，而在中兽医学的典籍中，对此却缺乏论述，其原因可能与过去人们认为动物无情无志，或其大脑信号系统不如人完善有关。在兽医临床实践中，时常可见动物，尤其是犬、猫等宠物因情绪变化而引发的疾病，与人的七情所伤相近。因此，七情作为一种致病因素，也应引起兽医工作者的注意。

七情本是机体对客观事物或现象所做出的七种不同的情志反应，与人相似，很多种动物都有着丰富的情绪变化，在某些情况下，如离群，失仔，打斗，过度惊吓，环境及主人的变化，遭受到主人呵斥、打骂等，都可能会引起动物的情绪变化过于剧烈，从而引发疾病。

七情主要是通过直接伤及内脏和影响脏腑气机运行两个方面引起疾病。由于五脏与情志活动有相对应的关系，故七情太过可损伤相应的脏腑。《素问·阴阳应象大论》将其概括为：“怒伤肝，喜伤心，思伤脾，忧伤肺，恐伤肾。”七情可以通过影响脏腑气机，导致气血运行紊乱而引发疾病。《素问·举痛论》将其概括为：“怒则气上，喜则气缓，悲则气消，恐则气下，寒则气收，炅则气泄，惊则气乱，劳则气耗，思则气结。”

虽然情志所伤对脏腑有一定的选择性，但临床上并非绝对如此，因为机体是一个有机的整体，各脏腑之间是相互联系的。此外，过度的情志变化，还会加重原有的病情。虽然人们现在尚不十分清楚动物的情志活动，但情志活动作为动物对外界客观事物或现象的反应是肯定存在的，情志的过度变化同样也会引起动物的疾病，必须引起重视。

(二)饮食失宜

1.饥

饥是指饮食不足而引起的饥渴。水谷草料是动物气血的生化之源,若饥而不食,渴而不饮,或饮食不足,久而久之,则气血生化乏源,就会引起气血亏虚,表现为体瘦无力,毛焦肷吊,倦怠好卧,以及成年动物生产性能下降,幼年动物生长迟缓、发育不良等。

2.饱

饱是指饮喂太过所致的饱伤。胃肠的受纳及传送功能有一定的限度,若饮喂失调,水草太过或乘饥渴而暴饮暴食,超过了胃肠受纳及传送的限度,就会损伤胃肠,出现肷腹膨胀,嗳气酸臭,气促喘粗等症。如大肚结(胃扩张)、肚胀(肠臌胀)、瘤胃臌胀等均属于饱伤之类。故《素问·痹论》说:"饮食自倍,肠胃乃伤。"《司牧安骥集·马师皇八邪论》也说:"水草倍,则肠胃伤。"

例如,笼养禽由于供给粉料或颗粒料,不易因饱致病。而对于散养禽、放养禽,由于喂玉米等原粮,原粮贮积于嗉囊中,经过津与水膨润,将嗉囊与腺胃连接处阻塞,而致使食物不行,禽不饮不食,日久营养不良、体弱、染病死亡。

(三)劳逸失度

劳逸失度,即劳动和休息的不平衡状态。过度劳累或过度安逸都可能对动物体造成不良影响。过度劳累可能导致正气消耗过度,降低机体抵抗力;而过度安逸则可能导致气血运行不畅,脏腑功能衰退。劳逸失度还可能影响动物的情绪和精神状态,进而引发各种疾病。在中兽医理论中,强调了保持劳动和休息的平衡对于维持动物健康的重要性。

久役过劳可引起气耗津亏、精神短少、力衰筋乏、四肢倦怠等症。若奔走太急,失于牵遛,可引起走伤及败血凝蹄等。如《素问·痹论》说:"劳则气耗。"《司牧安骥集·马师皇八邪论》也说:"役伤肝。役,行役也,久则伤筋,肝主筋。"此外,雄性动物因配种过度而致食欲不振、四肢乏力、消瘦,甚至滑精、阳痿、早泄、不育等,也属于劳伤。

逸是指久不使役或运动不足。合理的使役或运动是保证动物健康的必要条件,若长期停止使役或失于运动,可使机体气血瘀滞不行,或影响脾胃的消化功能,出现食欲不振、体力下降、腰肢软弱、抗病力降低等逸伤之证。雄性动物缺乏运动,可使精子活力降低而不育;雌性动物过于安逸,可因过肥而不孕。又如驴怀胎产前不食症、难产、胎衣不下等,均与缺乏适当的使役及运动有关。平时缺乏使役或运动的动物,突然使役,还容易引起心肺功能失调。

三、其他致病因素

(一)外伤

常见的外伤性致病因素有创伤、挫伤、烫火伤及虫兽伤等。

创伤往往由锋利的刀刃切割、尖锐物体刺破、子弹或弹片损伤所致。与创伤不同,挫伤常常是没有外露伤口的损伤,主要由钝力所致,如跌扑、撞击、角斗、蹴踢等。创伤和挫伤均可引起不同程度的肌肤出血、瘀血、肿胀,甚至筋断骨折或脱臼等。若伤及内脏、头部或大血管,可导致大失血、昏迷,甚至死亡。若损伤以后,再有外邪侵入,可引起更为复杂的病理变化,如发热、化脓、溃烂等;若病邪侵入脏腑,则病情更为严重。

烫火伤包括烫伤和烧伤,可直接造成皮肤、肌肤等组织的损伤或焦灼,引起疼痛、肿胀,严重者可引起昏迷甚至死亡。

虫兽伤是指虫兽咬伤或螫伤,如狂犬咬伤,毒蛇咬伤,蜂、虻、蝎子的咬螫等。除损伤肌肤外,还可引起中毒或引发传染病,如蛇毒中毒、蜂毒中毒、感染狂犬病等。

(二)寄生虫

寄生虫有内、外寄生虫之分。

外寄生虫包括虱、蜱、螨等,寄生于动物体表,除引起动物皮肤瘙痒、揩树擦桩、骚动不安,甚至因继发感染而导致脓皮症外,还因吸吮动物体的营养,引起动物消瘦、虚弱、被毛粗乱,甚至泄泻、水肿等证。

内寄生虫包括蛔虫、绦虫、蛲虫、血吸虫、肝片吸虫等,它们寄生在动物体的脏腑组织中,除引起相应的病证外,有时还可因虫体缠绕成团而导致肠梗阻、胆道阻塞等。

(三)中毒

有毒物质侵入动物体内,引起脏腑功能失调及组织损伤,称为中毒。凡能引起中毒的物质均称为毒物。常见的毒物有:有毒植物,霉败、污染或品质不良、加工不当的饲料,农药,化学毒物,矿物毒物及动物性毒物等。此外,某些药物或饲料添加剂用量不当,也可引起动物中毒。

例如,禽嗅觉、味觉都不发达,对食物分辨能力极差,易发生食物中毒。禽舍氨气浓度高,易引发慢性中毒;冬季禽舍用煤炉烧炭取暖,易发生一氧化碳中毒;禽舍带禽消毒时,药液浓度超量,也常见中毒发生。

(四)痰饮

痰饮是指因脏腑功能失调,致使体内津液凝聚变化而成的水湿。清稀如水者,称为饮;黏浊而稠者,称为痰。痰和饮本是体内的两种病理性产物,一旦形成,又会成为致病因素而引起各种复杂的病理变化。痰饮包括有形痰饮和无形痰饮两种。有形痰饮,视之可见,触之可及,闻之有声,如咳嗽之喀痰、喘息之痰、胸水、腹水等。无形痰饮,视之不见,触之不及,闻之无声,但其所引起的病证,通过辨证求因的方法,仍可确定为痰饮所致,如肢体麻木为痰滞经络、神昏不清为痰迷心窍等。

1. 痰

痰不仅是指呼吸道所分泌的痰,还包括瘰疬、痰核以及停滞在脏腑经络等组织中的痰。痰的形成主要是由于脾、肺、肾等内脏的水液代谢功能失调,不能运化和输布水液,或邪热郁火煎熬津液所致。由于脾在津液的运化和输布过程中起着主要作用,而痰又常出自肺,故有“脾为生痰之源”“肺为贮痰之器”之说。痰引起的病证非常广泛,故有“百病多由痰作祟”之说。痰的临床表现多种多样:痰液壅滞于肺,则咳嗽气喘;痰留于胃,则口吐黏涎;痰留于皮肤经络,则生瘰疬;痰迷心窍,则精神失常或昏迷倒地等。

2. 饮

多由脾、肾阳虚所致,常见于胸腹四肢。如饮在肌肤,则成水肿;饮在胸中,则成胸水;饮在腹中,则成腹水;水饮积于胃肠,则肠鸣腹泻。

(五)瘀血

瘀血是指全身血液运行不畅,或局部血液停滞,或体内存在离经之血。瘀血本是体内的病理性产物,一旦形成后,又会使脏腑、组织、器官的脉络血行不畅或阻塞不通,引起一系列的病理变化，成为致病因素。因瘀血发生的部位不同，而有无形瘀血和有形瘀血之分。无形瘀血，是指全身或局部血流不畅，并无可见的瘀血块或瘀血斑存在，常有色、脉、形等全身性症状出现。如肺脏瘀血，可出现咳喘、咳血；心脏瘀血，可出现心悸、气短、口色青紫、脉细涩或结代；肝脏瘀血，可出现腹胀食少、胁肋按痛、口色青紫或有痞块等。有形瘀血，是指局部血液停滞或存在着离经之血，所引起的病证常表现为局部疼痛、肿块或有瘀斑，严重者也可出现口色青紫、脉细涩等全身症状。《元亨疗马集》指明了疮黄的特性："凝滞者，气血之瘀阻于肌肉间，发为疮也；壅滞于经络者，发为黄也。疮黄之发，或伤血气，或伤筋骨，或伤脏腑也。"因此，瘀血致病的共同特点是疼痛，刺痛拒按，痛有定处；瘀血肿块，聚而不散，出现瘀血斑或瘀血点；多伴有出血，血色紫暗不鲜，甚至黑如柏油色。

任务实施

（一）布置任务

根据所学知识，针对以上提供的病例资料，按要求分别完成以下任务。

（1）初步诊断：____________________

（2）诊断依据：____________________

（3）鉴别诊断：____________________

（4）为了确诊疾病，需做哪些进一步检查：____________________

____

（5）确诊疾病：____________________

（6）治疗原则：____________________

（7）治疗处方：

Rp：
兽医师：

(二)工作评价

针对以上任务的完成情况,分别对初步诊断、诊断依据、鉴别诊断、进一步检查、确诊疾病、治疗原则和治疗处方等 7 项任务给予评价和点评。

工作评价			
评价内容	评价结果		
	正确	基本正确	错误
初步诊断			
诊断依据			
鉴别诊断			
进一步检查			
确诊疾病			
治疗原则			
治疗处方			
学生反思			
教师点评			

项目二
病　　机

项目导读

病机是指疾病发生、发展与变化的机理。“病机”首见《素问·至真要大论》之“审察病机,无失气宜”和“谨守病机,各司其属”;“病机十九条”语出《素问·至真要大论》。“诸风掉眩,皆属于肝……”等“病机十九条”,是以“五运六气”的“六气”与五脏相应的理论,将临床常见的诸多症状,分别归属于心、肺、脾、肝、肾之疾患,风、寒、湿、热、火之疾患,病变部位是在“上”或“下”等。掌握这些病机,有助于中兽医辨证论治参考。

项目目标

知识目标

1. 理解病机的概念和重要性。
2. 掌握中兽医常见病机分类和具体病机分析。
3. 掌握和理解病机转化的定义和类型。

技能目标

1. 能够分析疾病的病因病机,并提出相应的中兽医治疗方案。
2. 掌握中兽医病机的理论基础和分类体系。
3. 病机转发的影响因素。

素质目标

1. 具备良好的职业道德和职业责任感。
2. 具备吃苦耐劳、乐于钻研、爱岗敬业的工作态度。
3. 具备主动服务的意识和团结协作的精神。
4. 树立人与动物和谐相处的生态理念,尊重生命,关爱动物。

任务 基本病机

案例导入

某猪场所养殖的公猪，前一段时间母猪发情处于高峰期，连续数天配种，有时每头每天2峰期，之后的数天，该场4头公猪均出现性欲太过旺盛、睾丸水肿的现象。检查发现：直肠温度为38.5～39.5 ℃，精神尚可，体况偏下，食欲减退，舌红少苔，粪便稍干燥，凌晨发现鼻吻有过多的细珠状清亮分泌物。

请思考：

1. 请分析公猪的病因病机。
2. 诊断依据主要有哪些？
3. 如何进一步明确诊断？
4. 应该采用哪一类治疗方案？

任务准备

病机，是指疾病发生、发展、变化及其结局的机制，包括病因、病性、病位、病势等的变化及其机制。以阴阳五行、气血津液、藏象、经络、病因和发病等基础理论，探讨和阐述疾病发生、发展、变化及其结局的机理和基本规律，即病机学说。

基本病机，是指在疾病过程中病理变化的一般规律及其基本原理。中兽医学认为，疾病的发生、发展与变化与机体的体质强弱和致病邪气的性质有密切关系。体质不同，病邪各异，可以产生全身或局部的多种多样的病理变化。尽管疾病的种类繁多，临床征象错综复杂、千变万化，各种疾病、各个症状都有其各自的机理，但从整体上来说，总不外乎邪正盛衰、阴阳失调、气血失调、津液失常等病机变化的一般规律。

一、邪正盛衰

邪正盛衰，是指在疾病过程中，机体的抗病能力与致病邪气之间相互斗争中所发生的盛衰变化。邪正斗争，不仅关系着疾病的发生、发展和转归，而且影响着病证的虚实变化。邪正斗争是疾病病理变化的基本过程，疾病的过程也就是邪正斗争及其盛衰变化的过程。

在疾病的发展变化过程中，正气和邪气的力量对比不是固定不变的，而是在正邪的斗争过程中不断地发生着消长盛衰的变化。随着体内邪正的消长盛衰形成病机的虚实变化。

虚与实，体现了动物体正气与病邪相互对抗消长运动形式的变化，正如“邪气盛则实，精气（正气）夺则虚”。致病因素作用于动物体之后，在疾病的发展过程中，邪正是互为消长的，正盛则邪退，邪盛则正衰。随着邪正的消长，疾病就反映出两种不同的本质，即虚与实的变化。

（一）虚实的基本原理

虚与实是相对的，而不是绝对的。

1. 实

所谓实，是指邪气盛而正气尚未虚衰，以邪气盛为主要矛盾的一种病理变化。实所表现的证候称为实证。发病后，邪气亢盛，正气不太虚，尚足以同邪气相抗衡，临床表现为亢盛有余的实证。实证必有外感六淫或痰饮、食积、瘀血等病邪滞留不解的特殊表现。一般多见于疾病的初期或中期，病程一般较短，如外感热病进入热盛期，出现了以大热、大汗、大渴、脉洪大等“四大”症状，或潮热、谵语、狂躁、腹胀满坚硬而拒按、大便秘结、舌苔黄燥、脉沉数有力等症状，前者称为“阳明经证”，后者称为“阳明腑证”。就邪正关系来说，它们皆属实；就疾病性质来说，它们均属热，故称为实热证。此时，邪气虽盛，但正气尚未大伤，还能奋起与邪气斗争，邪正激烈斗争的结局，以实热证的形式表现出来。或因痰、食、水、血等滞留于体内引起的痰涎壅盛、食积不化、水湿泛滥、瘀血内阻等病变，都属于实证。

2. 虚

所谓虚，是指正气不足，抗病能力减弱，以正气不足为主要矛盾的一种病理变化。虚所表现的证候，称为虚证。或体质素虚，或疾病后期，或大病久病之后，气血不足，伤阴损阳，导致正气虚弱，正气对病邪虽然还在抗争，但力量已经显示出严重不足，难以出现较剧烈的病理反应。在临床上，出现一系列虚损不足的证候。虚证必有脏腑机能衰退的特殊表现，一般多见于疾病的后期和慢性疾病过程中。如大病、久病，消耗精气，或大汗、吐、利、大出血等耗伤机体气血津液、阴阳，均会导致正气虚弱，出现阴阳气血虚损之证。如崩漏，由于大量出血，其症状除出血外，同时伴有面色苍白或萎黄、神疲乏力、心悸、气短、舌淡、脉细等，又称为“脾不统血”。就邪正关系而言，心脾生理功能低下，既有脾虚之证，又有心血不足之候，属虚证。

（二）虚实错杂

虚实错杂包括虚中夹实和实中夹虚两种病理变化。在疾病过程中，邪正的消长盛衰，不仅可以产生单纯的虚或实的病理变化，而且疾病的失治或治疗不当，以致病邪久留，损伤了机体的正气；或因正气本虚，无力驱邪外出，而致水湿、痰饮、瘀血等病理产物的凝结阻滞，往往形成虚实同时存在的虚中夹实、实中夹虚等虚实错杂的病理变化。分析虚实错杂的病机，应根据邪正之孰缓孰急，虚实之孰多孰少，来确定虚实之主次。

1. 虚中夹实

虚中夹实是指临床动物以虚为主，又兼夹实候的病理变化，例如脾阳不振之水肿。脾阳不振，运化无权，皆为虚候；水湿停聚，发为浮肿，为实。

2. 实中夹虚

实中夹虚是指临床动物以实为主，兼见虚候的一种病理变化。例如，动物外感热病在发展过程中，常见实热伤津之象，因邪热炽盛而见高热、汗出、便秘、舌红、脉数之实象，又兼口渴、尿短赤等邪热伤津之症，病本为实为热，津伤源于实热，而属于虚，此为实中夹虚。

（三）虚实转化

疾病发生后，邪正双方力量的对比经常发生变化，因而疾病在一定条件下也常常发生由实转虚、因虚致实的病理变化。

1. 由实转虚

疾病在发展过程中，邪气盛，正气不衰，由于误治、失治，病情迁延，虽然邪气渐去，但是机体的正气、脏腑的生理功能已受到损伤，因而疾病的病理变化由实转虚。例如，外感性疾患，疾病初期多属于实，如表寒证或表热证等，由于治疗不及时或治疗不当，护理失宜，或年高体弱，抗病能力较差，从而病情迁延不愈，正气日损，可逐渐形成肌肉消瘦、纳呆食少、面色不华、气短乏力等肺脾功能衰减之虚象，这是由实转虚。

2. 因虚致实

正气本虚，脏腑生理功能低下，导致气、血、水等不能正常运行，产生了气滞、瘀血、痰饮、水湿等实邪停留体内之害。此时，虽然邪实明著，但正气也不足，脏腑也衰，故谓之因虚致实。如肾阳虚衰，不能主水，而形成的阳虚水停之候，既有肾脏温化功能减退的虚象，又有水液停留于体内的一派邪实之象，这种水湿泛滥乃由肾阳不足，气化失常所致，故称为因虚致实。实际上，因虚致实是正气不足，邪气亢盛的一种虚实错杂的病理变化。

(四)虚实真假

病机或实或虚，在临床上均有一定的征象。临床上的征象，仅仅是疾病的现象，在一般情况下，即现象与本质相一致的情况下，可以反映病机的虚或实。但在特殊情况下，即现象与本质不完全一致的情况下，往往会出现与疾病本质不符的许多假象，因而有“至虚有盛候”的真虚假实和“大实有羸状”的真实假虚的病理变化。虽然假象也是由疾病的本质所决定的，是疾病本质的表现，但它并不如真象那样直接地反映疾病的本质，往往会把疾病的本质掩盖起来。因此，需要详细地收集临床资料，全面地分析疾病的现象，从而揭示病机的真正本质。

1. 真虚假实(至虚有盛候)

真虚假实之虚是指病理变化的本质，而实则是指表面现象，是假象。如正气虚弱的动物，因脏腑虚衰，气血不足，运化无力，有时反出现类似“实”的表现。一方面可以见到纳呆食少、疲乏无力、舌胖嫩苔润、脉虚无力等正气虚弱的表现，同时又可见腹满、腹胀、腹痛等一些类似“实”的症状。但其腹虽满，却有时减轻，不似实证之腹满不减或减不足言；腹虽胀，但有时和缓，不若实证之常急不缓；腹虽痛，但喜按，与实证之腹痛拒按不同。病机的本质为虚，实为假象，即真虚假实。

2. 真实假虚(大实有羸状)

真实假虚的病机本质为实，而虚则是表面现象，为假象。如热结肠胃、痰食壅滞、湿热内蕴、大积大聚等，使经络阻滞，气血不能畅达，反而出现一些类似虚的假象。如热结肠胃，里热炽盛之病畜，可见大便秘结、腹满硬痛拒按、潮热谵语、舌苔黄燥等实证的表现，有时又可出现精神萎靡、不欲多言，但叫声高亢气粗，肢体倦怠，但稍动则舒适；大便下利，但得泄而反快。究其本质，是实而不是虚。

总之，在疾病的发生和发展过程中，病机的虚和实，都只是相对的而不是绝对的。由实转虚、因虚致实和虚实夹杂，常常是疾病发展过程中的必然趋势。因此，在临床上不能以静止的、绝对的观点来对待虚和实的病机变化，而应以运动的、相对的观点来分析虚和实的病机。

二、阴阳失调

阴阳失调，是机体阴阳消长失去平衡的统称，是指机体在疾病过程中，致病因素的作用导致机体的阴阳消长失去相对的平衡，所出现的阴不制阳、阳不制阴的病理变化。阴阳失调又是脏腑、经络、气血、营卫等相互关系失调，以及表里出入、上下升降等气机运动失常的概括。由于六淫、七情、饮食、劳役等各种致病因素作用于机体，必须通过机体内部的阴阳失调才能形成疾病，所以阴阳失调又是疾病发生、发展变化的内在根据。

阴阳失调的病理变化主要表现阴阳盛衰、阴阳互损、阴阳格拒、阴阳转化以及阴阳亡失等几个方面，其中阴阳偏盛偏衰则是各种疾病最基本的病理变化，这种变化是通过疾病性质的寒热而表现出来的。

(一)阴阳盛衰

阴阳盛衰是指阴和阳的偏盛或偏衰,而表现为或寒或热、或实或虚的病理变化,其表现形式有阳盛、阴盛、阳虚、阴虚四种。

1.阴阳偏盛

阴或阳的偏盛,主要是指"邪气盛则实"的病理变化。"阳盛则热,阴盛则寒"是阳偏盛和阴偏盛病机的特点。前者其病属热属实,后者其病属寒属实。

阳长则阴消,阴长则阳消,故"阳盛则阴病,阴盛则阳病"(《素问·阴阳应象大论》)是阳偏盛或阴偏盛等病理变化的必然发展趋势。

(1)阳盛则热。阳盛是指机体在疾病发展过程中,所出现的阳气偏亢,脏腑经络机能亢进,邪热过盛的病理变化。阳盛则热是由于感受温热阳邪,或感受阴邪而从阳化热,或七情内伤,五志过极而化火,或因气滞、血瘀、痰浊、食积等郁而化热化火所致。

阳盛则热的病机特点,多表现为阳盛而阴未虚的实热证。阳以热、动、燥为其特点,阳气偏盛产生热性病变和燥动之象,出现发热、烦躁、舌红苔黄、脉数等,故曰"阳盛则热"。阳的一方偏盛会导致阴的一方相对偏衰,所以除上述临床表现外,还会出现口渴、小便短少、大便干燥等阳盛伤阴,阴液不足的症状,故称"阳盛则阴病",但矛盾的主要方面在于阳盛。

需要指出,"阳盛则阴病",阳盛则阴虚。在病机上,必须分清阴是相对不足还是绝对亏虚。邪客于阳而致阳盛,阳盛必损阴,但阴虽亏而尚未达到阴虚的程度,阴仅相对不足,其病机为阳盛而阴未虚。若阴由相对的不足转而成为绝对的虚损,阳盛与阴虚并存或只有阴虚而无阳盛,则病机便从实热转化为实热兼阴亏或阴虚内热。

(2)阴盛则寒。阴盛,是指机体在疾病过程中所出现的一种阴气偏盛,机能障碍或减退,阴寒过盛以及病理性代谢产物积聚的病理变化。阴盛则寒多由感受寒湿阴邪,或过食生冷,寒湿中阻,阳不制阴而致阴寒内盛之故。

一般来说,阴盛则寒的病机特点,多表现为阴盛而阳未虚的实寒证。阴以寒、静、湿为其特点,阴偏盛产生的寒性病变以及湿、静之象,表现为形寒、肢冷、喜暖、口淡不渴、苔白、脉迟等,所以说"阴盛则寒"。由于阴的一方偏盛,常常耗伤阳气,会导致阳的一方偏衰,从而出现恶寒、腹痛、溲清便溏等。这种阳气偏衰的表现是由于阴盛所引起的,所以又称为"阴盛则阳病"。

"阴盛则阳病",阴盛则阳虚。从病机变化来说,阴盛则阳病虽然也可区分为阳的相对不足和绝对的虚损,但由于阳主动而易耗散,而且阴寒内盛多因素体阳虚、阳不制阴所致。在阴偏盛时,多伴有程度不同的阳气不足,难以明确区分为相对不足和绝对损伤。

2.阴阳偏衰

阴阳偏衰,是动物体阴精或阳气亏虚所引起的病理变化。阳气亏虚,阳不制阴,使阴相对偏亢,形成"阳虚则寒"的虚寒证。反之,阴精亏损,阴不制阳,使阳相对偏亢,从而形成"阴虚则热"的虚热证。

(1)阳虚则寒。阳虚,是指机体阳气虚损,失于温煦,机能减退或衰弱的病理变化。形成阳偏衰的主要原因,多由先天禀赋不足,或后天饮食失养,或劳倦内伤,或久病损伤阳气所致。一般来说,其病机特点多表现为机体阳气不足,阳不制阴,阴相对亢盛的虚寒证。阳气不足,一般以脾肾之阳虚为主,其中尤以肾阳不足为最。因为肾阳为机体诸阳之本,所以肾阳虚衰(命门之火不足)在阳偏衰的病机中占有极其重要的地位。由于阳气的虚衰,阳虚则不能制阴,阳气的温煦功能减弱，经络、脏腑等组织器官的某些功能活动也因之而减弱衰退，血和津液的运行迟缓，水液不化而阴寒内盛，这就是阳虚则寒的主要机理。阳虚则寒，虽也可见到面色㿠白、畏寒肢冷、舌淡、脉迟等寒象，但还有喜静蜷卧、小便清长、下利清谷等虚象。所以，阳虚则寒与阴盛则寒，不仅在病机上有所区别，而且在临床表现方面也有不同。前者是虚而有寒；后者是以寒为主，虚象不明显。

(2)阴虚则热。阴虚，是指机体精、血、津液等物质亏耗，以及阴不制阳，导致阳相对亢盛，机能虚性亢奋的病理变化。形成阴偏衰的主要原因，多由阳邪伤阴，或因五志过极，化火伤阴，或因久病耗伤阴液所致。一般来说，其病机特点多表现为阴液不足，滋养、宁静功能减退，以及阳气相对偏盛的虚热证。

阴虚之证，五脏俱有，但一般以肝肾为主，其他三脏之阴虚，久延不愈，最终多累及肝肾。五脏之间，也多夹杂并见。临床上以肺肾阴虚、肝肾阴虚为多见。因为肾阴为诸阴之本，所以，肾阴不足在阴偏衰的病机中占有极其重要的地位。由于阴液不足，不能制约阳气，从而形成阴虚内热、阴虚火旺和阴虚阳亢等多种表现，如五心烦热、骨蒸潮热、面红升火、消瘦、盗汗、咽干口燥、舌红少苔、脉细数无力等，即是阴虚则热的表现。阴虚则热与阳盛则热的病机不同，其临床表现也有所区别。前者是虚而有热；后者是以热为主，虚象并不明显。

(二)阴阳互损

阴阳互损，是指在阴或阳任何一方虚损的前提下，病变发展影响相对的一方，形成阴阳两虚的病理变化。在阴虚的基础上，继而导致阳虚，称为阴损及阳；在阳虚的基础上，继而导致阴虚，称为阳损及阴。由于肾藏精气，内寓真阴真阳，为全身阳气阴液之根本，所以，无论阴虚或阳虚，多在损及肾脏阴阳及肾本身阴阳失调的情况下，才易于发生阳损及阴或阴损及阳的阴阳互损的病理变化。

1. 阴损及阳

阴损及阳，系指由于阴液亏损，累及阳气，使阳气生化不足或无所依附而耗散，从而在阴虚的基础上又导致了阳虚，形成了以阴虚为主的阴阳两虚的病理变化。例如，临床常见的遗精、盗汗、失血等慢性消耗性病证，严重地耗伤了机体阴精，因而化生阳气的物质基础不足，发展到一定阶段就会出现自汗、畏冷、下利清谷等阳虚之候。这是由阴虚而导致阳虚，病理上称为“阴损及阳”。

2. 阳损及阴

阳损及阴，系指由于阳气虚损，无阳则阴无以生，累及阴液的生化不足，从而在阳虚的基础上又导致了阴虚，形成了以阳虚为主的阴阳两虚的病理变化。例如，临床上常见的水肿一病，其病机主要为阳气不足，气化失司，水液代谢障碍，津液停聚而水湿内生，溢于肌肤所致。但其病变发展则又可因阴无阳生使阴阳日益亏耗，而见形体消瘦、烦躁升火，甚则瘛疭等阴虚症状，转化为阳损及阴的阴阳两虚证。这是由阳虚而导致阴虚，在病理上称为“阳损及阴”。

实际上，由阴或阳的一方不足导致另一方虚损，终究会导致阴阳两虚，只是程度轻重不同而已，这在脏腑，气血病理变化中是屡见不鲜的。因为肾阴为全身阴液之本，肾阳为全身阳气之根，故阳损及阴、阴损及阳，最终又总是以肾阳、肾阴亏虚为主要病变。

(三)阴阳格拒

阴阳格拒，是阴盛至极或阳盛至极而壅遏于内，使阴气与阳气或阳气与阴气相互阻隔不通的病理变化。阴阳格拒是阴阳失调中比较特殊的一类病机，包括阴盛格阳和阳盛格阴两方面。阴阳相互格拒的机理，主要是由于某些原因引起阴或阳的一方偏盛至极，而壅遏于内，将另一方排斥于外，迫使阴阳之间不相维系所致。阴阳格拒表现为真寒假热或真热假寒等复杂的病理现象。

1. 阴盛格阳(真寒假热)

阴盛格阳,是指阴寒过盛,阳气被格拒于外,出现内真寒外假热的一种病理变化。如虚寒性疾病发展到严重阶段,其证除有阴寒过盛之四肢厥逆、下利清谷、脉微细欲绝等症状外,又见身反不恶寒(但欲盖衣被)、面颊泛红等假热之象。身反不恶寒、面颊泛红,似为热盛之证,但与四肢厥逆、下利清谷、脉微欲绝并见,知非真热,而是假热。

阴盛格阳,又有格阳和戴阳之分,格阳是内真寒而外假热,阴盛格阳于体表(身反不恶寒)。戴阳是下真寒而上假热,阴盛格阳于头面。格阳和戴阳均属真寒假热证,其病机同为阴阳格拒。实际上,疾病发展到阴阳格拒的严重阶段,格阳证和戴阳证常常同时出现,只是名称不同而已。

2. 阳盛格阴(真热假寒)

阳盛格阴,是指阳盛已极,阻拒阴气于外,出现内真热外假寒的一种病理变化。阳盛格阴是由于热极邪气深伏于里,阳气被遏,闭郁于内,不能透达于外所致。其病机的本质属热,而临床症状有某些假寒之象,故又称真热假寒。如热性病发展到极期[阳明经证(白虎汤证)、阳明腑证(承气汤证)、暑厥病等],即有阳热极盛之心胸烦热、胸腹扪之灼热、口干舌燥、舌红等症状,又有阳极似阴的四肢厥冷或微畏寒等;热势越深,四肢厥冷越甚,所以有热深厥也深,热微厥也微之说。四肢厥冷是假象,系阳盛于内,格阴于外所致。

(四)阴阳转化

在疾病发展过程中,阴阳失调还可表现为阴阳的相互转化。阴阳转化包括由阳转阴和由阴转阳。

1. 由阳转阴

本质为阳气偏盛,但当阳气亢盛到一定程度时,就会向阴的方向转化。如某些急性外感性疾病,初期可以见到高热、口渴、胸痛、咳嗽、舌红、苔黄等一些热邪亢盛的表现,属于阳证。由于治疗不当或邪毒太盛等,可突然出现体温下降、四肢厥逆、冷汗淋漓、脉微欲绝等阴寒危象。此时,疾病的本质即由阳转化为阴,疾病的性质由热转化为寒,病理上称为“重阳必阴”。“重阳必阴”与“阳证似阴”不同,前者的“阳”和“阴”皆为真,后者的“阳”为真,而其“阴”为假。

2. 由阴转阳

本质为阴气偏盛,但当阴气亢盛到一定程度时,就会向阳的方向转化。如感冒初期,可以出现恶寒重发热轻、头身疼痛、骨节疼痛、鼻塞流涕、无汗、咳嗽、苔薄白、脉浮紧等风寒束表之象,属于阴证。如治疗失误,或因体质等因素,可以发展为高热、汗出、心烦、口渴、舌红、苔黄、脉数等阳热亢盛之候。此时,疾病的本质即由阴转化为阳,疾病的性质则由寒转化为热,病理上称为“重阴必阳”。“重阴必阳”与“阴证似阳”有本质的区别。

(五)阴阳亡失

阴阳亡失,是指机体的阴液或阳气突然大量的亡失,导致生命垂危的一种病理变化,包括亡阳和亡阴。

1. 亡阳

亡阳,是指机体的阳气发生突然脱失,而致全身机能突然严重衰竭的一种病理变化。一般来说,亡阳多由于邪盛,正不敌邪,阳气突然脱失所致,也可由素体阳虚,正气不足,疲劳过度等多种原因,或过用汗法,汗出过多,阳随阴泄,阳气外脱所致。慢性消耗性疾病的亡阳多由阳气的严重耗散,虚阳外越所致。其临床表现多见大汗淋漓、手足逆冷、精神疲惫、神情淡漠,甚则昏迷、脉微欲绝等一派阳气欲脱之象。由于阳气和阴精具有依存互根的关系，亡阳则阴精无以化生而耗竭。亡阳之后，往往会出现阴竭之变，阳亡阴竭，生命就告终了。

2. 亡阴

亡阴，是指由于机体阴液发生突然性的大量消耗或丢失，而致全身机能严重衰竭的一种病理变化。一般来说，亡阴多由热邪炽盛或邪热久留，大量煎灼阴液所致；也可由其他因素大量耗损阴液而致亡阴，其临床表现多见汗出不止，汗热而黏、四肢温和、渴喜冷饮、身体干瘪、皮肤皱褶、眼眶深陷、精神烦躁或昏迷谵妄、脉细数疾无力，或洪大按之无力。同样，由于阴液与阳气具有依存互根的关系，阴液亡失，则阳气所依附而涣散不收，浮越于外，故亡阴可迅速导致亡阳，阴竭则阳脱，阴阳不相维系而衰竭，生命也随之告终了。

虽然亡阴和亡阳在病机和临床征象等方面有所不同，但因机体的阴和阳而存在互根互用的关系。阴亡，则阳无所依附而浮越；阳亡，则阴无以化生而耗竭。故亡阴可以迅速导致亡阳，亡阳也可继而出现亡阴，最终导致“阴阳离决、精气乃绝”，生命活动终止而死亡。

综上所述，阴阳失调的病机，是以阴阳的属性，阴和阳之间存在着的相互制约、相互消长、互根互用和相互转化关系的理论，来阐释、分析、综合机体一切病理现象的机理。因此，在阴阳的偏盛和偏衰之间、亡阴和亡阳之间都存在着密切的联系。阴阳失调的各种病机并不是固定不变的，而是随着病情的进退和邪正盛衰等情况而变化。

三、气血失调

气血是动物体脏腑、经络等一切组织器官进行生理活动的物质基础，而气血的生成与运行又有赖于脏腑生理机能的正常。因此，在病理上，脏腑发病必然会影响全身的气血，而气血的病变也必然影响脏腑。气血的病理变化总是通过脏腑生理机能的异常而反映出来。由于气与血之间有着密切关系，所以在病理情况下，气病必及血，血病也及气，其中尤以气病及血为多见。

气血失调的病机，同邪正盛衰，阴阳失调一样，不仅是脏腑、经络等各种病变机理的基础，而且也是分析研究各种疾病病机的基础。

(一)气失调

气的病变包括气的生成不足或耗散太过，气的运行失常，以及气的生理功能减退等，具体表现为气虚、气陷、气脱、气滞、气逆、气闭等几个方面。

1. 气虚

气虚是指气不足，全身或某些脏腑机能衰退的病理变化。气虚主要表现为气不足，脏腑功能活动减退，以及机体抗病能力下降等方面，其形成的主要原因多是先天不足，或后天失养，或肺脾肾功能失调，也可因劳伤过度、久病耗伤、年老体弱所致。气虚多见于慢性疾患、老年动物、营养缺乏、疾病恢复期以及体质衰弱等病变。其临床表现以少气懒言、疲倦乏力、脉细软无力等症为特点。

各脏腑气虚的特点多与其生理功能有关，如肺气虚的特点是“主气”的功能衰退；心气虚的特点是“主血脉”和“藏神”的功能衰退；脾胃气虚的特点是“腐熟水谷”和“运化精微”的功能衰退以及中气下陷等；肾气虚的特点是“藏精”“生髓”和“气化”“封藏”以及“纳气”等功能的衰退等。

因肺主一身之气，脾为后天之本、气血生化之源，脾肺气虚直接影响气的生成，故临床上所谓气虚证，多是指脾气虚、肺气虚以及脾肺气虚。

虽然气虚和阳虚都是脏腑组织机能活动的衰退和抗病能力的减弱，但气虚则是指单纯的机能减退，而阳虚则是在气虚进一步发展的基础上，出现了阳气虚少，所以气虚属于阳虚的范畴，气虚可发展为阳虚，但气虚则不一定阳虚。其区别在于：气虚是虚而无寒象，而阳虚则是虚而有寒象。

气与血、津液的关系极为密切，因而在气虚的情况下，必然会影响血和津液，从而引起血和津液的多种病变。如气虚可导致血虚、血瘀和出血，也可引起津液的代谢障碍，如脾气虚不能运化水湿而形成痰饮、水肿等。

2.升降失常

升降失常包括气陷、气脱、气滞、气逆和气闭等。

(1)气陷。气陷为气虚病机之一，是以气的升举无力，应升反降为主要特征的一种病理变化。气陷多因气虚进一步发展而来。脾宜升则健，脾气虚，易导致气陷，常称为“中气下陷”。机体内脏位置的相对恒定，全赖于气的正常升降出入运动。气虚而升举力量减弱就会引起某些内脏的下垂，如胃下垂、肾下垂、子宫脱垂、脱肛等，还可见腰腹胀满重坠、便意频频、短气乏力、叫声低微、脉弱无力等症。

(2)气脱。气脱是指气虚之极而有脱失消亡之危的一种病理变化。由于体内气血津液严重损耗，以致脏腑生理功能极度衰退，真气外泄而陷于脱绝危亡之境。气脱有虚脱、暴脱之分：精气逐渐消耗，引起脏腑功能极度衰竭者，为虚脱；精气骤然消耗殆尽，引起阴竭阳亡者，为暴脱。如心气虚脱则心神浮越、脉微细欲绝；肝气虚脱则目视昏蒙、四肢微搐；脾气虚脱则肌肉大脱、泻痢不止；肺气虚脱则呼吸息高、鼾声如雷；肾气虚脱则诸液滑遗、呼气困难。阴气暴脱则肤皱眶陷、烦躁昏谵；阳气暴脱则冷汗如珠、四肢厥逆等。

(3)气滞。气滞是指某些脏腑经络或局部气机郁滞的病理变化。气滞主要是情志内郁，或痰、湿、食、积、瘀血等阻滞，以及外伤、努伤、跌仆闪挫等，使气机阻滞而不畅，从而导致某些脏腑经络的功能失调或障碍，以闷胀、疼痛为其临床特点。由于动物体气机升降多与肝主疏泄、肺主宣降、脾主升清、胃主降浊，以及肠主泌别传导功能有关，故气滞多与这些脏腑功能失调有关。气行则血行，气滞则血瘀；气行水也行，气滞则水停。气滞可以引起血瘀、水停，形成瘀血、痰饮、水肿等病理变化。

(4)气逆。气逆是气机逆乱、失常之统称。气逆，主要指气机上逆，是气机升降失常，脏腑之气逆乱的一种病理变化。气逆多由情志所伤，或因饮食寒温不适，或因痰浊壅阻等所致。气逆最常见于肺、胃和肝等脏腑。肺以清肃下降为顺，若肺气逆，则肺失肃降，发为咳逆上气；胃气宜降则和，若胃气逆，则胃失和降，发为恶心、呕吐、嗳气、呃逆；肝主升发，若肝气逆，则升发太过，发为头痛胀，面红目赤而易怒。肝为刚脏，主动主升，且又为藏血之脏，因此，在肝气上逆时，甚则可导致血随气逆，或为咯血、吐血，或壅遏清窍而致昏厥。一般来说，气逆于上，以实为主，但也有因虚而气上逆者。如肺虚而失肃降或肾不纳气，都可导致肺气上逆；胃虚失降也能导致胃气上逆等，属因虚而气逆。

(5)气闭。气闭是脏腑经络气机闭塞不通的一种病理变化。气闭多是风寒湿热痰浊等邪毒深陷于脏腑或郁闭于经络，以致某一窍隧失其通顺之常所致。如心气内闭则谵语癫狂，神昏痉厥；胸肺气闭则胸痹结胸、气喘声哑；膀胱气闭则小便不通；大肠气闭则大便秘结；经络气闭则关节疼痛等，其中以心闭神昏最为严重。一般所说的闭证主要是指心气内闭而言。

(二)血失调

血的生理功能异常，主要表现为血液的生成不足或耗损太过，血液的运行失常，以及血液濡养功能减退等几个方面。血失调包括血虚、血瘀、血热和出血等。

1. 血虚

血虚是指血液不足，濡养功能减退的一种病理变化。其形成的原因：一是失血过多，如吐血、衄血、外伤出血等使体内血液大量丧失，而新血又不能及时生成和补充；二是血液生化不足，脾胃为气血生化之源，脾胃虚弱，化源不足，导致生成血液的物质减少，或化生血液的功能减弱；三是久病不愈，慢性消耗等因素而致营血暗耗；四是瘀血阻滞，瘀血不去则新血不生等，最终导致全身血虚。

血是维持动物体生命活动的重要物质之一，对动物体具有营养作用。因此，血液虚亏不能营养脏腑组织，必然导致全身或局部失于营养，生理功能逐渐减退等病理变化。其临床表现以眩晕，面色不华，唇、舌、爪甲淡白无华为重要特征。

由于心主血，肝藏血，脾为气血生化之源，肾精能化血，所以血虚多与心、肝、脾、肾等脏功能失调关系密切。血虚与阴虚同属阴血不足，但血虚是虚而无热象，而阴虚是虚而有热象。二者在病机上既有联系又有区别。

2. 血瘀

血瘀是指瘀血内阻，血行不畅的一种病理变化。气滞而致血行受阻，或气虚而血运迟缓，或痰浊阻于脉络，或寒邪入血，血寒而凝，或邪热入血，煎熬血液等，均足以形成血瘀，甚则血液瘀结而成瘀血。所以，瘀血是血瘀的病理产物，而在瘀血形成之后，又可阻于脉络，而成为血瘀的一种原因。

血瘀的病机主要是血行不畅。瘀血阻滞在脏腑、经络等某一局部时，则发为疼痛，痛有定处，得寒温而不减，甚则可形成肿块，称为癥。同时，可伴见面目黧黑、肌肤甲错、唇舌紫暗以及瘀斑、丝状红缕等血行迟缓和血液瘀滞的现象。

血瘀反过来又可加剧气机的郁滞，从而形成气滞导致血瘀、血瘀导致气滞的恶性循环。由于血瘀与气虚、气滞、血寒、血热等病理上相互影响，所以血除有寒热之别外，常常出现血瘀兼气虚、血瘀兼气滞、血瘀兼血虚等病理变化。

3. 血热

血热是指血分有热，血行加速甚则瘀阻的一种病理变化。血热多由外感热邪侵袭机体，或外感寒邪入里化热，伤及血分以及情志郁结，郁久化火，火热内生，伤及血分所致。

由于血得温则行，在血热的情况下，血液运行加速，甚则灼伤脉络，迫血妄行，邪热又可煎熬阴血和津液。血热的病理变化，以既有热象，又有耗血、动血及伤阴为其特征。

4. 出血

出血是指血液溢于脉外的一种病理变化。其形成多由火气上逆，或热邪迫血妄行，或气虚不能摄血，或瘀血停滞，或因外伤损伤脉络等，使血液不能正常循行而溢于脉外所致。出血之候，随处可见，由于出血部位、原因以及出血量之多寡和血的颜色之不同，可表现出不同的病理变化。

出血过多可导致血虚气弱，发展成为气血双虚，脏腑组织功能减退。若突然大量失血，还可致气随血脱，严重者则发生阴阳离决而死亡。

此外，血的失常还包括血寒。血寒是血分有寒，血行迟缓的一种病理变化，多由寒邪侵袭或阳虚内寒所致，以肢体手足麻木冷痛，心腹怕冷，腹有块痛，得温则减。

(三)气血关系失调

气和血的关系极为密切，生理上相互依存，相互为用，故病理上也相互影响而致气血同病。

一方面，气对于血，具有推动、温煦、化生、统摄的作用，故气的盛衰和升降出入异常，必然影响血。例如，气虚则血无以生化，血必因之而虚少；气虚则推动、温煦血液的功能减弱，血必因之而凝滞；气虚则统摄功能减弱，则血必因之外溢而出血。气滞则血必因之而瘀阻；气逆则血必随气上逆或下陷，甚则上为吐衄，下为便血、崩漏。另一方面，血对于气，则具有濡养和运载作用，在血液虚亏和血行失常时，也必然影响气。例如，血虚则气也随之而衰；血瘀则气也随之而郁滞；血脱则气无所依而脱逸。气血关系失调，主要有气滞血瘀、气虚血瘀、气不摄血、气随血脱和气血两虚等几方面。

1. 气滞血瘀

气滞血瘀是指气机郁滞，血行不畅而气滞与血瘀并存的一种病理变化。气滞和血瘀，常同时存在。气的运行不畅会导致血运的障碍，进而形成气滞血瘀；闪挫外伤等因素也可致气滞和血瘀同时形成。在一般情况下，肝主疏泄而藏血，肝的疏泄在气机调畅中起着关键性的作用，因此气滞血瘀多与肝的生理功能异常密切相关。由于心主血脉而行血，故在心的生理功能失调时，则多先发生血瘀而后导致气滞。气滞血瘀在临床上多见胀满疼痛、瘀斑及积聚癥瘕等症。

2. 气虚血瘀

气虚血瘀是指气虚而运血无力，血行瘀滞，气虚与血瘀并存的一种病理变化。气能行血，气虚则推动无力而致血瘀。轻者，气虚无力，但尚能推动，只不过血行迟缓，运行无力；重者，在机体某些部位，因气虚较甚，无力行血，血失濡养，则可见瘫软不用，甚至萎缩，肌肤干燥、瘙痒、欠温，甚则肌肤甲错等气血不荣经脉的具体表现。

3. 气不摄血

气不摄血是指因气的不足，固摄血液的生理功能减弱，血不循经，溢出脉外，而导致咯血、吐血、衄血、发斑、便血、尿血等各种出血的病理变化。其中因中气不足，气虚下陷而导致血从下溢，则可见便血、尿血等病证。

4. 气随血脱

气随血脱是指在大量出血的同时，气也随着血液的流失而散脱，从而形成气血两虚或气血并脱的病理变化。常由外伤失血、产后大出血等因素所致。血为气之载体，血脱则气失去依附，故气也随之散脱而亡失。

5. 气血两虚

气血两虚，即气虚和血虚同时存在的病理变化，多因久病消耗、气血两伤所致，或先有失血，气随血耗或先因气虚，血的生化无源而日渐衰少，从而形成肌肤干燥、肢体麻木等气血不足之证。

四、津液失常

津液的正常代谢，是维持体内津液的正常生成、输布和排泄之间相对恒定的基本条件。

津液代谢失常是津液的输布失常、津液的生成和排泄之间失去平衡，从而出现津液的生成不足，或津液输布障碍、排泄失司，致三焦气化不利，水液代谢失常，可酿生痰饮、水肿、胀满等病理产物。

津液的代谢是一个复杂的生理过程，只有多个脏腑的多种生理功能的相互协调，才能维持正常的代谢平衡，其中与肺脾肾的关系更为密切。所以，肺、脾、肾等脏腑中，任何一脏或任何一种生理功能的异常，均能导致津液的代谢失常，形成体内津液不足，或津液在体内潴留，从而内生水湿或痰饮。

（一）津液不足

津液不足，是指津液在数量上的亏少，进而导致内则脏腑，外而孔窍、皮毛，失其濡润滋养作用，因之产生一系列干燥失润的病理变化。津液不足多由燥热之邪或五志之火，或高热、多汗、吐泻、多尿、失血，或过用辛燥之剂等引起津液耗伤所致。

由于津液亏损程度不同，津液不足的病理变化有伤津和伤阴之分。津和液在性状、分布部位、生理功能等方面有所不同，津液不足的病机和临床表现也存在一定的差异。津较清稀，流动性较大，内则充盈血脉，润泽脏腑，外则达于皮毛和孔窍，易于耗散，也易于补充。如炎夏而多汗，或因高热而口渴引饮；气候干燥季节，常见口、鼻、皮肤干燥；大吐、大泻、多尿时所出现的目陷、皱瘪，甚则转筋等，均属于以伤津为主的临床表现。液较稠厚，流动性较小，是以濡养脏腑，充养骨髓、脑髓、脊髓，滑利关节为主，一般不易损耗，一旦亏损则亦不易迅速补充。如热病后期或久病伤阴，所见到的舌光红无苔或少苔，唇舌干燥而不引饮，形瘦肉脱，皮肤毛发枯槁，甚则身瘦肉脱、震颤蠕动等，均属于阴液枯涸以及动风的临床表现。

伤津和脱液，在病机和临床表现方面虽然有所区别，但津液本为一体，二者相互为用，病理上互相影响。一般说来，轻者为伤津，重者为伤阴。伤津并不一定兼有伤阴，但伤阴则必兼有伤津，所以说伤津乃伤阴之渐，伤阴乃津枯之甚。

由于津血同源，故津液亏乏或枯竭，必然导致阴血亏乏，出现血燥虚热内生或血燥生风等津枯血燥的病理改变。若津液耗损，使血液减少而血行郁滞不畅，从而发生血瘀之变，终致津亏血瘀。

气与津液相互依附、相互为用。津液的代谢有赖于气的升降出入运动；气有固摄和气化作用，可以控制和调节津液的生成与排泄。气也要依附于津液而存在，如动物体津液大量丢失，则气失其依附而随之形成气随液脱的危重状态。

（二）水湿停聚

津液的输布和排泄，是津液代谢中的两个重要环节。津液的输布和排泄的功能障碍，虽然各有不同，但其结果都能导致津液在体内不正常的停滞，成为内生水湿、痰饮等病理产物的根本原因。

津液的输布障碍，是指津液得不到正常输布，导致津液在体内环流迟缓，或在体内某一局部发生潴留，因而津液不化，内生水湿，酿成痰饮的一种病理变化。导致津液输布障碍的原因很多，涉及肺的宣发和肃降、脾的运化和散精、肝的疏泄条达以及三焦的水道通利等各个方面，但其中最主要的是脾的运化功能障碍。

津液的排泄障碍，主要是指津液转化为汗液和尿液的功能减退，而致水液潴留，上下溢于肌肤而为水肿的一种病理变化。津液化为汗液，主要是肺的宣发功能；津液化为尿液，主要是肾的蒸腾气化功能。肺肾的功能减弱，虽然均可引起水液潴留，发为水肿，但是肾的蒸腾气化则起着主宰排泄的作用。

津液的输布障碍和排泄障碍，虽然二者有别，但常相互影响和互为因果，其结果则导致内生水湿，酿成痰饮，引起多种病变。

总之，水湿停聚，主要形成湿浊困阻、痰饮凝聚和水液潴留等病理变化。

1. 湿浊困阻

湿浊困阻虽为肺脾肾等相关为病，但以脾不运湿为要。湿之为病最多。

2. 痰饮凝聚

痰与饮都是脏腑功能失调，津液代谢障碍，以致水湿停聚而形成的病理产物，又是多种疾患的致病因素，导致复杂的病理变化。

3. 水液潴留

水液潴留多由肺脾肾等脏腑功能失调，水液代谢障碍，从而使水液潴留体内，而发为水肿。水液泛溢肌肤，则头面、眼睑、四肢浮肿，甚则全身水肿。若水液潴留腹腔，则腹肿胀大，发为腹水。

（三）津液与气血的关系失调

津液与气血之间关系失调，其临床常见者，主要表现为水停气阻、气随液脱、津枯血燥及津亏血瘀等几个方面。

1. 水停气阻

水停气阻是水液停贮体内，导致气机阻滞的病理变化。津液的生成、输布和排泄，依赖于脏腑气机的升降出入运动，气行则水行。津液的气化失常，则水液停聚而形成水湿痰饮，水湿痰饮阻碍气机运行，水停则气阻。例如，水饮阻肺，则肺气壅滞，失于肃降，可见胸满咳嗽、喘促不能平卧；水饮凌心，阻遏心气，致使心阳被抑，则可见心悸、心痛；水饮停滞中焦，阻遏脾胃气机，则可致清气不升，浊气不降，而见头昏困倦、脘腹胀满、纳化呆滞、恶心呕吐；水饮停于四肢，则可阻滞经脉气血的流通，故除见浮肿外，尚可见肢体沉困或胀痛等症。

2. 气随液脱

气随液脱是由于津液大量丢失，气失其依附而随津液外泄，从而导致阳气暴脱亡失的气阴两脱的病理变化。气随液脱多由大汗伤津，或严重吐泻耗伤津液所致。

3. 津枯血燥

津枯血燥是指津液亏乏，甚则枯竭，从而导致血燥虚热内生，或血燥生风的病理变化。津液是血液的重要组成部分，津血又同源于后天的水谷精微，若因高热伤津，或烧伤，而使津液大亏，或阴虚痨热，津液暗耗，均会导致津枯血燥，而见心烦、鼻咽干燥、口渴喜饮、肌肉消瘦、小便短少、舌红少津、脉细数等症。

4. 津亏血瘀

津亏血瘀是指津液亏损，血液运行不畅的病理变化。津液充足是保持血脉充盈、血液运行通畅的重要条件。若因高热、烧伤，或吐泻、大汗出等，使津液大量消耗，则津液亏少而血也亏虚，使血液循行滞涩不畅，即可发生血瘀之病变，临床表现即可在原有津液亏损不足基础上，出现舌质紫绛、瘀斑等症。

项目三
疾病传变

疾病传变是指病变部位在脏腑经络等之间的传递转移，以及疾病性质的转化和改变。从本质上讲，传变是疾病发展过程中不同时间、不同层次上机体阴阳、脏腑经络、气血津液代谢失调等病理矛盾的复杂联系和变化，是疾病过程中各种病理变化的衔接、重叠和转化，反映了疾病过程中各种病理变化的演变发展规律。

一、传变的形式

疾病的传变，不外两种形式：一是病位传变；二是病性转化。

(一)病位传变

病位是指疾病发生的部位或场所。病位传变是指在疾病的发展变化过程中，其病变部位发生相对转移和变化的病理过程。动物是一个有机的整体，机体的脏腑经络、肢体官窍，以及精、气、血、津液等，都可以成为病变所在的部位，但不同类别的疾病或具体的病证，各有其不同的病位转变规律。从总体上讲，病位传变涉及病邪的表里出入和具体病变部位的传递转移等。一般而言，外感病发于表，其病位主要是由表入里、由浅入深，或里病出表，故外感病的主要传变形式是表里之间的传变，表邪入里后也可引起内脏之间的传变。内伤病起于脏腑，常由有病脏器波及其他脏腑，故其传变形式主要是内脏之间的传变，也常见脏腑与经络、内脏与形体之间的传变。掌握病位的传变规律，对临证有着重要的指导意义。临证时运用动态的观点对待疾病，在疾病已发而未深、微而未甚之时，便能见微知著，掌握病变发展的趋势，从而抓住最佳时机进行治疗，可以防止疾病的发展与传变，将疾病治愈在初期阶段。

1. 表里出入

表里出入又称表里传变、内外传变，是指致病因素作用于机体，正气与之抗争所出现的表邪入里或里病出表的病理过程，反映了病变部位的深浅，标志着病理变化的趋势。表与里相对而言，所指部位并非固定不变。从整体而言，皮肤、毛窍、肌肉为表，脏腑、骨髓等组织器官为里；以经络与脏腑相对而言，经络为表，脏腑为里；以脏与腑相对而言，腑为表，脏为里；就经络而言，三阳经为表，三阴经为里；在三阳之中，太阳为表，阳明为里，少阳为半表半里。但作为辨证纲领的表证与里证，一般指肌肤和脏腑而言。

(1)表邪入里。是指在外感疾病中，留于肌肤的外感邪气，在一定条件下内传入里，影响脏腑功能的病理传变过程。常见于外感疾病的初期和中期，是疾病向纵深发展的标志。造成表邪入里的因素有两个方面：一为邪气过盛，或护理不当，或疾病初起失治、误治等，以致表邪不解，迅速传变入里。如外感风寒之初失治，使在表之风寒邪气不解，可内传入里，影响肺胃功能，出现高热、口渴、喘咳、便秘等症，即为表邪入里。二为正气不足，抗邪能力减退，不能阻止病邪的深入，遂内传入里。如肺卫素虚，复感外邪，传入于里，伤及脏腑，而见多种病证，也为表邪入里。病邪由表入里，一般按皮毛→络脉→经脉→脏腑的规律依次内传。因此，临床上应注意观察分析证候变化，以判断病邪入里的浅深层次。但也有一些疾病由表入里的传变过程并不出现界限清晰的阶段性特点，有的甚至直接由肌表直传脏腑，因此应具体问题具体分析。

(2)里病出表。里病出表是指疾病原本在脏腑经络等较深层次，由于正邪交争，病邪从里透达于肌表的病理传变过程。多为治疗、护理得当，机体抗邪能力增强所致。如温热疾病，内热炽盛，出现烦躁、胸闷、咳逆，继则汗出热解或随疹透发，邪出而安等，即为里病出表。里病出表多提示邪有出路，病势有好转或向愈之机。此外，在病邪出入的过程中，还存在着介乎表里之间的病理阶段，即半表半里阶段，常是表邪入里或里病出表的中间阶段。病邪的表里出入，主要取决于邪正双方的消长盛衰对比。正不胜邪，则表邪入里内陷；正胜邪却，则里证可能出表。

2. 外感疾病的传变

外感疾病的传变主要有六经传变、卫气营血传变和三焦传变。

(1)六经传变。六经传变是指疾病病位在太阳、阳明、少阳、太阴、少阴、厥阴六经之间的相对转移。东汉张仲景的《伤寒论》在《黄帝内经》所论外感疾病发展变化规律的基础上，将伤寒热病的病变规律和本质用“六经”概括为六个不同的发展阶段，并创立了“六经传变”理论。六经传变，实际上是对外感病六个不同发展阶段的病变规律和本质的概括。经脉是运行气血的通路，“内属于脏腑，外络于肢节”，把动物体各部的组织器官联结成一个有机的整体，因而也相应地成为病邪传播转移的通路和病理变化反应的途径，尤其是外感疾病传变的重要途径。六经之中，三阳主表，三阴主里。三阳之中，太阳为一身之藩篱，主表，阳明主里，少阳主半表半里；三阴之中，太阴居表，依次为少阴、厥阴。外邪循六经传变的一般规律是由表入里，由阳入阴，先三阳后三阴依次相传，即按太阳→阳明→少阳→太阴→少阴→厥阴的次序传变。这种传变规律反映了机体正气由盛而衰，疾病由表入里、由阳入阴、由轻而重的发展趋势。外邪循六经传变还有越经传、表里传、直中、合病、并病等一些特殊的传变形式。越经传，是指疾病不按六经次序传变，如由太阳传入太阴；表里传，即病变在表里相合经脉之间的移易传变，如病变由太阴传至阳明；直中，是指病邪不经三阳经而直接传入三阴经，如外邪直中太阴或少阴；合病，是指两经或三经同时发病，无先后次第之分，如太阴阳明合病、太阳少阳合病、三阳合病等；并病，是指一经证候未罢，又出现另一经证候，如先有太阳经病变，后有阳明经病变，有先后次第之分。另外，由于经脉与脏腑相络属，所以六经病变多与相应的脏腑功能失常有关。

(2)卫气营血传变。卫气营血传变是指病变在卫、气、营、血四个病理阶段之间的转移变化，主要用于阐释温热病的传变。卫分是温热病的初起阶段，病位在皮毛与肺，病情轻浅；气分为温热病的中期阶段，病位在肺、胸膈、脾、胆、胃肠，病情较重，多数热性病至气分即止；营分为温病的严重阶段，病位主要在心与心包；血分属温热重症的极期阶段，病位在心、肝、肾，病势险恶，常致不救。温热病一般多从卫分开始，继而气分、营分，终于血分，依次传变，病情逐渐加重。卫气营血的病位传变，始于卫分，经气分、营分，终而血分，称为“顺传”，反映了病邪由表入里，由浅而深，病情由轻而重，由实转虚的传变过程。温热之邪入卫分后，不经气分阶段，径入营分或血分，称为“逆传”，提示病变急剧，病势凶险。“顺传”与“逆传”主要区别在于传变过程呈渐进性或暴发性之不同。“顺传”多呈渐进传变，“逆传”多为暴发而形成。此外，尚有“卫气同病”“气营两燔”“气血两燔”等特殊病证类型。总之，病位的卫气营血传变，由卫分、气分传至营血，病位多由浅入深，病情由轻变重，病势则趋向恶化；而病变由营血传出卫分，则提示病情由重变轻，病位由深出浅，病势趋于好转或痊愈。

(3)三焦传变。即病变部位循上、中、下三焦而发生传移变化,是外感温热病,尤其是湿热病的主要传变形式。三焦传变是温病学家在部位三焦概念的基础上,所总结和创立的温热病的传变规律。三焦病位传变,主要是上下相传,即病位由上传下,或由下而传上。外感温热病邪,多自口鼻而入,肺卫首先受邪而发病,继则从上焦传入脾胃,再入下焦肝肾,故其传变为由上至下,此为“顺传”,说明疾病由浅入深、由轻而重。如果病邪从肺卫直接传入心包,病情恶化,是为“逆传”。吴鞠通在《温病条辨·卷二》概括温病传变规律时说:“温病由口鼻而入,鼻气通于肺,口气通于胃。肺病逆传,则为心包。上焦病不治,则传中焦,胃与脾也;中焦病不治,则传下焦,肝与肾也。始上焦,终下焦。”既包含了始于上焦肺,依次传入中焦、下焦的顺传,也包括了病邪由肺卫直接传入心包的逆传。前者为三焦传变的一般形式,后者则是三焦传变的特殊形式。总之,病位在上焦肺,病浅而轻;若病势发展,传至中焦,则病情逐渐加重;再继续发展,传入下焦,则病情更为深重。病变从上焦传中、下焦,以及逆传,说明病势向恶化发展;而由下焦或中焦向上焦传变,大多为好转向愈之象。

3. 内伤疾病的传变

内伤疾病,是指动物体脏腑在某些病因作用下所引起的疾病,其病变部位在脏腑。机体是一个有机的整体,其以脏腑为核心,以经络为联系的通道,以精气血津液为物质基础,与形体官窍紧密相联,共同维持动物体正常的生命活动。由于脏腑之间在生理上的密切配合,病理上必然通过经络和精气血津液等相互影响使内脏疾病呈现出病变部位的传移。

脏与脏之间的传变是指病位传变发生于五脏之间,是内伤疾病最常见的病位传变形式。由于五脏之间通过经络相互联系,在生理功能上密切配合,在精气血津液的生成、运行、输布中相互依存又相互为用,故在病理变化中必然相互影响。因此,心、肝、脾、肺、肾五脏,不仅有各自的生理功能和相应的病理变化,彼此之间还存在着普遍而复杂的生理联系和病理影响,一脏有病,常常会波及他脏而发生传变。中兽医学常应用五行的生克关系,来说明五脏病变之间的相互影响。由于中兽医学注重用气、血、阴、阳等来概括五脏的物质结构,认为它们是构成和维持五脏功能活动的基本物质,但气、血、阴、阳各有不同的生理功能,在五脏的生理活动中各自发挥着特殊的作用,同时各脏中气、血、阴、阳物质的多少也不尽相同,有的是气、血、阴、阳并重,有的以气、阴为主,有的以气、阳为主,故两脏之间生理功能的联系各不相同,病理传变的方式也各有特点。以心与其他四脏的病理传变为例,心与肺之间的关系主要体现为气和血之间的相互依存和互根互用关系,即心主血液运行和肺主气司呼吸之间。

(二)病性转化

病性,即病变的性质,它决定着病证的性质。一切疾病及其各阶段的证候,其主要性质,不外寒、热、虚、实四种。这四种病证的性质,是由其相应的病机性质所决定的,即寒的病机反映出寒的病证,虚的病机反映出虚的病证等。虚实寒热的病机是由邪正盛衰和阴阳失调导致的。

疾病在发展过程中,可以出现两种情况:一是病变始终保持发病时原有的性质,只是发生程度的改变;二是改变了发病时原有的性质,转化为相反的性质。病性的转化是指第二种情况,其内容包括虚实转化和寒热转化。

1. 虚实转化

虚与实,是由邪正盛衰所导致的两种性质相反的病机。在疾病发展过程中,邪正双方的力量对比经常发生变化。当邪正双方力量的消长变化达到主要与次要矛盾方面互易其位的程度时,虚与实的病机也就随之发生转化,出现由实转虚或因虚致实的情况。

(1)由实转虚。由实转虚是指本为实性病理变化，由于病情发展至后期，或失治、误治等因素，使病程迁延，虽邪气已去，但正气耗伤，因而逐渐转化为虚性病理变化，如外感病初、中期的病机属实。其主要表现出邪气亢盛的一些症状和体征，若至病的后期，或因治疗不当，迁延日久。出现气血阴阳亏虚的症状和体征，说明病机已经由实转虚。

(2)因虚致实。因虚致实是指本为虚性病理变化，由于脏腑功能减退，气血阴阳亏虚，而产生气滞、痰饮、内湿、瘀血、食积等病理变化或病理性产物，或因正虚抗邪无力而复感外邪，邪盛则实，形成虚实并存的病理变化。实际上，因虚致实是虚性疾机仍然存在，因其虚而复增邪实的虚实错杂的病理变化。

2.寒热转化

寒与热，是对病变性质的概括，在病理性质上各具不同的特征。一般来说，寒多属于病理性衰退，热多属于病理性亢奋。寒与热，是性质截然相反的两种病理变化，是阴阳失调的体现。由于阴与阳相互联系、相互制约，阴阳的偏盛偏衰也可互相影响。在一般情况下，热可以由于阳盛，也可以由于阴虚；寒可以由于阴盛，也可以由于阳虚。一实一虚，一寒一热，最当分辨。

病变寒热属性的一般规律是感受阴邪，或阳虚阴盛，病势沉静所表现的证候，多属于寒；感受阳邪，或阴虚阳亢，病势亢奋所表现的病变，多属于热。寒热在疾病发展过程中，不是一成不变的，在一定条件下，是可以互相转化的。一般而言，由热转寒者，多由于正气损伤，病多难愈，由寒转热者，多是正气来复，病较易治。在疾病过程中，阴阳的消长盛衰是不断变化的，随着阴阳的盛衰，疾病或病证的病理变化也可以改变原来的性质，转化成与原来性质相反的属性，或由寒化热，或由热转寒。

(1)由寒化热。由寒化热是指疾病或病证病变的性质本来属寒，继而又成为热性的病理变化。如太阳表寒证，疾病初起恶寒重、发热轻、脉浮紧，以后继则出现阳明里热证，而见壮热、不恶寒反恶热、心烦口渴、脉数。又如哮喘病开始不发热、咳嗽、痰稀而白，继则转化为咳嗽、胸痛、痰黄而黏稠，即表示病性已由寒而化热。

(2)由热转寒。由热转寒是指疾病或病症病变的性质本来属热，继而转变为寒性的病理变化。如便血者，初起则便血鲜红、肛门灼热、口干舌燥、大便秘结或不爽。若日久不愈，血去正伤，阳气虚衰，继则转见血色紫暗或黑，脘腹隐痛，痛时喜按喜暖，并见畏寒肢冷，大便溏薄，则表明当此之时其病性已由热转寒。

二、影响疾病传变的因素

影响疾病传变的因素不外乎正与邪两个方面，主要包括环境因素、生活因素、体质因素、病邪因素和诊治因素。

在决定并影响疾病传变的各种因素中，邪正斗争及其盛衰变化起着决定性的作用，不仅决定疾病传变与否，而且决定着传变的方向和速度，并有一定的规律可循。

(一)环境因素

环境因素主要包括地理环境和时令气候，二者之间密切相关，并共同作用于机体，对疾病的传变发生影响。

地域因素的长期作用可形成不同地理环境。动物的体质特征和疾病谱的差异，也会影响疾病的传变。①居处海拔高，气候干燥地域的动物，感邪后较易化热、化燥，伤阴耗津；②居处海拔低，气候潮湿地域的动物，感邪后病变较易化湿，伤气伤阳。

时令气候对疾病的影响也很大，其中包括对疾病传变的影响。①阳热病证，其病情多在阳旺的春季加重，而在阴盛的秋季减轻；②阴寒病证，其病情多在阴盛的秋季加重，而在阳旺的春季减轻；③一日之中，疾病受时辰的影响，也有“旦慧、昼安、夕加、夜甚”不同变化。

（二）生活因素

现代社会的环境改变，经常使伴侣动物容易产生各种焦虑不安等情绪变化，日久则影响脏腑功能的正常，产生各种疾病或导致疾病的传变。

（1）心情愉悦，饮食合理，劳逸得当，则机体正气充足，很少生病；即使生病，也利于疾病恢复向愈。

（2）饮食不当和劳逸失度等，则易导致正气不足，不利于疾病恢复，且易加重病情。

（三）体质因素

体质因素主要从两方面对疾病的传变发生作用。

（1）体质决定正气强弱，从而影响发病与传变的迟速。

①体质壮实者，正气充足，一般不易感受病邪，一旦感邪则发病急速，但传变较少，病程亦较短暂。

②体质虚弱者，正气不足，则易于感邪，且邪易深入，发病病势较缓，病程缠绵而多传变。

（2）体质决定病邪从化。

①素体阳盛者，则邪多从火化，疾病多易向实热证演变。

②素体阴盛者，则邪多从寒化，疾病多向实寒或虚寒证演变。

（四）病邪因素

病邪是影响疾病传变的重要因素，病位传变、病性传变以及疾病传变速度等，都受到感邪轻重、病邪性质等影响。

（1）疾病传变与邪气的性质直接相关。①外感六淫病邪，一般阳邪传变较快，特别是火（热）邪、风邪、暑邪。②阴邪传变较慢，特别是湿邪黏滞而较少传变。③疠气则发病急骤，传变急速。④邪盛则传变较快，邪微则传变缓慢。

（2）由于病邪性质的不同，其伤动物的途径、病位传变的路径也有较大的差异。①外感病，以表里传变为主；②伤寒，多六经传变；③温病，多卫气营血、三焦传变；④内伤病，主要是脏腑传变，也可表里相及；⑤外伤，对疾病传变也有重要影响。

（五）诊治因素

在疾病的发生发展过程中，诊治因素是疾病传变中较为关键的因素，是否做到早期诊治，直接关系到疾病传变或转归。

（1）正确诊治。早期正确的诊断与治疗，体现中兽医学“既病防变”思想，可及时阻断、中止疾病发展和传变，使疾病消灭在萌芽之中，或使患病动物转危为安，以至痊愈。

（2）错误诊治。诊断失误，或未能及早治疗，错过最佳干预时期；或诊断虽明确，但失治误治，或护理不当，则可损伤机体正气，助长邪气，以至变证迭起，甚至预后不良。

任务实施

（一）布置任务

根据所学知识，针对以上提供的病例资料，按要求分别完成以下任务。

（1）初步诊断：______

（2）诊断依据：______

（3）鉴别诊断：______

（4）为了确诊疾病，需做哪些进一步检查：______

______

（5）确诊疾病：______

（6）治疗原则：______

（7）治疗处方：

Rp：
兽医师：

（二）工作评价

针对以上任务的完成情况，分别对初步诊断、诊断依据、鉴别诊断、进一步检查、确诊疾病、治疗原则和治疗处方等 7 项任务给予评价和点评。

工作评价			
评价内容	评价结果		
	正确	基本正确	错误
初步诊断			
诊断依据			
鉴别诊断			
进一步检查			
确诊疾病			
治疗原则			
治疗处方			
学生反思			
教师点评			

中兽医

模块四

防治法则

模块导读

防治原则是预防和治疗疾病原则的总称。它是在中兽医整体观念和辨证论治精神的指导下，对疾病预防和治疗所制定的基本准则，是中兽医基础理论的重要组成部分。中兽医学强调预防为主，主张未病之先，要注意养生和预防病邪侵害；已病之后，要根据病情采取积极、有效的措施，防止疾病的传变，促使疾病痊愈，并防止其复发。这种防治结合、以防为主的防治思想和原则对控制疾病的发生、发展和传变具有重要指导意义。

模块目标

知识目标

1. 理解疾病预防和治疗的概念。
2. 掌握八法及其应用。

技能目标

1. 能够分析疾病的防治原则，并提出相应的中兽医治疗方案。
2. 熟练八法的运用。

素质目标

1. 具备良好的职业道德和职业责任感。
2. 具备吃苦耐劳、乐于钻研、爱岗敬业的工作态度。
3. 具备主动服务的意识和团结协作的精神。
4. 树立人与动物和谐相处的生态理念，尊重生命，关爱动物。

项目一 疾病的预防

案例导入

张某家一母牛来就诊。主诉：该牛 3 d 前感冒，体温高，当地兽医站肌内注射青霉素、安乃近，体温下降，但仍咳嗽。检查：病牛精神沉郁，被毛逆立，颤抖，咳声大而有力，鼻塞不畅，鼻流清涕，耳鼻发凉，无鼻汗，口色淡红，体温 38.9 ℃，心跳 68 次/min，呼吸 26 次/min。

请思考：

1. 证候分析结果是什么？
2. 治疗原则是什么？
3. 如何选用方剂？
4. 如何预防？

预防，就是采取一定的措施，防止动物疾病的发生和发展。前人称其为“治未病”。

我国医学历来重视预防，如《素问·四气调神大论》中就有“是故圣人不治已病，治未病；不治已乱，治未乱，此之谓也。夫病已成而后药之，乱已成而后治之，譬犹渴而穿井，斗而铸锥，不亦晚乎！”的记载。这种“治未病”的预防思想，在医疗实践中起着极为重要的作用。

“治未病”包括两方面的内容：一是未病先防；二是既病防变。

一、未病先防

未病先防，就是在动物未发病之前，采取各种有效措施，预防疾病的发生。疾病的发生关系到邪正两个方面。邪气侵犯是疾病发生的重要条件，而正气不足是疾病发生的内因和根据，外邪通过内因而起作用。未病先防重在培养机体的正气，增强其抗邪能力。培养正气，主要着手于以下三个方面。

(一)加强饲养管理，合理使役

中兽医认为，“加强饲养管理，合理使役”是预防动物疾病发生的关键。正如《元亨疗马集》中所说：“冬暖，夏凉，春牧，秋厩，节刍水，知劳役，使寒暑无侵，则马骡无疴瘵也。”很多兽医古籍中都记载了有关动物饲养、管理和使役的注意事项，如《元亨疗马集·三饮三喂刍水论》中论述得就很详细。在饲养方面提出过于饥渴时不能暴食暴饮，劳役前后不能饮喂过饱，饮水和草料必须清洁，不能混有杂物；有汗和料后不能立即饮水，膘大马、休闲马夏季要减料等。在管理方面，提出厩舍要冬暖夏凉，经常打扫干净。在使役方面，提出要先慢步，后快步，快慢要交替使用；在使役后，不可立即卸掉鞍具，待休息后方可饮喂等。这些都是很好的经验，至今仍有重要的参考价值。

（二）针药调理

针药调理就是根据地区、气候，以及动物体质的情况，采用放六脉血和灌四季药的方法来预防疾病。这种通过针药调理，使动物更好地适应外界环境的条件变化，以减少疾病发生的方法在民间广为流传，至今仍有不少地区广泛使用。

（三）疫病预防

中兽医对于疫病的认识可见于历代农书和兽医专著，如《元亨疗马集》说："都中战马，遍染瘟疫癖瘟癖瘴，不可不御也。"《三农纪·卷八》记载："人疫传人，畜疫传畜，染其形似者；豕疫可传牛，牛疫可传豕，当知避焉。"《陈旉农书》中说："已死之肉，经过村里，其气尚能相染也。欲病之不相染，勿令与不病者相近。"《三农记》中还说："倘逢天时行灾，重加利剂，宜避疫之药常熏栏中。"《齐民要术》中还有对羊传染性疫病早期诊断与隔离的记载，指出"羊有病，辄相污，欲令别病：法当栏前作渎，深二尺，广四尺，往还皆跳过者，无病；不能过者，入渎中行过，便别之"。从这些记载可以看出，古人很早就对动物的传染性疾病有了一定认识，并根据当时的社会条件和科学水平采取了一些力所能及的防治办法，如隔离、预防性给药（药剂的使用，贯仲、苍术等泡水，动物饮用）、药熏（苍术、石菖蒲、艾叶、雄黄等药物燃烟熏棚厩的定期消毒）、粪便堆放发酵以及搞好清洁卫生工作（水洁、料洁、草洁、槽洁、圈洁、动物体洁净等），均是预防动物疾病发生的重要措施。

二、既病防变

未病先防，是积极的预防措施。如果疾病已经发生，就应及早诊断和治疗，以防止疾病的进一步发展与传变，这就称为既病防变，也是"治未病"的重要内容。

（一）早期诊治

一般来说，疾病之初，病位较浅，病情多轻，病邪伤正程度轻浅，正气抗邪、抗损害和康复能力均较强，因而早期诊治有利于疾病的早日痊愈，防止因病邪深入而加重病情。这说明外邪侵入机体后，如果不作及时处理，病邪就有可能逐步深入，由表入里，侵犯内脏，使病情越来越复杂，治疗也越来越困难，由此可见早期诊治的重要性。《元亨疗马集》中也有"每遇饮马，就便看验有无病患，交点匹数，每三日一次令兽医遍看口色，有病者灌啗，甚者别槽医治"的记载，说明古代兽医就非常重视对患病动物的早期发现，及早诊治，防止疾病进一步的发展与恶化。

（二）防止传变

动物体的各脏腑之间密切相关，一脏有病，可以影响他脏。治疗时，要掌握疾病传变的规律，先安未受邪之地，治其未病之脏腑，以防止疾病的传变。如《难经 · 七十七难》说："上工治未病，中工治已病者，何谓也？然：所谓治未病者，见肝之病，则知肝当传之于脾，故先实其脾气，无令得受肝之邪，故曰治未病焉。中工治已病，见肝之病，不晓相传，但一心治肝，故曰治已病也。"就是强调根据肝病易于传脾的特点，在治疗肝病时应注意调补脾脏，使脾气充实，防止疾病的传变。此为既病防变法则的具体体现。又如温热病伤及胃阴，若病势进一步发展多耗及肾阴，故应在甘寒养胃的方药中加入某些咸寒滋肾之品，这也是既病防变法则的具体应用。根据五行相生相克的理论指导，对脏腑疾病的传变提前进行防治，缩短病期，提高疗效。

项目二
疾病的治则

治则，就是治疗动物疾病的法则。它是以四诊所收集的客观资料为依据，在对疾病综合分析和判断的基础上提出的临证治疗规律，是各种证候具体治疗方法的指导原则。

中兽医学的治病法则，包括扶正与祛邪、治病求本、同治与异治、三因制宜和治疗与护养等方面的内容。这些原则，对于指导临床具体方法和处方用药具有重要的意义。

一、扶正与祛邪

疾病的过程在一定意义上是正气与邪气双方相互斗争的过程。正邪斗争的胜负决定着疾病的进退，邪胜则病进，正胜则病退。因此，治疗法则就离不开扶正和祛邪两个方面，即通过扶助正气或祛除邪气，借以改变正邪双方力量的对比，使疾病向痊愈的方面转化。总的来说，各种治疗措施都是根据扶正与祛邪这两个原则而制定的。

（一）扶正与祛邪的概念及其关系

扶正，就是使用补益正气的方药及加强患病动物护养等方法，以扶助机体正气，提高机体抵抗力，达到祛除邪气，战胜疾病，恢复健康的目的。祛邪，就是使用祛除邪气的方药，或采用针灸、手术等方法，以祛除病邪，达到邪去正复的目的。

虽然扶正与祛邪的方法不同，但二者密切相关，相互为用，相辅相成。扶正，能使正气加强，有助于机体抗御和祛除病邪，也就是说扶正是为了更好地祛邪；祛邪，能够排除病邪的侵害和干扰，使邪去正安，即祛邪的目的是保存正气以及有利于正气的恢复。因此，从这个意义上可以说"扶正即可以祛邪，祛邪即可以安正"。在疾病过程中，正气是矛盾的主要方面，任何治疗措施都是通过动物体的生理机能而起作用的，因此中兽医学非常重视机体的内在因素，在扶正与祛邪之间尤其强调扶助正气。然而，无论是扶正还是祛邪都要运用适当，做到祛邪而不伤正，扶正又不留邪。

（二）扶正与祛邪的运用原则

扶正，适用于以正气虚为主而邪气也不盛的虚证，具体有益气、养血、滋阴、助阳等方法。祛邪，适用于以邪气盛为主而正气也未衰的实证，具体有发汗、攻下、清解、消导等方法。

中兽医学重视机体的内在因素，但并不排除外在因素的致病作用，也不忽略祛除病邪在治疗上的重要作用。一般在临床运用的时候，须结合邪正盛衰消长的具体情况，根据正邪双方在疾病过程中所占的地位，区别扶正和祛邪的主次、先后，灵活掌握。当病情比较简单，或是正虚，或是邪实时，单独扶正或祛邪，即可达到治疗目的。但在很多疾病过程中，邪正虚实往往混杂出现，所以在运用中应把"扶正"与"祛邪"两方面辨证地结合起来，根据患病动物的具体情况，分别采用

“祛邪兼扶正”“扶正兼祛邪”“先扶正后祛邪”“先祛邪后扶正”等方法，才能收到预期的效果。

1. 祛邪兼扶正

祛邪兼扶正适用于邪盛为主，兼有正衰的病证。在处方用药时，应在祛邪的方剂中，稍加一些补益药。如治年老体虚、久病或产后津枯肠燥便秘的当归苁蓉汤就是一个实例。

2. 扶正兼祛邪

扶正兼祛邪适用于正虚为主，兼有留邪的病证。在处方用药时应在补养的方剂中，稍加一些祛邪药。如治疗奶牛前胃弛缓而有食滞时就应采用此法。

3. 先扶正后祛邪

先扶正后祛邪适用于正虚邪不盛，或正虚邪盛而以正虚为主的病证。如此时兼以祛邪，反而更伤正气，只有先扶正，待正气增强后再去祛邪。

4. 先祛邪后扶正

先祛邪后扶正适用于邪盛正不太虚，或邪盛正虚的病证。如此时兼以扶正，反而会有留邪的弊端，故只能先祛邪，然后扶正。如阳明腑证之热结肠腑，便闭不通，导致化燥化热而阴伤，则须急下存阴，以免热结愈甚而阴津更伤，故应先施以大承气汤泻下热结，待结去后再以养阴生津药物进行调理。

总之，扶正与祛邪是最基本的治则，在临床运用时，要根据病情，灵活掌握，特别是在需要扶正与祛邪同时并用时，应分清主次，有所偏重。

二、治病求本

本，是指疾病的本质；标，是指疾病的现象。治病求本，是指在治疗疾病时，必须寻求出疾病的本质，针对本质进行治疗。它是辨证论治的一个基本原则，对于疾病的治疗具有重要的指导意义。

治病求本的具体内容很多，中兽医提出的“标本缓急”“正治反治”即体现了这一基本原则。

(一)治标与治本

标与本是一个相对的概念，常用来概括说明事物的本质与现象，因果关系以及病变过程中矛盾的主次关系等。就其在治则中的运用而言，应随疾病过程中的具体情况加以区分。以正邪关系言，则正气为本，邪气为标；就病因与症状言，则病因为本，症状为标；以病之先后言，则先病为本，后病为标；原发病为本，继发病为标；就病位表里言，则脏腑病为本，肌表经络病为标；就本质与现象关系言，则本质是本，现象属标。

一般来说，本是疾病的主要矛盾或矛盾的主要方面，起着主导和决定的作用；标是病变的次要矛盾或矛盾的次要方面，处于从属和次要的地位。辨证论治的一个根本原则，就是要抓住疾病的本质，并针对本质进行治疗。例如，马患结症而继发肠臌气时，结症为本，气胀为标；如果病势缓慢，气胀不重，只要破除结症之本，气胀之标也就随之消失。但是，在疾病过程中矛盾是错综复杂的，在一定条件下是可以转化的。因此，标和本常有主次轻重的不同，治疗也就相应地有了先后缓急的区分(表 4-1)。

1. 急则治其标

急则治其标是指疾病过程中标证紧急，若不及时治疗就会危及患病动物生命或影响本病治疗时所采取的一种急救治标法。例如，结症继发肠臌气，显然结症是本，臌气是标，但若臌气严重，病势急剧，如不能快速解除，就会危及患病动物的生命，同时也影响直肠入手破结，此时的当务之急就应是穿刺放气或用其他办法解除气胀以治标，待气胀缓解后再破结通肠以治本。由此可见，急则治其标仅为权宜急救之法，待危象消除，病势缓解后还必须治本，才能拔除病根。

2. 缓则治其本

缓则治其本是指在一般情况下，凡病势缓而不急的，皆需从本论治，即所谓"治病必求于本"，它对指导慢性病的治疗更有意义。如脾虚泄泻之证，若泄泻不甚，无伤津脱液的严重症状，只需健脾补虚，使脾虚之本得治，则泄泻之标自除。

3. 标本兼治

当标病与本病俱重，在时间或条件上又不允许单独治标或单独治本时，应采取标本兼治的方法。当然，标本兼治，也不是治标与治本不分主次地平均对待，而是要分清主次，有所侧重。例如，气虚感冒时，先病正气虚为本，后感外邪为标，单纯益气则表邪难去，仅用发汗解表则更伤正气，所以常采用益气为主兼以解表，标本兼治的原则。

应当指出，在临床应用时，不能将急则治其标、缓则治其本的原则绝对化，急的时候也未尝不可治本。

表 4-1　治标与治本

项目	缓则治其本	急则治其标	标本兼治(标本兼顾)
适用病证	慢性疾病，或当病势向愈，正气已虚邪尚未尽之际	病情严重，或疾病发展过程中出现危及生命的某些症候时	标病和本病错杂并重时
举例	如气虚自汗，气虚为本，自汗为标，单用止汗剂难以奏效，应固表以治本	如大失血，由于病势危急，故应以止血治标为首务，待血止后再治出血之因以图本	如痢疾，饮食不进是正气虚(本)，下痢不止是邪气盛(标)。此时标本俱急，须以扶正药与清化湿热药并用

(二)正治与反治

1. 正治

正治又称为逆治，是逆着疾病征象而治的一种治疗法则。逆，是指所采用方药的性质与疾病征象的性质相反。

在临床上，大多数疾病的现象与疾病的本质是一致的。如热证表现为热象、寒证表现为寒象、虚证表现为虚象、实证表现为实象。此时，应采用正治法，即采用"热者寒之""寒者热之""虚者补之""实者泻之"的治疗法则。正治含有正规和常规治疗的意思，是临床上常用的治疗方法。

2. 反治

反治又称为从治，是顺从疾病征象而治的一种治疗法则。从，是所指采用方药的性质与疾病征象的性质相同。

在临床上，有时会因病情复杂或病势严重，机体不能如常地反映出正邪相争的情况，而出现一些与疾病性质不相符合的假象。如寒证出现热象、热证出现寒象、虚证出现实象、实证出虚象等。在治疗时，就不能简单地见寒治寒，见热治热，而应透过现象治其本质。因在此情况下，疾病所表现出的症状与疾病的本质相反，所以采用了和疾病征象性质相同的药物来治疗，但实际上仍是逆着疾病的本质进行的治疗。反治法有"热因热用""寒因寒用""塞因塞用""通因通用"等几种不同的具体运用。

(1)热因热用。是指用温热性药物治疗具有热象病证的方法。主要适用于阴寒内盛,阳气格拒于外而呈现体表温热,脉大,色红的真寒假热证。因热象是假,而阳虚寒盛才是其本质,故仍应以温热药进行治疗。

(2)寒因寒用。是指用寒凉性药物治疗具有寒象病证的方法。主要适用于里热极盛,格阴于外,证见四肢厥冷的真热假寒证。因寒象是假,而热盛才是其本质,故仍须用寒凉药物进行治疗。

(3)塞因塞用。是指用补塞性药物治疗具有闭塞不通病证的方法。主要适用于真虚假实证。如因中气不足,脾虚不运所致的脘腹胀满,就得用健脾益气,以补开塞的方法来进行治疗。

(4)通因通用。是指用通利的药物治疗通泄病证的方法。主要适用于真实假虚证。如由于食积停滞,影响运化所致的腹泻,则不仅不能用止泻药,反而应当用消导泻下药以去其积滞,方能奏效。

从上述可以看出,正治法一般适用于病情比较单纯,疾病本质与症状表现相一致的病证;反治法一般适用于病情比较复杂,疾病本质与症状表现不一致的病证(表 4-2)。但不管正治、反治,都是紧紧扣住治病求本的根本原则,从疾病的本质来分析,反治法仍不失热以治寒、寒以治热、补以治虚、泻以治实之意。因此,反治法在本质上和正治法是一致的。

此外,还有一种反佐法,也属反治法之范畴。当疾病发展到阴阳格拒的严重阶段而出现假象,或对大寒证、大热证进行治疗时,若单纯以热治寒或以寒治热,往往会发生药物下咽即吐的格拒现象而影响治疗效果。此时,就要用反佐法以起诱导作用,防止疾病对药物的格拒、对抗作用。反佐法的具体运用有两种:一种是药物反佐,就是在临证配方时在大寒剂中佐以少许温热药,或在大热剂中佐以少许寒凉药;另一种是服法反佐,就是热证用寒凉药采取温服法,寒证用温热药采取冷服法。

表 4-2 正治与反治

	正治	反治
概念	逆其疾病征象而治	顺从疾病征象而治
适用疾病	疾病征象与其本质一致的病证	疾病征象与其本质不相一致的病证
应用	寒者热之:寒证用温热药	热因热用:用热性药治假热之证
	热者寒之:热证用寒凉药	寒因寒用:用寒性药治假寒之证
	虚者补之:虚证用补益药	塞因塞用:用补益药治闭塞不通之证
	实者泻之:实证用泻法泻其邪	通因通用:用通利药治实性通泄之证
	食积之证用消导法、水饮停聚证用逐水法、血瘀证用活血化瘀法、虫积证用驱虫法等	

三、同治与异治

同治与异治,即异病同治和同病异治。

(一)异病同治

异病同治是指不同的疾病,由于病机相同或处于同一性质的病变阶段(证候相同),可以采用同一种治法。例如,久泄、久痢、脱肛、阴道脱和子宫脱等病证,凡属气虚下陷者,均可用补中益气的相同方法治疗。又如，在许多不同的传染病过程中，只要出现气分证（大热、大汗、大渴、脉洪大），都可以用清气（清热生津）的方法治疗。

（二）同病异治

同病异治是指同一种疾病，根据病因、病机以及发展阶段的不同，而采用不同的治法。例如，同为感冒，由于有风寒和风热的不同病因和病机，治疗就有辛温解表和辛凉解表之分。又如，同属外感温热病，由于有卫、气、营、血四个病变阶段（证候不同），治疗也相应地有解表、清气、清营和凉血的不同治法。

四、三因制宜

三因制宜，包括因时制宜、因地制宜和因畜制宜三个方面。中兽医学认为动物体与外界环境之间有着密切的关系，四时气候、地域环境以及患病动物本身的性别、年龄、体质等因素对疾病的发生、发展变化与转归都有着不同程度的影响。在治疗疾病时，就必须根据这些具体因素，区别对待，采取相应的治疗措施。

（一）因时制宜

因时制宜就是根据不同季节的气候特点来考虑治疗用药的原则。如春夏季节，气候由温渐热，阳气升发，动物腠理疏松开泄，即使是患外感风寒，也不宜过用辛温发散之品，以免开泄太过，耗伤阳气；而秋冬季节，气候由凉变寒，阴气日增，动物腠理致密，阳气内敛，此时若非大热之证，就当慎用寒凉之品，以防苦寒伤阳。《素问・六元正纪大论篇》中“用热远热，用温远温，用寒远寒，用凉远凉”就是这个意思。再如，暑邪致病带有明显的季节性，且暑多夹湿，故暑天治病，应注意清暑化湿。

（二）因地制宜

因地制宜就是根据不同地区的地理环境特点来考虑治疗用药的原则。如南方气候炎热而潮湿，病多湿热或温热，故多用清热化湿之品；北方气候寒冷而干燥，多患风寒或燥证，常用温热润燥之味。即便是同一种疾病，地域不同，采用的治则可能也不同，如同为感冒，在东南地区，以风热为多，常用辛凉解表之法；而在西北地区，则以风寒居多，常用辛温发汗之法。即使相同的病证，治疗用药也应当考虑不同地域的特点，如外感风寒证，在西北、东北严寒地区，药量可以稍重，而在南方温热地区，药量就应稍轻。

（三）因畜制宜

因畜制宜就是根据动物年龄、性别、体质等不同特点来考虑治疗用药的原则。

1. 年龄

成年动物正气旺盛，体质强健，病多实证，治宜攻邪泻实，药量也可稍重。老年动物生机减退，脏腑气血已衰，病多虚证或虚中挟实，治疗时要注意扶正补虚，即祛邪也勿伤其正。幼龄仔畜生机旺盛，但脏腑娇嫩，气血未充，因而治疗幼畜疾患，忌用峻剂，药量宜轻。此外，幼畜多外感病和胃肠病，故应当重视宣肺散邪和调理脾胃功能。

2. 性别

性别不同，生理、病理特点各异，治疗用药也各有不同。由于母畜具有经产、妊娠、分娩等特点，治疗时，要注意安胎、通经下乳、妊娠禁忌等问题。公畜有精室及性功能等特有病证，治疗多应补肾滋阴。

3. 体质

体质不同，机体的反应性也不相同，病证的属性有别，治法方药也就当有所不同。一般说来，体质强壮者，其病多为实证、热证，其体耐受攻伐，药量稍重也无妨；体质瘦弱者，其病多为虚证、寒证或虚中挟实，其体不耐克伐，应注意采用温补之剂，即令有邪而挟实，也应攻补兼施。

三因制宜的原则，充分体现了中兽医治病的整体观念和在实际应用时的原则性和灵活性。只有把天时气候、地域环境、患病动物的年龄、性别、体质因素，同疾病的病理变化结合起来全面分析，采用适宜的方法，才能取得较好的疗效。

五、治疗与护养

针药治疗与护理调养是医治动物疾病不可分割的两个方面。俗话说："三分治疗，七分护理。"经验证明，对患病动物护养的好坏，直接影响治疗效果。在《元亨疗马集·七十二症》中，每症也多有调理一项。例如，提出寒病忌寒，休拴冷处，宜养于暖厩之中；热病忌热，棚内不可过温，宜拴于阴凉之处；伤食者少喂草料，伤水者少饮，伤热者宜饮凉水，伤冷者宜饮温水；表解之病忌风，勿拴巷道檐下；四肢拘挛；步行艰难之病，则昼夜放纵；低头难者宜用高槽；肩膊痛者宜用低槽；患破伤风者，背上宜搭毡毯，养于安静光暗之厩舍，时时给以熟料；患腰瘫腿痪者，必须在卧地多垫软草，不可卧于潮湿之处；患肚痛起卧者，须专人照料，忌饮冷水，防止跌滚。凡此种种，都是前人的宝贵经验。说明中兽医对患病动物的护养工作向来十分重视，值得我们很好地学习运用。

项目三

疾病的治法

治法，是指临证时对某一具体病证所确定的治疗方法，是治则理论在临床中的具体应用，主要包括内治法和外治法两大类。

一、内治法

(一)八法

八法即汗、吐、下、和、温、清、补、消八种药物治疗的基本方法。药物治疗是临床上应用最为广泛的一种方法，而八法又是其中最为主要的内容。正如《医学心悟》所说："论病之原，以内伤、外感，四字括之。论病之情，则以寒、热、虚、实、表、里、阴、阳八字统之。而论治病之方，则又以汗、吐、下、和、温、清、补、消八法尽之。盖一法之中，八法备焉。八法之中，百法备焉。"

1. 汗法

汗法又称其为解表法，是指运用具有解表发汗作用的药物，以开泄腠理，驱除病邪，解除表证的治疗方法。主要用于治疗表证。外邪致病大多先侵犯肌表，继则由表及里，当病邪在肌表，尚未传里时，应采取发汗解表法，使表邪从汗而解，从而控制疾病的传变，达到早期治疗的目的。由于表证有表寒、表热之分，汗法又分辛温解表和辛凉解表两种。

(1)辛温解表，主要由味辛性温的解表药，如麻黄、桂枝、紫苏、生姜等组成方剂，适用于表寒证，代表方为麻黄汤、桂枝汤等。

(2)辛凉解表，主要由味辛性凉的解表药，如薄荷、柴胡、桑叶、菊花等组成方剂，适用于表热证，代表方为银翘散、桑菊饮等。

根据兼证的不同，汗法又有加减之变通。如阳虚者，宜补阳发汗；阴虚者，宜滋阴发汗；兼有湿邪在表的，如风湿证，则应于发汗药中配以祛风除湿药。

使用汗法时，应注意以下几点。

(1)体质虚弱、下痢、失血、自汗、盗汗、热病后期等有津亏情况时，原则上禁用汗法。若确有表证存在，必须用汗法时，也应妥善配以益气、养阴等药物。

(2)发汗应以汗出邪去为度，不可发汗太过，以防耗散津液，损伤正气。

(3)夏季或平素表虚多汗者，应慎用辛温发汗之剂。

(4)发汗后，应忌受寒凉。

2. 吐法

吐法又称为涌吐法或催吐法，是指运用具有涌吐性能的药物，使病邪或有毒物质从口中吐出的治疗方法。其主要适用于误食毒物、痰涎壅盛、食积胃腑等证。代表方为瓜蒂散、盐汤探吐方等。

吐法是一种急救方法，用之得当，收效迅速，用之不当，易伤元气，损伤胃脘。因此，如非急证，只是一般性的食积、痰壅，尽可能用导滞、化痰的方法，特别是马属动物，由于生理特点不易呕吐，更不适用吐法。

使用吐法时，应注意以下两点。

(1)对于心衰体弱的患病动物，不可用吐法。

(2)对于怀孕或产后、失血过多的动物，应慎用吐法。

3. 下法

下法又称为攻下法或泻下法，是指运用具有泻下通便作用的药物，以攻逐邪实，达到排除体内积滞和积水，以及解除实热壅结的治疗方法。其主要适用于里实证，凡胃肠燥结、积水、虫积、实热等证，均可用本法治疗。根据病情的缓急和患病动物体质的强弱，下法通常分攻下法、润下法和逐水法三类。

(1)攻下法。也称为峻下法，是指使用泻下作用猛烈的药物以泻火、攻逐胃肠内积滞的方法。适用于膘肥体壮，病情紧急，粪便秘结，腹痛起卧，脉洪大有力的患病动物。代表方为大承气汤。

(2)润下法。也称为缓下法，是指使用泻下作用较缓和的药物，治疗年老、体弱、久病、产后气血双亏所致津枯肠燥便秘的治疗方法。代表方为当归苁蓉汤。

(3)逐水法。是指使用具有攻逐水湿功能的药物，治疗水饮聚积的实证如胸水、腹水、粪尿不通等的治疗方法。代表方为大戟散。

使用下法时，应注意以下几点。

(1)表邪未解不可用下法，以防引邪内陷。

(2)病在胃脘而有呕吐现象者不可用下法，以防造成胃破裂。

(3)体质虚弱，津液枯竭的便秘不可峻下。

(4)怀孕或产后体弱母畜的便秘不可峻下。

(5)攻下法、逐水法，易伤气血，应用时必须根据病情和体质，掌握适当剂量，一般以邪去为度，不可过量使用或长期使用。

4. 和法

和法又称为和解法，是指运用具有疏通、和解作用的药物，以祛除病邪，扶助正气和调整脏腑间协调关系的治疗方法。其主要适用于病邪既不在表，又未入里的半表半里证和脏腑气血不和的病证(如肝脾不和)。前者的代表方为小柴胡汤，后者的代表方为逍遥散、痛泻要方。

使用和法时，应注意以下几点。

(1)病邪在表，未入少阳经者，禁用和法。

(2)病邪已入里的实证，不宜用和法。

(3)病属阴寒，证见耳鼻俱凉，四肢厥逆者，禁用和法。

5. 温法

温法又称为祛寒法或温寒法，是运用具有温热性质的药物，促进和提高机体的功能活动，以祛除体内寒邪，补益阳气的一种治疗方法。主要适用于里寒证或里虚证。根据"寒者热之"的治疗原则，按照寒邪所在的部位及其程度的不同，温法又可分为回阳救逆、温中散寒、温经散寒三种。

(1)回阳救逆。适用于肾阳虚衰、阴寒内盛、阳虚欲脱的病证。代表方为四逆汤。

(2)温中散寒。适用于脾胃阳虚所致的中焦虚寒证。代表方为理中汤。

(3)温经散寒。适用于寒气偏盛、气血凝滞、经络不通、关节活动不利的痹证。代表方为黄芪桂枝五物汤。

使用温法时，应注意以下两点：

(1)素体阴虚、体瘦毛焦、阴液将脱者，不用温法。

(2)热伏于内、格阴于外的真热假寒证，禁用温法。

6. 清法

清法又称为清热法，是指运用具有寒凉性质的药物，清除体内热邪的治疗方法。主要适用于里热证。临床上常把清法分为清热泻火、清热解毒、清热凉血、清热燥湿、清热解暑几种。

(1)清热泻火。适用于热在气分的里热证。由于热邪所在脏腑的不同，选择的方剂也不同，如白虎汤、麻杏甘石汤、龙胆泻肝汤、清胃散等。

(2)清热解毒。适用于热毒亢盛所引起的病证。如疮黄肿毒等。代表方有消黄散、黄连解毒汤等。

(3)清热凉血。适用于温热病邪入于营分、血分的病证。代表方有清营汤、犀角地黄汤等。

(4)清热燥湿。适用于湿热证。根据湿热所在的脏腑不同，选用的方剂也不同，如茵陈蒿汤、白头翁汤、八正散等。

(5)清热解暑。适用于暑热证。代表方为香薷散。

使用清法时，应注意以下几点。

(1)表邪未解、阳气被郁而发热者，禁用清法。

(2)体质素虚、脏腑本寒、胃火不足、粪便稀薄者，禁用清法。

(3)过劳及虚热证，禁用清法。

(4)阴盛于内、格阳于外的真寒假热证，禁用清法。

7. 补法

补法又称为补虚法或补益法，是运用具有营养作用的药物，对畜体阴阳气血不足进行补益的一种治疗方法。适用于一切虚证。因临床上虚证有气虚、血虚、阴虚、阳虚的不同，故补法也就分为补气、养血、滋阴、助阳四种。

(1)补气。适用于气虚证，是运用补气的药物，如党参、黄芪、白术等以增强脏腑之气的方法。代表方有四君子汤、参苓白术散、补中益气汤等。因气能生血，故在以补血法治疗血虚时，也应注意补气以生血。

(2)补血。适用于血虚证，是运用补血的药物，如当归、白芍、阿胶等以促进血液化生的方法。代表方为四物汤、当归补血汤等。

(3)滋阴。适用于阴虚证，是运用补阴的药物，如熟地、枸杞子、麦冬等以补阴精或增津液的方法。代表方为六味地黄丸。

(4)助阳。适用于阳虚证，是运用补阳的药物，如巴戟天、淫羊藿、肉苁蓉等以壮脾肾之阳的方法。代表方为肾气散。

气血阴阳是相互联系的，气虚常兼血虚，血虚常导致阴虚，气虚也常导致阳虚，所以在使用补法时，必须针对病情，全面考虑，灵活运用，才能取得较好的疗效。

脾胃乃后天之本，水谷之海，气血生化之源，所以补气血应以补中焦脾胃为主；肾与命门为水火之脏，是真阴真阳化生之源，所以补阴阳应以补下焦肾与命门为主。

通常情况下，补不宜急，"虚则缓补"。但在特殊情况下，如大出血引起的虚脱症，必须用急补法。

使用补法时，应注意以下几点。

(1)在一般情况下，使用补法切忌纯补，应于补药之中配合少量疏肝和脾之药，达到补而不腻的目的。否则，易造成脾胃气滞，影响消化，不仅妨碍食欲，而且对药物的吸收也有限制，影响补益效果。

(2)应注意"大实有虚象"，诊断时必须认清虚实的真假，避免"误补益疾"的错治。

(3)在邪盛正虚或外邪尚未完全消除的情况下，忌用纯补法，以防"闭门留寇"而致留邪之弊。

8. 消法

消法又称为消导法或消散法，是运用具有消散破积作用的药物，以达到消散体内气滞、血瘀、食积等的一种治疗方法。临床上常用的有行气解郁、活血化瘀、消食导滞三种。

(1)行气解郁。适用于气滞证。常用方剂如越鞠丸等。

(2)活血化瘀。适用于瘀血停滞的瘀血证。常用方剂如桃红四物汤等。

(3)消食导滞。适用于胃肠食积，常用方剂如保和丸等。

使用补法时，应注意以下几点。

(1)消法用于食积时，其作用与下法相似，都能驱除有形之实邪，但在临床运用上又有所不同。下法着重解除粪便燥结，目的在于猛攻逐下，作用较强，适应急性病证；而消法则具有消积运化的功能，目的在于渐消缓散，作用缓和，适应慢性病证。

(2)消法虽较下法作用缓和，但过度使用也可使患病动物气血损耗，因此，当孕畜和虚弱动物患有积食、气滞、瘀血等证时，应配合补气养血药使用，并掌握好剂量。

(二)八法并用

汗、吐、下、和、温、清、补、消八种治疗方法，各有其适用范围，但疾病往往是错综复杂的，有时单用一种方法难以达到治疗目的，必须将八法配合使用，才能提高疗效。

1. 攻补并用

实证宜攻，虚证宜补，这是治疗的常规，但在临证时也应灵活运用。如正虚而邪实的病证，若单纯用补法，会使邪气更加固结；若单纯用攻法，又恐正气不支，造成虚脱。在这种情况下，既不能先攻后补，也不能先补后攻，必须采取攻补并用的治疗方法，祛邪而又扶正，才是两全之计。在临床上，年老体弱或久病、产后动物所患的结症，就属于这种正虚邪实的证候，常用当归苁蓉汤等方剂。以当归、黄芪等药补气血，以大黄、芒硝等药攻结粪，以期达到邪去正复的目的。

2. 温清并用

温法和清法本是两种互相对抗的疗法，原则上不能并用。但对寒热错杂的病证，如单纯使用温法或清法，皆会偏盛一方，引起不良的变证，使病情加重。对此，必须采取温清并用的方法，才能使寒热错杂的病情，趋于协调。例如，肺脏有火，表现气促喘粗，双鼻流涕，鼻液黏稠，口色鲜红；肾脏有寒，表现尿液清长，肠鸣便稀，舌根流滑涎，即为上热下寒的特有症状，对此病证只能温清并用。常用方剂为温清汤（知母、贝母、苏叶、桔梗、桑枝、郁李仁、白芷、官桂、二丑、小茴香、猪苓、泽泻）。此外，为了协助治疗兼证，也有温清并用的情况，如白术散治胎病，方中以温补为主，补脾养血，但因热能动血，故用黄芩以清热。

3. 消补并用

消补并用是把消导药和补养药结合起来使用的治疗方法。对正气虚弱，复有积滞，或积聚日久，正气虚弱，必须缓治而不能急攻的，皆可采取消补并用的方法进行治疗。对脾胃虚弱，消化不良，又贪食精料，致使草料停积胃中所形成的宿草不消，单用消导药效果不够显著，最好配合补养药，如用党参、白术以补脾胃，用枳实、厚朴以宣气滞，用神曲、麦芽、山楂以导积滞，即为消补并用的方法。临床上常将四君子汤和曲麦散合用，就是这个道理。

4. 汗下清并用

邪在表宜用汗法，邪在里宜用下法，有热邪在宜用清法，如果既有表证，又有里证，且又寒热错杂之时，则当汗、下、清三法并用。例如，动物在夏季，内有实火，证见口腔干燥、粪干尿赤、苔黄厚、脉洪数，又外受雨淋，复患风寒感冒，又见发热、恶寒、精神沉郁、食欲不振等表证，对于这种风寒袭于表，蕴热结于里的复杂证候，应当采取汗、下、清三法并用，用麻黄、桂枝等疏散在表之邪，使其从汗而解，又用大黄、芒硝之类通利大肠，使实结从大便而解，更用栀子、黄芩等清除在里之热，共奏解表、泻下、清热之效。防风通圣散就是汗、下、清三法并用的方剂。

二、外治法

外治法是不通过内服药物的途径，直接使药物作用于病变部位的一种治疗方法。同内治法一样，在应用外治法时，要根据辨证的结果，针对不同的病证，选择不同的治法。外治法内容丰富，临床常见有贴敷、掺药、点眼、吹鼻、熏、洗、口噙、针灸等方法。

(一)贴敷法

把药物碾成细面，或把新鲜药物捣烂，加酒或醋或鸡蛋清或植物油或水调和，贴敷在患部，使药物在较长时间内发挥作用。凡疮疡初起、肿毒、四肢关节和筋骨肿痛以及体外寄生虫，常用不同处方的药物贴敷。如《元亨疗马集》雄黄散用醋水调敷治疮疡初起，有清热消肿解毒的功用。

(二)掺药法

疮疡破溃后，疮口经过清理，在患部撒上药面称为掺药法。根据所用方药的不同，可具有消肿散瘀、拔毒去腐、止血敛口、生肌收口等不同作用。消肿散瘀的方药如治马心火舌疮的冰硼散、拔毒去腐的九一丹等，多用于疮疡初期脓多之证；止血敛口常用的桃花散，不仅有止血、结痂、促进伤口愈合的作用，还有防止毒物吸收等作用；生肌收口常用的生肌散，适用于疮疡溃后久不收口。

(三)点眼法

点眼法是将极细药面或药液滴入眼中,以达明目退翳作用的方法。常用的有拨云散。

(四)吹鼻法

吹鼻法将药面吹入鼻内,使患病动物打喷嚏,以达到理气辟秽、通关利窍作用的方法。如通关散吹鼻内治疗冷痛及高热神昏、痰迷心窍等。

(五)熏法

熏法是将药物点燃后用烟熏治疗某些疾病的方法,如用硫黄熏治羊疥癣、用艾叶熏治袖口黄。

(六)洗法

洗法是将药物煎熬成汤,趁热擦洗患部,以达活血止痛、消肿解毒作用的方法。常用于跌打损伤、疥癞、脱肛等。如防风汤,水煎去渣,候温洗直肠脱出部。

(七)口噙法

口噙法是将药面装入长形纱布袋内,两端系绳噙于口内,以达清热解毒、消肿止痛作用的方法。如将青黛散装入纱布袋内,噙于口内,治疗心火舌疮。

(八)针灸疗法

针灸疗法是运用各种不同针具,或用艾灸、熨、烙等方法,对动物体表的某些穴位或特定部位施以适当的刺激,从而达到治疗目的的方法。

任务实施

(一)布置任务

根据所学知识,针对以上提供的病例资料,按要求分别完成以下任务。

(1)初步诊断:________________

(2)诊断依据:________________

(3)鉴别诊断:________________

(4)为了确诊疾病,需做哪些进一步检查:________________

____

(5)确诊疾病:________________

(6)治疗原则:________________

(7)治疗处方:

Rp:
兽医师:

（二）工作评价

针对以上任务的完成情况，分别对初步诊断、诊断依据、鉴别诊断、进一步检查、确诊疾病、治疗原则和治疗处方等 7 项任务给予评价和点评。

工作评价			
评价内容	评价结果		
	正确	基本正确	错误
初步诊断			
诊断依据			
鉴别诊断			
进一步检查			
确诊疾病			
治疗原则			
治疗处方			
学生反思			
教师点评			

中兽医

模块五

四诊法

模块导读

四诊法，包括望诊、闻诊、问诊、切诊，是在历代医家长期医疗实践的基础上逐步形成和发展起来的诊察疾病的方法。我国现存最早的医学著作《黄帝内经》记载："诊法何如……切脉动静而视精明，察五色，观五脏有余不足，六腑强弱，形之盛衰，以此参伍，决死生之分。"足以说明诊法实际上是对动物机体做全面观察的方法，用以判断机体健康与否以及疾病情况。四诊法一直是中医及中兽医辨证论治的重要依据，其各部分各有特色又相互配合，缺一不可。在临床上只有将望、闻、问、切相融合，扬长补短，做到"四诊合参"，诸法参用，才能对疾病做到全方位、多角度的观察及判断。

模块目标

知识目标

1. 掌握望、闻、问、切的基本内容。
2. 掌握察口色的方法，了解各种常见口色变化及其临床意义。
3. 了解脉象浮、沉、迟、数、虚、实等的切诊要点及其临床意义。

技能目标

1. 能够识别动物在不同疾病状态下的望诊特征的能力。
2. 辨识动物在不同状态下的声音与其健康状态关系的能力。
3. 掌握向畜主或饲养员询问动物病史、饲养管理情况、发病经过等信息技巧的能力。
4. 掌握动物脉象的变化规律，了解脉象与疾病关系的能力。
5. 具备将望、闻、问、切结果相结合，进行综合分析的能力。

素质目标

1. 具备良好的职业道德和职业责任感。
2. 具备吃苦耐劳、乐于钻研、爱岗敬业的工作态度。
3. 具备主动服务的意识和团结协作的精神。
4. 树立人与动物和谐相处的生态理念，尊重生命，关爱动物。

项目一 望诊

案例导入

银狐犬,雄性,12 岁,体重 13 kg,已绝育。晚上外出遛犬 20 min,回家后突然倒地不起,四肢瘫软,不能站立,持续呕吐 2 次。眼球垂直晃动,头向左侧倾斜,口鼻流口水,侧卧小便。喜欢阴凉的地方,喜干性、热性食物,经常口渴,食欲废绝,粪便干燥。

请思考:

1. 应从哪些方面进行望诊?
2. 如何将望诊得出结果用作疾病判断?
3. 如何进一步明确诊断?
4. 采用的治疗方案是什么?

任务准备

一、望诊的基本概念

望诊为四诊之首,是指诊者运用视觉来观察患病动物神、色、形、态以及分泌物、排泄物的色质等异常变化,借以了解病理情况的诊断方法。

在望诊时,应由远及近,不要急于接近患病动物,应站在距离患病动物适当的地方(1.5～2 m),以观察其全貌;然后接近患病动物,由前向后,自上而下,从左到右,围绕患病动物一周,做详细观察,并重点深入,有目的地进行局部望诊,以获得可靠资料。必要时,可进行牵遛,以观察患病动物的运动过程及步态的变化。

二、望诊的基本内容

望诊的内容主要概括为望整体和望局部两个方面。察口色原为望局部的内容,但因其是中兽医学的特色诊断方法之一,故单独叙述。

(一)望整体

望整体是望诊之首,是兽医师对动物疾病获得初步概念的第一步。望整体包括望精神、望形体、望动态等。

1. 望精神

精神是动物生命活动的总体观,精是神的物质基础,神是动物生命活动的外在表现,精能化气，气能生神，精充、气足则神旺，精亏、气虚则神衰，多从眼、耳及形态上表现出来。如动物精神饱满，眼明有神，两耳灵活，呼吸平顺，行动自然，反应敏锐，表示正气充足，即便有病也不甚严重。若精神不振，头低耳耷，眼闭无光，好卧懒动，行动迟缓，反应迟钝，或眼急惊狂，狂奔乱走，不听使唤，或痴呆不动，麻木不仁，表示正气已伤，病情亦严重，预后可疑。故有“得神者昌，失神者亡”之说。所以观察精神，可判断正气盛衰，病邪深浅。

2. 望形体

望形体是观察动物的体格和营养(包括肌肉、被毛、骨骼状态)，以推测疾病的虚实。一般发育正常，骨骼坚实，肌肉丰满，皮毛光润，表示体内气血平和，多为无病的征象，即便有病也多属新病、实证；若发育不良，躯体瘦弱，毛焦肷吊，四肢倦怠，表示体内气血不调，正气不足，发病多属久病、虚证。

3. 望动态

望动态是指观察动物的动静姿态。由于畜种不同，动物在正常时的姿态也各有不同表现。猪性情活泼，贪食喜卧，行走时常用嘴拱地，不断摆尾；牛除采食外，常侧卧于地，间歇性反刍，舐鼻舔毛，若有生人靠近，则立即起立；马、骡则多立少卧，轮歇后蹄，姿态安静自然。

【附】异常动态

(1)痛证。患病动物表现为起卧不安，弓背缩腰，回头顾腹，蹲腰踏地，或前肢刨地，后肢踢腹。马属家畜尚可出现起卧滚转。

(2)寒证。患病动物表现形体蜷缩，避寒就温，精神倦怠，二便频繁，行走拘束，两肷颤抖。由于受寒的脏腑不同，其姿态也不一样。

(3)热证。患病动物表现头低耳耷，见水急饮，避热就荫，张口掀鼻，呼吸喘粗。由于受热的脏腑不同，其姿态也有不同的表现。

(4)风证。患病动物表现痉挛抽搐，狂奔乱走，咬人踢人；或牙关紧闭，尾紧耳直，四肢僵硬，角弓反张，口眼㖞斜，不断垂涎；或突然倒地，昏迷不醒，二便失禁；或痴呆站立，头垂于地等姿态。

(5)虚证。患病动物表现精神委顿，毛焦肷吊，四肢无力，喜卧懒动，动则气喘，咳嗽连声等姿态。

(6)危证。患病动物表现萎靡不振，喘息低微，汗出无休，步态蹒跚，倒地不起，或四肢划动，头颈贴地等濒死姿态。

此外，许多四肢的病证也可从异常的姿态上表现出来。如俗语所说：“敢踏不敢抬，病痛在胸怀；敢抬不敢踏，病痛在蹄甲；踏抬俱敢动，病痛在中部。”就是从异常姿态上总结出来的。

(二)望局部

1. 望眼

肝开窍于目，五脏六腑之精气皆上注于目。眼的变化不仅与肝有关，而且与全身五脏六腑密切相关。健康家畜的眼珠灵活，明亮有神，结膜粉红，洁净湿润，无眵无泪。若目赤红肿，流泪生眵，多属肝经风热或肝火上炎。若白睛发黄，多为黄疸。若眼睑淡白，多为气血亏虚。若眼睑浮肿，多为水肿。若眼窝下陷，多为津液亏损。若目眦赤烂，多为湿热。若瞬膜外露，多为破伤风。若瞳孔散大或缩小，多为中毒和濒死期。

2. 望耳

耳为肾之外窍，肾之病证多从耳上表现出来。健康动物肾气充足，则两耳灵活，听觉正常。若两耳下垂无力，多为肾气亏乏，心气不足，劳役过度或久病重病。若见单耳松弛下耷，兼有嘴眼歪斜，多为歪嘴风(面神经麻痹)。若两耳直立，且不灵活，伴有全身肌肉僵直，多为破伤风。两耳歪斜，前后相错，多为失明或耳聋。两耳背部血管暴起并延至耳尖，多为表热证。两耳凉而背部血管缩而不见，多为表寒证。耳根生黄或溃烂，多为肾热。

3. 望鼻

鼻为肺之外窍，故肺之病证多从鼻上表现出来。鼻液的性状对判断病性病位有一定意义。鼻流清涕为外感风寒，鼻流浓涕为外感风热，浊涕腥臭为鼻渊。鼻液灰白污秽，腥臭难闻，多为肺痈。鼻孔开张，鼻翼扇动，兼有气促喘粗为肺经实热。

牛鼻镜干热无汗，多为感受热邪。鼻汗不成珠，时有时无，多为感冒或热性病初期。鼻镜干热无汗而有裂纹或鼻冷，则多见于百叶干和其他重病后期。

4. 望口唇

口唇为脾之外应，唇的变化多与脾经有关。健康动物口唇端正，运动灵活。口唇歪斜，为歪嘴风；口唇肿痛、糜烂，多为脾胃有热；上唇揭举，多为脾寒；唇紧牙闭，多为风证；口唇下垂，多见中毒或病危。

5. 望饮食

健康动物食欲旺盛。当发生疾病时，可使饮食欲发生异常。见水急饮，多为热证或津伤。见水不喝或喜饮温水，为寒证。见水急喝，但口不能张开，多为风证。饮水从鼻中返出，多为咽喉肿胀。食欲减退，多为新病轻浅。食欲废绝，多为病重。采食不敢下咽，多为牙齿疾患或咽喉肿痛。如患病动物食欲逐渐增加，多为疾病好转的表现。

6. 望反刍

反刍是牛、羊、骆驼等反刍动物的正常生理现象，一般采食 0.5 h 或 1 h 后出现反刍，每次持续 30～90 min，每口咀嚼 40～60 次，每昼夜反刍 4～8 次。如反刍迟缓或次数减少多为宿草不转、百叶干、脾胃虚弱等证。在疾病过程中，反刍恢复，预后良好；而反刍停止，多为病重的表现。

7. 望呼吸

出气为呼，入气为吸，一呼一吸，谓之一息。健康家畜的呼吸动作是胸腹同时起伏活动，呼吸平顺，协调自如(表 5-1)。呼吸慢而低微多属虚证、寒证；呼吸快而粗大属实证、热证。呼多吸少为肾不纳气。腹式呼吸，多属胸部痛证；胸式呼吸，多为腹部疼痛。张口掀鼻，吸气短而呼气长，或呼吸微弱，气不接续或呼吸深而迟缓，时快时慢，多为危象，预后不良。

表 5-1　健康动物每分钟的呼吸次数

项目	马、骡	牛	猪	羊	犬	猫
次数/min	8～16	10～30	10～20	12～20	10～30	10～30

8. 望皮毛

肺主一身之表，外合皮毛，动物皮毛的变化可以反映其营养状况和气血盛衰，可提示肺气的强弱。健康家畜皮肤柔软而有弹性，被毛富有光泽，用手将皮肤拉起放下后，立刻复原。若皮毛干枯，甚至被毛脱落，多为气血虚弱；若毛根积尘土，被毛轻拔即出，多为气血亏虚之证。若被毛逆立,多为感冒或热性病初期;若被毛粗乱无光,干燥易断,则多为慢性疾病或内寄生虫病。除此之外,还应注意皮肤的颜色变化。

(1)皮肤发赤。皮肤出现红色丘疹,按压色褪且体温升高者,多为猪丹毒;若按压不褪色,见于猪瘟、猪肺疫等。

(2)皮肤发黄。皮肤、面目、爪甲皆黄,即为黄疸病,分为阳黄、阴黄两大类。

①阳黄:黄色鲜明如橘子色,伴有汗、尿色深黄如黄柏汁,口渴而舌苔黄腻。一般多因脾胃或肝胆湿热所致。

②阴黄:黄色晦暗如烟熏,伴有畏寒,口淡,苔白腻等。多因脾胃为寒湿所困。

(3)皮肤发黑。皮肤黄中显黑,黑而晦暗,称为"黑疸",系黄疸之一,多从黄疸转变而来。

(4)皮肤发白。皮肤苍白无色,多为气血虚弱之证。

9. 望胸腹

健康动物的胸腹大小适中,左右对称。牛因瘤胃偏向左侧,常在采食后左侧较右侧稍微突出。母畜怀孕后,左右不对称,不可视为病态。若胸前明显肿胀,多为胸黄。若胸围膨大,左侧肷窝胀满,多为气滞肚胀。若腹底脐边肿胀,界线明显,多属肚黄。若腹大下垂,肷窝凹陷,多为宿水停脐。

10. 望粪尿

动物粪尿的数量、颜色、气味、形态等,不同种类的动物有所不同,但对于某一种动物来说是比较恒定的,当然也随饲料及管理的情况而有差别。一般来说,粪便干燥,尿液短赤多为实热。粪便稀溏,尿液清长为虚寒。粪下赤白,排出不畅多为大肠湿热。粪便中混有血液为便血,便初见血,血色鲜红系近端(直肠或肛门)出血;血液混杂在粪球之中,粪色暗红或黑色系远端(胃、小肠及大肠前部)出血。尿中带血为血尿;排尿不出为尿闭;滴沥涩痛为淋证。

11. 望二阴

二阴,即前阴和后阴。前阴,是指公畜的阴茎、睾丸与母畜的阴门;后阴是指肛门。望二阴是指望二阴的形态、颜色、分泌物等。

若阴茎萎缩,交配时不能勃起,称为阳痿,多属肝肾不足。阴茎勃起,未交即泄,称为早泄;不交即泄,称为滑精;均属肾虚精关不固。阴茎长期垂脱于包皮之外,不能缩回,称为垂缕不收,属肾经虚寒。阴囊或睾丸肿胀,称为外肾黄;硬而凉者为阴肾黄;热而痛者为阳肾黄。若肿大而柔软,时大时小,常伴有腹痛症状者,可能是肠入阴(阴囊疝)。

母畜发情时,阴门略微红肿,并有少量黏性分泌物排出,俗称"吊线",产后经久仍排出紫红色或污黑液体,称为恶露不尽;妊娠动物未到产期而出现阴户浮肿外翻,有多量黄色分泌物流出,多为流产征兆;若阴户一侧内缩,兼剧烈腹痛,多见于子宫扭转。

在望肛门时,应注意其松紧、收缩状态。健康动物肛门紧缩,呈含苞欲放的花瓣状,故有"莲花穴"一说。若肛门松弛无力,多为元气亏虚,常见于久泻久痢;若肛门脱出,称为脱肛,多为中气下陷;若肛门周围有粪便污染,多见泄泻。

(三)察口色

察口色是四诊中不可缺少的一部分,也是中兽医独具特色的望诊方法之一。《元亨疗马集·脉色论》说:"凡察兽病,先以色脉为主。"又说:"口色,验疾之所也。"说明察口色在诊断中占有极其重要的地位。

察口色是指观察口腔各有关部位的色泽,以及舌苔、口津、舌形等的变化,以诊断脏腑病证的方法。口色是气血的外荣,其变化反映着气血的盛衰和脏腑的虚实。通过察口色能辨别病性的寒热虚实，病情的轻重缓急和判断疾病的预后。

1.察口色的部位

根据动物种类不同而有所侧重。牛羊主要看口腔底部的黏膜，如卧蚕、舌底，而以舌底为主；猪、马、犬、猫主要看舌。

五脏在口色上各有相应部位：舌色应心，唇色应脾，金关（左卧蚕）应肝，玉户（右卧蚕）应肺，排齿应肾，口角应三焦。而舌色又可按舌的不同部位与不同脏腑相应，即舌尖反映心肺病变、舌中反映脾胃病变、舌根反映肾与膀胱病变、舌边反映肝胆疾变。但这些划分不能孤立看待，须结合其他症状综合考虑。

2.察口色的方法

检查马属动物，最常用的方法是右手拉住笼头，左手食指和中指拨开上下嘴角，即可看到唇、口角、排齿（上下齿龈）的颜色；然后，将这两指从口角伸入口腔，感觉其干湿温凉；再将二指上下一撑，口即行张开，便可看到舌色、舌苔、舌形及卧蚕；最后，将舌拉出口外，仔细观察舌苔、舌体、舌面及卧蚕等部位的细微变化。

检查牛时，须先看鼻镜，然后一手提住鼻圈（或鼻孔），另一手拨开嘴唇，即可看到颊部、舌底及卧蚕等的变化。若需详细观察，可用一手以食指与拇指握住鼻中隔并向上提，另一手牵出舌并下压下颌，翻转舌体，即可较全面地观察到口色的变化。

猪、羊、犬、猫等中小动物可用开口器或用棍棒撬开口腔检查。

3.正常口色

动物的正常口色也称为正色，一般是舌质淡红，舌体不胖不瘦，活动灵活自如；微有薄白的舌苔，稀疏均匀；干湿得中，不滑不燥。正如《元亨疗马集·脉色论》中所说：“舌如莲花鲜明润，唇似桃花色更辉。”但因畜种、气候等因素，动物正常口色也有差异，如猪比马稍红、马比牛羊稍红。同样，随四时的不同，动物口色有“春如桃花夏似血，秋如莲花冬似雪”的变化，春季淡红，夏季较鲜红，秋季淡红微黄，冬季淡红偏白，其中的“似血”和“似雪”，就分别是偏红和偏白的意思。

因动物种类、品种、年龄的不同，或受其他因素的影响，正常口色也有差异和变化。例如，猪的口色稍偏红，马、骡次之，反刍动物偏淡；幼畜偏红，老年偏淡。由于皮肤黏膜的某种固有颜色（尤其是牛），或因采食青绿饲料，或灌服中草药，或戴衔铁等引起的口腔色染，掩盖了真实口色，应注意鉴别。

4.有病口色

（1）舌色。主要有白色、赤色、黄色、青色、黑色（表5-2）。

表5-2　舌色主证、病因及表现

舌色	主证	病因	表现
白色	虚证、寒证	气血不足，血脉空虚的表现	淡白、苍白
赤色	热证	因血得热则行，热盛而致气血沸涌，血脉充盈	赤红或鲜红、赤紫或深绛
黄色	湿证	湿热熏蒸肝胆，胆汁横溢入血；寒湿郁阻肝胆，胆汁排泄不利，溢于皮下	阳黄（鲜明如橘）、阴黄（晦暗如烟熏色）
青色	主寒、主痛、主风	寒凝气滞，气血运行不畅	青白、青黄、青紫
黑色	主寒深、热极	危重证候	黑而无津者为热极；黑而津多者为寒极

(2)舌苔。舌苔是舌面上浮垢，也称为苔垢。它的生成有三个主要因素：一是由胃气熏蒸而成；二是由邪浊上升而成；三是由饲料残屑和脱落上皮细胞等堆积而成。健康家畜舌苔薄白，稀疏均匀，光泽而润。舌苔的变化，可反映胃气的强弱、病邪的深浅、病性的寒热和病势的进退。疾病时舌苔的变化，可从苔色、苔质两个方面进行观察。

①苔色，主要有白苔、黄苔和灰黑苔(表 5-3)。

表 5-3 苔色主证及表现

苔色	主证	表现
白苔	表证、寒证	苔白而润，表明津液未伤；苔白而燥，表明津液已伤；苔白而滑，表明寒湿内停；苔白中带黄，多为病邪化热，由表入里，表示病情发展
黄苔	里证、热证	淡黄苔而润者，多为表热；苔黄而燥者，表明里热耗伤津液；苔黄而焦裂者，多为热极
灰黑苔	热证、寒湿证中的重证	多见于疾病的严重阶段，但应注意与吃草料等染色相区别。舌苔灰黑而干，属热炽伤阴。苔灰黑而润，多属阳虚寒盛

②苔质，指舌苔的有无、厚薄、润燥、腐腻等变化。

有无：舌苔由无到有，表示胃气恢复，病情减轻。舌苔由有到无，说明胃气虚衰，病情发展。

厚薄：舌苔薄，表示病情较轻，病邪浅表。舌苔厚，表示病邪深重或内有积滞。

润燥：舌苔湿润，表示津液未伤。若苔面水分过多，多为水湿内停。舌苔干燥，是津液已耗，多属高热伤津，或阴虚液亏。

腐腻：腐苔，是苔质疏松而厚，如豆渣样，多为胃有实热或胃肠积滞。腻苔，是苔质致密而细腻，不易刮除，多属湿浊内停。

(3)舌形。是指舌体的形状，包括老嫩、胖瘦。

①老嫩：舌质纹理粗糙苍老，主实证、热证。舌质纹理细腻娇嫩，主虚证、寒证。

②胖瘦：胖，即胖大。若舌淡白胖嫩，属脾肾阳虚；若舌赤红肿胀，多属热毒亢盛；若舌肿满口，板硬不灵，多为心火太盛，见于木舌症。舌体瘦小而薄，因气血阴液不足，不能充盈舌体所致。瘦薄而色淡者，多为气血两虚；瘦薄而色红绛干燥者，多为阴虚火旺，津液耗伤。若久病而见舌淡绵软，伸缩无力，甚至拉出口外无力缩回，似蠕虫颤动，是气血俱虚、病情严重的表现。

5. 病危口色

病危口色是危重症或濒死期的口色，也称为绝色，主要有青黑或紫黑两种。其实，青、赤、白、黑、黄诸色均可成为绝色，关键在于其有无光泽。有光泽则表示正气未伤，生机尚存，预后良好；无光泽则表示正气已伤，生机全无，预后可疑，甚至死亡。

任务实施

(一)布置任务

根据所学知识，针对以上提供的病例资料，按要求分别完成以下任务。

(1)初步诊断：____________________

(2)诊断依据：____________________

(3)鉴别诊断：____________________

(4)为了确诊疾病，需做哪些进一步检查：____________________

(5)确诊疾病：

(6)治疗原则：

(7)治疗处方：

Rp：

兽医师：

(二)工作评价

针对以上任务的完成情况，分别对初步诊断、诊断依据、鉴别诊断、进一步检查、确诊疾病、治疗原则和治疗处方等7项任务给予评价和点评。

工作评价			
评价内容	评价结果		
	正确	基本正确	错误
初步诊断			
诊断依据			
鉴别诊断			
进一步检查			
确诊疾病			
治疗原则			
治疗处方			
学生反思			
教师点评			

项目二
闻　诊

案例导入

雪纳瑞犬，14 岁，雌性，体重 6.6 kg，已绝育，免疫驱虫齐全。病犬精神倦怠，可视黏膜粉白，舌淡白，舌中下偏紫，弓腰缩腹。呼吸 50 次/min，心率 100 次/min。听诊心音、呼吸音未见异常，腹部肠鸣音亢进且频繁，口气较臭。双侧脉弱，左脉细浮；右脉沉而无力。体温 38 ℃，触诊四肢、耳部、后背腰间处偏凉。

请思考：

1. 对该犬采用哪些诊断方法？
2. 通过闻诊得到哪些有用信息？
3. 如何进一步明确诊断？

任务准备

一、闻诊的基本概念

闻诊是通过听觉和嗅觉了解患病动物声音和气味变异的一种诊察方法。闻诊是一项复杂而细致的工作，往往能给某些病证提供极为重要的诊断线索。例如，尿液及呼气呈酮味，可提示酮症；阴道分泌物带腐败臭味，提示子宫蓄脓或胎衣不下等证。因此，在临床实践中，必须反复细致地检查，才能得到预期的诊断效果。

二、闻诊的基本内容

闻诊包括听声音和嗅气味两项基本内容。

（一）听声音

1. 叫声

健康动物叫声洪亮、清脆，往往在觅仔、寻母、饥饿、挣扎等情况下发出各种叫声。动物患病后叫声的高低宏微常有变化。若叫声高亢，喉音延长者属阳证、实证，多为正气未衰，病情较轻；若叫声嘶哑无力，后音缩小，甚至叫不出声者属阴证、虚证，多为正气已衰，病情较重；若叫声怪异，多为邪毒攻心，病较难治；若声音嘶哑如破锣，多预后不良。

2. 咳嗽

健康动物一般不咳嗽，咳嗽是肺经病的一个重要特征。凡咳声低沉无力，多属虚证，常见于劳伤久咳；凡咳声高亢有力，多为实证，常见于外感咳嗽。白天咳嗽频繁为阳咳，比较容易治疗；夜间咳嗽频繁为阴咳，治疗比较困难。咳而有痰为湿咳；咳而无痰为干咳。咳嗽连声、微弱无力、鼻流脓涕、气如抽锯，多属重证。

3. 呼吸

健康动物呼吸平和，一般不易听到声音。患病后呼吸会发生相应的变化。若呼吸加快，声音粗大多为实证、热证；若呼吸微弱，声音低沉，动则气喘，多为虚证、寒证。呼吸困难而促迫，甚则气如抽锯，多为病势重危。

4. 呻吟

动物发出呻吟声，常为剧痛或病重痛苦的表现。马骡多见于冷痛、结症、肠变位、肺痈等；牛羊见于百叶干、创伤性网胃心包炎等；孕畜则为胎动腹痛。

5. 肠音

肠音是肠蠕动时发出的声音。健康动物的肠音可将耳贴近腹壁或借助听诊器听到。小肠音如流水，大肠音如远方雷声，有一定的节律。若肠音增强，肠鸣如雷，多属虚寒证，见于胃寒、冷肠泄泻等证。若肠音减弱或停止，常见于肚腹胀满、食滞甚或结症等，多属实热证。

6. 嗳气

嗳气是反刍动物特有的一种正常生理功能，是反刍动物在健康情况下，胃气上逆而发生的一种声音，牛羊大约每 2 min 嗳气 1 次，嗳气 20～40 次/h。若嗳气减少，多为脾胃虚弱。嗳气增加，且有恶臭味，多为胃腑食滞。嗳气停止，多为病重的表现。马骡嗳气多为大肚结。

7. 磨牙

磨牙是动物牙齿摩擦所发出的声音。一般见于心、肝、肾经有病及脏腑疼痛表现。此外，有异食癖及虫积者，也可出现这一症状。

（二）嗅气味

1. 口气

健康动物口内无异臭。若气味酸臭，多为胃有积滞或胃热。气味腐臭多为口、舌生疮或齿龈溃烂。

2. 鼻气

健康动物鼻无特殊气味。若鼻孔呼出臭气和鼻流臭涕，多为肺经病证。故有“气味臭烘烘，一定是肺痈”的说法。若一侧鼻流豆腐渣样恶臭黏涕为脑颡（鼻窦化脓）；流黏稠腥臭涕者也可见于羊的鼻蝇幼虫病。

3. 粪便

动物的粪便平常都有一定的气味。在某些胃肠疾病过程中，粪便的气味会发生异常变化。若臭味不显，粪便清稀，多为脾胃虚寒。若粪便气味酸臭，多属伤食。若粪便腥臭难闻，属于湿热证，常见于肠黄、痢疾。

4. 尿液

在各种家畜中，马属动物的尿味较为浓烈，其他动物尿的气味较小。若尿液熏臭浑浊，浓稠短少者，多为湿热下注。尿液清长而气味不重者，多为虚寒之证。尿气腥臭，且颜色暗紫，多为尿血证。

5.其他

如危重患病动物、某些瘟病动物、农药中毒动物、代谢疾病动物，常出现特异气味。

除听声音和嗅气味外，临床上还采用手指或借助工具的方式敲打患病动物胸、腹体表，根据发生音响的特征，判断内脏的病变。若动物体胖，叩诊音有时可能不明显。如健康动物的肺脏叩诊音通常高而响亮，称为清音。肺炎初期、肺水肿时，叩诊音响称为鼓音；肺发生充血、胸膜炎和猪肺疫，叩诊音呈浑浊音响，称为浊音或半浊音；肺气肿，则叩诊音范围扩大。

【附】动物的四诊检查表

调查内容		调查原因	调查结果
望诊	活跃程度	○沉静 ○亢奋	阴阳属性 数量
	口色	○青、白、黑 ○黄、赤、红	阴阳属性 数量
	小便	○清、长 ○短、赤 ○失禁 ○浑浊 ○尿闭	阴阳属性 数量
	大便	○稀、软、黏腻 ○干、硬 ○便秘 ○水样 ○失禁 ○血便	阴阳属性 数量
闻诊	咳嗽	○无 ○干咳 ○湿咳 ○白天严重 ○夜晚严重	阴阳属性 数量
	呼吸	○声音低微 ○声粗息高 ○气喘	阴阳属性 数量
问诊	饮水	○不渴 ○口渴 ○喜凉水 ○喜热水	阴阳属性 数量
	发热	○怕冷喜热 ○恶冷喜热	阴阳属性 数量
切诊	体表(背部、耳根)	○温暖 ○凉	阴阳属性 数量
	敏感地方	○头部 ○背部 ○胸腹 ○四肢	阴阳属性 数量
	脉象	○沉、迟、细 ○浮、洪、数	阴阳属性 数量

任务实施

(一)布置任务

根据所学知识，针对以上提供的病例资料，按要求分别完成以下任务。

(1)初步诊断：

(2)诊断依据：

(3)鉴别诊断：

(4)为了确诊疾病，需做哪些进一步检查：

(5)确诊疾病：

(6)治疗原则：

（7）治疗处方：

Rp：   兽医师：

（二）工作评价

针对以上任务的完成情况，分别对初步诊断、诊断依据、鉴别诊断、进一步检查、确诊疾病、治疗原则和治疗处方等7项任务给予评价和点评。

工作评价			
评价内容	评价结果		
	正确	基本正确	错误
初步诊断			
诊断依据			
鉴别诊断			
进一步检查			
确诊疾病			
治疗原则			
治疗处方			
学生反思			
教师点评			

项目三
问　诊

案例导入

狼青犬，11 岁，雌性，体重 48 kg，免疫全。今早突发呕吐，腹胀，精神不好，全身无力，站立不稳。体温 39 ℃，心率 150 次/min，呼吸急促 60 次/min。病犬全身无力，流涎，四肢萎软，腹部胀大如鼓，脉络显露，眼部风轮颜色暗，土轮狭小，苔薄腻。病犬呼吸音粗重，叫声无力，呻吟不止，肠蠕动音未闻及，大便酸臭。腹部，叩诊呈鼓音，腹部静脉怒张，脉弦紧。

请思考：

1. 案例中哪些是通过问诊得到的？
2. 还可以通过问诊得到哪些有用信息？
3. 进一步诊断，该犬可能患何种疾病？

任务准备

一、问诊的基本概念

问诊是指兽医人员通过询问畜主或饲养员对家畜病情进行调查了解的一种方法。问诊虽然对疾病的诊断有其重大意义，但还必须结合望、闻、切诊进行综合分析，才能得出正确的判断。

二、问诊的基本内容

(一)问发病及诊疗经过

从发病时间以推测其疾病新久虚实，一般是新病多实，病久多虚。突然发病，病势急迫，常为瘟疫或中毒。由轻转重为病情在发展，由重变轻为趋向好转。若病情突然转剧，多为预后不良。询问是否进行过诊断治疗，曾诊断为何种病证及用药情况，疗效如何，以便为进一步辨证施治提供线索。

(二)问饲养管理及使役

了解饲料的种类、来源、品质、调剂、喂法，厩舍保暖、防暑、通风、光照、饲槽、畜体卫生，产奶量，肉用畜增重，幼畜的发育及役用畜的使役量、使役方法等情况，以便推论其病因病机。

(三)问防疫情况

了解预防免疫接种情况及其免疫期，必要时可进一步了解疫苗的产地和批号，有助于排除某些传染病发生的可能性。

(四)问既往病史及繁殖配种情况

了解以往发生过的疾病情况,有助于现病诊断。例如,有过破伤,可能引起破伤风;有些疾病患过之后不再复发此病,如马腺疫、猪丹毒、羊痘等;公畜配种过于频繁,易患肾阳亏虚;母畜产前易患胎动不安,产后易发胎衣不下等证。

【附】问诊歌诀

家畜有病不能言,病史要向畜主问;
询问病史要详细,虚作假诉要避免。
一问发病若干日,急性慢性便可知。
二问使役与负重,是否努力逆气伤。
三问饲喂多少料,饥饱原因是一项。
四问粪尿量与色,胃肠有寒或有热。
五问呼吸与咳嗽,肺经有病便可得。
六问母畜有无孕,处方下药保安全。
七问曾否治疗过,经过情况是好坏。
八问放牧与管理,有无角斗与摔跌。
九问气候有无变,曾否曝晒与雨淋。
十问周围和同群,瘟疫是否在流行。
询问之时问得好,处方施治疗效高。

任务实施

(一)布置任务

根据所学知识,针对以上提供的病例资料,按要求分别完成以下任务。

(1)初步诊断:______

(2)诊断依据:______

(3)鉴别诊断:______

(4)为了确诊疾病,需做哪些进一步检查:______

______

(5)确诊疾病:______

______

(6)治疗原则:______

(7)治疗处方：

Rp：
兽医师：

(二)工作评价

针对以上任务的完成情况，分别对初步诊断、诊断依据、鉴别诊断、进一步检查、确诊疾病、治疗原则和治疗处方等7项任务给予评价和点评。

工作评价			
评价内容	评价结果		
	正确	基本正确	错误
初步诊断			
诊断依据			
鉴别诊断			
进一步检查			
确诊疾病			
治疗原则			
治疗处方			
学生反思			
教师点评			

项目四 切 诊

案例导入

病猫，10 月龄，雄性，已去势。于就诊前 1 个月发现尿失禁，去势后并未改善。兽医师曾建议使用苯丙醇胺，但使用后尿淋漓并未改善反而越发严重，同时病猫伴发经常性便秘，遂就诊。根据望诊与问诊了解到病猫精神无异常，食欲一般，尿频且淋漓不尽。触诊腰荐部敏感。脉沉细，舌淡白。

请思考：

1. 病猫切脉应切何处？
2. 通过切诊信息如何判断疾病情况？
3. 如何进一步明确诊断？

任务准备

一、切诊的基本概念

切诊是指利用手（手指、手掌或手背，有时可用拳）的感觉，在家畜体表或体内的不同部位进行切、按、触、摸、叩，以便了解病变的一种诊察方法。如脉象的盛衰、体表的寒热、局部肿胀的性质、肠道的变化、卵巢及胎儿的发育情况等，一般都需要通过切诊才能了解。但也须结合其他三诊进行综合归纳、分析，判断病证。

二、切诊的基本内容

切诊主要包括切脉及触诊两方面的内容。

（一）切脉

切脉又称为脉诊，是诊者用手指切按患病动物一定部位的动脉，根据脉象了解和推断病情的一种诊断方法。脉象是脉搏搏动时的形象。通过动脉搏动的显现部位（深、浅）、速率（快、慢）、强度（有力、无力）、节律（整齐与否、有无歇止）、流利度（滑、涩）及波幅（大、小）等几个方面，得出的总的概念，称为脉的体状或脉象。血脉是气血运行的通路，气血循经脉输布全身，以营养各脏腑和组织，维持正常的机能活动。由于经脉与全身各部的关系极为密切，所以当机体某部发生病变时，必然会影响气血的运行，而在脉象上发生相应的变化。

1. 切脉部位

切脉部位因畜种不同而异。

(1)尾脉。即尾根腹面近肛门三节尾椎间的尾中动脉。用于牛、骆驼。

(2)股内动脉。即股内侧的股动脉。用于猪、羊、犬。

(3)双凫脉。即颈部的颈总动脉。用于马属动物。

(4)颌外动脉。即下颌骨下缘的颌外动脉。用于马属动物、牛。

(5)臂内动脉。即前臂内侧正中沟上端的正中动脉。用于马、牛、羊、猪、犬、猫。

2. 切脉方法

(1)尾脉切脉时,诊者站在患病动物正后方,一手将尾略向上举,另一手的食、中、无名指的指端腹面放在脉管上,拇指可放在尾根的背面协同保定。

(2)股内动脉切脉时,诊者蹲在患病动物的侧后方,一手轻握被诊肢,一手的手指由膝关节上部缓慢伸入股内侧,触及股动脉后推压定位。

(3)双凫脉切脉时,诊者站在患病动物侧方,一手按扶鬐甲,一手的食、中、无名指放在对侧的颈动脉上推压定位。

(4)颌外动脉切脉时,诊者站在患病动物头侧,一手握住笼头或鼻环,一手的无名、中、食指顺序由颌外动脉切迹处向内布指。

(5)臂内动脉切脉时,诊者站在或蹲在患病动物的胸侧,一手按扶鬐甲,一手的手指由肘后缓慢伸入臂内,在正中动脉上布指。

切脉时,环境要安静;待患病动物停立宁静,呼吸平和,气血调匀后进行;诊者要调匀呼吸,全神贯注,仔细体会;每次诊脉时间一般不少于 3 min。

切脉时,常用三种指力,即浮取(举)、沉取(按)、中取(寻)。三指平布同时用力按脉称为总按,一指用力,其余二指微微提起,按某一部脉则称为单按。轻按在皮肤上称为举,也称为浮取或轻取;重按于筋骨间称为按,也称为沉取或重取;指力不轻不重,还可亦轻亦重,委曲求之称为寻,不轻不重也称为中取。此外,三部脉出现异常时,还须移挪指位,内外推寻。

3. 脉象

脉象是指动脉脉体和搏动的征象。通过手指切按,以分辨其部位深度、频率速度、搏动强度、充盈度、流利度、紧张度、搏动节律等,从而得出一个总的印象。

(1)平脉(正常脉象)。动物正常脉象表现为不浮不沉,不大不小,至数恒定,和缓从容,节律均匀,以和缓从容、节律均匀最为要领。健康动物的脉象也可随季节气候和动物的年龄、性别与体况等因素的变化与差异,而有一定限度的变化。如春季脉稍弦、夏季脉稍洪、秋季脉稍浮、冬季脉稍沉。故前人将正常脉象总结为"春弦夏洪秋毛冬石"。此外,幼畜脉象偏数而软,老畜则偏虚;膘肥的脉偏沉,体瘦的则偏浮;孕畜可见滑脉;剧烈运动和使役后,则脉数有力,这些皆非病脉,仍属正常脉象的范围。

对于各种动物脉搏的至数,中兽医多以诊者一息(即一呼一吸)来计算(表 5-4)。

表 5-4　动物脉搏至数

动物	每息至数	每分钟次数
马、骡	3	36～44
驼	4	32～52
牛	4	40～60
猪	5	60～80
羊	5	70～80
犬	5～6	70～120

(2)反脉(病脉)。反脉是指异于正常脉象的脉,就是疾脉。病脉有许多种,形象各异,但其中的有些脉象,又具有共同特征,故一般多以浮、沉、迟、数、虚、实六种脉象为纲,归纳成六大类。

①浮脉。

脉象:脉位浅表,轻取即得,重按反而不显。

主病:表证。有力为表实,无力为表虚。多见于外感,久病体虚及某些热性病初期。

②沉脉。

脉象:脉位低沉,轻取不应,重按始得。

主病:里证。有力为里实,无力为里虚。多见于脏腑积滞引起的腹痛、结症等证。

③迟脉。

脉象:脉来迟慢,一息不及正常脉次。

主病:寒证。有力为实寒,无力为虚寒。多见于寒性腹痛、腹泻、湿痹等证。

④数脉。

脉象:脉来急数,一息超过正常脉次。

主病:热证。有力为实热,无力为虚热。多见于各种热性病证。

⑤虚脉。

脉象:三部脉举之无力,按之空虚。

主病:虚证(气血两虚)。多见久病、重病后期及脏腑气血虚弱等证。

⑥实脉。

脉象:三部脉举按皆有力。

主病:实证。多见新病邪盛之高热、痰食积聚等证。

(3)易脉(绝脉、败脉、怪脉、危重脉)。易脉是指患病动物脏气将绝,胃气枯竭时出现的脉象,可以帮助判断预后。

①屋漏脉。脉在筋肉之间,如屋漏残滴,良久一滴,即脉搏极迟,溅起无力。为胃气荣卫将绝。

②雀啄脉。脉在筋肉之间,连连急数,三五不调,止而复作,如雀啄食。主脾气已绝。

③虾游脉。脉在皮肤,来则隐隐其形,时而跃然而去,如虾游冉冉,忽而一跃。主死。

④鱼翔脉。脉在皮肤,头定尾摇,似有似无,如鱼在水中游动。为三阴寒极,亡阳于外的表现。

⑤弹石脉。脉在筋骨之间,如指弹石,辟辟凑指,毫无柔和软缓之象。主肾气竭绝。

⑥解索脉。脉在筋肉之间,乍疏乍密,如解乱索,即时快时慢,散乱无序。主肾与命门之气皆亡。

⑦釜沸脉。脉在皮肤，浮数之极，至数不清，如釜中沸水，浮泛无根。为三阳热极，阴液枯竭之候，主脉绝，见于濒死期。

(二)触诊

触诊是用手直接触按患病动物的可触部位，以探查疾病的一种诊断方法。通过触诊可感知其寒热温凉、软硬虚实、肿胀疼痛等，结合其他诊法，以判断病情、病位、病性。

1. 温度

温度的变化是动物发生疾病的重要标志，查体温是诊断过程必不可少的措施（表 5-5）：一是用体温计在肛门内测量体温；二是用手触摸口、鼻、耳、皮肤等局部温度。

表 5-5 各种动物正常体温 ℃

动物	体温	动物	体温
牛	37.5～39.5	羊	38～39
猪	38～39.5	马	37.5～38.5
犬	37.5～39	猫	38.5～39.5
鸡	40.5		

(1)体温计测体温。在临床实践中，借助体温计测体温较客观准确。

一般来说，体温升高，多见于热证、实证。体温在常温以下，多见于重危病证。

(2)触温。

①口温。健康动物口内温和而湿润。如口温增高、口津干燥，多为热证；口温较低、津多滑利，多为寒证。冰凉为寒极，燥热为热极。

②鼻温。健康动物鼻端温和，呼出气体均匀温润。如鼻头发热、呼气较热，多为热证；鼻头发凉，多为寒证。冰凉者属寒盛阳衰重证。

③耳温。健康动物耳根温热，耳尖较凉。如耳根耳尖皆热，属热证；耳根耳尖皆凉，多为寒证。若耳尖时冷时热，多为感冒或半表半里证。耳根冰凉则为阳气衰败，病属危重。

④角温。健康牛羊的角根微热，角尖微凉，从角根处反握，三指微温者为正常。若热度超过 4 寸（约为 4 指），多为热证。若角根发凉，则多为寒证。若角根冰冷者，多属重病。

2. 摸肌肤

(1)皮毛。健康动物皮毛温润光亮。若皮毛干燥为津亏；湿润为汗出。偏热者属热证；初按热甚而按久反轻者为表热；久按热甚者则属里热。偏冷者属寒证。肌肤濡软喜按不拒者多为虚证。患处硬痛拒按者多为实证。轻按即痛，病在浅表。重按方痛，病在深部。

(2)肿疡。重按凹陷不起，多属水肿。按之凹陷，举手即起，有捻发音，多为气肿。疮痈硬肿不热属寒证；肿硬热痛为热证。根盘平塌漫肿为虚证；根盘收束高隆为实证。肿处坚硬多属无脓；边硬顶软多已成脓。

(3)四肢。健康动物四肢温度比躯体的温度略低。若四肢发热，直至蹄部，表示里热炽盛，多为气分热证。若四肢发凉，多为气血不足或阴寒过盛。若四肢冰凉，多为阳虚或危重之证。

3. 按胸腹

(1)触胸部。对诊断胸壁及胸腔疾病有重要意义。若患病动物胸廓拒按，表示胸内疼痛，常见于胸肺疾病。一侧拒按，多为胸壁损伤。若病牛拒绝触压剑状软骨部，胸前水肿，下坡斜走，多为创伤性网胃心包炎。

(2)触肷腹。牛羊左肷满胀，压痕良久不能消失，多属宿草不转。压之有弹性，叩之有鼓音，多为瘤胃气胀。马骡右肷胀满，叩之如鼓响，多为肠胀。按压下腹有波动感，摇晃时有拍水者，多为腹腔积水。猪羊腹痛，重按可触及坚硬粪块，多为大便秘结。

4. 谷道入手

谷道入手包括直肠检查和按压破结。它对大动物既是诊察方法，又是治疗措施。在临证中，对大肠、小肠、脾、胃、肾、膀胱、子宫、卵巢等病变的诊断和治疗，以及产科上的发情鉴定、妊娠检查等方面都具有极其重要的意义。

任务实施

(一)布置任务

根据所学知识，针对以上提供的病例资料，按要求分别完成以下任务。

(1)初步诊断：______

(2)诊断依据：______

(3)鉴别诊断：______

(4)为了确诊疾病，需做哪些进一步检查：______

______

(5)确诊疾病：______

______

(6)治疗原则：______

(7)治疗处方：

Rp：

兽医师：

(二)工作评价

针对以上任务的完成情况,分别对初步诊断、诊断依据、鉴别诊断、进一步检查、确诊疾病、治疗原则和治疗处方等 7 项任务给予评价和点评。

<table>
<tr><th colspan="4">工作评价</th></tr>
<tr><td rowspan="2">评价内容</td><td colspan="3">评价结果</td></tr>
<tr><td>正确</td><td>基本正确</td><td>错误</td></tr>
<tr><td>初步诊断</td><td></td><td></td><td></td></tr>
<tr><td>诊断依据</td><td></td><td></td><td></td></tr>
<tr><td>鉴别诊断</td><td></td><td></td><td></td></tr>
<tr><td>进一步检查</td><td></td><td></td><td></td></tr>
<tr><td>确诊疾病</td><td></td><td></td><td></td></tr>
<tr><td>治疗原则</td><td></td><td></td><td></td></tr>
<tr><td>治疗处方</td><td></td><td></td><td></td></tr>
<tr><td>学生反思</td><td colspan="3"></td></tr>
<tr><td>教师点评</td><td colspan="3"></td></tr>
</table>

模块六 中兽医的辨证

模块导读

中兽医的特点就是辨证论治。不同类型的疾病可以运用不同辨证方法，万变不离其宗，八纲辨证是其核心，无论是伤寒六经辨证，温病卫气营血辨证、三焦辨证、脏腑辨证、经络辨证、气血津液辨证、五运六气辨证等，都必须涉及阴、阳、虚、实、表、里、寒、热八纲，阴阳是总纲，寒热是病性，虚实是病势，表里是病位。具体鉴别要点如表 6-1 至表 6-3 所示。

表 6-1　寒热辨证

证名	寒热	口渴	面色	痰涕	四肢	二便	舌象	脉象
寒证	恶寒喜暖	口淡不渴	白	色白清稀	冷	大便稀溏，小便清长	舌色淡，苔白润滑	迟或紧
热证	恶热喜凉	渴喜冷饮	赤	色黄黏稠	热	大便干结，小便短赤	舌色红，苔黄燥或少苔	数

表 6-2　虚实辨证

证名	病程	体质	精神	声息	疼痛	二便	舌象	脉象
实证	新病，病程短	多壮实	亢奋	声高息粗	拒按	大便秘结或下利，小便不利或涩痛	舌质苍老，苔厚腻	有力
虚证	久病，病程长	多虚弱	萎靡	声低息微	喜按	大便稀溏或滑脱，小便清长或失禁	舌嫩，苔少或无	无力

表 6-3　表里辨证

证名	寒热症状	内脏症状	舌象	脉象
表证	恶寒发热并见	不明显	少变化	浮
里证	寒热单见	明显	多变化	沉或其他
半表半里证	寒热往来	明显	多变化	弦

模块目标

知识目标

1. 掌握辨证模型的概念及特性。
2. 理解不同类型辨证的适用疾病的基本内容。

技能目标

1. 具有分析症状的阴阳八纲属性的能力。
2. 具有辨别证候的阴阳八纲属性的能力。
3. 具有运用辨证模型解决临床疾病的能力。

素质目标

1. 具备良好的职业道德和职业责任感。
2. 具备吃苦耐劳、乐于钻研、爱岗敬业的工作态度。
3. 具备主动服务的意识和团结协作的精神。
4. 树立人与动物和谐相处的生态理念，尊重生命，关爱动物。

项目一
六经辨证

案例导入

夏天，转诊来一只3月龄威尔士柯基犬，雄性，体重5 kg，宠物主人外出，犬独自锁在房间阳台上一天，主人回家后发现不进食，送附近宠物医院输液治疗后，幼犬颤抖怕冷，精神不振，随转诊到本院，就诊时幼犬体温38 ℃，四肢末端发凉，身体踡曲，昏迷呼之不应，脉细弱。

请思考：

1. 该犬的疾病寒热属性是什么？
2. 诊断依据主要有哪些？
3. 如何进一步明确诊断？
4. 应该采用哪一类药物治疗？

任务准备

一、六经辨证的基本概念

外感病是指由动物体感受外邪而引起的疾病，多具有特定的致病因素，疾病发展过程中具有明显的阶段性，并有季节性、地域性、流行性或传染性等特点。疾病的辨证方法主要有六经辨证、卫气营血辨证和三焦辨证。

六经辨证是东汉张仲景在《素问·热论》六经分证理论的基础上，根据外感病的发生发展、证候特点和传变规律总结而创立的一种辨证方法（表6-4）。

表6-4　六经辨证

病证	表	里	半表半里
阳	太阳	阳明	太阳
开阖枢	开	阖	枢
阴	太阴	厥阴	少阴

（一）六经病证

1. 太阳病证

太阳病证是指外感病初期所表现的证。邪犯太阳，随其浅深而证有经腑之分。

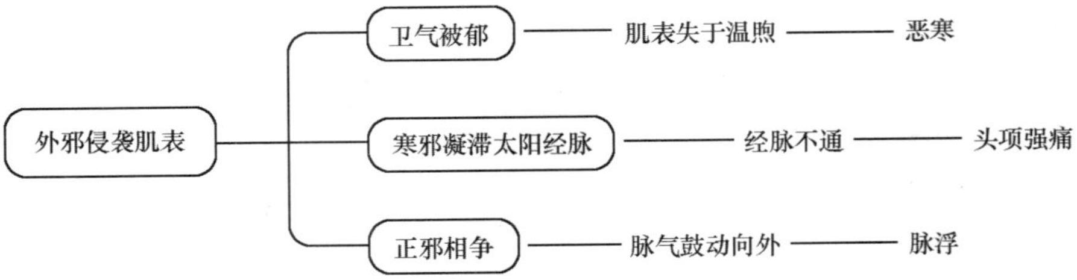

(1)太阳经证。是指风寒之邪侵袭动物体肌表，正邪相争，营卫失和所表现的证，为外感病的初起阶段。

①太阳中风证：是指以风邪为主的风寒之邪侵袭太阳经脉，使卫强营弱所表现的证，又称为外感表虚证。

【证候表现】发热，恶风，头痛，自汗出，脉浮缓，或见鼻鸣、干呕。

②太阳伤寒证：是指以寒邪为主的风寒之邪侵袭太阳经脉，使卫阳被遏，营阴郁滞所表现的证，又称为伤寒表实证。

【证候表现】恶寒，发热，头项强痛，肢体疼痛，无汗或喘，脉浮紧。

(2)太阳腑证。是指太阳经证不解，病邪循经内传太阳之腑所表现的证，分为太阳蓄水证和太阳蓄血证。

①太阳蓄水证：是指太阳经证不解，邪气内传足太阳膀胱腑，邪与水结，膀胱气化失司，水液停蓄所表现的证。

【证候表现】发热，恶寒，小腹满，小便不利，口渴或水入则吐，脉浮或浮数。

②太阳蓄血证：是指太阳经证未解，邪热内传，邪热与瘀血互结于少腹所表现的证。

【证候表现】少腹急结或硬满，小便自利，如狂或发狂，大便色黑如漆，脉沉涩或沉结。

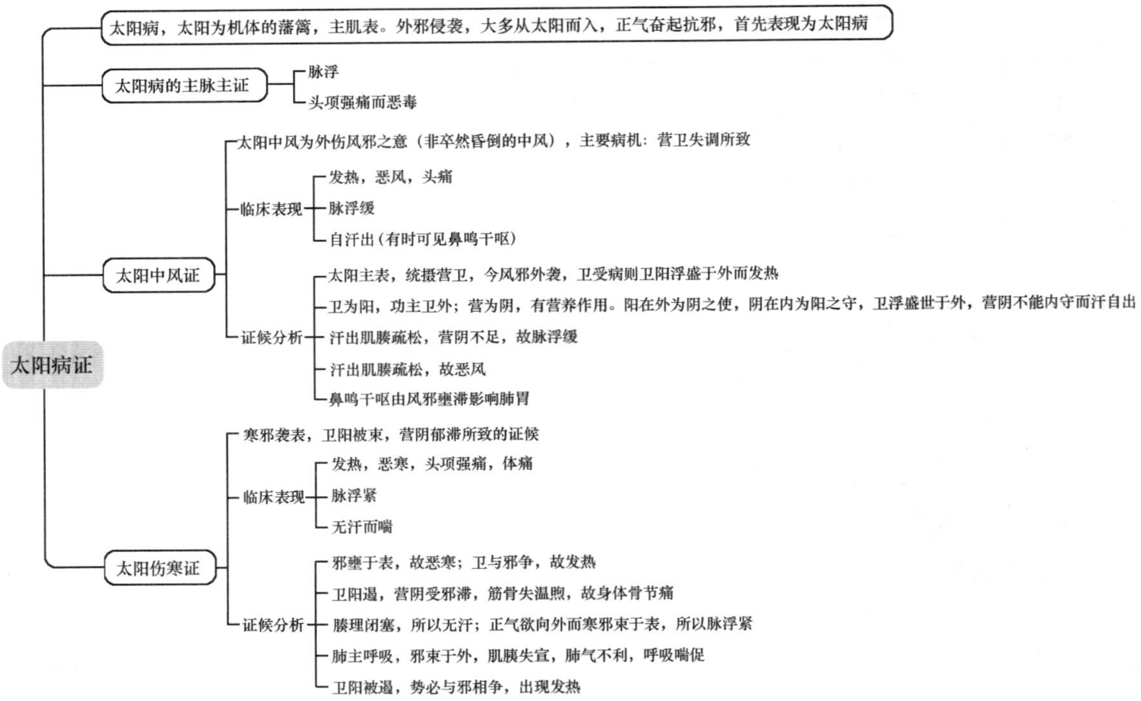

2. 阳明病证

阳明病证是指外感病发展过程中，病邪内传阳明而致，多系阳热亢盛，胃肠燥热所表现的证。其特点是阳热炽盛，属里实热证，为邪正斗争的极期阶段，分为阳明经证和阳明腑证。

(1)阳明经证。是指邪热亢盛，充斥阳明之经，弥漫于全身，而肠中糟粕尚未结成燥屎所表现的证。

【证候表现】身大热，汗大出，大渴引饮，或心烦躁扰，气粗似喘，面赤，苔黄燥，脉洪大。

(2)阳明腑证。是指邪热内炽阳明之腑，并与肠中糟粕相搏，燥屎内结，阻滞肠道所表现的证。

【证候表现】日晡潮热，手足濈然汗出，脐腹胀满硬痛而拒按，大便秘结不通，甚则谵语、狂乱，不得眠，舌苔黄厚干燥，或起芒刺，甚至苔焦黑燥裂，脉沉迟而实，或滑数。

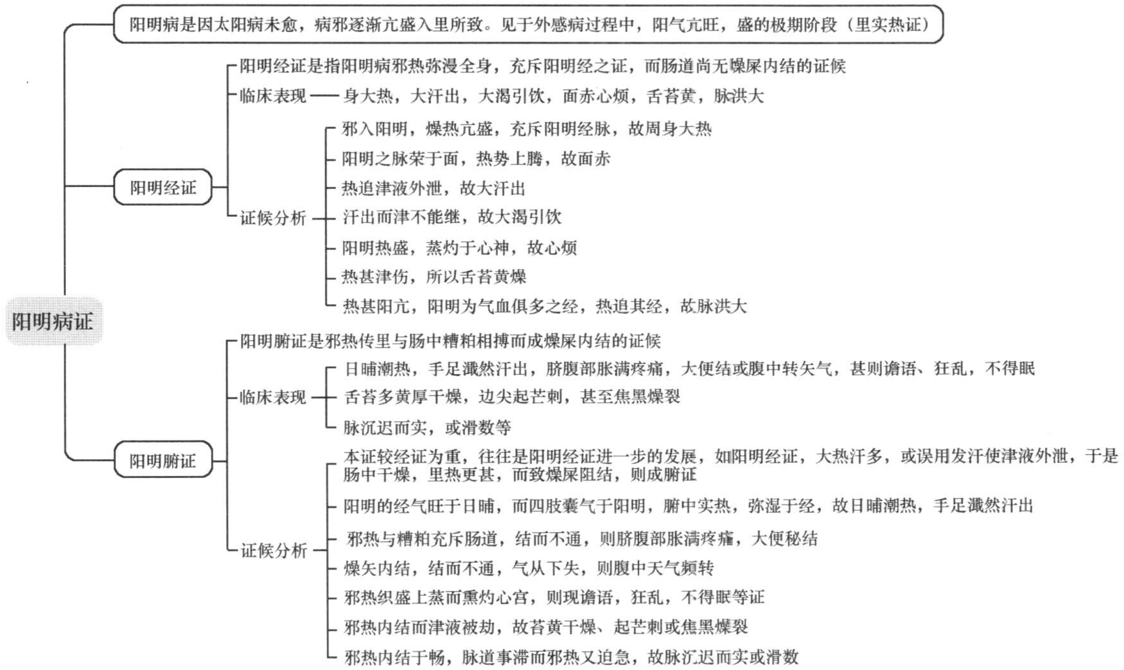

3. 少阳病证

少阳病证是指邪犯少阳，正邪分争，枢机不利，胆火内郁，经气不畅所表现的证。

【证候表现】寒热往来，口苦，咽干，目眩，胸胁苦满，默默不欲饮食，心烦，喜呕，脉弦。

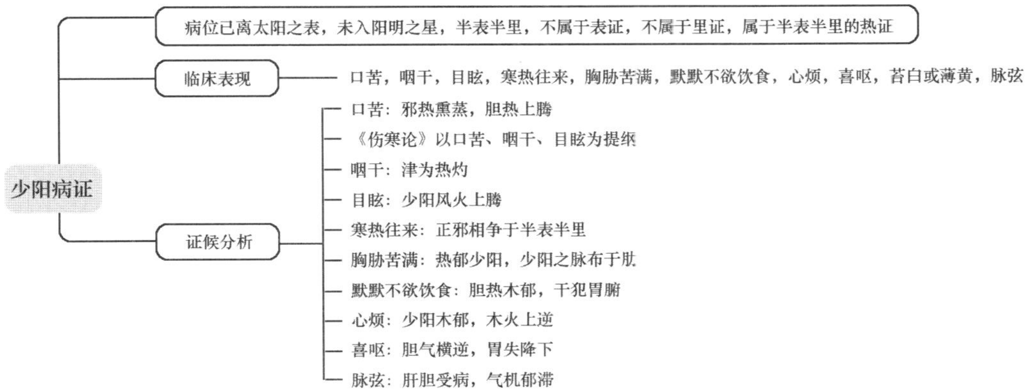

4. 太阴病证

太阴病证是指脾阳虚弱，邪从寒化，寒湿内生所表现的证。

【证候表现】腹满而吐，食不下，口不渴，自利，时腹自痛，舌苔白腻，脉细缓。

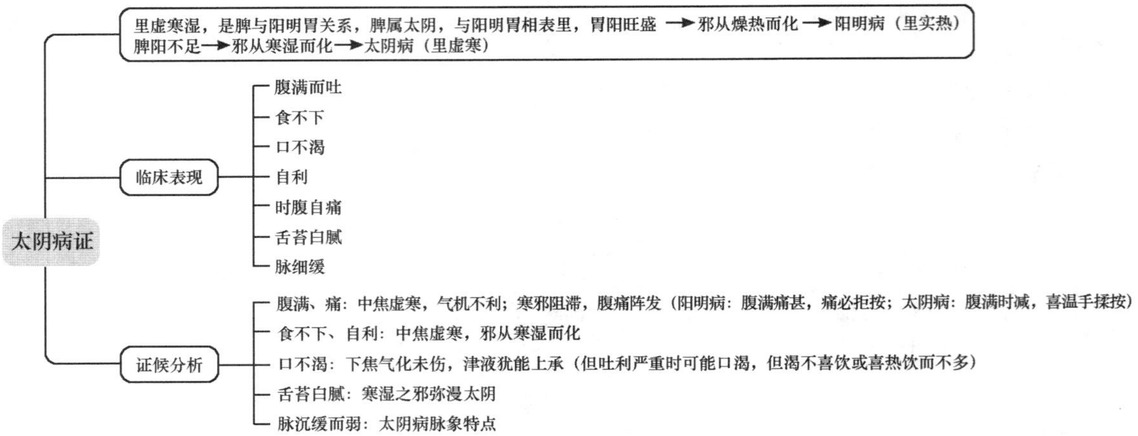

5. 少阴病证

少阴病证是指伤寒六经病变的后期阶段出现心肾亏虚，全身性阴阳衰惫所表现的证。少阴经属心肾，为水火之脏，畜体之根本。病至少阴，已属疾病后期的危重阶段。少阴病证分为少阴寒化证和少阴热化证。

(1)少阴寒化证。是指病邪深入少阴，心肾阳气虚衰，从阴化寒，阴寒独盛所表现的虚寒证。

【证候表现】无热恶寒，但欲寐，四肢厥冷，下利清谷，呕不能食或食入即吐，脉微细甚或欲绝，或见身热反不恶寒，甚则面赤。

(2)少阴热化证。是指病邪深入少阴，心肾阴虚，从阳化热所表现的虚热证。

【证候表现】心烦不得眠，口燥咽干，或咽痛，舌尖红少苔，脉细数。

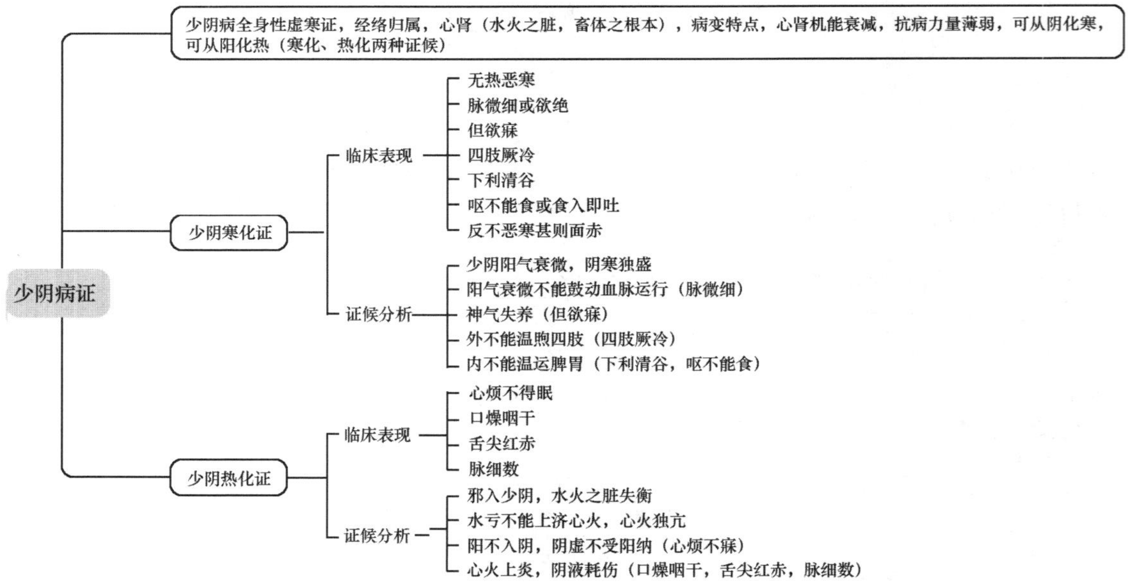

6. 厥阴病证

厥阴病证是指疾病发展传变到最后阶段，阴阳对峙、寒热交错、厥热胜复所表现的证。

【证候表现】消渴，气上撞心，心中疼热，饥而不欲食，食则吐蛔。

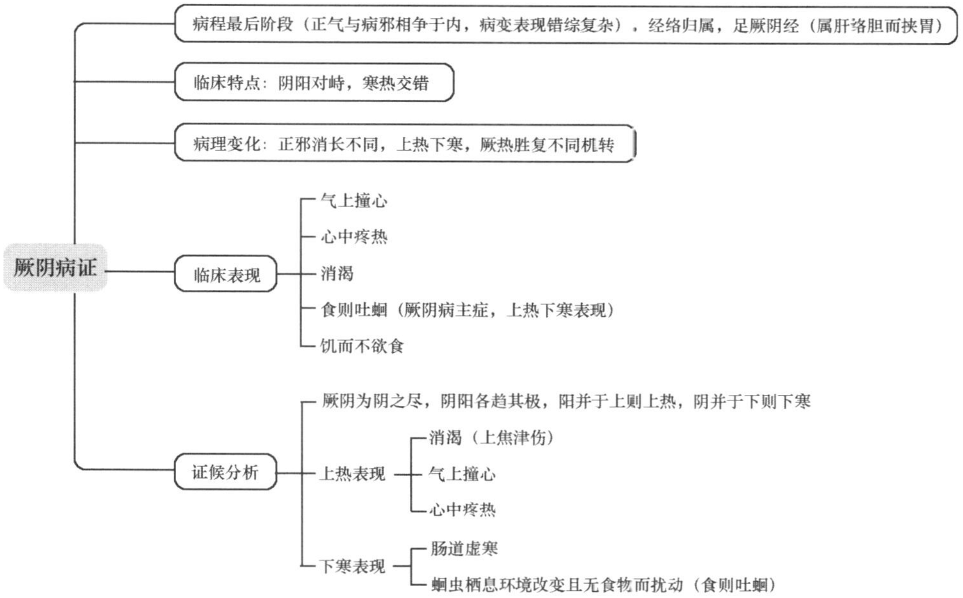

（二）六经病证的传变

六经病证循着一定的趋向发展，在一定的条件下发生转变，谓之传变。一般情况下，六经病证依据脏腑、经络的相互联系而传变，表现为传经、直中、合病、并病四种方式。

1. 传经

病邪从外侵入，由表及里，或正气来复，由里出表，由某一经病证转变为另一经病证，称为传经。传经的方式有以下三种。

（1）循经传。是指按伤寒六经的顺序相传。如太阳病不愈，传入阳明，阳明不愈，传入少阳；三阳不愈，传入三阴，首传太阴，次传少阴，终传厥阴。

（2）越经传。是指不按循经传次序，隔一经甚或隔两经相传。如太阳病不愈，不传阳明，而直传少阳，或直传太阴，多由病邪亢盛，正气不足所致。

（3）表里传。是指六经中互为表里的阴阳两经相传。如太阳膀胱经传入少阴肾经、阳明胃经传入太阴脾经、少阳胆经传入厥阴肝经等。表里相传之中，从阳经传入阴经者，多为邪盛正虚，由实转虚，病情加重之恶兆；从阴经传出阳经者，则为正能胜邪，病情向愈之佳兆。

2. 直中

凡外感病邪不从阳经传入，而直接侵袭阴经者，称为直中。

3. 合病

伤寒病不经传变，两经或三经的病证同时出现，称为合病。

4. 并病

疾病凡一经病证未罢，又出现另一经病证，两经病证合并出现，称为并病。

任务实施

(一)布置任务

根据所学知识,针对本项目提供的病例资料,按要求分别完成以下任务。

(1)诊断结果:________________

(2)诊断依据:________________

(3)鉴别诊断:________________

(4)为了确诊疾病,需做哪些进一步检查:________________

____

(5)确诊疾病:________________

____

(6)治疗原则:________________

(7)治疗处方:

Rp: 兽医师:

(二)工作评价

针对以上任务的完成情况,分别对初步诊断、诊断依据、鉴别诊断、进一步检查、确诊疾病、治疗原则和治疗处方等 7 项任务给予评价和点评。

工作评价			
评价内容	评价结果		
	正确	基本正确	错误
初步诊断			
诊断依据			
鉴别诊断			
进一步检查			
确诊疾病			
治疗原则			
治疗处方			
学生反思			
教师点评			

项目二

卫气营血辨证

案例导入

12 月份，转诊过来一只哈士奇犬，雄性，体重 20 kg，突然呕吐，送附近宠物医院化验为细小病毒病，输液治疗后效果不显，昨天体温 41 ℃，现在 39 ℃，会找水喝，感觉胃热，喝水多，不会立马吐，不喝水也会吐，四肢烫，转诊到本院，呕吐物为清水样，喷射腥臭的血便，没有精神。

请思考：

1. 该犬的疾病寒热属性是什么？
2. 诊断依据主要有哪些？
3. 如何进一步明确诊断？
4. 应该采用哪一类药物治疗？

卫气营血辨证，是清代医家叶天士等创立的一种辨治温热病的辨证方法。温热病是指由温热病邪引起的热象偏重，并具有一定传染性和季节性的外感疾病。卫气营血辨证现被借鉴，多用于指导中兽医临床治疗传染性疾病。

（一）卫气营血病证

1. 卫分证

卫分证是指温热病邪侵犯肌表，卫气功能失常所表现的证候。常见于温病的初起阶段。

【证候表现】 发热，微恶风寒，头痛，口干微渴，舌边尖红，苔薄黄，脉浮数，或伴有咳嗽，咽喉肿痛。

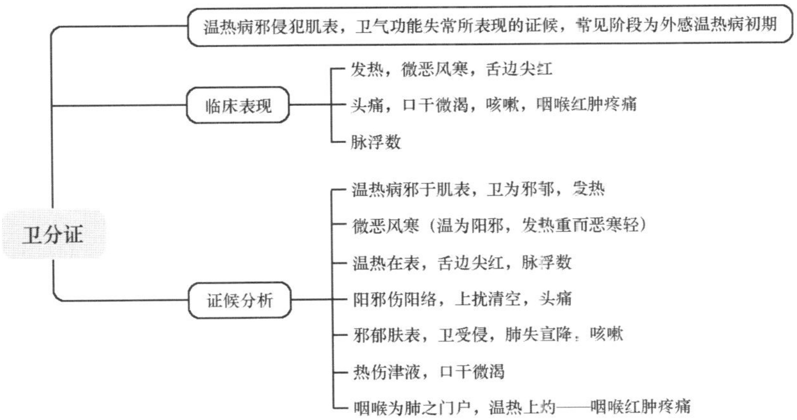

2. 气分证

气分证是指温热病邪入里，未传入营血分，影响动物体气的生理功能所出现的证候。

【证候表现】 壮热，不恶寒，反恶热，汗出，口渴，尿黄，舌红苔黄，脉数有力。或见咳喘，胸痛，咳痰黄稠；或见心烦懊恼，坐卧不安；或见日晡潮热，便秘腹胀，痛而拒按，甚或谵语、狂乱，苔黄干燥甚则焦黑起刺，脉沉实；或见口苦咽干，胸胁满痛，心烦，干呕，脉弦数。

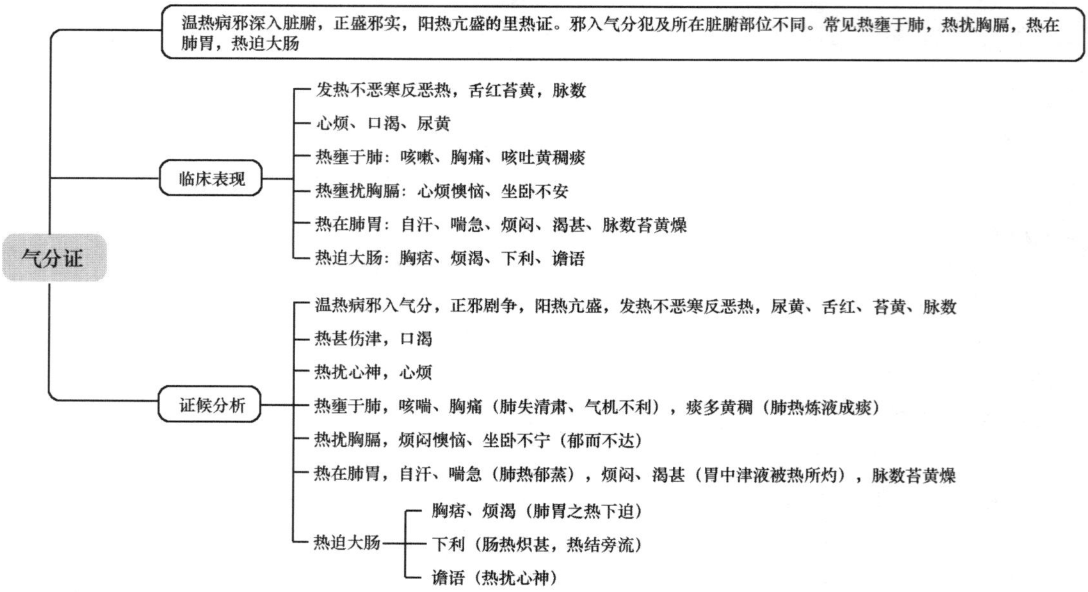

3. 营分证

营分证是指温热病邪深入营分，劫灼营阴，扰神窜络而出现的证候。营分证是温病发展过程中较为深重的阶段。

【证候表现】 身热夜甚，口不甚渴或不渴，心烦不寐，甚或神昏谵语，斑疹隐隐，舌质红绛无苔，脉细数。

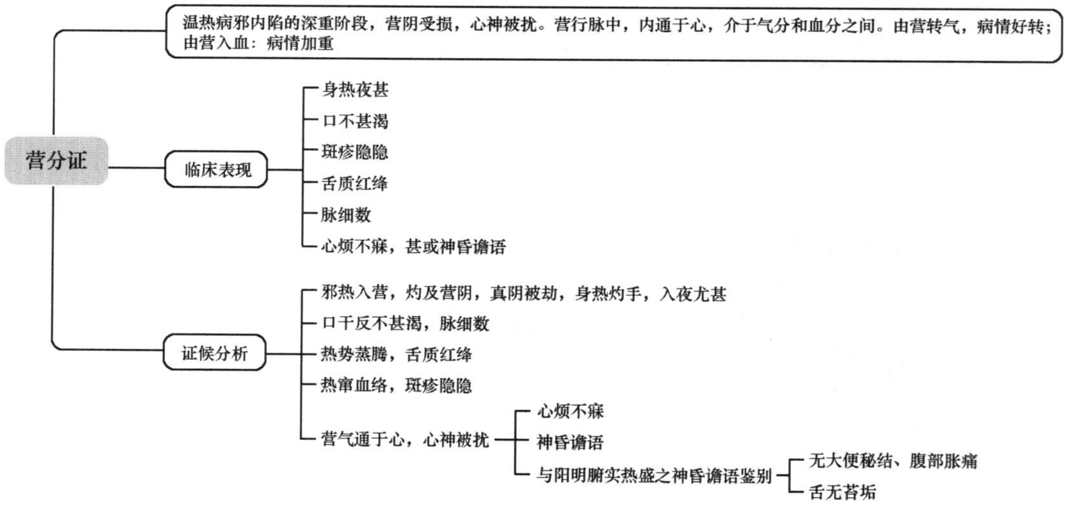

4. 血分证

血分证是指温热病邪深入血分，引起耗血动血，瘀热互结所出现的证候。血分证是温病发展过程中最为深重的阶段。

血分证病变主要累及心、肝、肾三脏，根据病理改变及受损脏腑的不同，血分证可分为血分实热证和血分虚热证。

(1)血分实热证。是指温热病邪深入血分，闭扰心神，迫血妄行，或火灼肝经所表现的证。

【证候表现】身热夜甚，躁扰不宁，甚者神昏谵狂，舌质深绛，脉弦数；或见斑疹显露、色紫黑；或吐血、衄血、便血、尿血；或见四肢抽搐，项背强直，角弓反张，目睛上视，牙关紧闭。

(2)血分虚热证。是指血热久羁，耗伤肝肾之阴，以虚热不退，并见机体失养，或虚风内动等所表现的证。

【证候表现】持续低热，暮热早凉，五心烦热，或见口干咽燥，形体干瘦，神疲耳聋，舌干少苔，脉虚细，或见手足蠕动。

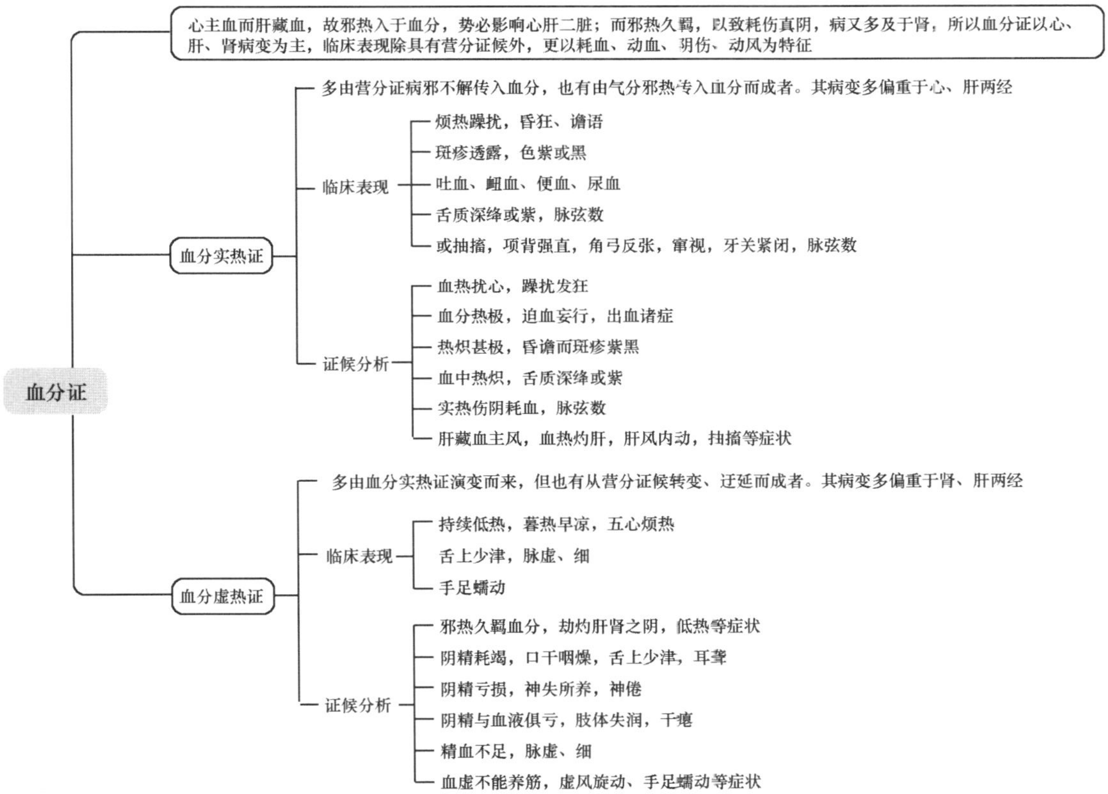

(二)卫气营血证的传变

温病的整个发生过程可表现为卫气营血证候的演变过程。一般来说，其传变有顺传和逆传两种形式。

1. 顺传

顺传是指温热病邪按照卫分→气分→营分→血分的次序传变。此为一般规律。

2. 逆传

逆传是指温热病邪入卫分后，不经过气分阶段而直接深入营分、血分。实际上“逆传”只是顺传规律中的一种特殊类型，病情更加急剧、严重。

任务实施

(一)布置任务

根据所学知识,针对本项目提供的病例资料,按要求分别完成以下任务。

(1)诊断结果:______

(2)诊断依据:______

(3)鉴别诊断:______

(4)为了确诊疾病,需做哪些进一步检查:______

______

(5)确诊疾病:______

______

(6)治疗原则:______

(7)治疗处方:

Rp: 兽医师:

(二)工作评价

针对以上任务的完成情况,分别对初步诊断、诊断依据、鉴别诊断、进一步检查、确诊疾病、治疗原则和治疗处方等7项任务给予评价和点评。

工作评价			
评价内容	评价结果		
	正确	基本正确	错误
初步诊断			
诊断依据			
鉴别诊断			
进一步检查			
确诊疾病			
治疗原则			
治疗处方			
学生反思			
教师点评			

项目三

脏腑辨证

案例导入

10月份，接诊王先生的一只贵宾犬，雄性，体重5 kg，突然发现腰弯疼痛呻吟，送附近宠物医院检查诊断为腰椎间盘突出，手术治疗2周后，腰向腹部弯曲呈90°，弯折处疼痛明显，脉细小，舌淡红水滑。

请思考：

1. 该犬的疾病寒热属性是什么？
2. 诊断依据主要有哪些？
3. 如何进一步明确诊断？
4. 如果治疗应该使用哪些药物？

脏腑辨证，是根据脏腑的生理功能、病理变化，对疾病证候进行分析归纳，借以推究病因病机，判断病位、病性和正邪盛衰等状况的一种辨证方法。

八纲辨证是分析、归纳各种证候的类别、部位、性质、正邪盛衰等关系的纲领。如果要进一步分析疾病的具体病理变化，就必须落实到脏腑上来，用脏腑辨证的方法加以辨别。脏腑辨证是各种辨证方法的基础和核心。当然，在临床实践中，脏腑辨证也必须与八纲、气血津液等辨证方法有机地结合起来，才能对脏腑气血阴阳、寒热虚实的变化作出较全面的概括，为论治提供依据。

(一)心与小肠病证

1. 心气虚

病因：多由久病体虚，暴病伤正，误治、失治，老年脏气亏虚等因素引起。

主证：心悸，气短乏力，自汗，运动后尤甚，舌淡苔白，脉虚。

治则：养心益气，安神定悸。

方例：养心汤加减。

2. 心阳虚

病因：同心气虚，多在心气虚的基础上发展而来。

主证：除心气虚的症状外，兼有形寒肢冷，耳鼻四肢不温，舌淡或紫暗，脉细弱或结代。

治则：温心阳，安心神。

方例：保元汤加减。

3. 心血虚

病因：多因久病体虚，血液生化不足，或失血过多，劳伤过度，耗伤心血所致。

主证:心悸,躁动,易惊,口色淡白,脉细弱。

治则:补血养心,镇惊安神。

方例:归脾汤加减。

4.心阴虚

病因:除引起心血虚的病因之外,热证损伤阴津、腹泻日久等均可损伤心阴而致病。

主证:除有心血虚的主证外,尚兼有午后潮热,低热不退,盗汗,舌红少津,脉细数。

治则:养心阴,安心神。

方例:补心丹加减。

5.心热内盛

病因:多因感受暑热之邪或其他淫邪内郁化热,或过服温补药所致。

主证:高热,大汗,精神沉郁,气促喘粗,粪干尿少,口渴,舌红,脉洪数。

治则:清心泻火,养阴安神。

方例:白虎汤加减。

6.痰火扰心

病因:多因气郁化火,炼液为痰,痰火内盛,上扰心神所致。

主证:发热,气粗,眼急惊狂,蹬槽越桩,狂躁奔走,咬物伤人以及一些其他兴奋型的表现,苔黄腻,脉滑数。

治则:清心祛痰,镇惊安神。

方例:镇心散或朱砂散加减。

7.痰迷心窍

病因:多因湿浊内生,气郁化痰,痰浊阻闭心窍所致。

主证:神志痴呆,行如酒醉或昏迷嗜睡,口流痰涎或喉中痰鸣,苔腻,脉滑。

治则:涤痰开窍。

方例:寒痰可用导痰汤加减;热痰可用涤痰汤加减。

8.心火上炎

病因:多由六淫内郁化火而致。

主证:舌尖红,舌体糜烂或溃疡,躁动不安,口渴喜饮,苔黄,脉数。

治则:清心泻火。

方例:洗心散或泻心汤加减。

9.小肠实热

病因:多由六淫内郁化热或心热下移所致。

主证:小便赤涩,尿道灼痛,尿血,舌红,苔黄,脉数,及心火炽热的某些症状。

治则:清利小肠。

方例:导赤散加减。

10.小肠中寒

病因:多因外感寒邪或内伤阴冷所致。

主证:腹痛起卧,肠鸣,粪便稀薄,口内湿滑,口流清涎,口色青白,脉沉迟。

治则:温阳散寒,行气止痛。

方例:橘皮散加减。

(二)肝与胆病证

1. 肝火上炎

多由外感风热或肝气郁结化火所致。

主证：双目红肿，畏光流泪，睛生翳障，视力障碍，鼻衄，粪便干燥，尿浓赤黄，口色鲜红，脉弦数。

治则：清肝泻火，明目退翳。

方例：决明散或龙胆泻肝汤加减。

2. 肝血虚

多因脾肾亏虚，生化之源不足，或慢性病耗伤肝血，或失血过多所致。

主证：眼干，视力减退，甚至出现夜盲、内障，或倦怠肯卧，蹄壳干枯皱裂，或眩晕，时欲倒地，或见肢体麻木，震颤，四肢拘挛抽搐，口色淡白，脉弦细。

治则：滋阴养血，平肝明目。

方例：四物汤加减。

3. 肝风内动

以抽搐、震颤等为主要症状，常见的有热极生风、肝阳化风、阴虚生风和血虚生风四种。

(1)热极生风。多由邪热内盛，热极生风，横蹿经脉所致。见于温热病的极期。

主证：高热，四肢痉挛抽搐，项强，甚则角弓反张，神志不清，撞壁冲墙，圆圈运动，舌质红绛，脉弦数。

治则：清热，息风，镇痉。

方例：羚羊钩藤汤加减。

(2)肝阳化风。多因肝肾之阴久亏，肝阳失潜而致。

主证：神昏似醉，时欲倒地或头向左或向右盘旋不停，偏头直颈，歪唇斜眼，肢体麻木，拘挛抽搐，舌质红，脉弦数有力。

治则：平肝息风。

方例：镇肝息风汤加减。

(3)阴虚生风。多因外感热病后期阴液耗损，或内伤久病，阴液亏虚而发病。

主证：形体消瘦，四肢蠕动，午后潮热，口咽干燥，舌红少苔，脉弦细数。

治则：滋阴定风。

方例：大定风珠加减。

(4)血虚生风。多由急慢性出血过多，或久病血虚所引起。

主证：除血虚所致的眩晕时欲倒地，蹄壳干枯皱裂，口色淡白，脉细之外，尚有肢体麻木、震颤、四肢拘挛抽搐的表现。

治则：养血息风。

方例：复脉汤加减。

4. 寒滞肝脉

多由外寒客于肝经，致使气血凝滞而成。

主证：形寒肢冷，耳鼻发凉，睾丸或阴囊硬肿如石如冰，后肢运步困难，口色青，舌苔白滑，脉沉弦。

治则：温肝暖经，行气破滞。

方例：茴香散加减。

5. 肝胆湿热

多因感受湿热之邪，或脾胃运化失常，湿邪内生，郁而化热所致。

主证：黄疸鲜明如橘色，尿液短赤或黄而浑浊。母畜带下黄臭，外阴瘙痒，公畜睾丸肿胀热痛，阴囊湿疹，舌苔黄腻，脉弦数。

治则：清利肝胆湿热。

方例：茵陈蒿汤加减。

6. 肝胆寒湿

多因夜卧湿地，寒湿之邪内侵，或因脾不健运，水湿内生，又感寒邪，致使寒湿合邪侵入肝胆所致。

主证：黄疸晦暗如烟熏，食少便溏，舌苔滑腻，脉沉迟。

治则：祛寒利湿退黄。

方例：茵陈四逆汤加减。

（三）脾与胃病证

1. 脾气虚

多由畜体素虚，劳役过度或饮喂失调，以致脾气虚弱。临床上脾气虚可分为以下三种证型。

（1）脾虚不运。多由饮食失调，劳役过度，以及其他疾患耗伤脾气所致，见于慢性消化不良的病程中。

主证：草料迟细，体瘦毛焦，倦怠肯卧，肚腹虚胀，肢体浮肿，尿短，粪稀，口色淡黄，舌苔白，脉缓弱。

治则：益气健脾。

方例：参苓白术散或香砂六君子汤加减。

（2）脾气下陷。多由脾不健运进一步发展而来，见于久泻久痢、直肠脱、阴道脱、子宫脱等证。

主证：久泻不止，脱肛或子宫脱或阴道脱，尿淋漓难尽，并伴有体瘦毛焦，倦怠肯卧，多卧少立，草料迟细，口色淡白，苔白，脉虚等。

治则：益气升阳。

方例：补中益气汤加减。

（3）脾不统血。多因久病体虚，脾气虚衰，不能统摄血液所致。见于某些慢性出血病和某些热性疾病的慢性病程中。

主证：便血、尿血、皮下出血等慢性出血，并伴有体瘦毛焦，倦怠肯卧，口色淡白，脉细弱。

治则：益气摄血，引血归经。

方例：归脾汤加减。

2. 脾阳虚

多由脾气虚发展而来，或因过食冰冻草料，暴饮冷水，损伤脾阳所致，见于急、慢性消化不良。

主证：在脾不健运症状的基础上，同时出现形寒怕冷，耳鼻四肢不温，肠鸣腹痛，泄泻，口色青白，口腔滑利，脉沉迟。

治则：温中散寒。

方例：理中汤加减。

3. 寒湿困脾

多因长期过食冰冻草料，暴饮冷水，使寒湿停于中焦，或久卧湿地，或阴雨苦淋，导致寒湿困脾。见于消化不良、水肿、妊娠浮肿、慢性阴道炎及子宫炎的病程中。

主证：耳耷头低，四肢沉重，肯卧，草料迟细，粪便稀薄，小便不利，或见浮肿，口黏不渴，舌苔白腻，脉迟缓而濡。

治则：温中化湿。

方例：胃苓汤加减。

4. 胃阴虚

多由高热伤阴，津液亏耗所致，见于热性病的后期。

主证：体瘦毛焦，皮肤松弛，弹性减退，食欲减退，口干舌燥，粪球干小，尿少色浓，口色红，苔少或无苔，脉细数。

治则：滋养胃阴。

方例：养胃汤加减。

5. 胃寒

多由外感风寒，或饮喂失调，如长期过食冰冻草料，暴饮冷水等。见于消化不良病程中。

主证：形寒怕冷，耳鼻发凉，食欲减退，粪便稀软，尿液清长，口腔湿滑或口流清涎，口色淡或青白，苔白而滑，脉沉迟。

治则：温胃散寒。

方例：桂心散加减。

6. 胃热

多由胃阳素强，或外感邪热犯胃，或外邪传内化热，或急性高热病中热邪波及胃脘所致。

主证：耳鼻温热，草料迟细，粪球干小而尿少，口干舌燥，口渴贪饮，口腔腐臭，齿龈肿痛，口色鲜红，舌有黄苔，脉洪数。

治则：清热泻火，生津止渴。

方例：清胃解热散加减。

7. 胃食滞

多由暴饮暴食，伤及脾胃，食滞不化，或草料不易消化，停滞于胃所致。

主证：不食，肚腹胀满，嗳气酸臭，腹痛起卧，粪干或泄泻，口气酸臭，口色深红而燥，苔厚腻，脉滑实。

治则：消食导滞。

方例：病情轻者可用曲麦散加减；病情重者可用调气攻坚散加减。

（四）肺与大肠病证

1. 肺气虚

多因久病咳喘伤及肺气，或其他脏器病变影响肺，使肺气虚弱而成。

主证：久咳气喘，且咳喘无力，动则喘甚，鼻流清涕，畏寒喜暖，易于感冒，容易出汗，日渐消瘦，皮燥毛焦，倦怠肯卧，口色淡白，脉细弱。

治则:补肺益气,止咳定喘。

方例:补肺散加减。

2. 肺阴虚

多因久病体弱,或邪热久恋于肺,损伤肺阴所致,或由于发汗太过而伤及肺阴所致。见于慢性支气管炎及肺结核。

主证:干咳连声,昼轻夜重,甚则气喘,鼻液黏稠,低热不退,或午后潮热,盗汗,口干舌燥,粪球干小,尿少色浓,口色红,舌无苔,脉细数。

治则:滋阴润肺。

方例:百合固金汤加减。

3. 痰饮阻肺

因脾失健运,湿聚为痰饮,上贮于肺,使肺气不得宣降而发病。

主证:咳嗽,气喘,鼻液量多,色白而黏稠,苔白腻,脉滑。

治则:燥湿化痰。

方例:二陈汤加减。

4. 风寒束肺

因风寒之邪侵袭肺脏,肺气闭郁而不得宣降所致。见于感冒,急、慢性支气管炎。

主证:以咳嗽、气喘为主,兼有发热轻而恶寒重,鼻流清涕,口色青白,舌苔薄白,脉浮紧。

治则:宣肺散寒,祛痰止咳。

方例:麻黄汤或荆防败毒散加减。

5. 风热犯肺

多因外感风热之邪,以致肺气宣降失常所致。见于风热感冒,急性支气管炎,咽喉炎等病程中。

主证:以咳嗽和风热表证共见为特点。咳嗽,鼻流黄涕,咽喉肿痛,触之敏感,耳鼻温热,身热,口干贪饮,口色偏红,舌苔薄白或黄白相间,脉浮数。

治则:疏风散热,宣通肺气。

方例:表热重者,用银翘散加减;咳嗽重者,用桑菊饮加减。

6. 燥热伤肺

由感受燥热之邪,在表未解,入里伤及肺脏所致。

主证:干咳无痰,咳而不爽,被毛焦枯,唇焦鼻燥,口色红而干,苔薄黄少津,脉浮细而数。常伴有发热微恶寒。

治则:清肺润燥养阴。

方例:清燥救肺汤加减。

7. 肺热咳喘

多因外感风热或因风寒之邪入里郁而化热,以致肺气宣降失常所致。见于咽喉炎,急性支气管炎,肺炎,肺脓疡等病。

主证:咳声洪亮,气促喘粗,鼻翼扇动,鼻涕黄而黏稠,咽喉肿痛,粪便干燥,尿液短赤,口渴贪饮,口色赤红,苔黄燥,脉洪数。

治则:清肺化痰,止咳平喘。

方例:麻杏石甘汤或清肺散加减。

8. 大肠液亏

内有燥热，使大肠津液亏损，或胃阴不足，不能下滋大肠，均可使大肠液亏。多见于老年畜、母畜产后和热病后期等的病程中。

主证：粪球干小而硬，或粪便秘结干燥，努责难以排下，舌红少津，苔黄燥，脉细数。

治则：润肠通便。

方例：当归苁蓉汤加减。

9. 食积大肠

多因过饥暴食，或草料突换，或久渴失饮，或劳逸失度，或老年畜咀嚼不全，致使草料停于肠中，而成此病。见于结症。

主证：粪便不通，肚腹胀满，回头观腹，不时起卧，饮食欲废绝，口腔酸臭，尿少色浓，口色赤红，舌苔黄厚，脉沉而有力。

治则：通便攻下，行气止痛。

方例：大承气汤加减。

10. 大肠湿热

外感暑湿，或感染疫疠之气，喂霉败秽浊的或有毒的草料，以致湿热或疫毒蕴结，下注于肠，损伤气血而发病。见于急性胃肠炎、细菌性痢疾等病程中。

主证：发热，腹痛起卧，泻痢腥臭，甚则脓血混杂，口干舌燥，口渴贪饮，尿液短赤，口色红黄，舌苔黄腻或黄干，脉滑数。

治则：清热利湿，调气和血。

方例：白头翁汤或郁金散加减。

11. 大肠冷泻

多因外感风寒或内伤阴冷（如喂冰冻草料、暴饮冷水）而发病。

主证：耳鼻寒凉，肠鸣如雷，泻粪如水，或腹痛，尿少而清，口色青黄，舌苔白滑，脉沉迟。

治则：温中散寒，渗湿利水。

方例：桂心散或橘皮散加减。

（五）肾与膀胱病证

1. 肾阳虚

根据临床症状及病理变化特点可分为以下四种证型。

（1）肾阳虚。素体阳虚，或久病伤肾，或劳损过度，或年老体弱，下元亏损，均可导致肾阳虚衰。

主证：形寒肢冷，耳鼻四肢不温，腰痿，腰腿不灵，难起难卧，四肢下部浮肿，粪便稀软或泄泻，小便减少，公畜性欲减退，阳痿不举，垂缕不收，母畜宫寒不孕。口色淡，舌苔白，脉沉迟无力。

治则：温补肾阳。

方例：肾气散加减。

（2）肾气不固。多由肾阳素亏，劳损过度，或久病失养，肾气亏耗，失其封藏固摄之权而致。

主证：小便频数而清，或尿后余沥不尽，甚至遗尿或小便失禁，腰腿不灵，难起难卧，公畜滑精早泄，母畜带下清稀，胎动不安，舌淡苔白，脉沉弱。

治则：固摄肾气。

方例：缩泉丸或金锁固精丸加减。

(3)肾不纳气。由于劳役过度,伤及肾气,或久病咳喘,肺虚及肾虚所引起。见于慢性支气管炎、慢性肺泡气肿等的病程中。

主证:咳嗽,气喘,呼多吸少,动则喘甚,重则咳而遗尿,形寒肢冷,汗出,口色淡白,脉虚浮。

治则:温肾纳气。

方例:人参蛤蚧散加减。

(4)肾虚水泛。素体虚弱,或久病失调,损伤肾阳,不能温化水液,致水邪泛滥而上逆,或外溢肌肤所致。见于慢性肾炎、心衰、胸腹下水肿、阴囊水肿等的病程中。

主证:体虚无力,腰脊板硬,耳鼻四肢不温,尿量减少,四肢腹下浮肿,尤以两后肢浮肿较为多见,严重者宿水停脐,或阴囊水肿,或心悸,喘咳痰鸣,舌质淡胖,苔白,脉沉细。

治则:温阳利水。

方例:济生肾气丸加减。

2. 肾阴虚

因伤精、失血、耗液而成;或急性热病耗伤肾阴,或其他脏腑阴虚而伤及于肾,或因过服温燥劫阴之药所致。见于久病体弱,慢性贫血,或某些慢性传染病的过程中。

主证:形体瘦弱,腰胯无力,低热不退或午后潮热,盗汗,粪便干燥,公畜举阳滑精或精少不育,母畜不孕,视力减退,口干、色红、少苔、脉细数。

治则:滋阴补肾。

方例:六味地黄汤加减。

3. 膀胱湿热

由湿热下注膀胱,气化功能受阻所致。

主证:尿频而急,尿液排出困难,常作排尿姿势,痛苦不安,或尿淋漓,尿色浑浊,或有脓血,或有砂石,口色红,苔黄腻,脉濡数。

治则:清利湿热。

方例:八正散加减。

任务一 感 冒

感冒是动物感受风邪,导致邪犯肺卫、卫表不和的常见外感疾病,一般表现为鼻塞、流涕、喷嚏、头痛、恶寒、发热、全身不适等。感冒以冬春季节发病为多,六淫病邪、风、寒、暑、湿、燥、火都可为感冒的病因。

感冒有普通感冒与时行感冒之分,中兽医感冒与西医学感冒基本相同。普通感冒相当于西兽医学的普通感冒、上呼吸道感染,时行感冒相当于西兽医学的流行性感冒。西医感冒可参考本任务的辨证论治。

(一)辨证论治

(1)辨证要点。区别风寒感冒、风热感冒及其兼夹感冒。

(2)治疗原则。感冒的病位在肺系卫表,治疗上应因势利导,从表而解。

(3)证治分类(表 6-5)。

表 6-5　感冒证治分类

证型	望	闻	问	切	治
风寒束表	流清涕，苔薄白	鼻塞声重，喉痒咳嗽	恶寒重，发热轻，无汗，头痛，肢节酸疼	脉浮紧	辛温解表(荆防败毒散)
风热犯表	流稠涕，痰稠，舌尖边红、苔薄白微黄	鼻塞喷嚏，咽痛咳嗽	发热，有汗，头痛	脉浮数	辛凉解表发散风热(银翘散)
暑热伤表	舌红，苔黄腻	—	身热，微恶风，汗少，肢体酸痛，头昏胀痛	脉濡数	清暑祛湿(新加香薷饮加减)

(二)预后转归

一般而言，感冒的预后良好，但老年、幼年、体弱动物要及时医治，延误治疗可能诱发其他疾病而使病情恶化甚至出现严重后果。

(三)预防与调护

(1)加强室外运动锻炼，增强机体适应气候变化的调节能力。

(2)生病期间，适当降低营养水平，建议减少肉蛋奶的摄入。

任务二　咳　嗽

咳嗽以动物咳逆有声或咳吐痰液为主要临床症状，是肺系疾病的主要证候之一。

咳嗽分外感咳嗽与内伤咳嗽两大类。外感咳嗽的病因为外感六淫之邪；内伤咳嗽的病因为饮食、情志等内伤因素致脏腑功能失调，内生病邪。

(一)辨证论治

(1)辨证要点。

①辨外感内伤：外感咳嗽多为新病，起病急，病程短，常伴肺卫表证；内伤咳嗽多为久病，常反复发作，病程长。

②辨证候虚实：外感咳嗽以风寒、风热、风燥为主，内伤咳嗽中的痰湿、痰热、肝火所致者多为邪实正虚，阴津亏耗咳嗽则属虚，或虚中夹实。

(2)治疗原则。外感咳嗽多为实证，应祛邪利肺，根据邪气风寒、风热、风燥的不同，应分别采用疏风、散寒、清热、润燥治疗。内伤咳嗽多为邪实正虚，以祛邪扶正、标本兼顾为治疗原则，根据病邪为“痰”与“火”，祛邪分别采用祛痰、清火为治。正虚则养阴或益气为宜，同时应分清虚实主次处理。

(3)证治分类(表 6-6、表 6-7)。

表 6-6　外感咳嗽证治分类

证型	望	闻	问	切	治
风寒袭肺	苔薄白，流清涕	鼻塞，咳声重浊	头痛，肢体酸楚，喉痒	脉浮或浮紧	疏风散寒宣肺止咳(三拗汤合止嗽散)

续表 6-6

证型	望	闻	问	切	治
风热犯肺	苔薄黄，鼻流黄涕，痰黄或稠黏	咳嗽频繁，咳痰不爽	喉燥咽痛，恶风，身热头痛肢楚	脉浮数或浮滑	疏风散热（桑菊饮加减）
风燥伤肺	苔薄白或薄黄，无痰或痰少而粘连，唇鼻干燥	鼻塞，干咳，咳痰不爽	咽喉干痛，口干	脉浮数或小数	清宣温燥润肺止咳（桑杏汤加减）

表 6-7 内伤咳嗽证治分类

证型	望	闻	问	切	治
痰湿蕴肺	苔白腻，痰多黏稠厚、色白或灰	咳声重浊	咳嗽反复发作，晨起时更重	脉濡滑	润燥化痰理气止咳（二陈平胃散合三子养亲汤加减）
痰热郁肺	苔薄黄腻，舌红，痰多稠黏或黄痰	咳吐不爽，气促，或喉中有痰声	胸胁胀满咳时引痛	脉滑数	清热肃肺豁痰止咳（清金化痰汤加减）
肝火犯肺	苔薄黄少津，咳而面赤，痰少质黏	上气咳逆阵作，痰滞咽喉，难咳出	咳嗽引起胸胁胀痛，咽干口苦	脉弦数	清肺泻肝顺气降火（黛蛤散合泻白散加减）
肺阴亏耗	苔红，少苔，痰少黏白或带血丝	干咳，咳声短促，声音逐渐嘶哑	口干咽燥，盗汗	脉细数	滋阴润肺化痰止咳（沙参麦冬汤）

（二）预后转归

动物咳嗽一般预后良好，尤其是外感咳嗽，及时治疗多能短时间内治愈。但外感夹燥夹湿动物治疗稍难，体弱年老动物恢复较慢。

（三）预防与调护

（1）注意天气变化，防寒保暖，避免受凉。

（2）忌食辛辣动火食物。

任务三 呕 吐

呕吐是指由于动物胃失和降、胃气上逆，以致食物由胃中上逆经口而出的常见病证。古人谓有声有物谓之呕，有物无声谓之吐，有声无物谓之哕。由于呕与吐常同时发生，故多合称呕吐。本病的发生无年龄和季节限制，幼年贪食肉类动物易于发生。凡内伤乳食、大惊卒恐，以及其他脏腑疾病影响胃的功能，而致胃气上逆，均可引起呕吐。如能及时治疗，预后尚好。经常或长期呕吐，则损伤胃气，胃纳失常，可导致津液耗损，气血亏虚。

（一）辨证论治

（1）辨证要点。食物水液等从胃中上涌，经口而出。一般伴有嗳腐食臭、恶心纳呆、胃脘胀闷等症。与其相关因素有饮食不节、饮食不洁、感受时邪、情志不畅等。

（2）治疗原则。中医治疗呕吐必须分辨虚实。首先要弄清是实证，还是虚证。实证者，有属于外邪引起的，有属于饮食积滞的，有属于痰饮内阻的。

（3）证治分类（表 6-8、表 6-9）。

表 6-8　实证呕吐证治分类

证型	望	闻	问	切	治
外邪犯胃	舌苔白	呕吐食物，吐出有力	恶寒发热，胸脘满闷，食欲不振	脉濡缓	疏邪解表，和胃降逆（藿香正气散）
饮食停滞	苔厚腻	呕吐物酸腐	得食更甚，吐后反快，大便或溏或结，气味臭秽	脘腹胀满拒按，脉滑实	消食化滞，和胃降逆（保和丸）
痰饮内阻	苔白腻	清水痰涎	胸脘满闷，食欲不振，头眩心悸，或呕而肠鸣	脉滑	温化痰饮，和胃降逆（小半夏汤合苓桂术甘汤）
肝气犯胃	舌边红，苔薄白	呕吐吞酸，嗳气频作	每因情志不遂而呕吐吞酸更甚	脉弦	疏肝理气，和胃止呕（四逆散合半夏厚朴汤）

表 6-9　虚证呕吐证治分类

证型	望	闻	问	切	治
脾胃虚弱	舌质淡，苔薄白	—	饮食稍有不慎，或稍有劳倦，即易呕吐	脉濡弱	益气健脾，和胃降逆（香砂六君子汤加减）
胃阴不足	舌红少津	呕吐反复发作，但呕吐量不多，或仅吐唾涎沫，时作干呕	口燥咽干，胃中嘈杂，似饥而不欲食	脉细数	滋养胃阴，和胃降逆（麦门冬汤加减）

（二）预后转归

动物呕吐只是症状，需要去辨证论治，及时治疗多能短时间内治愈。体弱的老年动物恢复较慢。

（三）预防与调护

（1）注意天气变化，防寒保暖，避免受凉。

（2）忌食贪食大量难以消化的食物。

任务四　泄　　泻

泄泻是以动物大便次数增多，粪质稀薄，甚至泻出如水样为特征的一种脾胃肠病证。夏秋两季较为多见。急慢性肠炎、肠结核、肠易激综合征、吸收不良综合征等动物出现泄泻时，也可参考本任务辨证论治。

泄泻的致病原因有感受外邪、饮食所伤、情志失调、脾胃虚弱、命门火衰等．主要病机是脾病致运化功能失调，肠道分清泌浊、传导功能失司。起病或缓或急，常有反复发作史。以大便清稀为诊断依据，动物常有脘腹不适、腹胀腹痛肠鸣、食少纳呆、小便不利等症状。

（一）辨证论治

（1）辨证要点。辨暴泻与久泻、虚实、兼夹杂证。

（2）治疗原则。以运脾祛湿为原则。急性泄泻以湿盛为主，重用祛湿，辅以健脾，再依寒湿、湿热的不同，分别采用温化寒湿与清化湿热之法。

(3)证治分类(表 6-10)。

表 6-10 泄泻证治分类

证型	望	闻	问	切	治
寒湿证	肠鸣，舌苔薄白或白腻	—	腹痛肠鸣，脘闷食少，泄泻清稀，甚至如水样	脉濡缓	芳香化湿，解表散寒(藿香正气散加减)
湿热证	舌质红，苔黄腻	气味臭秽	泄泻腹痛，泻下急迫，或泻而不爽，粪色黄褐，肛门灼热	脉濡数或滑数	清肠利湿(葛根黄芩黄连汤加减)
食滞证	舌苔垢浊或厚腻	臭如败卵	腹痛肠鸣，泻后痛减，泻下稀便，伴有不消化食物，脘腹胀满	脉滑大	消食导滞(保和丸加减)
脾胃虚弱	面少华，舌淡苔白	—	稍进油腻食物即发生泄泻，伴有不消化食物，大便时泻时溏	脉细沉	健脾益气和胃渗湿(参苓白术散)
肾阳虚衰	舌淡苔白	—	黎明之前腹痛，肠鸣即泻，泻后即安，小腹冷痛	脉沉细	温补脾肾固涩止泻(四神丸)

(二)预后转归

急性泄泻经过恰当治疗，多能治愈；少数动物失治误治，可反复发作，迁延不愈，由实转虚，变为慢性泄泻。但慢性泄泻一般经正确治疗，也能获愈。

(三)预防与调护

(1)动物需加强运动锻炼，平时要养成定时定点定量进食，不饮生水，忌食腐败变质食物，少食生冷瓜果；居处冷暖适宜。

(2)急性泄泻动物可暂禁食，以利于病情恢复；重度泄泻者，要注意防止脱水，应及时补充体液或饮用淡盐水。

(3)食物以流质或半流质为宜。

任务五 便 秘

便秘是由动物大肠传导功能失常导致的以大便排出困难、排便时间或排便间隔时间延长为特征的病证。其原因主要有外感之邪寒热、内伤饮食情志、病后体虚、阴阳气血不足等。基本病机是邪滞大肠，腑气闭塞不通，或肠失温润，推动无力，导致大肠传导功能失常。

除上述表现外，还可能伴有腹胀腹痛、头晕头胀、嗳气食少、心烦失眠、肛裂、出血、痔疮，以及汗出、气短乏力、心悸等症状。

(一)辨证论治

(1)辨证要点。分虚实论治。实者当辨热秘、气秘和冷秘；虚者当辨气虚秘、血虚秘、阴虚秘和阳虚秘。

(2)治疗原则。恢复大肠传导功能，保持大便畅通。避免单纯用泻下药，应针对不同的病因病机采取相应的治法。

(3)证治分类(表 6-11、表 6-12)。

表 6-11　实秘证治分类

证型	望	闻	问	切	治
热秘	面红舌红，苔黄燥	口臭	大便干结，腹胀腹痛口干，心烦不安，小便短赤	脉滑数	泻热导滞润肠通便（麻子仁丸加减）
气秘	舌苔薄腻	—	大便干结，欲便不得出，或便而不畅，肠鸣矢气，腹中胀痛，胸胁满闷	脉弦	顺气导滞（六磨汤加减）
冷秘	舌苔白腻	—	大便艰涩，腹痛拘急胀满拒按，手足不温呃逆呕吐	脉弦紧	温里散寒通便导滞（大黄附子汤加减）

表 6-12　虚秘证治分类

证型	望	闻	问	切	治
气虚秘	面白神疲，舌淡苔白	—	粪质不干硬，但临厕排便困难，便后乏力，体质虚弱	脉弱	补气滙肠、健脾升阳（黄芪汤加减）
血虚秘	口唇色淡，舌淡苔少	—	大便干结，排出困难，气短	脉细	养血滙肠、润燥通便（润肠丸加减）
阴虚秘	形体消瘦，两颧红赤，舌红少苔	—	大便干结，如羊屎状，头晕耳鸣，心烦失眠，潮热盗汗	脉细数	滋阴润肠通便（增液汤加减）
阳虚秘	面色㿠白，舌淡苔白	—	大便或干或不干，皆排出困难，小便清长，四肢不温，腹中冷痛	脉沉迟	温阳润肠（济川煎加减）

（二）预后转归

便秘常可引起腹胀腹痛、食欲减退、睡眠不安等症。如果药物、运动不能解决，急症需要手术介入。

（三）预防与调护

（1）注意饮食调理。

（2）适当多吃富含膳食纤维的粗粮、蔬菜、水果。

（3）动物主人可以牵遛动物适当地运动。

任务六　淋　　证

淋证是指以动物小便频数短涩、淋沥涩痛、少腹拘急为主症的病证。此病多因湿热蕴结或情绪不好，郁怒伤肝所致。其主要病机为湿热蕴结下焦，肾与膀胱气化不利。

本病的诊断以小便频急、滴沥不尽、尿道涩痛、小腹拘急、痛引腰腹等为基本临床特征。病久或反复发作后，常伴有低热、腰痛、小腹坠胀、疲劳等症状。

（一）辨证论治

（1）辨证要点。辨六淋主症、淋证虚实。

（2）治疗原则。实则清利，虚则补益。

（3）证治分类（表 6-13）。

表 6-13 淋证证治分类

证型	望	闻	问	切	治
热淋	苔黄腻,舌红	—	排尿频急短涩,尿道灼热刺痛,尿色黄赤,少腹拘急胀痛,或有发热、口苦、呕恶	脉滑数	清热解毒,利湿通淋(八正散加减)
石淋	苔薄黄	—	排尿涩痛,尿中时夹砂石或排尿时突然中断,少腹拘急,尿中带血	脉弦或滑数	清热利尿,通淋排石(石韦散加减)
气淋	苔薄白,舌尖红	—	排尿涩痛,淋沥不宣,少腹胀满疼痛	脉弦	理气疏导,通淋利尿(沉香散)
血淋	苔黄舌质红	—	排尿频急,热涩刺痛,尿色深红,或夹有血块	脉滑数	清热通淋,凉血止血(小蓟饮子加减)
膏淋	苔黄腻	—	小便浑浊如米泔水,上有浮油,尿道热涩、疼痛	脉濡数	清热利湿,分清泄浊(萆薢分清饮加减)
劳淋	舌质淡	—	排尿不甚赤涩,但淋沥不已时作时止,遇劳即发,腰膝酸软,神疲乏力	脉虚弱	健脾益肾(无比山药丸加减)

(二)预后转归

淋证预后与类型及病情轻重有关,淋证的实证如热淋、石淋初起,轻者一般预后良好,如久淋不愈,可发展成癃闭(小便不利,点滴而短少,或闭塞、点滴全无)和关格(小便不通与呕吐并见)。

(三)预防与调护

(1)增强体质,对一些情绪波动大的动物,防止情志内伤。

(2)消除各种外邪入侵和湿热内生的有关因素。

(3)多饮水。

任务七 痹证

痹证是指动物感受风寒湿邪、闭阻经络、气血运行不畅所导致的以肢体关节疼痛、麻木、酸楚、重着以及活动不利为主要表现的病证。西兽医学的风湿性关节炎、类风湿关节炎、强直性脊柱炎、骨性关节炎、坐骨神经痛等疾病以肢体痹证为临床特征者,可参照本任务辨证论治。

本病的发生,与体质、气候条件、生活环境都有密切关系,正虚外卫不固是痹证发生的基础,感受外邪是痹证发生的外部条件。本病诊断依据为肢体关节和肌肉疼痛、屈伸不利,或者疼痛游走不定,关节剧痛、肿大变形等。

(一)辨证论治

(1)辨证要点。辨病邪偏盛,辨病性虚实。

(2)治疗原则。祛邪活络,缓急止痛。

(3)证治分类(表 6-14)。

表 6-14　痹证证治分类

证型	望	闻	问	切	治
风寒湿痹	关节屈伸不利，舌质淡，苔薄白或白腻	—	肌肉关节酸痛、酸楚游走不定，肌肤麻木不仁	脉弦紧或濡缓	除湿通络，祛风散寒（薏苡仁汤加减）
风湿热痹	关节屈伸不利，局部红肿，肌肤红斑，舌质红，苔黄或黄腻	—	关节疼痛，局部灼热，常有发热口渴，烦闷不安	脉滑数或浮数	清热通络，祛风除湿（白虎加桂枝汤加减）
寒热错杂	关节屈伸不利，苔白罩黄或舌红苔白	—	关节灼热肿痛或冷痛喜温，恶风怕冷，口干口苦，尿黄	脉弦或紧或数	温经散寒（桂枝芍药知母汤加减）
痰瘀痹阻	关节屈伸不利，肌肤紫暗，舌质紫暗或有瘀斑，苔白腻	—	痹证日久，关节刺痛有定点，胸闷痰多	脉弦涩	化痰行瘀（双合汤加减）
气血虚痹	关节屈伸不利，唇甲淡白，舌淡苔薄	—	关节疼痛、酸楚，形体消瘦，肌肤麻木	脉细弱	益气养血，和营通络（黄芪桂枝五物汤加减）
肝肾虚痹	关节屈伸不利，肌肉瘦削，舌质淡红，苔薄白或少津	—	痹证日久不愈，疼痛时轻时重，疲劳加重，或有遗精、阳痿	脉沉细弱或细数	补益肝肾，通络止痛（独活寄生汤加减）

（二）预后转归

动物痹证治疗及时，预后良好。若关节变形，肌肉萎缩，或者伴见心悸、浮肿等脏腑痹症状者，多预后不良。

（三）预防与调护

（1）改善阴冷潮湿等不良的生活环境，避免外邪入侵。

（2）动物痹证初发时，应积极治疗与理疗。

任务实施

（一）布置任务

根据所学知识，针对本项目提供的病例资料，按要求分别完成以下任务。

（1）初步诊断：______

（2）诊断依据：______

（3）鉴别诊断：______

（4）为了确诊疾病，需做哪些进一步检查：______

______

（5）确诊疾病：______

______

（6）治疗原则：______

(7)治疗处方：

Rp：   兽医师：

(二)工作评价

针对以上任务的完成情况，分别对初步诊断、诊断依据、鉴别诊断、进一步检查、确诊疾病、治疗原则和治疗处方等7项任务给予评价和点评。

工作评价			
评价内容	评价结果		
	正确	基本正确	错误
初步诊断			
诊断依据			
鉴别诊断			
进一步检查			
确诊疾病			
治疗原则			
治疗处方			
学生反思			
教师点评			

中兽医

模块七

中兽药

模块导读

中兽药大多来源于天然野生植物，其生长环境的改变往往影响了它的有效成分，这种有效药用成分对动物疾病的治疗尤为重要。因此，了解每一味中药的产地、采集与保存，不但有助于对药物性味功能的理解，而且对中兽药资源的持续利用也具有十分重要的意义。中兽药的炮制是中兽医临床长期辨证用药经验的总结，也是我国传统兽医学遗产的重要组成部分，长期以来，它同中兽医临床密切配合，在防治动物疾病中起着重要作用。掌握中兽药的四气五味、升降浮沉性能，配上合理地采集、炮制方法，运用中医药理论来进行配伍使用，才能达到充分提高疗效、减弱毒性的目的，为动物疾病防治提供理论依据。

模块目标

知识目标

1. 熟悉中药的采集、炮制等方法。
2. 掌握中药的性味、归经等基本性能。
3. 掌握中药的配伍、禁忌等。

技能目标

1. 具有采集、炮制中药的能力。
2. 具有辨别中药性味、归经的能力。
3. 具有运用中药配伍的能力。

素质目标

1. 具备良好的职业道德和职业责任感。
2. 具备吃苦耐劳、乐于钻研、爱岗敬业的工作态度。
3. 具备主动服务的意识和团结协作的精神。
4. 树立人与动物和谐相处的生态理念，尊重生命，关爱动物。

项目一
中药的采集

除部分人工制品外，中药的来源主要是天然的动物、植物和矿物。中药的产地、采集和贮藏是否适宜是影响药材质量的重要因素，不合理的采集还会破坏药材资源，降低药材产量。早在《神农本草经》中已指出："阴干，暴干，采造时月，生熟，土地所出，真伪陈新，并各有法。"唐代著名医家孙思邈在《千金翼方・卷一》中，专论"采药时节"及"药出州土"，列举了 233 种中药的采收时节及 519 种中药的产地分布。历代医药学家都十分重视中药的产地与采集，并通过长期实践，积累了丰富的知识和经验。时至今日，人们利用现代科学技术，发现了中药的产地、采集、加工和贮藏是否适宜，与药材有效成分含量有很大关系，并取得了诸多成果。重视药物的产地、采集和贮藏，对保证药材质量和保护药材资源有着重要的意义。

中药材所含有效成分是药物具有防病治病作用的物质基础，而有效成分的质和量与中药材的采收季节、时间和方法有着十分密切的关系。由此看来，中药材的采集是确保药物质量的重要环节之一，因而也是影响药物性能和疗效的重要因素。

一、植物类药材的采收

不同的生长发育阶段，植物中化学成分的积累是不相同的，甚至会有很大差别。首先，植物生长年限的长短与药物中所含化学成分的质和量有着密切关系。据研究报道，甘草中的甘草酸为其主要有效成分，生长 3～4 年者含量较之生长 1 年者几乎高出一倍。人参总皂苷的含量，以 6～7 年采收者最高。其次，植物在生长过程中随月份的变化，有效成分的含量也各不相同。如丹参以有效成分含量最高的 7 月采收为宜。黄连中小檗碱含量大幅度升高的趋势可延续到第 6 年，而一年内又以 7 月份含量最高，因而黄连的最佳采收期是第 6 年的 7 月份。再者，时辰的变更与中药有效化学成分含量也有密切关系。如金银花一天之内以 9:00 前采摘最好，否则花蕾开放会降低质量；曼陀罗中生物碱的含量，早晨叶子中含量高，晚上根中含量高。

植物类药材，其根、茎、叶、花、果实、种子各器官的生长成熟期有明显的季节性，根据前人长期的实践经验，其采收时节和方法通常以入药部位的生长特性为依据，大致可按药用部位归纳为以下几种情况。

(一)全草类

多数在植物充分生长、枝叶繁茂的花前期或刚开花时采收。有的割取植物的地上部分，如薄荷、荆芥、益母草、紫苏等。带根全草入药的植物，则连根拔起全株，如车前草、蒲公英、紫花地丁等。茎叶同时入药的藤本植物，应在生长旺盛时割取，如夜交藤、忍冬藤等。

(二)叶类

叶类药材采收通常在花蕾将放或正在盛开的时候进行。此时正当植物生长茂盛的阶段,性味完全,药力雄厚,最适宜采收,如大青叶、荷叶、艾叶、枇杷叶等。荷叶在荷花含苞欲放或盛开时采收,色泽翠绿,质量最好。有些特定的品种,如霜桑叶,须在深秋或初冬经霜后采收。

(三)花类

花的采收一般在花正开放时进行,由于花朵次第开放,所以要分次采收,采收时间很重要。若采收过迟,则易致花瓣脱落和变色,气味散失,影响质量,如菊花、旋覆花;有些花要求在含苞欲放时采摘花蕾,如金银花、槐米、辛夷等;有的在刚开放时采摘最好,如月季花;而红花则宜于花冠由黄色变橙红色时采摘。至于蒲黄之类以花粉入药的,则须于花朵盛开时采收。

(四)果实和种子类

多数果实类药材,应当于果实成熟后或将成熟时采收,如瓜蒌、枸杞子、马兜铃。少数品种有特殊要求,应当采用未成熟的幼嫩果实,如乌梅、青皮、枳实等。以种子入药的,如果同一果序成熟期相近,可以割取整个果序,悬挂在干燥通风处,以待果实全部成熟,然后进行脱粒。如果同一果序的果实次第成熟,则应分次摘取成熟果实。有些干果成熟后很快脱落,或果壳裂开,种子散失,如小茴香、白豆蔻、牵牛子等,最好在开始成熟时适时采收。容易变质的浆果,如枸杞子、女贞子,在略熟时的清晨或傍晚采收为好。

(五)根和根茎类

古人经验以农历二八月为佳,认为春初"津润始萌,未充枝叶,势力淳浓""至秋枝叶干枯,津润归流于下",并指出"春宁宜早,秋宁宜晚"。这种认识是很正确的。早春二月,新芽未萌;深秋时节,多数植物的地上部分停止生长,其营养物质多贮存于地下部分,有效成分含量高,此时采收质量好,产量高,如天麻、苍术、葛根、桔梗、大黄、玉竹等。天麻在冬季至翌年清明前茎苗未出时采收者称为"冬麻",体坚色亮,质量较佳;春季茎苗出土再采者称为"春麻",体轻色暗,质量较差。此外,也有少数例外的,如半夏、延胡索等则以夏季采收为宜。

(六)树皮和根皮类

通常在清明和夏至期间(即春、夏时节)剥取树皮。此时植物生长旺盛。不仅质量较佳,而且树木枝干内浆汁丰富,形成层细胞分裂迅速,树皮易于剥离,如黄柏、厚朴、杜仲等。但肉桂多在10月采收,因为此时油多容易剥离。木本植物生长周期长,应尽量避免伐树取皮或环剥树皮等简单方法以保护药源。至于根皮,则与根和根茎相类似,应于秋后苗枯或早春萌芽前采集,如牡丹皮、地骨皮、苦楝根皮等。

二、动物类药材的采收

动物类药材因品种不同,采收时间各异。其具体采收时间,以保证药效及容易获得为原则。例如,桑螵蛸应在3月中旬采收,过时则虫卵已孵化;鹿茸应在清明后45～60 d截取,过时则角化;驴皮应在冬至后剥取,其皮厚质佳;小昆虫等,应于数量较多的活动期捕获,如斑蝥于夏秋季节清晨露水未干时捕捉。

三、矿物类药材的采收

矿物类药材的采收一般不受时间限制,可随时采收,但应注意保护资源。

项目二
中药的炮制

炮制是药物在应用前或制成各种剂型以前必要的加工处理过程，包括对原药材进行一般修治整理和部分药材的特殊处理，古代称为炮炙、修治、修事等。由于中药材大都是生药，在制备各种制剂之前，一般应根据医疗、配方、制剂的不同要求，并结合药材的自身特点，进行一定的加工处理，才能使之既充分发挥疗效又避免或减轻不良反应，在最大程度上符合临床用药的目的。药物炮制方法的应用与发展有着悠久的历史，方法多样，内容丰富。炮制是否得当直接关系到药效优劣，少数毒性和烈性药物的合理炮制更是确保用药安全的重要措施。正如前人所说“不及则功效难求，太过则气味反失”。

一、炮制的目的

总的说来，药材炮制的目的大致可以归纳为以下五个方面。

1. 降低或消除药物的毒副作用，保证用药安全

如附子、川乌、草乌、半夏、天南星、马钱子等生用内服容易中毒，炮制后能降低其毒性；巴豆泻下作用剧烈，宜去油取霜用；常山用酒炒，可减轻其催吐的副作用。

2. 增强药物作用，提高临床疗效

蜂蜜、酒、姜汁、胆汁等中药炮制中常用的液体辅料，本身就是药物，它们与被拌和药物的某些作用之间，存在着协同配伍关系。例如，蜜炙百部、紫菀，能增强润肺止咳作用；酒炒川芎、当归，能增强其通经活血作用；醋炒延胡索、香附，能增强其止痛作用；姜汁炙黄连、竹茹，可加强止呕作用；牛胆汁制南星，能增强其息风止痉作用；明矾煅为枯矾，可增强其燥湿、收敛作用；槐花炒炭，能增强其止血作用。

3. 改变药物的性能和功效，使之能适应病情的需要

药物的性味功效经过炮制处理后可在一定程度上得到改变，以适应不同的病情和体质的需要。例如，吴茱萸，味辛热燥烈，宜于里寒之证，若用黄连水拌炒或用甘草水浸泡，去其温烈之性，常用于肝火犯胃之呕吐腹痛；生地黄为甘、苦、寒之品，长于清热凉血，经入黄酒反复蒸晒后而变为熟地黄，其药性微温而以补血见长，适宜于血虚之证；生姜煨熟，则能减缓其发散力，而增强温中之效，尤宜用于治疗中寒腹痛之证；何首乌生用能泻下通便，制熟后则失去泻下作用而专补肝肾等。

由于每一药物往往具有多种功效，这些互不相同的功效有时不能同时适用于某一病证。例如，麻黄具有辛温发汗解表和平喘止咳等功效，对于风寒表实而兼咳喘者，可全面发挥其功效；对

于热壅于肺，汗出而咳喘者，其温散发汗作用，显然不利于病情，若通过炮制以蜜炙麻黄入药，则辛温发汗之力受到制约，而平喘止咳之力增强，宜用于肺热咳喘之证。

4. 改变药物的某些性状

一般的中药材在采收完成之后，均可直接使用鲜品。如地黄、芦根、石斛等许多鲜品的疗效，较之干品更佳。然而，由于产地、季节等因素的限制，多种药材无法直接使用鲜品，皆须干燥处理，才可贮藏、运输。多数药材可以日光曝晒，或人工烘烤进行干燥，但少数动物药及富含汁液的植物药，需经特殊处理。例如，肉苁蓉之肉质茎富含汁液，春季采者所含水分较少，可半埋于沙中晒干；而秋季采者，茎中水分较多，需投入盐水中，加工成盐苁蓉，方可避免变质。桑螵蛸为螳螂之卵鞘，内有虫卵，应蒸后晒干，杀死虫卵，以防贮藏过程中因虫卵孵化而失效。

5. 纯净药材

保证药材品质和用量准确及矫臭、矫味，以便于服用。

二、炮制的方法

炮制方法是历代逐渐发展和充实起来的，其内容丰富、方法多样。现代的炮制方法在古代炮制经验的基础上有很大的发展和改进。根据目前的实际应用情况，可分为五大类型。

1. 修治

（1）纯净处理。采用挑、拣、簸、筛、刮、刷等方法，去掉灰屑、杂质及非药用部分，使药物清洁纯净。如拣去合欢花中的枝、叶，刷除枇杷叶、石韦叶背面的绒毛，刮去厚朴、肉桂的粗皮等。

（2）粉碎处理。采用捣、碾、镑、锉等方法，使药物粉碎，以符合制剂和其他炮制法的要求。如牡蛎、龙骨捣碎便于煎煮，川贝母捣粉便于吞服，水牛角、羚羊角镑成薄片或锉成粉末等。

（3）切制处理。采用切、铡的方法，把药物制成一定的规格，便于进行其他炮制，也有利于干燥、贮藏和调剂时称量。根据药材的性质和临床需要，切片有很多规格。如天麻、槟榔宜切薄片，泽泻、白术宜切厚片，黄芪、鸡血藤宜切斜片，桑白皮、枇杷叶宜切丝，白茅根、麻黄宜铡成段，茯苓、葛根宜切成块等。

2. 水制

水制是指用水或其他液体辅料处理药物的方法。水制的目的主要是清洁药材、软化药材以便于切制和调整药性。常用的方法有洗、淋、泡、浸、漂、润、水飞等。

（1）洗。将药材放入清水中，快速洗涤，除去上浮杂物及下沉脏物，及时捞出晒干备用。除少数易溶或不易干燥的花、叶、果及肉质药材外，大多需要淘洗。

（2）淋。将不宜浸泡的药材，用少量清水浇洒喷淋，使其清洁和软化。

（3）泡。将质地坚硬的药材，在保证药效的前提下，放入水中浸泡一段时间，使其软化。

（4）浸。用清水或加液体辅料较长时间浸泡药材使之柔软，又不致过湿，便于切片。如槟榔需浸泡 7 d，木通需浸泡 1 d，桂枝需浸泡 2 d 左右。也有用浸渍法将中药制成注射剂者，方法是将能溶于水或醇而不耐热的中药粉碎后放入玻璃瓶内，加入溶剂（如冷水、热水、稀醇、浓醇及热醇等），浸渍 3～4 d，甚至 5～10 d，每隔 6～12 h 搅拌 1 次，连浸 3 次后进行浓缩、沉淀、过滤、灭菌、分装即可应用。

（5）漂。将药物置水池或长流水中浸渍一段时间，并反复换水，以去掉腥味、盐分及毒性成分的方法。如将昆布、海藻、盐附子漂去咸味，紫河车漂去腥味等。

(6)润。又称闷或伏。根据药材质地的软硬，加工时的气温、工具，用淋润、洗润、泡润、浸润、盖润、露润、包润、伏润、双润等多种方法，使清水或其他液体辅料徐徐入内，在不损失或少损失药效的前提下，使药材软化，便于切制饮片，如淋润荆芥、泡润槟榔、酒洗润当归、姜汁浸润厚朴、伏润大黄等。

(7)水飞。是借药物在水中的沉降性质分取药材及细粉末的方法。将不溶于水的药材粉碎后置乳钵或碾槽内加水共研，大量生产则用球磨机研磨，再加入大量的水，搅拌，较粗的粉粒即下沉，细粉混悬于水中，倾出；粗粒再飞再研，倾出的混悬液沉淀后，分出，干燥即成极细粉末。此法所制粉末既细又减少了研磨中粉尘飞扬。常用于矿物类、贝甲类药材的制粉，如水飞朱砂、炉甘石、雄黄。

3.火制

火制是指用火加热处理药物的方法。本法是使用最为广泛的炮制方法，常用的火制法有炒、炙、煅、煨、烘焙等。

(1)炒。有炒黄、炒焦、炒炭等程度不同的清炒法。用文火炒至药材表面焦黑，部分炭化，内部焦黄，但仍留有药材固有气味(即存性)者称为炒炭。炒黄、炒焦使药物易于粉碎加工，并缓和药性。种子类药物炒后煎煮时有效成分更容易溶出。炒炭能缓和药物的烈性、副作用或增强其收敛止血的功效。除清炒外，还可拌固体辅料如土、麦麸、米炒，可减少药物的刺激性，增强疗效，如土炒白术、麸炒枳壳、米炒斑蝥等。与砂或滑石、蛤粉同炒的方法习称为烫，药物受热均匀酥脆，易于煎出有效成分或便于服用，如砂烫穿山甲、蛤粉烫阿胶等。

(2)炙。是将药材与液体辅料拌炒，使辅料逐渐渗入药材内部的炮制方法。通常使用的液体辅料有蜜、酒、醋、姜汁、盐水、童便等，如蜜炙黄芪、蜜炙甘草、酒炙川芎、醋炙香附、盐炙杜仲等。炙可以改变药性，增强疗效或减少副作用。

(3)煅。将药材用猛火直接或间接煅烧，使质地松脆，易于粉碎，充分发挥疗效。将药材直接放在炉火上或容器内而不密闭加热者，称为明煅。此法多用于矿物药或动物甲壳类药材，如煅牡蛎、煅石膏等。将药材置于密闭容器内加热煅烧者，称为密煅或焖煅。本法适用于质地疏松、可炭化的药材，如煅血余炭、煅棕榈炭等。

(4)煨。将药材包裹于湿面粉、湿纸中，放入热火灰中加热，或用草纸与饮片隔层分放加热的方法，称为煨法。其中，以面糊包裹者，称为面裹煨；以湿草纸包裹者，称为纸裹煨；以草纸分层隔开者，称为隔纸煨；将药材直接埋入火灰中，使受高热发泡者，称为直接煨。

(5)烘焙。将药材用微火加热，使之干燥的方法称为烘焙。

4.水火共制

常见的水火共制包括蒸、煮、淬等。

(1)蒸。是用水蒸气或隔水加热的方法。不加辅料者，称为清蒸；加辅料者，称为辅料蒸。加热的时间视炮制的目的而定。改变药物性味功效者宜久蒸或反复蒸晒，如蒸制熟地黄、何首乌；为使药材软化，以便于切制者，以蒸软透心为度，如蒸茯苓、厚朴；为便于干燥或杀死虫卵，以利于保存者，加热蒸至“圆气”，即可取出晒干，如蒸银杏、女贞子、桑螵蛸。

(2)煮。是用清水或液体辅料与药物共同加热的方法，如醋制芫花、酒制黄芩。

(3)燀。是将药物快速放入沸水中短暂潦过，立即取出的方法。常用于种子类药物的去皮和肉质多汁药物的干燥处理。例如，燀杏仁、燀桃仁以去皮；燀马齿苋、燀天门冬以便于晒干贮藏。

(4)淬。是将药物煅烧红后，迅速投入冷水或液体辅料中，使其酥脆的方法。淬后不仅易于粉碎，且辅料被其吸收，可发挥预期疗效。如醋淬自然铜、鳖甲，黄连煮汁淬炉甘石等。

5.其他方法

除上述炮制方法外，还包括一些特殊方法，如制霜、发酵、发芽等。

(1)制霜。种子类药材压榨去油或矿物药材的重结晶后的制品，称为霜。其相应的炮制法称为制霜，如巴豆霜、西瓜霜。

(2)发酵。将药材与辅料拌和，在一定的温度和湿度的条件下，利用霉菌使其发泡、生霉，并改变原药的药性，以生产新药的方法，称为发酵法。如六神曲、淡豆豉。

(3)发芽。将具有发芽能力的种子药材用水浸泡后，经常保持一定的湿度和温度，使其萌发幼芽。如谷芽、麦芽、大豆黄卷等。

项目三

中药的性味

中药的性能是指每味药物的性质和能力。它是药物用于动物疾病治疗的物质基础。疾病的发生、发展都是由动物生理机能紊乱、阴阳失去平衡所致的各种病理状态。药物的治疗作用则在于恢复生理功能、调节阴阳平衡,使动物迅速得到康复。这种以药物的作用来纠正动物机能的偏差,是由药物本身的性能所决定的。

中药的性能又称药性,是中药作用的基本性质和特征的高度概括。药性理论是中药理论的核心,主要包括四气五味、归经、升降浮沉、毒性等。

一、四气五味

《神农本草经》说:"药有酸、咸、甘、苦、辛五味,又有寒、热、温、凉四气。"即指出了药物有四气和五味,分别代表药物的药性和药味两个方面。性味对于认识药物的共性和个性,以及指导临证用药,都有实际意义。

(一)四气

四气又称为四性,是指药物的寒、热、温、凉四种不同的性质。此外,还有一些四气不甚显著的所谓平性药物。这些药物虽然性质较平、作用缓和,但是它们仍有偏温或偏凉的差别。所以对寒、热、温、凉、平五种药性,一般仍称为四气。

四气中,寒凉与温热是两类性质完全不同的药物,而寒与凉,或温与热,只是程度上的不同。具体地说,凉极为寒,微寒为凉;大温为热,微热为温。古人说:"寒为凉之极,凉为寒之渐;热为温之极,温为热之渐。"药性的寒、凉、温、热,是古人根据药物作用于机体所发生的反应和对于疾病所产生的治疗效果而作出的概括性归纳,是同所治疗疾病的寒热性质相对而言的。凡是能减轻或消除热证的药物,一般属于寒性或凉性;反之,凡是能减轻或消除寒证的药物,大多属于热性或温性。

寒凉药大多具有清热、泻火、凉血、燥湿、攻下、解毒等作用。常用于肌肤发热、体温升高、口红、脉数的热证,如知母、石膏、黄连、茵陈、连翘、蒲公英等。温热药多具有散寒、温中、通络、助阳、补气、补血等作用。常用于形寒肢冷、口淡、脉迟的虚寒证,如附子、肉桂、干姜、菟丝子、党参、黄芪等。由此可见,如果用药不明四气,治病不分寒热,不但难以起效,而且往往会延误病情,甚至造成死亡。

(二)五味

五味,即酸、苦、甘、辛、咸五种不同的滋味,代表药物不同的功效和应用(图 7-1)。五味也是药物作用的标志,另外有些药物具有淡味或涩味,因都分属于五味之中,所以仍然称为五味。五味的确定取决于两个方面，一是与实际口尝感觉有关，二是药物临床功用的归纳和总结。所以，把五味上升为药性理论来认识，已远远超出了味觉的概念，而是与药物功效应用密切相关。因此，《神农本草经》中记载的味，有时与实际口感味道并不相符。不同的味就有不同的作用；味相同的药物，其作用也有相近或共同之处。《黄帝内经》将五味归纳为酸收、苦燥、甘缓、辛散、咸软。其具体作用如下。

酸味药物有收敛和固涩作用。如乌梅、诃子能治疗泄泻、脱肛；五味子、山茱萸能止虚汗、治遗精。涩与酸味相似，都有止泻、止血、涩精、固脱、止汗等作用，如龙骨、牡蛎、赤石脂、芡实等，所以将涩味归属于酸味。

苦味药物有泄和燥的作用。泄，包括通泄，如大黄，适用于热结便秘；降泄，如杏仁适用于肺气上逆的喘咳；清泄，如栀子适用于热盛心烦等证。燥，即燥湿，用于湿证，有苦寒燥湿热、苦温燥寒湿之分，还有苦能坚阴之说。

甘味药物有补益、和中、缓急等作用。常用于治虚证，并缓和拘急疼痛，调和药性，解药食毒。如甘草、大枣之缓中，黄芪、党参能补中益气，熟地、阿胶能补血养血。

辛味药物有发散、行气、行血的作用，常用于治疗表证或气血阻滞证。如麻黄、桂枝之发散表邪，陈皮、木香之行气宽中，红花、川芎之行血破瘀的作用。

咸味药物有软坚、散结和泻下作用，多用于瘰疬、瘿瘤、痰核、癥瘕等证。如牡蛎、海藻能软坚消痰，芒硝、肉苁蓉能润下通便。

淡味是中药五味中的特殊一味，淡味药物有渗湿、利尿作用，多用于治疗水肿、小便不利等证。如茯苓、通草等。

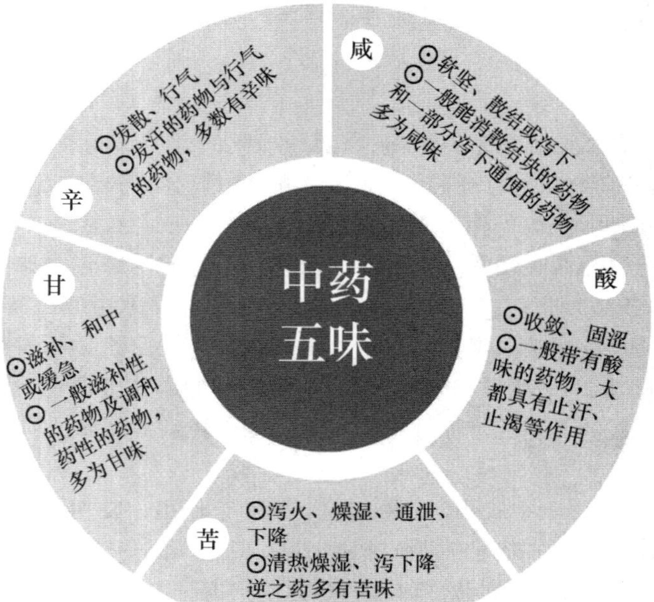

图 7-1 中药五味

（三）四气和五味的关系

凡药物的性能都是气和味的综合，二者不可分割。如从四气来说，麦冬、黄连都属寒性，皆治热病。但从五味来说，麦冬味甘而性寒，治虚热；黄连味苦而性寒，治实热。又如麻黄、薄荷从五味来说都属辛味，辛能发散，但麻黄味辛而性温，发散外感风寒，薄荷味辛而性凉，发散外感风热。

同一种药性（气），而有五味的差别（即性同而味异）。例如，同一温性药，有辛温（苏叶、生姜）、酸温（五味子、山萸肉）、甘温（党参、白术）、苦温（苍术、厚朴）、咸温（蛤蚧、肉苁蓉）的不同；同一种味，也各有四性的不同（即味同而性异）。例如，以辛为例，有辛寒（浮萍）、辛凉（薄荷）、辛温（半夏）、辛热（附子）的不同。

临床常用的主要有以下几种。

酸温：有收敛、止汗、涩精等作用。如乌梅、山茱萸、五味子等药。

酸寒：有敛肺、生津等作用。如枯矾、五倍子等药。

苦温：有燥湿、散寒等作用。如苍术、艾叶等药。

苦寒：有清热、泻火、燥湿、解毒、泻下等作用。如知母、黄连、茵陈、大黄等药。

甘温：有补气、补血、助阳等作用。如黄芪、熟地、杜仲等药。

甘寒：有养阴、生津、利水等作用。如麦冬、生地、芦根、车前子等药。

辛温：有发散风寒（如麻黄）、行气（如厚朴）、行血（如红花）、温中（如干姜）等作用。

辛凉：有发散风热的作用。如薄荷等药。

咸温：有温补肾阳的作用。如肉苁蓉等药。

咸寒：有软坚（如海藻）、泻下（如芒硝）、滋阴潜阳（如龟板、鳖甲）等作用。

以上是以味为主，配合两种性（温、寒）。另外两种性（热、凉），可将热性包含于温性、凉性包含于寒性之中。

这仅是药物的共性，也有不少的例外，如甘寒药物能生津，而蝉蜕也属甘寒，但无生津作用。因此不能一概而论。

另外，还有不少药物是一性（气）而兼数味。如桂枝味辛甘性温，而辛能发散，甘能壮补，温能散寒，故本品有发散风寒、通经络之功，常与补药同用。又如当归味甘辛苦性温，而甘能补，辛能散，苦能泻，故本品为补而不滞之品，这说明药物的性味是错综复杂的。这种复杂情况也正体现了每种药物具有多种作用的特点。

二、升降浮沉

升降浮沉是指药物作用于动物体的四种趋向。升是指向前、向上，降是指向后、向下，浮是指向上、向外，沉是指向下、向内，也就是说，升是上升，降是下降，浮是发散，沉是内敛。但升降与浮沉仅是程度上的差异，故有升极则浮，降极则沉之说。

各种疾病在病机和证候上常有向上（如呕吐、喘咳）、向下（如泻痢、脱肛）、向外（如自汗、盗汗）、向内（如表证入里）等病势趋向的不同，以及在上、在下、在表、在里等病位的差异。因此，能够针对病情，改善或消除这些病证的药物，相对来说也就分别具有升降浮沉的不同作用趋向。药物的这种性能，有助于调整紊乱的脏腑气机，使之归于平顺或因势利导，祛邪外出。

升浮药物属阳，具有上行（如桂枝）、提升（如升麻）、发散（如麻黄）、散寒（如附子）、祛风（如防风）等作用。沉降药物属阴，具有下行（如牛膝）、泻下（如大黄）、降逆（如代赭石）、清热（如黄连）、渗利（如茯苓）、潜阳（如龟板）等功效。凡病变部位在上、在表者，用药宜升浮不宜沉降，如外感风寒表证，当用麻黄、桂枝等升浮药来解表散寒；在下、在里者，用药宜沉降不宜升浮，如肠燥便秘之里实证，当用大黄、芒硝等沉降药来泻下攻里。病势上逆者，宜降不宜升，如肝火上炎引起的双目红肿、畏光流泪，应选用石决明、龙胆等沉降药以清热泻火、平肝潜阳；病势下陷者，宜升不宜降，如久泻脱肛或子宫脱垂，当用黄芪、升麻等升浮药物益气升阳。一般说来，治疗用药不能够违反这一规律。

升降浮沉与药物的气味、质地、药用部分、炮制、配伍等均有关系。

1. 升降浮沉与药物气味的关系

以药物的四气来说，温热药物主升浮，寒凉药物主沉降；以五味来说，辛、甘、淡主升浮，酸、苦、咸主沉降。这也正如李时珍所说的"酸咸无升，辛甘无降，寒无浮，热无沉，其性然也"。这说明升降浮沉与四气五味有密切的关系。

2. 升降浮沉与药物质地和药用部分的关系

凡质地轻而疏松的药物，如植物的叶、花、空心的根、茎，大多具有升浮的作用。如薄荷、辛夷花、升麻等。凡质地坚实的药物，如植物的籽实、根茎及金石、贝壳类药物，大多具有沉降的作用。如苏子、大黄、磁石、牡蛎等。但这也不是绝对的，如"诸花皆升，旋覆独降""诸子皆降，蔓荆独升"等。又如苏子味辛性温，从气味上讲，属升，但因质重而主降。

3. 升降浮沉与药物炮制和配伍的关系

以炮制来说，生用主升，熟用主降，酒制能升，生姜制能散，醋制能收，盐水炒能下行。以药物配伍来说，如将少量升浮药物配于大量沉降药物之中，也能随之下降，而少量沉降药物配于大量升浮药物之中，也能随之上升。此外，桔梗专能载药上升，牛膝专能引药下行，所以，古人说"升降在物，亦可在人"。因此，在临床用药时，除掌握药物的普遍规律外，还应知道它们的特殊性，以更好地达到用药效果。

项目四

中药的配伍

配伍是指根据动物病情的需要和药物的性能特点，有目的地将两味或两味以上的药物配合在一起使用。这是中兽医用药的基本形式。

前人把单味药的应用同药与药之间的配伍关系称为药物的"七情"。"七情"的提法首见于《神农本草经·序例》说："有单行者，有相须者，有相使者，有相畏者，有相恶者，有相反者，有相杀者。凡此七情，合和视之。"其中首先谈到"单行"。单行就是指单味药治病。病情比较单纯选用一味针对性较强的药物即能获得疗效，如清金散，单用黄芩治轻度的肺热咳血；现代单用鹤草芽驱除绦虫，以及许多行之有效的"单方"等。它符合简便廉验的需求，便于使用和推广。但若病情较重，或病情比较复杂，单味药力量有限，且难全面兼顾治疗要求；有的药物具有毒副作用，单味应用难以避免不良反应，因此往往需要同时使用两种以上的药物。药物配合使用，药与药之间会发生某些相互作用，如有的能增强或降低原有药效，有的能抑制或消除毒副作用，有的则能产生或增强毒副反应。因此，在使用两味以上药物时，必须有所选择，这就提出了药物的配伍关系问题。前人总结的"七情"之中，除单行者外，其余六个方面都是讲配伍关系的。另外，中药的配伍还存在配伍禁忌、妊娠禁忌及饮食禁忌等，现分述如下。

一、配伍关系

1. 相须

相须即性能功效相类似的药物配合应用，可以增强原有疗效。如石膏和知母配合，能明显增强清热泻火的治疗效果；大黄与芒硝配合，能明显增强攻下泄热的治疗效果；全蝎与蜈蚣同用，能明显增强止痉定搐的作用。

2. 相使

相使即在性能功效方面有某些共性，或性能功效虽不相同，但是治疗目的一致的药物配合应用，而以一种药为主，另一种为辅，能提高主要药物疗效。如补气利水的黄芪与利水健脾的茯苓配合时，茯苓能提高补气药黄芪的利水功效；黄连配木香治湿热泻痢，腹痛里急，以黄连清热燥湿、解毒止痢为主，木香调中宣滞、行气止痛，可增强黄连治疗湿热泻痢的效果；雷丸驱虫，配伍泻下通便的大黄，可增强雷丸的驱虫效果。

3. 相畏

相畏即一种药物的毒性反应或副作用，能被另一种药物减轻或消除。如生半夏和生南星的毒性或副作用能被生姜减轻或消除，所以生半夏和生南星畏生姜。

4. 相杀

相杀即一种药物能减轻或消除另一种药物的毒性或副作用。如生姜能减轻或消除生半夏和生南星的毒性或副作用，所以说生姜杀生半夏和生南星的毒。由此可知，相畏、相杀实际上是同一配伍关系的两种说法。

5. 相恶

相恶即两药合用，一种药物能使另一种药物原有的功效降低，甚至丧失。如人参恶莱菔子，因莱菔子能削弱人参的补气作用。

相恶只是两药的某些方面或某几方面的功效减弱或丧失，并非两药的功效全部相恶。如生姜恶黄芩，只是生姜的温肺、温胃功效与黄芩的清肺、清胃功效互相牵制而疗效降低，但生姜还能开胃治不欲饮食并喜呕之证，黄芩尚可清泄少阳以除热邪，在这些方面，两药并不一定相恶。

6. 相反

相反即两种药物合用，能产生或增强毒性反应或副作用。如甘草反甘遂、乌头反半夏等。古人将其总结为“十八反”“十九畏”。

除上述单行外的六个方面，其变化关系可以概括为：①有些药物因产生协同作用而增进疗效，是临床用药时要充分利用的；②有些药物可能互相拮抗而抵消或削弱原有功效，用药时应加以注意；③有些药物则由于相互作用，而能减轻或消除原有的毒性或副作用，在应用毒性药或烈性药时必须考虑选用；④一些药物因相互作用而产生或增强毒副作用，属于配伍禁忌，原则上应避免配用。正如李时珍在《本草纲目》中对“药性七情”的论述，“独行者，单方不用辅也；相须者，同类不可离也；相使者，我之佐使也；相畏者，受彼之制也；相杀者，制彼之毒也；相恶者，夺我之能也；相反者，两不相合也。凡此七情，合而视之。当用相须、相使者良，勿用相恶、相反者。若有毒制宜，可用相畏、相杀者，不尔，不合用也。”

综上所述，单味药到配伍应用是通过很长的实践与认识过程逐渐积累与丰富的。药物按一定法度加以组合，并确定一定的分量比例，制成适当剂型，称为方剂。方剂是药物配伍的发展，也是药物配伍应用的较高形式。

二、用药禁忌

药物具有治疗作用和毒副作用两重性，利用前者、避免后者是选药组方的基本原则。后者就是用药禁忌的问题，包括配伍禁忌、妊娠禁忌、饮食禁忌等内容。

1. 配伍禁忌

中药“七情”中的“相恶”和“相反”的配伍关系，均属用药禁忌。有关反药的内容，历代古籍中记载并不一致，被后世公认并影响较大的是金元时期概括的“十八反”和“十九畏”。

(1)十八反。甘草反甘遂、大戟、海藻、芫花；乌头反贝母、瓜蒌、半夏、白蔹、白及；藜芦反人参、沙参、丹参、玄参、细辛、芍药。编成歌诀为“本草明言十八反，半蒌贝蔹及攻乌，藻戟遂芫俱战草，诸参辛芍叛藜芦”。如此便于诵读记忆。

(2)十九畏。硫黄畏朴硝，水银畏砒霜，狼毒畏密陀僧，巴豆畏牵牛，丁香畏郁金，川乌、草乌畏犀角，牙硝畏三棱，官桂畏赤石脂，人参畏五灵脂。

在十八反和十九畏中，诸药一般均作为处方用药的配伍禁忌。但在古今方剂中，也有一些应用十八反和十九畏的例子。据研究，当甘草与甘遂合用时，毒性的大小主要取决于甘草的用量比例，甘草的剂量若与甘遂相等或大于甘遂，则毒性较大；又如贝母和半夏分别与乌头配伍，则未见明显的增强毒性。而细辛配伍藜芦，可导致实验动物中毒死亡。对十九畏和十八反的研究，还有待进一步做较深入的实验和观察，并研究其机理，因此，目前应采取慎重态度。一般说来，对于其中一些药物，若无充分根据和应用经验，仍须避免盲目配合应用。

2. 妊娠禁忌

某些药物具有损害胎元以致堕胎的副作用，应该作为妊娠禁忌的药物。根据药物对于胎元损害程度的不同，一般可分为禁用与慎用两类。大多禁用的是毒性较强或药性猛烈的药物，如巴豆、牵牛、大戟、斑蝥、商陆、麝香、三棱、莪术、水蛭、虻虫等；慎用的包括通经去瘀、行气破滞，以及辛热的药物，如桃仁、红花、大黄、枳实、附子、干姜、肉桂等。

凡禁用的药物，绝对不能使用；慎用的药物，则可根据孕畜患病的情况，酌情使用。没有特殊需要时，应尽量避免，以防发生事故。

3. 饮食禁忌

饮食禁忌简称为食忌，即忌口。在古代文献中有常山忌葱，地黄、何首乌忌葱、蒜、萝卜，薄荷忌鳖肉，茯苓忌醋，鳖甲忌苋菜，以及蜜忌生葱等记载。这说明服用某些药时不可同吃某些食物。另外，由于疾病，在服药期间，凡属生冷、黏腻、腥臭等不易消化及有特殊刺激性的食物，都应根据需要予以避免。

项目五

常用中药的功效及用法

任务一 解 表 药

任务导读

能发散表邪治疗外感表证的药物称为解表药。本类药物依据特性可分辛温解表药和辛凉解表药两类。解表药有辛散轻扬的特性，能发散表邪，故临床上多用于风寒表证、风热表证、风湿表证、寒湿凝滞肌肤、疮痈初起或斑疹未透等证。使用解表药时，应针对外感风寒、风热表邪不同，选择长于发散风寒或风热的药。依据四季气候变化合理选用药物，如春季多风热，夏季多夹暑湿，秋季多兼燥邪，冬季多风寒。还需根据畜体情况，分别选用益气药、助阳药、养阴药、补血药等配伍，以扶正祛邪。应用解表药时，以病邪在表为原则，若表证未解、里证已成，当表里双解或先表后里。注意四季变化，初春温暖时期，家畜腠理疏松，容易出汗，用量宜轻；寒冬季节，家畜肌肤致密，不易出汗，用量宜重。使用解表药后，不能以家畜有汗无汗为标准，应以体温下降、症状改善为标准，因而不可过汗或反复发汗，以免过汗伤津，克伐正气。病畜体虚、年老、产后或幼畜、孕畜等用量宜轻，必要时应配合扶正药，以扶正祛邪。凡表多虚汗、肺虚咳嗽、吐泻失水、失血伤营、热病伤津、痈疡已溃、斑疹已透者，宜慎用。解表药大多辛散轻扬，含有挥发成分，一般不宜久煎，以免有效成分挥发影响疗效，宜研末，用开水冲调，候温灌服。

案例导入

某养殖户饲养的牛食欲减少，鼻汗时有时无，精神不好，遂就诊。临证所见：体温 38.9 ℃，精神不好，被毛凌乱，脉浮数，皮温热，鼻镜干，大便稍干，口温高，口津黏稠，口色青紫。证属风热束表之风热感冒，时值秋末，气燥，归属肺金，由于时热时凉，风热乘虚而入，束于肌表，使腠理毛窍启闭失常，因肺主皮毛，风热合袭，肺卫首当其冲，邪从阳化，热不得外泄，故见发热；热郁灼津，则大便干，精神倦怠，食欲不振，脉浮数。治宜表里双解，当以解表清里，导热下出，健脾开胃。

请思考：

1. 该牛感冒寒热属性是什么？
2. 主要诊断依据有哪些？
3. 如何进一步明确诊断？
4. 应该采用哪一类感冒药？

一、辛温解表药

本类药物性味多辛温，以发散肌表风寒邪气为主要作用。临床上适用于外感风寒的表实证，也可用于风寒束肺、肺气不宣的咳喘或风湿痹痛、疮痈痘疹初期而具有表寒证者。本类药物发汗作用较强，凡热盛伤阴、阴虚阳亢者当慎用。

麻黄

【来源】本品为麻黄科植物草麻黄、中麻黄或木贼麻黄的干燥草质茎。秋季采收，除去木质茎、残根及杂质，晒干，切段。生用或蜜炙用。主产于山西、甘肃、青海、内蒙古、河北等地。

【性味归经】辛、微苦，温。归肺、膀胱经。

【功效】发汗解表，宣肺平喘，利水消肿。

【主治与应用】

(1)发汗解表。本品味辛，性温，善于宣肺气，为发汗解表的良药。常与桂枝相须为用，增强发汗散寒之功，用于风寒表实证。

(2)宣肺平喘。本品用于风寒表实、喘逆咳嗽，常配杏仁、甘草等药；用于寒痰停饮、咳嗽气喘，常配以干姜、细辛、半夏等药；用于肺热喘急者，配以石膏、杏仁、甘草等药。

(3)利尿消肿。本品上宣肺气以发汗解表，下调水道以助利尿之功。用于水肿实证兼有表证，常配白术、甘草、石膏、生姜等药。

【用法用量】汤剂或散剂(后下)：马、牛 15～30 g；猪、羊 3～15 g；犬、猫 3～5 g；禽、兔 0.5～2 g。

【使用注意】表虚多汗、肺虚咳嗽及脾虚水肿者忌用。

【不良反应】本品用量过大，可引起头痛、兴奋、失眠、心悸不安；大汗不止，血压高，甚至昏迷等。

桂枝

【来源】本品为樟科植物肉桂的干燥嫩枝。春秋两季采收，除叶晒干，切成薄片或小段。生用。桂枝主产于广西、广东、云南等地。

【性味归经】辛、甘，温。归心、肺、肾、脾经。

【功效】发汗解肌，温通经脉，助阳化气。

【主治与应用】

(1)发散风寒。本品甘温，善祛风寒，通阳扶卫，发汗作用较麻黄缓和，对于外感风寒，不论表实无汗还是表虚有汗者均可使用。用于外感风寒表实无汗证，常配麻黄、杏仁、甘草，如麻黄汤；用于外感风寒表虚有汗证，常配白芍、甘草、生姜、大枣等药。

(2)寒凝血滞诸证。本品辛散温通经脉，具有散寒止痛之功，用于风寒湿痹、肌肉关节疼痛者，常配防风、附子、川乌、草乌等药；用于胸阳不振、心脉瘀阻者，常配枳实、薤白；用于肚腹冷痛者，可温散血中寒凝，常配小茴香、吴茱萸等。

(3)助阳化气。本品可温扶脾阳以运水，可温肾阳以助膀胱气化以行水，常用于治疗痰饮蓄水之证。用于脾阳不振、水湿内停，常配茯苓、白术，如苓桂术甘汤；用于膀胱气化不行、小便不利，常配茯苓、猪苓、泽泻等，如五苓散。

【用法用量】煎服：马、牛 15～45 g；驼 30～60 g；猪、羊 3～10 g；犬 3～5 g；兔、禽 0.5～1.5 g。

【使用注意】温热病、阴虚火旺及血热妄行所致的出血证忌用；孕畜慎服。

紫苏叶

【来源】本品为唇形科植物紫苏的干燥叶。夏秋季节采收，晒干，切细。生用。其茎单用名紫苏梗；种子入药，名紫苏子。全国各地均产紫苏叶。

【性味归经】辛，温。归肺、胃、脾经。

【功效】解表散寒，行气宽中。

【主治与应用】

(1)风寒表证。本品辛温，能祛风散寒。用于风寒表证气滞或痰多咳嗽者，常与生姜、桔梗、前胡、陈皮等药同用。

(2)脾胃气滞。本品治中焦气滞，能宽中除胀、和胃止呕。偏寒者常与砂仁、半夏、丁香等药配伍；偏热者常与黄连、芦根等药配伍；也可用于妊娠呕吐，常与砂仁、白术等药配伍。

【用法用量】煎服(后下，不宜久煎)：马、牛 15～50 g；猪、羊 5～15 g；犬、猫 3～8 g；兔、禽 2～5 g。

【使用注意】表虚自汗者忌用。

荆芥

【来源】本品为唇形科植物荆芥的干燥地上部分。夏秋两季花开到顶、穗绿时采割，除去杂质，晒干。生用。荆芥主产于江苏、浙江、山东、江西等地。

【性味归经】辛，温。归肺、肝经。

【功效】解表散风，透疹消疮，止血。

【主治与应用】

(1)外感表证。本品辛温，长于发表散风，药性缓和，为发散风寒药中平和之品；外感风寒，配以防风、独活、羌活等药，如荆防败毒散(《医学正传》)；外感风热，配以金银花、连翘、薄荷等药，如连翘散(《温病条辨》)。

(2)透疹消疮。本品质轻透散，宣散疹毒；麻疹初起，表邪外束，常配蝉蜕、薄荷等；风疹瘙痒，配苦参、防风等药。

(3)理血止血。本品炒炭，长于理血止血。常用于多种出血证，常配侧柏叶、地榆、槐花等药。

【用法用量】煎服或散剂：马、牛 15～60 g；猪、羊 5～10 g；犬、猫 3～5 g；兔、禽 3～5 g。

【使用注意】表虚自汗及脾虚便溏者慎用。

防风

【来源】本品为伞形科植物防风的干燥根。春秋两季采挖未抽花茎植株的根，除去须根和泥沙，晒干。生用、炒黄或炒炭用。防风主产于黑龙江、吉林、内蒙古等地。

【性味归经】辛、甘，微温。归膀胱、肝、脾经。

【功效】祛风解表，胜湿止痛，止痉。

【主治与应用】

(1)外感表证。本品辛温发散，以祛风解表为主。风寒表证，常配荆芥、羌活、独活等药，如荆防败毒散(《医学正传》)；外感风湿常配羌活、藁本、川芎等药，如羌活胜湿汤(《内外伤辨惑论》)；风热表证，常配薄荷、蝉蜕、连翘等药；卫气不足，肌表不固，易感风邪，配以黄芪、白术，祛邪不伤正，固表不留邪，如玉屏风散(《世医得效方》)。

(2)风湿痹痛。本品辛温，能祛风散寒、胜湿止痛。用于风湿痹痛，可配羌活、独活、桂枝等药。

【用法用量】马、牛 15～60 g；猪、羊 5～15 g；犬、猫 3～8 g；兔、禽 3～5 g。

【使用注意】阴虚火旺及血虚发痉者忌用。

细辛

【来源】本品为马兜铃科植物北细辛、汉城细辛或华细辛的干燥根和根茎，前两种习称辽细辛。夏季果熟期或初秋采挖，除净地上部分和泥沙，阴干。切段生用或蜜炙用。主产于河南、辽宁、吉林、黑龙江等地。

【性味归经】辛，温。归心、肺、肾经。

【功效】解表散寒，祛风止痛，通鼻窍，温肺化饮。

【主治与应用】

(1)风寒感冒。本品辛温发散，能解表散寒、祛风止痛。用于风寒表实证者，配以防风、羌活、桂枝、生姜等药；用于阳虚外感寒邪者，配以麻黄、附子等药，如麻黄附子细辛汤(《伤寒论》)。

(2)风湿痹痛。本品辛散温行，能除风寒湿邪以止痛。常与防风、桂枝、乌头等药配伍。

(3)通鼻窍。本品善于开窍窜行。用于鼻塞、鼻流清涕，常配辛夷、白芷等药。

(4)肺寒咳喘。本品能散肺寒化痰饮。用于肺寒咳喘、肺寒吐沫，常配干姜、肉桂、半夏等药。

【用法用量】煎服：马、牛 8～15 g；猪、羊 1～3 g；犬 0.2～1 g。散剂减半，外用适量。

【使用注意】肺虚咳嗽者忌用。不宜与藜芦同用。

白芷

【来源】本品为伞形科植物白芷、川白芷及杭白芷的干燥根。夏秋间叶黄时采挖，除去须根，晒干或低温干燥。切片用。主产于东北、四川、浙江、江西、河北等地。

【性味归经】辛，温。入肺、胃经。

【功效】祛风解表，消肿排脓，通利鼻窍。

【主治与应用】

(1)风寒感冒，时疫发热。本品味辛气温，芳烈升散，功能祛风寒，解表邪，行头目，止疼痛，故常用于风寒感冒、头痛、眉棱骨痛、齿痛、目痒泪出等证。凡外感风寒、内郁化热、头痛发热、心烦不眠、咽干耳聋者，可与柴胡、葛根、黄芩等同用，如柴葛解肌汤(《伤寒六书》)。

(2)湿阻吐泻，带下湿。本品辛香温燥，芳烈升散，功能祛风除湿，通达九窍，既可用于风湿上扰清阳之头昏鼻塞、鼻渊，又可用于清阳不升、湿邪内盛之久泻久痢，肠风痔漏、赤白带下等证。凡湿浊内盛、带下久、清稀如水者，可与乌贼骨、白术、薏苡仁、芡实等同用，如白芷散(《医级宝鉴》)。若为湿热带下，则宜与黄柏、苍术、椿白皮等配用。

(3)痈疽肿痛，已溃未溃。本品辛香走窜，温散和血，功能消肿排脓，故常用于痈疽疮疡、瘙痒疥癣、毒蛇咬伤等证。凡一切热毒痈疽疮疡，证见红肿热痛、脓已成或未成者，可与金银花、当归、乳香、没药等解毒活血之品配伍，如仙方活命饮(《女科万金方》)。凡毒蛇、蜈蚣咬伤，可与乳香、雄黄、甘草同用，如白芷护心散(《医学心悟》)。

【用法用量】煎服：马、牛 15～45 g；猪、羊 10～15 g。

【使用注意】阴虚血热者忌服，阴虚阳亢头痛者禁服。

生姜

【来源】本品为姜科多年生草本植物姜的新鲜根状茎。秋冬两季采挖，除去须根。切片生用，称为生姜；取皮用，称为生姜皮；捣汁用，称为生姜汁；煨熟用，称为煨姜；晒干用，称为干姜；炮黑用，称为炮姜或炮姜炭。全国各地均产。

【性味归经】辛，温。入肺、脾、胃经。

【功效】发汗解表，温中止呕，温肺止咳，解毒。

【主治与应用】

(1)外感风寒。本品加入辛温发汗剂中作辅助药，以增强发汗作用，如桂枝汤、荆防败毒散(《医学正传》)等。

(2)胃寒呕吐。常与半夏、陈皮等药同用，如和胃二陈汤(《景岳全书》)。若配伍寒性药黄连、竹茹等药则可用于治胃热呕吐。

(3)寒饮咳嗽。常配杏仁、麻黄、桔梗、前胡、紫苏等药。

(4)治半夏、南星中毒引起的喉舌麻痹、口舌肿胀等。

【用法用量】马、牛 15～60 g；猪、羊 6～15 g。

【使用注意】阴虚有热者忌用。

二、辛凉解表药

本类药物性味多辛、苦而偏寒凉，有疏散风热的功能，发汗作用比较缓和，临床主要用于风热表证、温热病初期、风热目疾及咽喉肿痛等。由于其发汗作用较辛温解表药和缓，故对阴虚体弱病畜也能配伍使用。

风热病证变化迅速且复杂，临床应用辛凉解表药尤需注意配伍。如风热中期，热势较高，配清热降火药；热毒偏盛，配清热解毒药；风热袭肺、咳喘较重者，配清肺化痰药；咽喉红肿，配解毒利咽药；汗出不畅，可少佐辛温解表药。

薄荷

【来源】本品为唇形科植物薄荷的干燥全草。夏秋两季茎叶茂盛或花开至三轮时分次采割，晒干或阴干。生用。主产于江苏、江西、湖南、浙江等地。

【性味归经】辛，凉。归肺、肝经。

【功效】疏散风热，清利头目，利咽，透疹，疏肝行气。

【主治与应用】

(1)风热感冒。本品辛以发散，凉以清热，善解风热之邪气。用于风热感冒、温病初起，常与金银花、菊花、桑叶等药配伍，如桑菊饮。

(2)风热头痛，目赤，咽痛。本品善清上焦风热，能清利头目、利咽喉。用于风热头痛者，可与石膏、川芎、白芷等药同用；用于风热目赤者，常与菊花、柴胡、夏枯草等药同用；用于风热壅滞、咽喉肿痛者，常与牛蒡子、桔梗、蝉蜕等药同用。

(3)风疹瘙痒。本品有祛风止痒、宣毒透疹之功。用于风疹瘙痒，常与荆芥、防风等药同用。

(4)肝郁气滞。本品能疏肝行气。用于治疗肝郁气滞、食欲不振者，常与柴胡、郁金、枳壳等药配伍。

【用法用量】煎服(宜后下)：马、牛 15～40 g；猪、羊 5～15 g；犬、猫 2～5 g；兔、禽 0.5～2 g。

【使用注意】表虚自汗及阴虚发热者忌用。

柴胡

【来源】本品为伞形科植物柴胡或狭叶柴胡的干燥根。前者习称北柴胡，后者习称南柴胡。春秋两季采挖，除去茎叶和泥沙，干燥。生用、醋炙用或酒炙用。北柴胡主产于河北、河南等地；南柴胡主产于湖北、四川等地。

【性味归经】辛、苦，微寒。归肝、胆经。

【功效】解表退热，疏肝解郁，升举阳气；肝阳上亢慎用。

【主治与应用】

(1)表证发热。本品辛苦微寒，善于祛邪解表以退热，无论风寒表证发热还是风热表证发热，都可运用。用于风寒表证者，常与紫苏、防风、生姜等药配伍；用于风热表证者，常与菊花、葛根、升麻、薄荷等药同用；用于半表半里者，常与黄芩、半夏、防风等药同用，如小柴胡汤(《伤寒论》)。

(2)肝郁气滞。本品辛散苦泻，善于疏肝解郁。用于肝气不疏、气机阻滞、胸肋疼痛者，配以当归、白芍、茯苓、白术等药。

(3)气虚下陷。本品主升，能升举阳气。常用于中气不足、气虚下陷，配以党参、黄芪、升麻等药，如补中益气汤(《脾胃论》)。

【用法用量】煎服：马、牛 15～45 g；猪、羊 5～15 g；犬、猫 3～5 g；兔、禽 1～3 g。

升麻

【来源】本品为毛茛科植物大三叶升麻、兴安升麻或升麻的干燥根茎。秋季采挖，除去泥沙，晒至须根干时燎去或除去须根。生用或蜜炙用。升麻主产于辽宁、吉林、山西等地。

【性味归经】辛、微甘，微寒。归肺、脾、胃、大肠经。

【功效】发表透疹，清热解毒，升举阳气。

【主治与应用】

(1)外感风热。本品辛甘微寒，能解表退热，用于风热表证，配薄荷、桑叶、菊花等药。

(2)麻疹不透。本品辛散透表，用于痘疹初期，常与葛根、薄荷、芍药等药同用。

(3)疮疡肿痛。本品既能辛散解表，又能清热解毒，用于阳明热盛、口舌生疮、咽喉肿痛，常与石膏、黄连、板蓝根等清热泻火解毒药配伍。

(4)气虚下陷。本品入脾、胃经，能升举中焦之气，用于中气不足、气虚下陷引起的泄泻、脱肛、子宫脱出等，常与黄芪、党参、柴胡等药同用，如补中益气汤。

【用法用量】煎服：马、牛 15～40 g；猪、羊 5～15 g；犬、猫 2～5 g；兔、禽 1～3 g。

【使用注意】阴虚火旺者忌用。

桑叶

【来源】本品为桑科乔木植物桑的干燥叶。初霜后采收，除去杂质，晒干，又称为“霜桑叶”。生用或蜜炙用。全国各地均产。

【性味归经】甘、苦，寒。归肺、肝经。

【功效】疏散风热，清肺润燥，清肝明目。

【主治与应用】

(1)风热感冒。本品苦寒能清热,善清肺经之热。用于温病初起,兼有温热犯肺,常与菊花、连翘、桔梗、杏仁、薄荷等药同用,如桑菊饮(《温病条辨》)。

(2)目赤肿痛。本品苦寒,能清肝经风热,用于风热上攻、肝火上炎所致目赤肿痛者,常配菊花、夏枯草、决明子等药。

【用法用量】煎服:马、牛 15～60 g;猪、羊 5～20 g;犬、猫 2～8 g;兔、禽 1～3 g。

菊花

【来源】本品为菊科植物菊的头状花序。花期采收,烘干或蒸后晒干。生用。主产于浙江、安徽、河南、四川、山东等地。

【性味归经】甘、苦,微寒。入肺、肝经。

【功效】疏风清热,清肝明目,解毒。

【主治与应用】

(1)风热感冒,常与桑叶、薄荷等药配伍,如桑菊饮(《温病条辨》)。若用于治高热不退,常与黄连、黄芩、栀子等药配伍。

(2)风热或肝火上炎所致的目赤肿痛,常与石决明、决明子、蝉蜕、栀子等配伍。如治肝阴不足的眼目失明或视物不清,用杞菊地黄丸(《医级宝鉴》)有效。

(3)疮黄肿毒,常配银花、地丁、甘草、蒲公英等,如银菊散、甘菊汤。

【用法用量】马、牛 15～45 g;猪、羊 6～12 g。

【附注】本品含挥发油,油的主要成分为龙脑、樟脑、菊油环酮等。此外,尚含有菊苷、腺嘌呤、胆碱、黄酮、水苏碱、维生素 A、维生素 B、维生素 E、氨基酸及刺槐素等。

蝉蜕

【来源】本品为蝉科昆虫黑蚱或蚱蝉等若虫羽化脱落的皮壳。夏秋收集,去净泥土,洗净晒干用。全国各地均产。

【性味归经】甘、咸,寒。入肝、肺经。

【功效】疏散风热,退翳明目,透疹止痒,息风止痉。

【主治与应用】

(1)风热感冒、咽喉肿痛、皮肤瘙痒等证,常配薄荷、连翘等药。

(2)肝经风热所致的目赤肿痛、翳障,常配菊花、石决明、谷精草等药。

(3)破伤风出现的四肢抽搐,常配全蝎、天南星、防风等药,如千金散(《寿世保元》)。

【用法用量】马、牛 15～30 g;猪、羊 3～9 g。

【使用注意】孕畜慎用。

任务实施

(一)布置任务

根据所学知识,针对以上提供的病例资料,按要求分别完成以下任务。

(1)治疗原则:____

(2)选用药物:____

（二）工作评价

针对以上任务的完成情况，分别对治疗原则和选用药物两项任务给予评价和点评。

工作评价			
评价内容	评价结果		
	正确	基本正确	错误
治疗原则			
选用药物			
学生反思			
教师点评			

任务二 清 热 药

任务导读

凡以清解里热为主要功效，用于治疗里热证的药物，称为清热药。根据清热药的功效和主治的区别，清热药可分为清热泻火药、清热凉血药、清热解毒药、清热燥湿药、清热解暑药。

清热药的药性多寒凉，味多以苦、辛、甘为主；归经广泛，沉降入里；具有清热泻火、凉血、解毒及清虚热、解暑等功效，临床主要用于高热烦渴、热证出血、湿热、热痢、热毒疮肿、温热、暑热、虚热等里热病证。

发病原因不同，里热证的病情发展变化阶段不一，所以在临床上有多种证型表现，如热在气分，热在营分，热在血分，以及有湿热、热毒、暑热、虚热等证型。这就需要选择针对性强的清热药去治疗。清热泻火药主要用于温热病邪入气分，能清气分及脏腑实热，有泻火泄热、直折火热的作用。清热凉血药主要用于温热病热入营血，能清解营分、血分热邪。清热解毒药长于清解热毒，适合各种热毒证。清热燥湿药性偏苦燥清泄，有清热燥湿的作用，常用于各种湿热证。清热解暑药大多芳香清透，用于清解暑热，适合暑热和暑湿证。清虚热药能清虚热，退骨蒸，用于热邪伤阴或低热不退等。

另外，应用清热药贵在灵活配伍，辨清热证是气分还是血分，是实热还是虚热，并以整个病情来决定主次和先后，恰当选药组方，因证制宜。例如，证见高热而兼神昏者，宜配芳香开窍药；高热而抽搐者，宜配镇惊息风药；热盛而津伤者，宜配养阴生津药；血热妄行而见出血者，宜配凉血止血药；高热而兼有大便燥结者，应配攻下药；热证而兼尿短赤者，应配利尿药。清热药的临床应用很广。现代医学的各科疾病不论是病毒感染或细菌感染，还是物理化学因素疾病等，只要出现上述证型，均可辨证选用。

清热药性多寒凉，最易伤阳气，凡阳气不足的病畜应慎用，一般不宜过久服用，中病即止。清热药性寒凉易伤脾胃，对脾胃虚弱的病畜当辅以健脾理气药；苦寒易化燥伤阴，加之热病易伤津耗液，故使用苦寒清热药时，对阴虚病畜当辅以养阴药，祛邪不忘扶正。对脾胃虚寒、胃纳不佳、肠滑易泻、产后血虚、“真寒假热”者，尤当慎用。

以清热药为主要成分，具有清热、泻火、凉血、解毒等作用，且治疗里热证的方剂，称为清热剂。根据《素问·至真要大论》“热者寒之”“温者清之”的理论，本类药物属于“八法”中的“清法”。温盛为热，热极为火，热证不外乎内生与外感。治疗里热证应当在“清法”的指导下辨证使用清热剂，里热证有气分、血分、脏腑之别，有虚、实之分，有轻重缓急之殊。

使用清热方时，其一要辨别里热部位。例如，有表证的发热，当辛凉解表；表里俱热，仍应先解表后清里或表里同治；气分热而兼有血分热，宜气血两清。其二要辨明热证真假。例如，真热假寒，当用清热法；真寒假热，则应使用温里回阳之剂；屡用清热方而热仍不退者，属阴虚火旺之证，当用滋阴壮水之法，使阴复而热自退。权衡轻重使用清热方，还应根据病情轻重和病畜体质强弱来选药定量，避免因使用寒凉药太过而损伤脾胃阳气。

案例导入

某猪场 3 月龄小猪发病，畜主用磺胺嘧啶液治疗 2 d 无效。临床证见：病猪不自主地游走、转圈，碰到墙壁即撞抵不动，体温 39.3 ℃，呼吸急促，结膜充血，心跳稍快，精神恍惚，食欲废绝，倒地时四肢乱蹬，呈游泳状。本病系热邪侵袭，热毒积于心肺，上攻于脑，扰乱心神，故出现转圈、抵墙撞壁等一系列神经症状。

请思考：该猪病证的治疗原则是什么？该选用哪些药物？

一、清热泻火药

石膏

【来源】本品为硫酸盐类矿物硬石膏族石膏，主要含有含水硫酸钙（$CaSO_4 \cdot 2H_2O$），采挖后，除去杂石及泥沙，粉碎成粗粉。生用或煅用。石膏主产于湖北、安徽、河南、四川等地。

【性味归经】甘、辛，大寒。归肺、胃经。

【功效】清热泻火，除烦止渴。

【主治应用】

(1)热病烦渴。本品大寒，能除热清火，解肌透表，善清阳明气分实热。常配知母、甘草，如白虎汤（《伤寒论》）。

(2)肺热咳喘。本品大寒入肺经，能清肺经实热。用于肺热咳喘，常与麻黄、杏仁配伍，如麻杏石甘汤（《伤寒论》）。

【用法用量】煎服：马、牛 30～120 g；猪、羊 15～30 g；犬、猫 3～6 g；兔、禽 1～3 g。外用适量。煅石膏：敛疮生肌，收湿止痒，止血。

【使用注意】胃肠无实热者忌用。

知母

【来源】本品为百合科植物知母的干燥根茎。春秋两季采挖，除去须根和泥沙，晒干，以肥大、质硬、断面黄白色者为佳。生用或盐水炙用。知母主产于陕西、河北、山西、山东等地。

【性味归经】苦、甘，寒。归肺、胃、肾经。

【功效】清热泻火，滋阴润燥，除烦止渴。

【主治与应用】

(1)热病烦渴。本品苦寒，能清阳明气分实热，又能养阴生津止渴。常用于温热气分热证，与石膏相须为用，如白虎汤(《伤寒论》)。

(2)肺热咳嗽。本品既能清泻肺火，又能滋养肺阴。常与贝母、黄芩等药配伍；肺阴不足，干咳少痰者，常配天冬、麦冬等药。

(3)阴虚火旺。本品入肾经，能滋肾阴以泻热，泻肾火以强阴，为滋阴降火之要药。用于肾阴不足、骨蒸潮热等；与熟地黄、黄柏等药配伍，如知柏地黄丸(《医宗金鉴》)。

【用法用量】煎服或制成丸散剂：马、牛 15～50 g；猪、羊 5～15 g，犬、猫 2～6 g；兔、禽 1～3 g。

【使用注意】本品性寒质润，有滑肠作用，故脾虚便溏者慎用。

芦根

【来源】本品为禾本科植物芦苇的新鲜或干燥根茎。全年均可采挖，除去芽、须根及膜状叶，晒干。生用或鲜用。各地均产。

【性味归经】甘，寒。归肺、胃经。

【功效】清热泻火，生津止渴，除烦，止呕，利尿。

【主治与应用】

(1)热病烦渴。本品性味甘寒，寒能清热，甘能生津，既能清透肺胃实热，又能生津止渴除烦，配以麦冬、天花粉等药同用。

(2)胃热呕吐。本品甘寒能清胃热而止呕，可与竹茹、生姜等药配伍。

(3)热淋涩痛。本品清热利尿通淋，常配白茅根、车前子、海金沙等药。

【用法用量】煎服：马、牛 30～120 g；猪、羊 15～40 g；犬、猫 5～10 g；兔、禽 2～6 g。

【使用注意】脾胃虚寒者慎用。

夏枯草

【来源】本品为唇形科植物夏枯草的干燥果穗或全草。夏季果穗呈棕红色时采收，除去杂质，晒干。全国各地均产。

【性味归经】苦、辛，寒。归肝、胆经。

【功效】清肝火，散郁结。

【主治与应用】

(1)治肝热传眼、目赤肿痛。常与菊花、蒲公英、谷精草、决明子、黄芩等同用。

(2)治痰火郁结、瘰疬结核、疮黄肿毒、乳痈等。常与玄参、浙贝母、牡蛎、昆布等配伍。

【用法用量】马、牛 15～60 g；猪、羊 6～12 g。

【使用注意】脾胃虚弱者慎用。

二、清热凉血药

本类药物是清热凉血、甘苦、寒凉之品，专入血分，具有清解营分、血分热邪的作用。它主要用于温热病邪入营血、阴液亏损的血分实热证。温热病邪致病，若在气分时未能及时清解，邪热久留，势必传于营分、血分。热入营分，往往耗伤津液，证见口干舌燥、口色红绛、神昏等；热入血分，血热妄行常溢离经络，证见鼻出血、尿血、粪中夹血、斑疹、黄肿、口色赤红、脉数等。清热凉血药一般不用于热在气分的实热病证，以免邪恋而致病势流连。气血两燔者，可与清热泻火药同用，达到气血双清的目的。

地黄

【来源】本品为玄参科多年生草本植物地黄的新鲜或干燥块根。秋季采收，除去芦头、须根及泥沙，干燥，切片。生用或鲜用。鲜者，习称鲜地黄；干者，习称生地黄。地黄主产于河南、湖北等地。

【性味归经】甘，寒。归心、肝、肾经。

【功效】清热凉血，养阴生津。

【主治与应用】

(1)热入营血。本品苦寒，入血分，为清热凉血药。用于热入营血、斑疹隐隐者，常配玄参、丹参、金银花、淡竹叶等药，如清营汤(《温病条辨》)；用于血热妄行而致便血、尿血、吐血者，常与赤芍、牡丹皮、水牛角等药同用。

(2)阴虚内热。本品甘寒，能养阴泄热，入肾经而滋阴降火，治疗阴虚内热，常与地骨皮、知母、鳖甲等药同用。

(3)内热消渴。本品清热养阴，生津止渴。热病伤阴者，配麦冬、天冬等药；阴虚内热者，配知母、黄柏等药；肺肾阴虚者，配百合、麦冬、贝母等。

【用法用量】煎服：马、牛 15～60 g；驼 30～100 g；猪、羊 6～15 g；犬、猫 1～5 g；兔、禽 1.3～5 g。鲜品加倍。

【使用注意】脾胃虚弱、便溏者不宜用。

牡丹皮

【来源】本品为毛茛科落叶小灌木植物牡丹的干燥根皮。秋季采挖，除去细根和泥沙，剥取根皮，晒干；或刮去粗皮，除去木心，晒干。生用或酒炙用。前者习称连丹皮，后者习称刮丹皮。牡丹皮主产于安徽、四川、贵州等地。

【性味归经】苦、辛，微寒。归心、肝、肾经。

【功效】清热凉血，活血化瘀。

【主治与应用】

(1)热入营血。本品苦寒，能清热，善于清泻血分热邪，治疗热入营血。用于迫血妄行者，配以水牛角、地黄、赤芍等药。

(2)瘀血。本品性辛、味苦，能活血祛瘀，善治血热瘀滞、热毒疮痈。用于跌打损伤、血热瘀滞者，配以红花、丹参、赤芍等药；用于热毒疮痈者，配以金银花、大黄、白芷等药。

【用法用量】煎服：马、牛 20～45 g；猪、羊 6～12 g；犬 3～6 g；兔、禽 1～2 g。

【使用注意】脾虚胃弱及孕畜忌用。

玄参

【来源】本品为玄参科多年生草本植物玄参的干燥根，冬季茎叶枯萎时采挖，除去须根、幼芽及泥沙，晒或烘至半干，堆放3～6 d，反复数次至干燥，切片。生用。玄参主产于浙江、四川、河北、江西等地。

【性味归经】甘、苦、咸，微寒。归肺、胃、肾经。

【功效】清热凉血，滋阴降火，解毒散结。

【主治与应用】

(1)热入营血。本品咸寒，入血分，能清热凉血，治邪入营血，常与地黄、丹参、连翘等药同用，如清营汤(《温病条辨》)。

(2)热病伤阴。本品甘寒，能清热生津。可治津伤便秘，常与地黄、麦冬同用，如增液汤(《温病条辨》)。

(3)咽喉肿痛。本品既能滋阴降火，又能清热解毒，善治咽喉肿痛，无论实热还是虚火引起皆可运用。用于热毒壅滞者，可配栀子、桔梗等药；用于虚火上炎者，可配地黄、麦冬等药。

【用法用量】煎服：马、牛15～45 g；驼30～60 g；猪、羊5～15 g；犬、猫2～5 g；兔、禽1～3 g。

【使用注意】脾虚泄泻者忌用。

水牛角

【来源】本品为牛科动物水牛的双角。取下角后，水煮，除去角塞，干燥。锯片或锉成细末用。南方各地均产。

【性味归经】苦、咸、寒。归心、肝、胃经。

【功效】清热，凉血，解毒，定惊。

【主治与应用】

(1)治温病热入营血、热盛火炽之证，配黄连、连翘、生地、玄参等药。

(2)治血热妄行的出血证，配生地、丹皮、玄参等药。

(3)治温热病、壮热不退、神昏抽搐等证，配生地、赤芍、丹皮等药，如犀角地黄汤(《千金方》)(犀角用10倍水牛角代用)；治斑疹及丹毒等，配丹皮、紫草等药。

【用法用量】马、牛90～150 g；猪、羊9～15 g。

【使用注意】孕畜慎用。脾胃虚寒者禁用。

紫草

【来源】本品为紫草科植物新疆紫草或紫草的干燥根。前者习称软紫草，后者习称硬紫草。春秋两季采挖，除去茎叶，晒干切段。生用。主产于辽宁、湖南、湖北、新疆等地。

【性味归经】甘、咸、寒。归心、肝经。

【功效】凉血活血，解毒透疹，利尿滑肠。

【主治与应用】

(1)治痈肿、丹毒、湿疹、烧伤等，可单用或与当归、血竭、白芷等配伍应用，如紫草膏(《外科正宗》)。

(2)治痘疮或血热毒盛所致痘疮出而不畅，常与蝉蜕、连翘、升麻等配伍。如气血不足、痘疮难透，可与党参、当归、芍药、白术、茯苓等同用。

(3)治热盛便血、尿血、小便淋漓涩痛等，常与清热解毒药同用。

【用法用量】马、牛 15～45 g；猪、羊 3～9 g。

【使用注意】脾胃虚弱、大便滑泻者忌用。

三、清热解毒药

凡能清解热邪或火邪，解除“热毒”或“火毒”的药物，均称为清热解毒药。

所谓“热毒”或“火毒”，泛指各种感染性疾病所致的发热和伴随的病理性改变及毒性反应。如瘟疫、毒痢、疮痈肿毒、蛇虫咬伤以及某些肿瘤等，中兽医皆视为热邪壅盛之证。清热解毒药均用于治疗各种热毒病证。本类药多具抗病毒作用，故现代兽医多用于治疗各种化脓性感染、细菌或病毒性传染病。临床应用清热解毒药，除按各药的特点加以选择外，尚须从辨证论治原则进行适当配伍。例如，热毒在血分，宜配凉血药；气分火热炽盛者，配清热泻火药；挟湿而成泻痢者，宜配清热燥湿药；若疮毒属虚者，宜配补气补血药。本类药物药性寒凉，阴寒病证慎用。

金银花

【来源】本品为忍冬科植物忍冬的干燥花蕾或带初开的花。夏初日出前花含苞未放时采收，晒干。生用、炒用或制露剂用。全国均产金银花，主产于河南、山东等地。

【性味归经】甘，寒。归肺、心、胃经。

【功效】清热解毒。

【主治与应用】

(1)风热表证。本品甘寒，能清热解毒，疏散风热，为表里双解之药；外感风热、温病初起者，常配连翘、荆芥、薄荷、牛蒡子等药，如银翘散(《温病条辨》)。

(2)疮疡肿毒。本品甘寒，清热解毒力强。常用于热毒疮疡，多配蒲公英、紫花地丁、芙蓉叶等药。

(3)热毒血痢。本品能凉血止痢。用于热毒壅滞引起的赤白痢疾、大便脓血，可配白头翁、黄芩、秦皮等药。

【用法用量】煎服：马、牛 15～60 g；猪、羊 5～10 g；犬、猫 3～5 g；兔、禽 1～3 g。

【使用注意】脾胃虚寒、气虚疮疡脓清者忌用。

【不良反应】本品所含的绿原酸有致敏作用，可引起变态反应，但口服一般无此反应。

连翘

【来源】本品为木犀科植物连翘的干燥果实。秋季果实初熟尚带绿色时采收，除去杂质，蒸熟，晒干，习称青翘；果实熟透时采收，晒干，除去杂质，习称老翘，以青翘为佳。生用或炙用。主产于山西、河南、陕西等地。

【性味归经】苦，微寒。归肺、心、小肠经。

【功效】清热解毒，消肿散结。

【主治与应用】

(1)疮疡肿毒。本品苦寒，清热解毒；质轻，开泄宣散，长于消肿散结，有“疮家圣药”之称。本品常用于咽喉肿痛，与山豆根、射干、玄参等药同用，如连翘利咽散；用于乳痈肿痛，与蒲公英、金银花、赤芍、瓜蒌等药同用；用于心经热盛、口舌生疮，可配黄连、大黄、栀子、竹叶等药。

(2)外感风热。本品轻浮,味兼微辛,能透表泄热,入气分散上焦风热。于外感风热及温病初起,配金银花、薄荷、芦根、荆芥、菊花等药同用,如桑菊饮(《温病条辨》);用于温热性病初期发热或上焦诸热,可配金银花、薄荷、荆芥、柴胡、大青叶等药;用于温热性病表里俱实者,可配大黄、黄连、黄芩、栀子等药。

(3)热淋涩痛。本品苦寒通降,用于湿热壅滞所致的热淋涩痛,常与木通、萹蓄、栀子、滑石、车前子等药同用。

【用法用量】煎服:马、牛 30~60 g;猪、羊 10~30 g;犬、猫 3~8 g;禽、兔 2~5 g。

【使用注意】阴疽寒证禁用,脾胃虚寒慎用。

大青叶

【来源】本品为十字花科植物菘蓝的干燥叶,夏秋两季分 2~3 次采收,除去杂质,晒干,切片。鲜用或生用。大青叶主产于江苏、河北、河南等地。

【性味归经】苦,寒。归心、胃经。

【功效】清热解毒,凉血消斑。

【主治与应用】

(1)温毒发斑。本品味苦降泄,性寒能清热泻火,既能走气分,又能走血分,为气血两清之品;能解瘟疫之毒,是清心胃肺经实火热毒之要药。用于温病热入营血,高热发斑,常与水牛角、栀子等药同用;用于风热表证温病初起,常与金银花、连翘、牛蒡子等药同用。

(2)咽痹口疮。本品苦寒,能清心胃实火。常用于心胃火盛、口舌生疮、咽喉肿痛,配以射干、山豆根、蒲公英、玄参等药。

(3)疮痈肿毒。本品可用于血热毒盛所致疮痈肿毒,如外科化脓性感染,配以金银花、蒲公英、赤芍、紫花地丁等药。

【用法用量】煎服:马、牛 30~60 g;猪、羊 15~30 g;犬、猫 3~8 g;禽、兔 2~5 g。

【使用注意】脾胃虚寒者忌服。

蒲公英

【来源】本品为菊科植物蒲公英、碱地蒲公英或同属数种植物的干燥全草。春至秋季花初开时采收,除去杂质,洗净,晒干。生用或鲜用。各地均产。

【性味归经】苦、甘,寒。归肝、胃经。

【功效】清热解毒,消痈散结。

【主治与应用】

(1)热毒疮痈。本品甘寒,用于热毒壅盛所致的疮毒、乳痈、肺痈,肠痈等。治疮痈肿毒,常配金银花、紫花地丁等药(《医宗金鉴》),如五味消毒饮;治乳痈肿痛,常配金银花、连翘、通草等药,如公英散(《中兽医治疗学》);治肺痈吐脓,常配鱼腥草、芦根、冬瓜仁等药;治肠痈腹痛,配大黄、厚朴、牡丹皮等药。

(2)热淋涩痛。本品苦甘性寒,能清热解毒,利尿通淋,可配金钱草、白茅根等药。

(3)湿热黄疸。本品可与茵陈、大黄、栀子等药配伍。

【用法用量】煎服:马、牛 30~90 g;驼 45~120 g;猪、羊 15~30 g;犬、猫 3~6 g;兔、禽 1.3~5 g。鲜用加倍。

【使用注意】非热毒实证不宜用。

板蓝根

【来源】本品为十字花科植物菘蓝的干燥根。秋季采挖，去掉茎秆，洗净，晒干，切片。生用。主产于江苏、河北、安徽、河南等地。

【性味归经】苦，寒。归肝、胃、肺经。

【功效】清热解毒，凉血利咽。

【主治与应用】

(1)治各种热毒证、瘟疫、疮黄肿毒、大头黄等，常与黄芩、连翘、牛蒡子等药同用，如普济消毒饮；治湿热黄疸，与茵陈蒿汤(《伤寒论》)同用。

(2)治热毒斑疹、丹毒、血痢肠黄等证，常与黄连、栀子、赤芍、升麻等药同用；治咽喉肿痛、口舌生疮等证，与金银花、桔梗、甘草等药配伍。

【用法用量】马、牛 30～90 g；猪、羊 15～30 g。

【使用注意】脾胃虚寒者慎用。

【不良反应】有报道，板蓝根口服可引起消化系统症状，或引起溶血反应；其注射液可致过敏反应，如引起荨麻疹、多形性红斑、过敏性皮炎、多发性肉芽肿以及过敏性休克等，应引起注意。

青黛

【来源】本品为爵床科植物马蓝、蓼科植物蓼蓝或十字花科植物菘蓝的叶或茎叶，经加工制得的干燥粉末或团块。

【性味归经】咸，寒。归肝、肺、胃经。

【功效】清热解毒，凉血泻肝。

【主治与应用】

(1)治心热口舌生疮，配黄连、冰片等药，如青黛散(《元亨疗马集》)。治脓水较多的疮疡、湿疹，配蛤粉，如蛤黛散，撒布于患部；治溃疡性咽喉肿痛，配马勃、冰片、元明粉等药，吹入口腔。

(2)治血热妄行的鼻出血、尿血及热毒发斑等，配生地、板蓝根、槐花、大蓟等药同用；治肝热火盛、惊痫等，配柴胡、龙胆草、石决明、朱砂等药同用。

【用法用量】马、牛 12～25 g；猪、羊 3～10 g。

【使用注意】胃寒者慎用。

秦皮

【来源】本品为木犀科植物苦枥白蜡树、小叶白蜡树或秦岭白蜡树的干燥树皮。春秋修整树枝时剥取树皮，晒干，切丝。生用。主产于陕西、河北、河南、辽宁、吉林等地。

【性味归经】苦，涩，寒。归肝、胆、大肠经。

【功效】清热解毒，燥湿止痢，明目。

【主治与应用】

(1)治湿热痢疾、里急后重，配白头翁、黄连等药，如白头翁汤(《伤寒论》)。

(2)治肝热、目赤肿痛、睛生翳膜等证，与黄连、菊花、木贼、决明子、淡竹叶、龙胆草等药配伍。此外，也可用于治毒蛇咬伤、疮黄肿毒等证。

【用法用量】马、牛 15～60 g；猪、羊 6～12 g。

【使用注意】胃虚食少者不宜用。

四、清热燥湿药

本类药物多属苦寒，因苦能燥湿、寒能清热，主要用于湿热内蕴所致的病证。本类药物常兼有清热泻火和清热解毒的功效，故可用于脏腑火热和疮痈热毒。

本类药苦寒多能伐胃、燥能伤阴，对脾胃虚弱和津液耗损之证应慎用。如果必须用，应适当配伍益胃药和养阴药。

黄连

【来源】本品为毛茛科植物黄连、三角叶黄连或云连的干燥根茎，以上三种分别习称味连、雅连、云连。秋季采挖，除去须根和泥沙，干燥。生用、姜汁炒用或酒炒用。味连、雅连主产于四川、重庆、湖北，云连主产于云南。

【性味归经】苦，寒。归心、脾、胃、肝、胆、大肠经。

【功效】清热燥湿，泻火解毒。

【主治与应用】

(1)湿热证。本品苦寒，能泻一切实火，广泛应用于湿热诸证，如湿热泻痢、肝胆湿热、膀胱湿热、湿热带下等。湿热泻痢者，配木香、吴茱萸等药；肝胆湿热者，配茵陈、栀子等药；膀胱湿热者，配木通、车前子等药；湿热带下者，配黄柏、苦参等药。

(2)火热诸证。本品清热泻火，用于三焦热盛。心火亢盛者，可与黄芩、大黄、石膏、竹茹等药配伍，如泻心汤(《金匮要略》)；胃火炽盛、牙龈肿痛者，可与生地、升麻等药同用；胃热呕吐者，可与竹茹、半夏等药同用；肝火上炎、目赤肿痛者，可与菊花、夏枯草、栀子等药配伍。

(3)疮痈肿毒。本品能泻火解毒，用于热毒疮痈，与栀子、连翘等药同用，如黄连解毒汤(《外台秘要》)。

【用法用量】煎服：马、牛 15～30 g；驼 25～45 g；猪、羊 5～10 g；兔、禽 0.5～1 g。外用适量。

【使用注意】脾胃虚寒、非实火湿热者忌用。

黄芩

【来源】本品为唇形科植物黄芩的干燥根。春秋两季采挖，除去泥土、茎叶、须根粗皮，晒干。生用、酒炙用或炒炭用。黄芩主产于河北、山西、内蒙古、陕西等地。

【性味归经】苦，寒。归肺、胆、脾、小肠经。

【功效】清热燥湿，泻火解毒，安胎。

【主治与应用】

(1)湿热。本品苦寒，能清肺、胃、肝、胆、大肠湿热，善清中、上二焦湿热，常用于湿热泻痢、湿热黄疸、膀胱湿热等。治湿热泻痢者，常配白头翁、黄连、木香、白芍等药；治湿热黄疸者，常配茵陈、大黄、栀子等药；治膀胱湿热者，常配木通、大黄、栀子、海金沙等药。

(2)火热壅滞。本品能清上焦火热实邪，尤其善清肺热。治肺热咳嗽，可与知母、贝母、桑叶、麦冬等药配伍；用于上焦湿热，可与连翘、栀子、大黄等药同用。

(3)疮痈肿毒。本品泻火解毒力强，治疮疡肿毒，常配金银花、连翘、牛蒡子、蒲公英等药。

(4)安胎。本品性寒，能清胞宫之热，治胎动不安，常与白术、紫苏、当归、白芍等药同用。

(5)血热出血。热毒壅滞迫血妄行引起便血等，常与槐花、白茅根、地榆等药配伍。

【用法用量】煎服：马、牛 20～60 g；猪、羊 5～15 g；犬 3～5 g；兔、禽 1.5～2.5 g。

【使用注意】脾胃虚寒、无湿热实火者忌用。

黄柏

【来源】本品为芸香科植物黄皮树的干燥树皮，习称川黄柏。剥取树皮后，除去粗皮，晒干，润透切片或切丝。生用、盐水炙用或炒炭用。黄柏主产于四川、云南、贵州等地。

【性味归经】苦，寒。归肾、膀胱经。

【功效】清热燥湿，泻火除蒸，解毒疗疮。

【主治与应用】

(1)湿热。本品苦寒，清热燥湿之功与黄连、黄芩相似，可用于多种湿热证，如湿热泻痢、湿热黄疸、膀胱湿热、痿证等。用于湿热泻痢，常与黄连、白头翁等药同用，如白头翁汤(《伤寒论》)；用于湿热黄疸，常与栀子、大黄等药同用；用于膀胱湿热，常与车前子、滑石等药同用；湿热下注、下肢痿软，常与苍术等药同用，如二妙散(《世医得效方》)。

(2)火热壅滞。本品既能清实火，也能清虚火，善泻肾火及退虚热。用于肾阴不足，阴虚内热，常与知母、熟地等药同用，如知柏地黄丸(《医宗金鉴》)。

(3)疮痈肿毒。本品善治热毒疮疡，与姜黄、大黄、苍术等药同用，如如意金黄散(《外科正宗》)。

【用法用量】煎服：马、牛 10～45 g；驼 20～50 g；猪、羊 5～10 g；犬 5～6 g；兔、禽 0.5～2 g。

【使用注意】脾胃虚寒、胃弱者忌用。

栀子

【来源】本品为茜草科植物栀子的干燥成熟果实。9—11 月果实成熟呈红黄色时采收，除去果梗和杂质，蒸至上气或置沸水中略烫，取出，干燥。栀子主产于江西、湖北、湖南等地。

【性味归经】苦，寒。归心、肺、三焦经。

【功效】泻火除烦，清热利湿，凉血解毒。

【主治与应用】

(1)疮疡肿痛。本品清热泻火，凉血解毒，治热毒疮疡肿痛，常配金银花、连翘、蒲公英等药。

(2)湿热黄疸。本品苦寒，能清下焦火邪，配茵陈、大黄等药，可用于湿热黄疸。

(3)血热吐衄。本品有凉血止血之功，用于各种血热出血证，如血淋涩痛，常配木通、车前子、滑石、萹蓄等药。

(4)目赤肿痛。本品能清三焦，可用于肝胆火邪上攻于目引起的目赤肿痛，配以黄柏、大青叶等药。

【用法用量】煎服：马、牛 10～60 g；猪、羊 5～12 g；犬、猫 3～6 g；兔、禽 1～3 g。外用生品适量，研末调敷。

【使用注意】脾胃虚寒而便溏者不宜使用。

苦参

【来源】本品为豆科植物苦参的干燥根。春秋两季采挖，除去根头和小支根，洗净，干燥；或趁鲜切片，干燥。生用。苦参主产于山西、河南、河北等地。

【性味归经】苦，寒。归心、肝、胃、大肠、膀胱经。

【功效】清热燥湿，杀虫，利尿。

【主治与应用】

(1)湿热。本品苦寒，能清热燥湿而治疗湿热引起的泄泻、黄疸等。治湿热泄泻，常配白头翁、黄连等药；治湿热所致的黄疸，可配茵陈、栀子等药。

(2)湿疹疥癣。本品清热燥湿，能杀虫止痒。治湿疹常与荆芥、防风、石膏等药煎水外洗；治疥癣常与荆芥等药配伍。

(3)小便不利。本品治膀胱湿热、小便不利者，可配车前子、石韦、栀子等药同用。

【用法用量】煎服：马、牛 15～60 g；猪、羊 6～15 g；犬、猫 3～8 g；兔、禽 0.3～1.5 g，外用适量。

【使用注意】不宜与藜芦同用。脾胃虚寒、食少便溏者忌用。

龙胆

【来源】本品为龙胆科植物条叶龙胆、龙胆、三花龙胆或坚龙胆的干燥根和根茎，前三种习称龙胆，后一种习称坚龙胆。春秋两季采挖，洗净，干燥，切段。生用。我国南北各地均产龙胆。

【性味归经】苦，寒。归肝、胆经。

【功效】清热燥湿，泻肝胆火。

【主治应用】肝胆实热。本品苦寒，入肝胆经，善清肝胆实火。治疗肝胆火盛、目赤口苦者，可配黄芩、栀子等药，如龙胆泻肝汤(《医宗金鉴》)；治疗肝经热盛、抽搐痉挛者，配以牛黄、钩藤等药。

【用法用量】煎服：马、牛 15～45 g；驼 30～60 g；猪、兰 6～15 g；犬、猫 1～5 g；兔、禽 1.3～5 g。外用适量。

【使用注意】脾胃虚寒和虚热者慎用。

五、清热解暑药

香薷

【来源】本品为唇形科植物石香薷或江香薷的干燥全草，前者习称清香薷，后者习称江香薷。夏季茎叶茂盛、花盛时晴天采割，除去杂质，阴干。生用，宜后下。香薷主产于江西、广西、湖北等地。

【性味归经】辛，微温。归肺、胃经。

【功效】发汗解表，化湿和中。

【主治与应用】

(1)祛暑解表。本品辛温，能发汗解表散寒，其气芳香，又能化湿祛暑，常与厚朴、白扁豆等药配伍。

(2)水肿。本品温散温通，既能宣散肌表之水湿，又能通调水道以利小便而退肿，常与白术、苍术等药同用。

【用法用量】煎服：马、牛 20～50 g；猪、羊 10～30 g；犬、猫 5～10 g；兔、禽 2～6 g。

【使用注意】暑热证忌用。

绿豆

【来源】本品为豆科植物绿豆的干燥种子。秋季果实成熟时采收全株，晒干，打落种子，除去杂质。生用。全国各地均产。

【性味归经】甘，寒。归心、胃经。

【功效】清热解暑，清心解毒。

【主治与应用】治暑热，常与甘草、葛根、黄连等同用；治中毒，常与甘草配伍，可解巴豆毒、附子毒、食盐中毒、棉籽饼中毒等。

【用法用量】马、牛 90～500 g；猪、羊 30～60 g。

【使用注意】脾胃虚寒、肠滑泄泻者忌用。

任务实施

(一)布置任务

根据所学知识，针对以上提供的病例资料，按要求分别完成以下任务。

(1)治疗原则：______

(2)选用药物：______

(二)工作评价

针对以上任务的完成情况，分别对治疗原则和选用药物两项任务给予评价和点评。

工作评价			
评价内容	评价结果		
	正确	基本正确	错误
治疗原则			
选用药物			
学生反思			
教师点评			

任务三 泻 下 药

任务导读

凡能引起腹泻，或润滑大肠，或攻逐水邪的药物，统称为泻下药。

泻下药有寒、热两性，有苦、甘、咸、辛四味。苦寒能降泄，咸寒能软坚，甘寒能润燥，辛热能开结，分别用于各种原因引起的大便秘结及水邪停滞的多种里实证。根据强弱不同划分，泻下药可分为攻下药、润下药及峻下逐水药，主要用于大便秘结、胃肠积滞、实热内结及水肿停饮等证。使用本类药物应根据病因及兼证，适当配伍药物。例如，用于里实证兼表证者，当先解表后攻里，也可表里同用，做到表里双解；用于里实正虚者，宜配伍补益药，攻补兼施，祛邪而不伤正；用于热积者，应配清热药；用于寒积者，则配温里药。

本类药物作用峻猛，或具有毒性，易伤正气及脾胃，运用时应中病即止，严格控制用法用量，防止中毒，保证用药安全。老年体弱或脾胃气虚者慎用，孕畜忌用。

案例导入

役用马体重150 kg，主述：于12月3日发病，病后不吃，起卧不安，不排便，但频频努责，拉腰肚，直尾行，经当地兽医诊治无效，于2 d后就诊。临证所见：体温38.3 ℃，脉虚数，口色红燥无津，舌苔黄厚而腻，口腔气味甜臭，常向右侧回头顾腹，头低耳耷，双目少神，眼结膜呈树枝状充血，喘息平和，呼气温热，食欲废绝，胃肠蠕动音微弱，腹外触诊右下行结肠区敏感，疼痛，右下行结肠叩诊呈浊音，直肠检查未见结粪。本证乃体虚标实证，病属右下行结肠结。因病久失治而体虚，标实乃病粪结于右下行结肠，病性属里实热证。

请思考：该马的病证的治疗原则是什么？该选用哪些药物？

一、攻下药

本类药物多苦咸性寒，因苦能泻下，咸能软坚，寒能泄热，故适用于实热壅结、宿食停滞，或气滞、血瘀、虫积引起的粪便不通、腹胀腹痛等里实证。

苦寒攻下药用于临床，有时并不以攻下积滞为目的。对于某些里实热证，如火热炎上、高热不退、头部充血或出血等，不论有无便结，用苦寒攻下之品，常能导热下行，改善症状，从而达到“釜底抽薪”的效果。若湿热泻痢初起，或里急后重，或食滞泻下，但泻而不畅者，可酌情配伍攻下药，以攻逐实邪，使邪气除而泻痢自愈，以达“通因通用”之效。

另外，在服用某些驱除肠道寄生虫药物过程中，用攻下药，可促进虫体的排除。某些毒物中毒时，为迅速排除毒物，有时也用攻下药。但非里实热证者，不宜用泻下药。

大黄

【**来源**】本品为蓼科多年生草本植物药用大黄、掌叶大黄或唐古特大黄的二燥根及根茎，秋末茎叶枯萎或次春发芽前采挖，除去细根，刮去外皮，切瓣或段，干燥。生用或酒制、蒸熟、炒黑用。大黄主产于四川、甘肃、青海、湖北、云南、贵州等地。

【性味归经】苦，寒。归脾、胃、大肠、肝、心经。

【功效】泻下攻积，清热泻火，凉血解毒，逐瘀通经，利湿退黄。

【主治与应用】

(1)积滞便秘。本品苦寒泻下，善治胃肠积滞，常与芒硝、厚朴、枳实等药同用，如大承气汤(《伤寒论》)。用于实热正盛而本虚者，当与补虚药同用，做到攻补兼施；用于热结津伤者，配麦冬、地黄、玄参等药；用于热结气血不足者，可配当归、党参等药。

(2)邪热里证。本品能清热泻火、导热下行，善治里热病证，有釜底抽薪之妙。治疗邪热亢盛者，配以栀子、黄芩、金银花等药；用于热毒疮痈者，与金银花、连翘等药同用。

(3)瘀血证。本品能逐瘀通经，善清瘀热。用于产后瘀阻腹痛，恶露不尽者，常与川芎、桃仁、土鳖虫等药同用；用于跌打损伤所致肿痛者，可与红花、当归、没药、乳香等药同用。

(4)湿热证。本品能清泻湿热。用于湿热黄疸者，常与栀子、茵陈等药同用；用于湿热尿淋者，常配木通、车前子、栀子、滑石等药，如八正散(《和剂局方》)。

【用法用量】煎服：马、牛 20～60 g；猪、羊 5～15 g；犬、猫 3～5 g；兔、禽 1～3 g。

【使用注意】脾胃虚弱慎用，孕畜忌用。

芒硝

【来源】本品为硫酸盐类矿物芒硝族芒硝，经加工精制而成的结晶体。芒硝主要含含水硫酸钠($Na_2SO_4 \cdot 10H_2O$)。煎炼后结于盆底凝结成块者，称为朴硝；结于上面的细芒如针者，称为芒硝。芒硝与萝卜同煮，待硝溶解后，去萝卜，倾于盆中，冷后所形成的结晶称为玄明粉。芒硝主产于河北、河南、山东、江西、江苏及安徽等地。

【性味归经】咸、苦，寒。归胃、大肠经。

【功效】泻下通便，润燥软坚，清火消肿。

【主治与应用】

(1)积滞便秘。本品苦寒泻下、味咸软坚，能清实热积滞，常与大黄、枳实、厚朴等药同用。

(2)疮痈肿毒。本品苦寒，外用有清热消肿之功，治疗咽喉肿痛、口舌生疮，配以冰片、朱砂等药。

【用法用量】煎服：马、牛 50～300 g；猪、羊 20～50 g；犬、猫 5～15 g；兔、禽 2～4 g。外用适量。

【使用注意】孕畜禁用。

番泻叶

【来源】本品为豆科植物狭叶番泻或尖叶番泻的干燥小叶。通常于 9 月间采收，除去杂质，晒干。生用。狭叶番泻叶主产于印度、埃及、苏丹。尖叶番泻叶主产于埃及。

【性味归经】甘、苦，寒。归大肠经。

【功效】泻热导滞，利水通便。

【主治与应用】

(1)治热结便秘，配大黄、枳实、厚朴等药，治老弱虚结便秘，配当归、肉苁蓉等药，如当归苁蓉汤(《中兽医治疗学》)；治食物积滞、消化不良，配槟榔、大黄、山楂等药。

(2)治腹水，与牵牛子、大腹皮等药配伍。

【用法用量】马、牛 30～60 g；猪、羊 6～15 g。

【使用注意】孕畜慎用。

【不良反应】大剂量服用，有恶心、呕吐、腹痛等不良反应。

二、润下药

润下药多系植物种子或果仁，富含油脂，具有润燥滑肠的作用，能促进粪便的排出，常用于血虚体弱的秘结证。应用以下药物作润下药，常须辨证配伍增强疗效。若兼阴虚者，配养阴药；兼血虚者，配补血药；兼气滞者，配行气药；若有热盛者，配清热药。

火麻仁

【来源】本品为桑科一年生草本植物大麻的干燥成熟果实。秋季果实成熟后采收，去壳。生用或炒用。火麻仁主产于山东、吉林、江苏等地。

【性味归经】甘，平。归脾、胃、大肠经。

【功效】润肠通便。

【主治与应用】本品能润肠通便，兼能滋养补虚，用于体弱津伤肠燥便秘者，常与郁李仁、瓜蒌仁、麦冬等药同用。

【用法用量】煎服：马、牛 50～100 g；猪、羊 10～25 g；犬、猫 2～6 g；兔、禽 2～3 g。

【不良反应】火麻仁食入量大，可引起中毒。症状为恶心、呕吐、腹泻、四肢麻木、烦躁不安、精神错乱、昏迷、瞳孔散大等。

郁李仁

【来源】本品为蔷薇科落叶灌木植物欧李、郁李或长柄扁桃的干燥成熟种子，前两种习称小李仁，后一种习称大李仁；夏秋两季采收成熟果实，取出种子，干燥。生用或捣碎。郁李仁主产于河北、辽宁、内蒙古等地。

【性味归经】辛、苦、甘，平。归脾、大肠、小肠经。

【功效】润肠通便，下气利水。

【主治与应用】

(1)肠燥便秘。本品有润燥滑肠之功，用于肠燥便秘，与火麻仁、杏仁、柏子仁等药同用，如五仁散。

(2)水肿。本品能利水消肿，常与桑白皮、薏苡仁、猪苓等药同用。

【用法用量】煎服：马、牛 15～60 g；猪、羊 5～10 g；犬 3～6 g；兔、禽 1～2 g。

【使用注意】孕畜慎用。

三、峻下逐水药

本类药物作用峻猛，能引起强烈腹泻，从而排除停蓄在机体的水湿，用于治疗水肿、胸腹积水、痰饮积聚、水盛肿胀等诸证。部分药物还有利尿作用，能使体内留滞的水湿从二便中排除。

本类药物峻烈而具毒性，攻伐力强，易伤正气，应中病即止，不可过用久服。具体应用时，需要顾护正气，照顾脾胃，严格掌握用法用量，体虚者慎用，孕畜忌用。

商陆

【来源】本品为商陆科植物商陆或垂序商陆的干燥根。春季开花前或秋季茎叶枯萎后采挖，除去须根和泥沙，切成块或片，晒干或阴干。生用，醋炒用，甘草汤炒用或煨用。商陆主产于河北、山西、河南等地。

【性味归经】苦，寒；有毒。归肺、肾、膀胱、大肠经。

【功效】逐水消肿，通利二便。

【主治与应用】

(1)水肿。本品苦寒泄降，能通利二便，善治水湿壅盛、小便不利，常与牵牛子、泽泻、茯苓皮等药同用。

(2)疮痈肿毒。本品外用有解毒消肿之功，治疮痈肿毒，可与大黄共研磨水调敷。

【用法用量】煎服：马、牛 10～30 g；猪、羊 3～6 g；犬、猫 1～3 g；兔、禽 0.5～2 g。外用适量。

【使用注意】体虚及孕畜忌用。

【不良反应】本品有毒，过量可引起中毒，出现恶心、呕吐、腹泻、头痛、躁动、肌肉抽搐等症状；严重者血压下降，昏迷，瞳孔散大，心脏和呼吸中枢麻痹而死亡。

甘遂

【来源】本品为大戟科多年生草本植物甘遂的干燥块根。春季开花前或秋末茎叶枯萎后采挖，除去外皮，晒干。生用或醋炒用。甘遂主产于河南、安徽、湖北等地。

【性味归经】苦，寒；有毒。归肺、肾、大肠经。

【功效】泻水逐饮，消肿散结。

【主治与应用】

(1)水肿。本品苦寒泄降，善行水湿，正气未衰、水肿、胸腹积水者，常与大戟、芫花等药同用，如十枣汤(《伤寒论》)。

(2)疮痈肿毒。本品能消肿散结，治疮痈肿毒，可研末水调外敷。

【用法用量】丸散服，内服醋炙：马、牛 10～15 g；猪、羊 2～5 g；犬 0.1～0.5 g。外用适量。

【使用注意】反甘草。体虚及孕畜忌用。

【不良反应】甘遂的毒性作用较强，连续静脉给药 7 d，可见心、肝、肾的中毒性组织学改变。甘遂注射液具有很强的溶血作用。本品内服过量，其中毒反应为腹痛，剧烈腹泻水样便，呈里急后重感；如服量较多，可出现霍乱样米汤状粪便，并有恶心、呕吐、头晕、头痛、心悸、血压下降、脱水、呼吸困难、脉搏细弱、体温下降、谵语、发绀等症状；可因呼吸循环衰竭致死。

芫花

【来源】本品为瑞香科植物芫花的干燥花蕾。春季花未开放时采收，除去杂质，干燥。生用或醋炒、醋煮用。主产于陕西、安徽、江苏、浙江、四川、山东等地。

【性味归经】苦、辛，温；有毒。归肺、脾、肾经。

【功效】泻水逐饮，杀虫。

【主治与应用】治胸胁积水、水草肚胀等，常配大戟、甘遂、大枣等药，如十枣汤(《伤寒论》)。外用与蛇床子等药配伍，油调搽之，能杀虫治癣，如搽疥方(《痊骥通玄论》)。

【用法用量】马、牛 10～15 g；猪、羊 2～6 g。
【使用注意】孕畜及体虚动物忌用。反甘草。

任务实施

(一)布置任务

根据所学知识，针对以上提供的病例资料，按要求分别完成以下任务。

(1)治疗原则：________________

(2)选用药物：________________

(二)工作评价

针对以上任务的完成情况，分别对治疗原则和选用药物两项任务给予评价和点评。

工作评价			
评价内容	评价结果		
	正确	基本正确	错误
治疗原则			
选用药物			
学生反思			
教师点评			

任务四　祛风湿药

任务导读

凡能除风胜湿以治痹证为主要作用的药物，称为祛风湿药。祛风湿药性味多辛温，入肝、肾等经。

本类药有祛风除湿、散寒止痛、舒筋活络作用，部分药还有补肝肾强筋骨作用，适用于治疗家畜受风寒湿邪侵袭所致的肢节疼痛、四肢拘挛、拘行束步、项强腰硬及卧地难起等证。

使用祛风湿药应针对病证配伍。风邪偏重疼痛游移者，与活血药同用；湿邪偏重关节肿痛者，与渗湿药同用；寒邪偏重疼痛重者，与通阳温经药同用；关节红肿热痛者，与清热解毒药同用；久病气血亏虚者，与补虚药同用。

案例导入

某农户饲养的一匹5岁母马，主诉：两前肢轮换跛行已15 d左右，遇冷加重。临证所见：精神沉郁，毛焦肷吊，左前肢明显跛行，运步拘谨，强迫运动后减轻，触诊前肢上端肌肉有痛感；舌微红，苔白腻，脉弦滑，诊为前肢风痹。本证乃受湿邪侵袭为主，外感风湿之邪，郁于腠理，营卫受阻所致的风湿痹阻证。

请思考：该马的病证的治疗原则是什么？该选用哪些药物？

一、祛风寒湿药

本类药物性味多为辛苦温，入肝脾肾经。辛行散祛风，苦燥湿，温驱寒，有较好的祛风、除湿、散寒、止痛、通经络等作用，尤以止痛为其特点，主要适用于风寒湿痹、肢体关节疼痛、筋脉拘挛、痛有定处、遇寒加重等，经配伍也可用于风湿热痹。

独活

【来源】本品为伞形科植物重齿毛当归的干燥根。春初苗刚发芽或秋末茎叶枯萎时采挖，除去须根和泥沙，烘至半干，堆置2～3 d，发软后再烘至全干，切片。生用。主产于四川、云南、甘肃、安徽、湖北等地。

【性味归经】辛、苦，微温。归肝、肾、膀胱经。

【功效】祛风除湿，通痹止痛。

【主治与应用】

(1)风寒湿痹。本品辛散苦燥，善去风湿，止痹痛，为治疗风湿痹痛之主药。因入肾经，善下行，常用于项背肌肉风湿、腿部风湿等，与牛膝、杜仲、桑寄生等药同用，如独活寄生汤(《千金方》)。

(2)风寒表证。本品用于治疗外感风寒挟湿者，配以羌活、藁本、防风等药，如羌活胜湿汤(《内外伤辨惑论》)或荆防败毒散(《医学正传》)。

【用法用量】生用。煎服：马、牛20～60 g；猪、羊5～15 g；犬、猫2～5 g。

【使用注意】阴血亏虚者忌用。

【不良反应】据报道，用独活治疗气管炎时，曾发现服用煎剂有头昏、头痛、舌发麻、恶心呕吐、胃部不适等不良反应，一般不必停药。

威灵仙

【来源】本品为毛茛科植物威灵仙、棉团铁线莲或东北铁线莲的干燥根及根茎。秋季采挖，除去泥沙，晒干，切碎。生用或炒用。威灵仙主产于浙江、安徽、江苏等地。

【性味归经】辛、苦，温。归肝、肾经。

【功效】祛风湿，通经络。

【主治与应用】

(1)风湿痹痛。本品辛散温通，既能祛除风湿，又能通络止痛，为治风湿痹痛之药。用于风湿痹痛偏寒者，常与独活、羌活、当归等药同用；用于风湿痹痛偏热者，常与秦艽、牛膝、防己等药同用。

(2)骨鲠咽喉。本品味咸，能软坚而消骨鲠，可单用或与砂糖、醋煎后慢咽。《本草纲目》记载：与砂仁、砂糖煎服。

【用法用量】煎服：马、牛 15～60 g；猪、羊 3～10 g；犬、猫 3～5 g；兔、禽 0.5～1.5 g。

【使用注意】气血虚弱者慎服。

【不良反应】偶有过敏反应。

木瓜

【来源】本品为蔷薇科植物贴梗海棠的干燥近成熟果实。夏秋两季果实绿黄时采收，置沸水中烫至外皮灰白色，对半纵剖，晒干。切片。生用或炒用。主产于安徽、浙江、四川、湖北等地。

【性味归经】酸、温。归肝、脾经。

【功效】平肝舒筋，化湿和胃。

【主治与应用】

(1)平肝舒筋。用于风湿侵络所致的痹痛、腰胯无力或紧硬、筋脉拘挛等证，常与牛膝、威灵仙、川芎、当归等药配伍。

(2)化湿和胃。用于感受暑湿或湿困脾阳所致的呕吐、腹痛、泄泻等证，常与吴茱萸、小茴香、生姜、苏叶等药配伍。

【用法用量】马、牛 15～45 g；猪、羊 5～10 g；犬、猫 2～5 g；兔、禽 1～2 g。

【使用注意】内有郁热、小便短赤者忌服。

二、祛风湿热药

本类药物性味多为辛苦寒，入肝、脾、肾经。辛行散，苦降泄，寒清热。具有良好的祛风除湿、通络止痛，清热消肿之功效，主要用于风湿热痹、关节红肿热痛等证。经配伍也可用于风寒湿痹。

秦艽

【来源】本品为龙胆科植物秦艽、麻花秦艽、粗茎秦艽或小秦艽的干燥根，春秋两季采挖，除去泥沙，干燥，切片。生用。秦艽主产于四川、陕西、甘肃、山西等地。

【性味归经】辛、苦，微寒。归肾、肝、胆经。

【功效】祛风湿，清湿热，止痹痛，退虚热。

【主治与应用】

(1)风湿痹痛。本品辛散，能祛除风湿，通络止痛。用于风湿痹痛偏热者，常与防己、牡丹皮等药配伍；用于风湿痹痛偏寒者，常与羌活、当归、川芎等药配伍。

(2)阴虚内热。本品质润，能退虚热，常与补阴药同用，如鳖甲、生地等药。

(3)湿热黄疸。本品入肝胆经，能清泻湿热。用于湿热黄疸，常与茵陈、栀子、大黄等药同用。

【用法用量】煎服：马、牛 15～45 g；猪、羊 3～10 g；犬 2～6 g；兔、禽 1～1.5 g。

【使用注意】脾虚便溏者忌用。

防己

【来源】本品为防己科多年生木质藤本植物粉防己的干燥根，秋季采挖，洗净，除去粗皮，晒至半干，切段，干燥。生用。防己主产于浙江、安徽、湖北等地。

【性味归经】苦、辛，寒。归肝、肾、膀胱经。

【功效】祛风止痛，利水消肿。

【主治与应用】

(1)风湿痹痛。本品苦寒，既能驱除风湿止痛，也能清热。常用于风湿热痹，与苍术、黄柏、滑石同用；也可用于风湿寒痹，需与温性祛风湿药同用，如川乌、草乌等药。

(2)水肿。本品苦寒清泄，善下行。用于下焦湿热所致水肿胀满者，可与黄芪、白术等药同用；用于膀胱湿热、小便不利者，可与木通、车前子、海金沙等药同用。

(3)湿疹疮毒。本品苦以燥湿，寒以清热，治湿疹疮毒，可与苦参、金银花等药配伍。

【用法用量】煎服：马、牛 15～40 g；猪、羊 6～15 g；犬、猫 1～3 g。

【使用注意】脾胃不佳、阴虚体弱者慎用。

桑枝

【来源】本品为桑科植物桑的干燥嫩枝。春末夏初采收，去叶，晒干；或趁鲜切片，晒干。生用或炒用。全国各地均产。

【性味归经】微苦，平。归肝经。

【功效】祛风湿，利关节。

【主治与应用】风湿痹痛。本品性平，祛风湿而善达四肢经络，通利关节，痹证新久、寒热均可应用，尤宜于风湿热痹，关节酸痛麻木者。此外，本品尚能利水，治水肿；祛风止痒，治白癜风、皮疹瘙痒；生津，治消渴。

【用法用量】马、牛 30～60 g；猪、羊 15～30 g。

【使用注意】脾胃不佳、阴虚体弱者慎用。

三、祛风湿强筋骨药

祛风湿强筋骨药归肝、肾经，除祛风湿外，具有一定的补肝肾、强筋骨的作用，主要用于风湿日久、肝肾虚损、腰膝酸软、脚弱无力等。风湿日久，易损肝肾；肝肾虚损，风寒湿邪又易犯腰膝部位。因此，选用本类药物有扶正祛邪、标本兼顾的意义，也可用于肾虚腰痛、骨痿、软弱无力者。

五加皮

【来源】本品为五加科植物细柱五加的干燥根皮。夏秋两季采挖根部，洗净，剥取根皮，晒干，切片。生用。五加皮主产于四川、湖北、河南等地。

【性味归经】辛、甘、苦，温。归肝、肾经。

【功效】祛风除湿，补益肝肾，强筋壮骨，利水消肿。

【主治与应用】

(1)风湿痹痛。本品性温，善治风湿痹痛，既能祛除风湿，又能补肝肾，强筋骨。用于风寒湿痹者，常与防风、羌活、独活等药配伍；用于肝肾亏虚、筋骨不健者，常与熟地黄、牛膝、杜仲、续断等药同用。

(2)水肿。本品能利水消肿，用于水湿内停，小便不利，常与茯苓皮、大腹皮、桑白皮、生姜皮、陈皮等药同用，如五皮饮(《和剂局方》)。

(3)筋骨痿软，行动迟缓，体虚乏力。本品有温补之效，能补肝肾，强筋骨。用于肝肾不足，筋骨痿软者，常与杜仲、牛膝等药配伍，如五加皮散(《沈氏尊生书》)。治行动迟缓，则与龟甲、牛膝、木瓜等药同用，如五加皮散(《沈氏尊生书》)。

【用法用量】煎服:马、牛 15～30 g;猪、羊 6～15 g;犬、猫 2～6 g;兔、禽 1.3～5 g。

桑寄生

【来源】本品为桑寄生科植物桑寄生的干燥带叶茎枝。冬季至次春采割,除去粗茎,切段,干燥,或蒸后干燥。切厚片,生用。主产于广东、广西、云南等地。

【性味归经】苦、甘、平。归肝、肾经。

【功效】祛风湿,补肝肾,强筋骨,安胎。

【主治与应用】

(1)风湿痹证。本品苦能燥,甘能补,祛风湿又长于补肝肾、强筋骨,对痹证日久,伤及肝肾,腰膝酸软,筋骨无力者尤宜,常与独活、杜仲、牛膝、桂心等药同用,如独活寄生汤(《千金方》)。

(2)妊娠漏血,胎动不安。本品能补肝肾,养血而固冲任,安胎。治肝肾亏虚,崩漏,妊娠下血,胎动不安者,可与阿胶、续断、当归、香附等药配伍,如桑寄生散(《证治准绳》);或配阿胶、续断、菟丝子等药,如寿胎丸(《医学衷中参西录》)。

(3)本品尚能降血压,可用于高血压病。

【用法用量】马、牛 30～60 g;猪、羊 5～15 g。

任务实施

(一)布置任务

根据所学知识,针对以上提供的病例资料,按要求分别完成以下任务。

(1)治疗原则:______

(2)选用药物:______

(二)工作评价

针对以上任务的完成情况,分别对治疗原则和选用药物两项任务给予评价和点评。

工作评价			
评价内容	评价结果		
	正确	基本正确	错误
治疗原则			
选用药物			
学生反思			
教师点评			

任务五 利水渗湿药

任务导读

凡以通利水道，渗透水湿为主要功效，常用以治疗水湿内停病证的药物，称为利水渗湿药。因能促使小便畅通，尿量增多，故又称为利尿药。

本类药物多甘、淡或苦，微寒，归肾、膀胱、小肠、脾经，作用趋向偏于下行，淡能渗利，苦能降泄，具有利水消肿、利尿通淋、利湿退黄等功效。主要用于治水肿、小便不利、泄泻、痰饮、淋证、黄疸、湿疮、带下、湿温等水湿停聚所致的各种病证。

使用利水渗湿药，须视不同病证，选用相应的药物，并做适当配伍。例如，水肿骤起有表证者，配宣肺解表药；水肿日久、脾肾阳虚者，配温补脾肾药；湿热合邪者，配清热药；寒湿相并者，配温里祛寒药；热伤血络而尿血者，配凉血止血药；至于泄泻、痰饮、湿温、黄疸等，则常与健脾燥湿、芳香化湿、清热燥湿等药配伍。此外，气行则水行，气滞则水停，故利水渗湿药还常与行气药配伍使用，以提高疗效。

利水渗湿药易耗伤津液，对阴亏津少、肾虚遗精遗尿者，宜慎用或忌用。有些药物有较强的通利作用，孕畜应慎用。

根据利水渗湿药药性及功效主治差异，分为利水消肿药、利尿通淋药和利湿退黄药三类。

案例导入

陈某饲养的一头公水牛，3 岁，体重 280 kg，役用，营养中下等，于 4 月 28 日求诊。主诉：该牛买入 4 月余，未曾使役，但见食欲减退，喜卧懒动，行走缓慢而无力，脚肿。临证所见：精神沉郁，反应迟钝，体瘦形羸，喜卧懒动，后肢及腹下浮肿，按压留有指痕，毛焦肷吊，行走无力，四肢如攒状，瘤胃蠕动 2 次/min，持续 12～15 s/次，偶流清涎，心音遥远而微弱，42 次/min，体温 37.8 ℃，耳聋，脊背及四肢不温，叩诊腹下部呈水平浊音，穿刺右腹下部抽出少量淡黄色半透明液体，口色淡白舌津较多，脉迟细。辨证属脾肾阳虚所致的水液代谢紊乱，流注后肢、腹下及腹腔，属里虚寒证，病位在脾、肾二经。

请思考：该牛病证的治疗原则是什么？该选用哪些药物？

一、利水消肿药

本类药物性味甘、淡、平或微寒，淡能渗泄水湿，能使小便畅利、水肿消退，故具有利水消肿作用。用于水湿内停之水肿、小便不利，以及泄泻、痰饮等证。临证时则宜根据不同病证之病因病机，适当配伍。

茯苓

【来源】本品为多孔菌科真菌茯苓的干燥菌核。多于 7—9 月采挖。除去泥沙，反复堆置“发汗”后阴干。寄生于松树根，其傍附松根而生者，称为茯苓；抱附松根而生者，谓之茯神；内部色白者，称为白茯苓；色淡红者，称为赤茯苓；外皮称为茯苓皮。以切面白色细腻、黏牙力强者为佳。切块或厚片生用。主产于安徽、云南、湖北等地。

【性味归经】甘，淡，平。归心、肺、脾、肾经。

【功效】利水渗湿，健脾，宁心安神。

【主治与应用】

(1)水肿尿少。本品味甘而淡，甘则能补，淡则能渗，药性平和，既可祛邪，又可扶正，利水而不伤正气，实为利水消肿之要药，治寒热虚实各种水肿。治水湿内停所致之水肿、小便不利，常与泽泻、猪苓、白术等药同用，如五苓散(《伤寒论》)；治脾肾阳虚水肿，常与附子、生姜等药同用，如真武汤(《伤寒论》)；治水热互结、阴虚小便不利、水肿，常与滑石、阿胶、泽泻等药合用，如猪苓汤(《伤寒论》)。

(2)痰饮眩悸。本品善于渗泄水湿，使湿无所聚，痰无由生，可治痰饮之目眩心悸，常配伍桂枝、白术、甘草等药，如苓桂术甘汤(《伤寒论》)；若痰饮停于胃而呕吐者，多与半夏、生姜等药合用，如小半夏加茯苓汤(《金匮要略》)。

(3)脾虚食少，便溏泄泻。本品味甘，入脾经，能健脾补中，渗湿而止泻，使中焦清升浊降，尤宜于脾虚湿盛泄泻，可与山药、白术、薏苡仁等药同用，如参苓白术散(《和剂局方》)；治疗脾胃虚弱，倦怠乏力，食少便溏，常配伍人参、白术、甘草等药，如四君子汤(《和剂局方》)。

(4)心神不安，惊悸失眠。本品补益心脾而宁心安神，治心脾两虚，气血不足之心悸，失眠等，多与黄芪、当归、远志等药同用，如归脾汤(《济生方》)；治心气虚，不能藏神，惊恐而不安卧者，常与人参、远志等药同用，如安神定志丸(《医学心悟》)。

【用法用量】煎服：马、牛 20～60 g；驼 45～90 g；猪、羊 5～10 g；犬、猫 3～6 g；兔、禽 1.5～3 g。

薏苡仁

【来源】本品为禾本科植物薏苡的干燥成熟种仁。秋季果实成熟时采割植株，晒干，打下果实，再晒干，除去外壳、黄褐色种皮和杂质，收集种仁。以粒大、饱满、色白者为佳。生用或炒用。主产于福建、河北、辽宁等地。

【性味归经】甘，淡，凉。归脾、胃、肺经。

【功效】利水渗湿，健脾止泻，除痹，排脓，解毒散结。

【主治与应用】

(1)水肿，小便不利。本品淡渗甘补，既能利水消肿，又能健脾补中。常用于脾虚湿盛之水肿腹胀，小便不利，可与茯苓、白术、黄芪等药同用；治水肿、浮肿、砂石热淋等证，常配伍滑石、木通等药。

(2)脾虚泄泻。本品能渗除脾湿，健脾止泻，尤宜治脾虚湿盛之泄泻，常与人参、茯苓、白术等药合用，如参苓白术散(《和剂局方》)。

(3)湿痹拘挛。本品渗湿除痹，能舒筋脉，缓和拘挛。治湿痹而筋脉挛急疼痛者，可与独活、防风、苍术等药同用；治湿热痿证，两后肢麻木，痿软肿痛者，常与黄柏、苍术、牛膝等药同用，如四妙丸(《成方便读》)。本品药性偏凉，能清热而利湿，治湿温初起或暑湿邪在气分，头痛恶寒，胸闷身重者，常配伍苦杏仁、白蔻仁、滑石等药，如三仁汤(《温病条辨》)。

(4)肺痈，肠痈。本品清肺肠之热，排脓消痈。治肺痈胸痛，咳吐脓痰，常与苇茎、冬瓜仁、桃仁等药同用，如苇茎汤(《千金方》)；治肠痈，可与附子、败酱草、牡丹皮等药合用，如薏苡附子败酱散(《金匮要略》)。

(5)赘疣，癌肿。本品能解毒散结。临床也可用于赘疣，癌肿。

【用法用量】煎服：马、牛 30～60 g；猪、羊 10～25 g；兔、禽 3～6 g。

【使用注意】本品性质滑利，孕畜禁用。

猪苓

【来源】本品为多孔菌科真菌猪苓的干燥菌核。春秋两季采挖，除去泥沙，干燥。切厚片。以外皮色黑、切面色白者为佳。生用。主产于陕西、山西、河北、云南、河南等地。

【性味归经】甘、淡，平。归肾、膀胱经。

【功效】利水渗湿。

【主治与应用】

(1)水肿，小便不利，泄泻。本品甘淡渗泄，利水渗湿作用较强，用于水湿停滞的水肿，单用即可；治水湿内停所致之水肿、小便不利，也常与泽泻、茯苓、白术等药同用，如四苓散(《明医指掌》)；治肠胃寒湿、泄泻无度，可与肉豆蔻、砂仁等药同用。

(2)淋浊，带下。本品药性沉降，通利水道，小便畅则淋浊除。治阴虚有热之小便不利之淋浊证，多与阿胶、泽泻等药同用，如猪苓汤(《伤寒论》)；治湿浊带下，可与茯苓、泽泻等药同用。

【用法用量】煎服：马、牛 25～60 g；猪、羊 10～20 g。

泽泻

【来源】本品为泽泻科植物泽泻的干燥块茎。冬季茎叶开始枯萎时采挖，洗净，干燥，除去须根和粗皮，切厚片，晒干。以切面色黄白、粉性足者为佳。生用或盐水炙用。主产于福建、四川等地。

【性味归经】甘、淡，寒。归肾、膀胱经。

【功效】利水渗湿，泄热。

【主治与应用】

(1)水肿胀满，小便不利，泄泻尿少，痰饮眩晕。本品淡渗，其利水渗湿作用较强，治疗水湿停蓄之小便不利，水肿，常与茯苓、猪苓、桂枝等药同用，如五苓散(《伤寒论》)。本品能“利小便以实大便”，治脾胃伤冷，水谷不分，泄泻不止，常与厚朴、苍术、陈皮等药配伍，如胃苓汤(《丹溪心法》)；本品泻水湿，行痰饮，治痰饮停聚，清阳不升之头目昏眩，常与白术等药同用，如泽泻汤(《金匮要略》)。

(2)热淋涩痛，遗精。本品性寒，既能清膀胱之热，又能泄肾经之虚火，故下焦湿热者尤为适宜。治湿热蕴结之热淋涩痛，常与木通、车前子等药同用；治肾阴不足，相火偏亢之遗精、潮热，则与熟地黄、山茱萸、牡丹皮等药同用，如六味地黄丸(《小儿药证直诀》)。

【用法用量】煎服：马、牛 20～45 g；猪、羊 10～15 g；犬、猫 2～8 g；兔、禽 0.5～1 g。

【使用注意】无湿及肾虚精滑者禁用。

香加皮

【来源】本品为萝藦科植物杠柳的干燥根皮。春秋两季采挖，剥取根皮，切厚片，晒干。以皮厚、色灰棕、香味浓者为佳。生用。主产于山西、河北、河南等地，因此有时也被称为北五加皮。

【性味归经】辛、苦，温；有毒。归肝、肾、心经。

【功效】利水消肿，祛风湿，强筋骨。

【主治与应用】

(1)下肢浮肿，心悸气短。本品入心、肾经，有温助心肾，利水消肿作用。临床常用治下肢浮肿，心悸气短，可与葶苈子、黄芪等药同用。

(2)风寒湿痹，腰膝酸软。本品辛散苦燥，具有祛风湿、强筋骨之功，为治风湿痹证常用药。用于风寒湿痹，腰膝酸软，常与当归、独活、淫羊藿等药同用；用于筋骨痿软，行动迟缓，则与怀牛膝、木瓜、巴戟天等药同用。

【用法用量】煎服：马、牛 15～45 g；猪、羊 5～12 g；兔、禽 1.5～3 g。

【使用注意】本品有毒，不宜长期或过量服用。

【不良反应】香加皮有较强毒性，较小剂量注射即可引起蟾蜍、小鼠死亡；兔、犬静脉注射可使血压先升后降，呼吸麻痹而于数分钟内死亡。据报道，服用北五加皮致中毒者并不少见，主要表现为严重心律失常，说明北五加皮其毒性反应与洋地黄类药物相似。若出现胃肠道反应，如恶心呕吐，是过量的早期表现。

二、利尿通淋药

本类药物性味多苦寒，或甘淡寒。苦能降泄，寒能清热，走下焦，尤能清利下焦湿热，以利尿通淋为主要作用。主要用于治疗热淋、血淋、石淋、膏淋。临床应针对病情选用相应的利尿通淋药，并作适当配伍，以提高药效。

车前子

【来源】本品为车前科植物车前或平车前的干燥成熟种子。夏秋两季种子成熟时采收果穗，晒干，搓出种子，除去杂质。以粒大、饱满、色黑者为佳。生用或盐水炙用。全国大部分地区均产。

【性味归经】甘，寒。归肝、肾、肺、小肠经。

【功效】清热利尿通淋，渗湿止泻，明目，祛痰。

【主治与应用】

(1)热淋涩痛，水肿胀满。本品甘寒滑利，善于通利水道，清膀胱之热。治湿热下注于膀胱而致小便淋漓涩痛者，常与木通、滑石、瞿麦等药同用，如八正散(《和剂局方》)；治水湿停滞之水肿，小便不利，可与猪苓、茯苓、泽泻等药同用；治病久肾虚，腰重脚肿，可与牛膝、熟地黄、山茱萸等药同用，如济生肾气丸(《济生方》)。

(2)暑湿泄泻。本品能利水湿，分清浊而止泻，即“利小便以实大便”，尤宜于湿盛之大便水泻。治小便不利，可单用；治暑湿泄泻，可与香薷、茯苓、猪苓等药同用；治脾虚湿盛之泄泻，可与白术、薏苡仁等药同用。

(3)目赤肿痛，目暗昏花。本品善于清肝热而明目。治目赤涩痛，多与菊花、决明子等药同用；治肝肾阴亏，目暗昏花，则配伍熟地黄、菟丝子等养肝明目药，如驻景丸(《圣惠方》)。

(4)痰热咳嗽。本品入肺经，能清肺化痰止咳。治肺热咳嗽痰多，多与瓜蒌、浙贝母、枇杷叶等清肺化痰药同用。

【用法用量】宜包煎。煎服：马、牛 20～30 g；驼 30～50 g；猪、羊 10～15 g；犬、猫 3～6 g；兔、禽 1～3 g。

【使用注意】 孕畜及肾虚精滑者慎用。

附药：车前草

本品为车前科植物车前或平车前的干燥全草，夏秋采挖，除去泥沙，晒干。味甘，性寒；归肝、肾、肺、小肠经。功能：清热利尿，祛痰，凉血，解毒。适用于热淋涩痛，水肿尿少，湿热泄泻，痰热咳嗽，吐血衄血，痈肿疮毒。马、牛 30～100 g；猪、羊 15～30 g；兔、禽 1～3 g。

滑石

【来源】 本品为硅酸盐类矿物滑石族滑石，主含含水硅酸镁。采挖后，除去泥沙及杂石。以色白、滑润者为佳。洗净，砸成碎块，粉碎成细粉用，或水飞晾干用。主产于山东、辽宁、广西等地。

【性味归经】 甘、淡，寒。归膀胱、肺、胃经。

【功效】 利尿通淋，清热解暑；外用祛湿敛疮。

【主治与应用】

(1)热淋，石淋，尿热涩痛。本品性滑利窍，寒则清热，故能清膀胱湿热而通利水道，为治淋证常用药。治湿热下注之小便不利，热淋及尿闭，常与木通、车前子、瞿麦等药同用，如八正散(《和剂局方》)；治石淋，可与海金沙、金钱草、木通等药配伍。

(2)暑湿烦渴，湿温初起。本品甘淡而寒，既能利水湿，又能解暑热，为治暑湿、湿温之常用药。治暑热烦渴，小便短赤，可与甘草等药同用，即六一散(《伤寒标本》)；治湿温初起及暑温夹湿，头痛恶寒，身重胸闷，脉弦细而濡，则与薏苡仁、白蔻仁、苦杏仁等药配伍，如三仁汤(《温病条辨》)。

(3)湿热水泻。本品既清热解暑热，又利水分清泌浊，即所谓能“分水道，实大肠”。治湿热或暑湿水泻，小便不利，可与猪苓、车前子、薏苡仁等药同用。治伏暑泄泻，可与藿香、丁香等药同用。

(4)湿疮，湿疹，痱子。本品外用有清热收湿敛疮作用。治湿疮、湿疹，可单用或与枯矾、黄柏等药为末，撒布患处；治痱子，则可与薄荷、甘草等药配合制成痱子粉外用。

【用法用量】 煎服，滑石块先煎，滑石粉包煎。马、牛 25～45 g；驼 30～60 g；猪、羊 10～20 g；兔、禽 1.5～3 g。外用适量。

【使用注意】 脾虚、热病伤津及孕畜慎用。

【不良反应】 滑石在直肠、阴道或创面等处可引起肉芽肿。

木通

【来源】 本品为木通科植物木通、三叶木通或白木通的干燥藤茎。秋季采收，截取茎部，除去细枝，阴干，切片。以切面黄白色、具放射状纹者为佳。生用。主产于江苏、湖南、湖北等地。

【性味归经】 苦，寒。归心、小肠、膀胱经。

【功效】 利尿通淋，清心除烦，通经下乳。

【主治与应用】

(1)淋证，水肿。本品能利尿通淋，使湿热之邪下行从小便排出。治膀胱湿热，小便短赤，淋漓涩痛，常与车前子、滑石等药配伍，如八正散(《和剂局方》)；治疗水肿，可与猪苓、桑白皮等药同用。

(2)心烦尿赤，口舌生疮。本品味苦气寒，性通利而清降，能上清心经之火，下泄小肠之热。治心火上炎，口舌生疮，或心火下移于小肠而致的心烦尿赤，多与生地黄、甘草、竹叶等药配伍，如导赤散(《小儿药证直诀》)。

(3)乳汁稀少,湿热痹痛。本品入血分,能通经下乳。治乳汁短少或不通,可与王不留行、穿山甲等药配伍。本品还能利血脉、通关节。治湿热痹痛,与桑枝、薏苡仁等药同用。

【用法用量】煎服:马、牛 10~30 g;猪、羊 3~6 g;犬 1~2 g。

【使用注意】孕畜慎用。不宜长期或大量服用。

附药:关木通

本品为马兜铃科植物东北马兜铃的干燥藤茎。主产于吉林、辽宁、黑龙江等地。味苦,性寒。归心、小肠、膀胱经。功能:利尿通淋,清心火,通经下乳。用于热淋涩痛,水肿,口舌生疮,心烦尿赤,湿热带下,乳汁不通。煎服。马、牛 15~30 g;猪、羊 3~10 g。

通草

【来源】本品为五加科植物通脱木的干燥茎髓。秋季割取茎,截成段,趁鲜时取出髓部,理直,晒干。切厚片。以色白者为佳。生用。主产于广西、四川等地。

【性味归经】甘、淡,微寒。归肺、胃经。

【功效】清热利尿,通气下乳。

【主治与应用】

(1)湿热淋证,水肿尿少。本品味甘淡性寒而体轻,入前肢太阴肺经,引热下降而利小便,既通淋,又消肿。尤宜用于热淋之小便不利,淋漓涩痛,可与冬葵子、滑石、石韦等药同用;用于石淋,可与金钱草、海金沙、石韦等药同用;用于血淋,可与石韦、白茅根、蒲黄等药同用;用于水湿停蓄之水肿尿少,可与猪苓、地龙等药同用。

(2)产后乳汁不下。本品入胃经,通胃气上达而下乳汁;多用于产后乳汁不畅或不下,常与穿山甲、王不留行、木通等药同用。此外,本品可用于湿温初起及暑温夹湿,头痛恶寒,身重疼痛,肢体倦怠,胸闷不饥,午后身热等证,常与薏苡仁、白蔻仁、苦杏仁等药同用,如三仁汤(《温病条辨》)。

【用法用量】煎服:马、牛 15~30 g;驼 30~60 g;猪、羊 3~10 g;兔、禽 0.5~2 g。

【使用注意】孕畜慎用。

瞿麦

【来源】本品为石竹科植物瞿麦或石竹的干燥地上部分。夏秋两季花果期采割,除去杂质,干燥。切段。以茎嫩、色淡绿、叶多者为佳。生用。主产于河北、辽宁等地。

【性味归经】苦,寒。归心、小肠经。

【功效】利尿通淋,活血通经。

【主治与应用】

(1)热淋,血淋,石淋,小便不通,淋漓涩痛。本品苦寒泄降,能清心与小肠之火,郁热下行,有利尿通淋之功,为治淋证之常用药。治热淋涩痛,常与萹蓄、木通、车前子等药同用,如八正散(《和剂局方》);治血淋涩痛,可与栀子、蒲黄等药同用;治石淋,小便不通,可与石韦、滑石、冬葵子等药配伍,如石韦散(《证治汇补》)。

(2)瘀阻经闭。本品能活血通经。治血热瘀阻之经闭,常与桃仁、红花、丹参等药同用。

【用法用量】煎服:马、牛 20~45 g;猪、羊 10~15 g;兔、禽 0.5~1.5 g。

【使用注意】孕畜慎用。

地肤子

【来源】本品为藜科植物地肤的干燥成熟果实。秋季果实成熟时采收植株，晒干，打下果实，除去杂质。以饱满、色灰绿者为佳。生用。主产于河北、山西、山东等地。

【性味归经】辛、苦，寒。归肾、膀胱经。

【功效】清热利湿，祛风止痒。

【主治与应用】

(1)小便不利，淋漓涩痛。本品苦寒降泄，能清利湿热而通淋，故可用于膀胱湿热，小便不利，淋漓涩痛之证，常与木通、瞿麦、冬葵子等药同用。

(2)阴痒带下，风疹，湿疹，皮肤瘙痒。本品能清除皮肤之湿热与风邪而止痒。治风疹，湿疹，皮肤瘙痒，常与白鲜皮、蝉蜕、黄柏等药同用；治下焦湿热，外阴湿痒，可与苦参、龙胆草、白矾等药煎汤，外洗患处；治湿热带下，可与黄柏、苍术等药同用。

【用法用量】煎服。马、牛 15～45 g；猪、羊 5～10 g；兔、禽 1～3 g。外用适量，煎汤熏洗。

海金沙

【来源】本品为海金沙科植物海金沙的干燥成熟孢子。秋季孢子未脱落时采割藤叶，晒干，搓揉或打下孢子，除去藤叶。以色黄棕、质轻、手捻光滑者为佳。生用。主产于浙江、江苏、湖南等地。

【性味归经】甘、咸，寒。归膀胱、小肠经。

【功效】清热利湿，通淋止痛。

【主治与应用】热淋，石淋，血淋，膏淋，尿道涩痛。本品其性下降，善清小肠、膀胱湿热，尤善止尿道疼痛，为治诸淋涩痛之要药。治热淋涩痛，以本品为末，甘草汤灌服(《泉州本草》)；治血淋，以本品为末，新汲水或砂糖水灌服(《普济方》)；治石淋，与鸡内金、金钱草等药配伍；治膏淋，可与萆薢、滑石、石菖蒲等药同用。本品又能利水消肿，治疗水肿，多与泽泻、猪苓、防己等药配伍，以加强利尿作用。

【用法用量】包煎。马、牛 30～45 g；猪 10～20 g；兔、禽 1～2 g。

石韦

【来源】本品为水龙骨科植物庐山石韦、石韦或有柄石韦的干燥叶。全年均可采收，除去根茎，晒干或阴干。切段。以质厚者为佳。生用。全国大部分地区均产。

【性味归经】甘、苦，微寒。归肺、膀胱经。

【功效】利尿通淋，清肺止咳，凉血止血。

【主治与应用】

(1)热淋，血淋，石淋，小便不通，淋漓涩痛。本品药性寒凉，清利膀胱而通淋，兼可止血，尤宜于血淋。对膀胱湿热见小便淋漓涩痛诸淋者，也常应用。用于血淋，与当归、蒲黄、小蓟等药同用；用于热淋，以本品与滑石为末灌服(《圣惠方》)；用于石淋，以之与滑石为末，用米饮或蜜冲服(《古今录验》)。

(2)肺热喘咳。本品微寒，入肺经，清肺热，止咳喘，用于肺热咳喘，可与鱼腥草、黄芩、芦根等药同用。

(3)血热出血。本品微寒，功能凉血止血，治血热妄行之吐血、衄血、尿血、崩漏，可单用，或随证配伍侧柏叶、栀子、白茅根等药。

【用法用量】煎服：马、牛 15～45 g；驼 30～60 g；猪、羊 6～12 g；犬、猫 1～5 g。

灯心草

【来源】本品为灯心草科植物灯心草的干燥茎髓。夏末至秋季割取茎，晒干，取出茎髓，理直，扎成小把。剪段。以色白者为佳。生用或制炭用。主产于江苏、福建、四川、贵州、云南等地。

【性味归经】甘、淡，微寒。归心、肺、小肠经。

【功效】利小便，清心火。

【主治与应用】

(1)热淋，尿少涩痛。本品甘淡能渗湿，性寒能清热，故可清热利尿，适用于热淋，小便不利，尿少涩痛。因其质轻力薄，临证多与木通、瞿麦、车前子等药同用，如八正散(《和剂局方》)。

(2)心烦失眠，口舌生疮。本品性寒，既能入心清心火，又可利尿泄热以引导心火下降。用于心烦失眠，尿少涩痛，单味煎服，也可与木通、竹叶、栀子等药同用；治口舌生疮，咽喉肿痛，将灯心草炭研为末，涂抹患处或蘸盐吹喉。

【用法用量】煎服：马、牛 10～20 g；猪、羊 3～10 g；兔、禽 1～2 g。

金钱草

【来源】本品为报春花科植物过路黄的干燥全草，习称大金钱草。夏秋两季采收，除去杂质，晒干。切段。以叶多者为佳。生用。主产于四川。

【性味归经】甘、淡、咸，微寒。归肝、胆、肾、膀胱经。

【功效】利湿退黄，利尿通淋，解毒消肿。

【主治与应用】

(1)湿热黄疸，胆胀胁痛。本品既能清肝胆之热，又能除下焦湿热，有清热利湿退黄之功。治湿热黄疸，常与茵陈、栀子、虎杖等药同用。本品还能清肝胆湿热，排除结石。治肝胆结石，胆胀胁痛，与茵陈、大黄、郁金等药同用。

(2)石淋，热淋，小便涩痛。本品利尿通淋，善排结石，尤宜治石淋，可单用大剂量煎汤，或与海金沙、鸡内金、滑石等药同用；治热淋，常与车前子、萹蓄等药同用。

(3)痈肿疔疮，毒蛇咬伤。本品有解毒消肿之效，治恶疮肿毒，毒蛇咬伤。用鲜品捣汁内服或捣烂外敷，或配蒲公英、野菊花等药同用。

【用法用量】煎服：马、牛 60～150 g；猪、羊 15～60 g；犬、猫 2～12 g。

三、利湿退黄药

本类药物性味多苦寒，归脾、胃、肝、胆经。苦寒能清泄湿热，故以清利湿热、利胆退黄为主要作用，主要用于湿热黄疸，证见目黄、身黄、小便黄等。临证可根据阳黄、阴黄之湿热、寒湿偏重不同以做相应的配伍。

茵陈

【来源】本品为菊科植物滨蒿或茵陈蒿的干燥地上部分。春季幼苗高 6～10 cm 时采收或秋季花蕾长成至花初开时采割，除去杂质及老茎，晒干。春季采收的习称绵茵陈，秋季采割的称花茵陈。以质嫩、绵软、色灰白、香气浓者为佳。生用。主产于陕西、山西、河北等地。

【性味归经】苦、辛，微寒。归脾、胃、肝、胆经。

【功效】清利湿热，利胆退黄。

【主治与应用】

(1)黄疸尿少。本品苦泄下降，微寒清热，善于清利脾胃肝胆湿热，使之从小便而出，为治黄疸之要药。治身目发黄，小便短赤之阳黄证，常与栀子、大黄等药同用，如茵陈蒿汤(《伤寒论》)；治黄疸湿重于热者，可与茯苓、猪苓等药同用，如茵陈五苓散(《金匮要略》)；治脾胃寒湿瘀滞，阳气不得宣运之阴黄，多与附子、干姜等药配伍，如茵陈四逆汤(《卫生宝鉴》)。

(2)湿温，暑湿。本品气清芬，清利湿热，治疗外感湿温或暑湿，身热倦怠，胸闷腹胀，小便不利，常与滑石、黄芩、木通等药同用，如甘露消毒丹(《医效秘传》)。

(3)湿疮瘙痒。本品苦而微寒，有清利湿热之功。用于湿热内蕴之湿疮瘙痒，风痒隐疹，可单味煎汤外洗，也可与黄柏、苦参、地肤子等药同用。

【用法用量】煎服。马、牛 20～45 g；猪、羊 5～15 g；犬、猫 3～8 g；兔、禽 1～2 g。外用适量，煎汤熏洗。

【使用注意】蓄血发黄者及血虚萎黄者慎用。

虎杖

【来源】本品为蓼科植物虎杖的干燥根茎和根。春秋两季采挖，除去须根，洗净，趁鲜切短段或厚片，晒干。以切面色黄者为佳。生用。主产于华东、西南等地。

【性味归经】苦，微寒。归肝、胆、肺经。

【功效】利湿退黄，清热解毒，散瘀止痛，化痰止咳。

【主治与应用】

(1)湿热黄疸，淋浊，带下。本品苦寒，有清热利湿之功。治湿热黄疸，可单用本品煎服，也可与茵陈、黄柏、栀子等药配伍；治湿热蕴结膀胱之小便涩痛，淋浊带下等(《集验方》)，以此为末，米饮送下；也可与车前子、泽泻、猪苓等药同用。

(2)痈肿疮毒，水火烫伤，毒蛇咬伤。本品入血分，有凉血清热解毒作用。治热毒蕴结肌肤所致痈肿疮毒，以虎杖根烧灰贴，或煎汤洗患处；治烧烫伤而致肌肤灼痛或溃后流黄水者，单用研末，香油调敷，也可与地榆、冰片共研末，调油敷患处；治毒蛇咬伤，可取鲜品捣烂敷患处，也可煎浓汤内服。

(3)癥瘕，风湿痹痛，跌打损伤。本品有活血散瘀止痛之功。治癥瘕，与土瓜根、牛膝合用(《千金方》)；治风湿痹痛，可与威灵仙、徐长卿、络石藤等药同用；治跌打损伤疼痛，可与当归、乳香、没药等药配伍。

(4)肺热咳嗽。本品既能苦降泄热，又能化痰止咳，治肺热咳嗽，可单味煎服，也可与浙贝母、枇杷叶、苦杏仁等药配伍。

(5)热结便秘。本品有泻热通便作用。

【用法用量】煎服。马、牛 30～100 g；猪、羊 15～30 g；兔、禽 1～2 g。外用适量，制成煎液或油膏涂敷。

【使用注意】孕畜慎用。

地耳草

【来源】本品为藤黄科植物地耳草的干燥全草。春夏两季开花时采挖，除去杂质，晒干，切段。以色黄绿、带花者为佳。生用。主产于广东、广西、四川等地。

【性味归经】苦，凉。归肝、胆经。

【功效】利湿退黄，清热解毒，活血消肿。

【主治与应用】

(1)湿热黄疸。本品苦凉，入肝胆经，能清热解毒利湿而退黄疸。治湿热黄疸，可单用大剂量煎汤服，或与金钱草、茵陈蒿、郁金等药同用。

(2)肺痈，肠痈，痈肿疮毒。本品能清热解毒而消痈肿。治肺痈，常与鱼腥草、薏苡仁、芦根等药同用；治乳痈，常与蒲公英、穿山甲等药配伍；治肠痈，可与败酱草、冬瓜仁、红藤等药同用；治湿热毒气所致痈肿疮毒，可单用地耳草捣烂外敷，或煎水内服。

(3)跌打损伤。本品能活血消肿，治跌打损伤瘀肿疼痛，单用或配骨碎补、乳香、没药等药煎服，可同时用鲜品捣烂外敷。

【用法用量】煎服。马、牛 30～60 g；猪、羊 10～15 g；犬、猫 1～3 g；兔、禽 0.5～1 g。外用适量。

珍珠草

【来源】本品为大戟科植物叶下珠的干燥全草或带根全草。夏秋两季采集地上部分或带根全草，洗净泥土，除去杂质，晒干。切段。以果多、色灰绿者为佳。生用。主产于广东、广西、四川等地。

【性味归经】甘、苦，凉。归肝、肺经。

【功效】利湿退黄，清热解毒，明目，消积。

【主治与应用】

(1)湿热黄疸，泻痢，淋证。本品苦甘性凉，苦以泄降，凉可清热，其入肝经，通利肝胆，祛湿退黄。治湿热蕴结肝胆，面目皮肤色黄如橘者，常与茵陈、栀子等药同用。本品还可清热利湿通淋，用于膀胱湿热之热淋涩痛及砂淋、石淋，常与金钱草、海金沙等药配伍；本品既利湿热，又解热毒，治湿热毒邪下注大肠所致的泄泻或便下脓血，里急后重，常配黄连、木香等药。

(2)疮疡肿毒，蛇犬咬伤。本品性凉，能清热解毒。治热毒蕴结之疮痈肿毒，毒蛇咬伤或狂犬咬伤，可内服外敷并用，或与白花蛇舌草、重楼等药同用。

(3)目赤肿痛。本品入肝经，苦凉泻火，清热明目。治肝热上攻，风热注目之赤眼红肿，涩痛难忍，单用或配菊花内服外洗。

【用法用量】煎服。马、牛 30～60 g；猪、羊 10～20 g。外用适量。

【使用注意】苦凉之品，阳虚体弱者慎用。

任务实施

(一)布置任务

根据所学知识，针对以上提供的病例资料，按要求分别完成以下任务。

(1)治疗原则：____________________

(2)选用药物：____________________

(二)工作评价

针对以上任务的完成情况,分别对治疗原则和选用药物两项任务给予评价和点评。

工作评价			
评价内容	评价结果		
	正确	基本正确	错误
治疗原则			
选用药物			
学生反思			
教师点评			

任务六 化 湿 药

任务导读

凡气味芳香,性偏温燥,以化湿运脾为主要作用,用治湿阻中焦证的药物,称为化湿药。本类药物辛香温燥,归脾、胃经,芳香之品能醒脾化湿,温燥之药可燥湿健脾;同时,其辛能行气,香能通气,能行中焦之气机,以解除因湿浊引起的脾胃气滞之病机。此外,部分药还兼有解暑、辟秽等作用。主要适用于湿浊内阻、脾为湿困、运化失常所致的脘腹痞满、食少体倦、呕吐清涎、粪便溏薄、舌苔白腻等证,部分药也可用于湿温、暑湿证。

使用化湿药时,应根据湿困的不同情况及兼证而进行适当的配伍应用。治湿阻气滞、肚腹胀满痞闷者,常与行气药配伍;治湿阻而偏于寒湿、脘腹冷痛者,可配伍温中散寒药;治脾虚湿阻、脘痞纳呆、神疲乏力者,常配伍补气健脾药;治湿温、湿热、暑湿者,常与清热燥湿、解暑、利湿之品同用。

本类药物多属辛温香燥之品,易于耗气伤阴,故阴虚血燥及气虚者慎用。本类药物气味芳香,多含挥发油,一般以作为散剂服用疗效较好,如入汤剂宜后下,且不应久煎,以免其挥发性有效成分丢失而降低疗效。

案例导入

一只家养金毛犬,雄性,4 岁,体重 30 kg。外出淋雨回来未能及时吹干,后不进食,体温升高,身体蜷曲怕冷,精神差,鼻流清涕,偶尔打喷嚏,咳嗽,小便清长。周先生便给犬口服麻杏石甘口服液,金毛犬情况变得更差,体温升高、怕冷、咳嗽加剧,咳出清澈痰液,遂就诊。

请思考:该犬的感冒寒热属性是什么?

藿香

【来源】本品为唇形科植物广藿香的干燥地上部分。夏秋两季枝叶茂盛或花初开时采割，阴干。以叶多、香气浓者为佳。生用。主产于广东、四川、重庆、贵州、江苏、浙江等地。

【性味归经】辛，微温。归脾、胃、肺经。

【功效】芳香化湿，和中止呕，发表解暑。

【主治与应用】

(1)湿浊中阻，脘腹痞闷。本品气味芳香，为芳香化湿浊之要药。治湿浊中阻所致的脘腹痞闷、少食作呕、神疲体倦等证，常与苍术、厚朴等药同用，如藿香正气散(《和剂局方》)。

(2)和中止呕。本品既能芳香化湿浊，又能和中止呕。治湿阻中焦所致之呕吐，常与半夏、丁香等药同用。偏湿热者，配黄连、竹茹等药；偏寒湿者，配生姜、白豆蔻等药；妊娠呕吐，配砂仁、苏梗等药；脾胃虚弱者，配党参、白术等药。

(3)暑湿表证，辟浊化湿。本品既能芳香化湿浊，又可发表解暑。治暑湿表证，或湿温初起，湿热并重，发热倦怠，胸闷不舒，多与黄芩、滑石、茵陈等药同用，如甘露消毒丹(《温热经纬》)；治暑月外感风寒，内伤生冷而致恶寒发热、头痛脘闷、腹痛吐泻的寒湿闭暑证，常配伍紫苏、厚朴、半夏等药，如藿香正气散(《和剂局方》)。

【用法用量】煎服：马、牛 15～45 g；猪、羊 5～10 g；兔、禽 1～2 g。

【使用注意】阴虚无湿者慎用。

佩兰

【来源】本品为菊科植物佩兰的干燥地上部分。夏秋两季分两次采割，除去杂质，晒干。以叶多、色绿、质嫩、香气浓者为佳。切段，生用。主产于江苏、浙江、河北、山东等地。

【性味归经】辛，平。归脾、胃、肺经。

【功效】芳香化湿，醒脾开胃，发表解暑。

【主治与应用】

(1)湿浊中阻，运化失常。本品气味芳香，治湿阻脾胃之食欲不振、肚腹胀满、舌苔厚腻等湿阻中焦证，其化湿和中之功与藿香相似，常相须为用，配苍术、厚朴、白豆蔻等药，以增强芳香化湿之功。

(2)脾经湿热。本品性平，芳香化湿浊，醒脾开胃，治脾经湿热、腹痛泄泻、舌苔黄腻、多涎、口臭等证，可单用煎汤服，如兰草汤(《素问》)，或配伍黄芩、白芍、木香、甘草等药。

(3)暑湿表证。本品既能化湿，又能解暑。治暑湿表证、发热恶寒，常与藿香、苏叶、薄荷等药同用；治湿温初起，可与滑石、薏苡仁、藿香等药同用。

【用法用量】煎服：马、牛 15～45 g；猪、羊 5～10 g。

【使用注意】阴虚血燥、气虚者不宜用。

苍术

【来源】本品为菊科植物茅苍术或北苍术的干燥根茎。春秋两季采挖，除去泥沙，晒干，撞去须根。以切面朱砂点多、香气浓者为佳。生用或麸炒用。主产于江苏、河南、河北、浙江、安徽、山西、陕西等地。

【性味归经】辛、苦,温。归脾、胃、肝经。

【功效】燥湿健脾,祛风散寒。

【主治与应用】

(1)湿阻中焦。本品苦温燥湿以祛湿浊,辛香健脾以和脾胃。治湿阻中焦、脾失健运而致肚腹胀满、呕恶食少、吐泻乏力、舌苔白腻等证,常与厚朴、陈皮等药配伍,如平胃散(《和剂局方》)。治脾虚湿聚、水湿内停的痰饮、泄泻或外溢的水肿,与茯苓、泽泻、猪苓等利水渗湿药同用,如胃苓汤(《丹溪心法》)。

(2)风湿痹痛。本品辛散苦燥,长于祛湿,故治痹证湿胜者尤宜,可与薏苡仁、独活等药同用。治湿热痹痛,配石膏、知母等药;治湿热下注、下肢肿痛、痿软无力,常与黄柏、薏苡仁、牛膝等药配伍,如四妙散(《成方便读》);可治湿热带下、湿疮、湿疹等,常与龙胆草、黄芩、栀子等药同用。

(3)风寒感冒。本品辛香燥烈,能开肌肤而发汗,祛肌表之风寒表邪,又因其长于胜湿,故治风寒表证夹湿者最为适宜,常与羌活、白芷、防风等药同用。

【用法用量】煎服:马、牛 15～60 g;猪、羊 3～15 g;兔、禽 1～3 g。

【使用注意】阴虚有热或多汗者忌用。

豆蔻

【来源】本品为姜科植物白豆蔻或爪哇白豆蔻的干燥成熟果实,又名白豆蔻。按产地不同分为原豆蔻和印尼白蔻。秋季果实由绿色转成黄绿色时采收,晒干。以个大、饱满、果壳完整、气味浓者为佳。生用,用时捣碎。原豆蔻主产于泰国、柬埔寨;印尼白蔻主产于印度尼西亚爪哇,我国云南、广东、广西等地也有栽培。

【性味归经】辛,温。归肺、脾、胃经。

【功效】化湿行气,温中止呕,开胃消食。

【主治与应用】

(1)湿浊中阻,脾胃气滞,食欲不振,胸腹胀痛,食积不消。本品既可化湿行气,又能开胃消食。治湿阻中焦、脘腹痞满、食欲不振,常与藿香、佩兰、陈皮等药同用;治脾虚湿阻气滞之胸腹虚胀、食少无力,可与黄芪、白术、人参等药同用;治脾胃气滞、食积不消、胸腹胀痛,可与陈皮、枳实、木香等药配伍。

(2)湿温初起,胸闷不饥。本品辛散入肺而宣化湿邪,故常用于湿温初起,胸闷不饥。湿邪偏重者,可与薏苡仁、苦杏仁等药同用,如三仁汤(《温病条辨》);热重于湿者,常与黄芩、滑石等药配伍,如黄芩滑石汤(《温病条辨》)。

(3)寒湿呕逆。本品能行气宽中,温胃止呕,尤以胃寒湿阻气滞之呕吐最为适宜。可单用为末灌服,或配藿香、半夏等药。与砂仁、甘草等药研细末灌服,可用于幼畜胃寒、吐乳不食者。

【用法用量】马、牛 15～30 g;猪、羊 3～6 g;兔、禽 0.5～1.5 g。

【使用注意】阴虚血燥者慎用。

草豆蔻

【来源】本品为姜科植物草豆蔻的干燥近成熟种子。夏秋两季采收,晒至九成干,或用水略烫，晒至半干，除去果皮，取出种子团，晒干。以个大、饱满、气味浓者为佳。生用，用时捣碎。主产于云南、广西等地。

【性味归经】 辛，温。归脾、胃经。

【功效】 燥湿行气，温中止呕。

【主治与应用】

(1)寒湿内阻，脾胃气滞，脘腹胀满冷痛，食欲不振。本品芳香温燥，长于燥湿化浊，温中散寒，行气消胀，故治脾胃寒湿偏盛，气机不畅者宜之。常与干姜、厚朴、陈皮等温中行气之品同用。

(2)嗳气呕逆。本品可温中散寒，降逆止呕。治寒湿内盛，胃气上逆之呕吐呃逆，多与肉桂、高良姜、陈皮等药同用。

(3)本品温燥之性，温脾燥湿，以除中焦之寒湿而止泻痢，用于寒湿内盛、清浊不分而腹痛泻痢者，可与苍术、厚朴、木香等药同用。

【用法用量】 马、牛 15～30 g；猪、羊 3～6 g；犬、猫 2～5 g。

【使用注意】 阴虚血燥者慎用。

草果

【来源】 本品为姜科植物草果的干燥成熟果实。秋季果实成熟时采收，除去杂质，晒干或低温干燥。以个大、饱满、色红棕、气味浓者为佳。清炒去壳取仁用，或姜汁炙用，用时捣碎。主产于云南、广西、贵州等地。

【性味归经】 辛，温。归脾、胃经。

【功效】 燥湿温中，截疟除痰。

【主治与应用】

(1)寒湿内阻，脘腹胀痛，痞满呕吐。本品辛温燥烈，气浓味厚，其燥湿、温中之力皆强于草豆蔻，故多用于寒湿偏盛之脘腹痞满胀痛、呕吐泄泻、舌苔浊腻，常与吴茱萸、干姜、砂仁等药同用。

(2)疟疾寒热，瘟疫发热。本品芳香辟浊，温脾燥湿，除痰截疟。治疟疾寒热往来，可与常山、知母、槟榔等药同用。治瘟疫发热，可与青蒿、黄芩、贯众等药配伍。

【用法用量】 马、牛 20～45 g；猪、羊 3～10 g。

【使用注意】 阴虚血燥者慎用。

任务实施

(一)布置任务

根据所学知识，针对以上提供的病例资料，按要求分别完成以下任务。

(1)治疗原则：______________________________

(2)选用药物：______________________________

(二)工作评价

针对以上任务的完成情况，分别对治疗原则和选用药物两项任务给予评价和点评。

<table>
<tr><th colspan="4">工作评价</th></tr>
<tr><td rowspan="2">评价内容</td><td colspan="3">评价结果</td></tr>
<tr><td>正确</td><td>基本正确</td><td>错误</td></tr>
<tr><td>治疗原则</td><td></td><td></td><td></td></tr>
<tr><td>选用药物</td><td></td><td></td><td></td></tr>
<tr><td>学生反思</td><td colspan="3"></td></tr>
<tr><td>教师点评</td><td colspan="3"></td></tr>
</table>

任务七 理 气 药

任务导读

凡以疏理气机为主要功效，常用以治疗气机失调之气滞、气逆证的药物，称为理气药，又称行气药。其中理气作用强者，习称破气药。

理气药性味多辛苦温而芳香，归脾、胃、肝、肺经。味苦能泄、温能通行，故有疏理气机的作用，并可通过调畅气机而达到止痛、散结、降逆之效。因作用部位和作用特点的不同，又分别具有理气健脾、疏肝解郁、理气宽胸、行气止痛、破气散结、降逆止呕等功效。主要适用于气机失调之气滞和气逆证候。气滞即气机阻滞，多为肝气瘀滞所致胁肋胀痛、抑郁不乐、疝气疼痛、乳房胀痛等，或脾胃气滞所致脘腹胀痛、嗳气吞酸、恶心呕吐、腹泻或便秘等，治宜行气以调之；气逆即气机上逆，多见肺气壅滞所致胸闷胸痛、咳嗽气喘等，或胃气上逆所致的恶心、呕吐、呃逆（打嗝）、食欲不振、腹胀等，治当降气以平之。

应用本类药物时，须针对不同的病证并根据药物的特长做适宜药物的选择和配伍。湿困脾土而兼见脾胃气滞，应根据病情的寒热性质，将理气药同燥湿、温中或清热药配伍使用；草料积滞所致的脾胃气滞，配伍消导药或泻下药；兼有脾气虚所致脾胃虚弱，运化无力者，常配伍补气健脾、助消化的药物。肝气瘀滞，应选用疏肝理气药，其中肝血不足者，配伍养血柔肝药；肝经受寒者，配伍暖肝散寒药；兼有瘀血阻滞者，配伍活血祛瘀药。肺气壅滞，应选用理气宽胸药，其中外邪客肺所致者，配伍宣肺解表药；痰饮阻肺所致者，配伍祛痰化饮药。

案例导入

一头6岁母牛就诊。主诉：清晨饲喂后，饮了新汲深井水一桶后发病，阵发性起卧不安，频口流清涎。检查：精神不振，耳鼻俱凉，口色青白，脉沉迟，心音弱、节律不齐，瘤胃蠕动音连绵不断，肠音高朗，臀部、股部肌肉震颤，扭腰拧胯，如走舞步，体温37.8℃，诊为冷痛。该病证系寒邪侵犯胃肠。

请思考：该牛病证的治疗原则是什么？该选用哪些药物？

陈皮

【来源】本品为芸香科植物橘及其栽培变种的干燥成熟果皮。采摘成熟果实，剥取果皮，晒干或低温干燥。药材分为陈皮和广陈皮。以色鲜艳、香气浓者为佳。切丝，生用或炒用。主产于长江以南各地。

【性味归经】苦、辛，温。归脾、肺经。

【功效】理气健脾，燥湿化痰。

【主治与应用】

(1)脾胃气滞，湿阻之脘腹胀满，食少吐泻。本品辛香走窜，温通苦燥，入脾胃经，有行气、除胀、燥湿之功，故为治脾胃气滞、湿阻之脘腹胀满、食少吐泻之佳品，对寒湿阻滞中焦者，最为适宜。脾胃气滞病情较轻者可单用，气滞较甚者可与木香、枳实等药同用；寒湿阻滞脾胃者，食积气滞、脘腹胀痛者，可配伍山楂、神曲等药，如保和丸(《丹溪心法》)；脾虚气滞，纳差、食后腹胀者，可与人参、白术、茯苓等药同用，如异功散(《小儿药证直诀》)。

(2)呕吐，呃逆。本品有苦降之性，为治呕吐、呃逆之佳品。寒者，可单用研末，也可配伍生姜，如橘皮汤(《金匮要略》)；热者，可配竹茹、栀子等药；虚实夹杂有热者，可配人参、竹茹、大枣等药，如橘皮竹茹汤(《金匮要略》)。

(3)湿痰寒痰，咳嗽痰多。本品苦温，长于燥湿化痰，又能理气宽胸，为治湿痰、寒痰之要药。治湿痰咳嗽，常与半夏、茯苓等药同用，如二陈汤(《和剂局方》)；治寒痰咳嗽，可与干姜、细辛、半夏等药同用。

(4)胸痹。本品辛行温通，入肺走胸，能行气通痹止痛。治痰气交阻之胸痹，胸中气塞，短气，可配伍枳实、生姜等药，如橘皮枳实生姜汤(《金匮要略》)。

【用法用量】煎服：马、牛15～45 g；猪、羊5～10 g；犬、猫2～5 g；兔、禽1～3 g。

【使用注意】本品辛散苦燥，温能助热，故阴虚内热、舌赤少津、内有实热者慎用。

青皮

【来源】本品为芸香科植物橘及其栽培变种的幼果或未成熟果实的果皮。5—6月间收集自落的幼果，晒干，习称个青皮；7—8月间采收未成熟的果实，在果皮上纵剖成四瓣至基部，除尽瓤瓣，晒干，习称四花青皮。切厚片或丝。个青皮以色黑绿、个匀、质硬、香气浓者为佳；四花青皮以皮黑绿色、内面黄白色、香气浓者为佳。生用或醋炙用。主产于福建、浙江等地。

【性味归经】苦、辛，温。归肝、胆、胃经。

【功效】疏肝破气，消积化滞。

【主治与应用】

(1)肝郁气滞，胸胁胀痛，疝气疼痛，乳癖乳痈。本品苦泄辛行温通，性猛入肝，善于疏理肝胆之气，尤宜用于肝郁气滞诸证。治肝郁气滞，胸胁胀痛、乳房胀痛，可配柴胡、郁金、香附等药；治乳癖，乳房结块，单用煎汤，或配柴胡、橘叶等药；治乳痈肿痛，可配瓜蒌、蒲公英、漏芦等药；治寒疝疼痛，可与乌药、小茴香、木香等药同用，如天台乌药散(《医学发明》)。

(2)食积气滞，脘腹胀痛。本品辛行苦降，既能消积，又能行气止痛。治食积气滞、脘腹胀痛，可与山楂、神曲、麦芽等药同用；治气滞脘腹胀痛，可与木香、枳壳、大腹皮等药同用。

(3)癥瘕积聚，久疟痞块。本品苦泄峻烈，辛散温通力强，能破气散结。治气滞血瘀之癥瘕积聚，久疟痞块等，可与三棱、莪术、鳖甲等药配伍。

【用法用量】煎服：马、牛 15～30 g；猪、羊 5～10 g；兔、禽 1.5～3 g。

【使用注意】本品性烈耗气，气虚者慎用。

枳实

【来源】本品为芸香科植物酸橙及其栽培变种或甜橙的干燥幼果。5—6 月收集自落的果实，晒干或低温干燥。以外皮色黑绿、香气浓者为佳。生用或麸炒用。主产于四川、江西、湖南、湖北、江苏等地。

【性味归经】苦、辛、酸，微寒。归脾、胃经。

【功效】破气消积，化痰，除胀。

【主治与应用】

(1)积滞内停，痞满胀痛，泻痢后重，大便不通。本品辛行苦降，入脾、胃经，既能破气除痞，又能消积导滞，故可治胃肠积滞、气机不畅者。治食积气滞，脘腹胀满疼痛，常与山楂、麦芽、神曲等药同用，如曲麦枳术丸(《医学正传》)；治热结便秘，腹满胀痛，可与大黄、芒硝、厚朴等药同用，如大承气汤(《伤寒论》)；治脾胃虚弱、运化无力、食后脘腹痞满胀痛，常与白术配伍，可消补兼施，以健脾消痞，如枳术丸(《内外伤辨惑论》)；治湿热泻痢、里急后重，可与黄芩、黄连等药同用，如枳实导滞丸(《内外伤辨惑论》)。

(2)痰阻气滞，胸痹，结胸。本品能行气化痰以消痞，破气除满而止痛。治痰浊闭阻、胸阳不振之胸痹，胸中满闷、疼痛，可与薤白、桂枝等药同用，如枳实薤白桂枝汤(《金匮要略》)；治痰热结胸，可与黄连、瓜蒌、半夏等药同用，如小陷胸加枳实汤(《温病条辨》)；治心下痞满，食欲不振，可与半夏曲、厚朴等药同用，如枳实消痞丸(《兰室秘藏》)。

(3)脏器下垂。治胃扩张、胃下垂、子宫脱垂、脱肛等脏器下垂，可单用本品，或配伍黄芪、白术等补中益气之品。

【用法用量】煎服：马、牛 15～45 g；猪、羊 5～10 g；犬、猫 2～4 g；兔、禽 1～3 g。

【使用注意】脾胃虚弱及孕畜忌用。

香附

【来源】本品为莎草科植物莎草的干燥根茎。秋季采挖，燎去毛须，置沸水中略煮或蒸透后晒干，或燎后直接晒干。以色棕褐、香气浓者为佳。生用或醋炙用。用时碾碎。主产于山东、浙江、福建、湖南等地。

【性味归经】辛、微苦、微甘，平。归肝、脾、三焦经。

【功效】疏肝解郁，理气宽中，调经止痛。

【主治与应用】

(1)肝郁气滞，胸胁胀痛，疝气疼痛。本品辛香行散，味苦疏泄，归肝经，善理肝气之郁结并止痛，为疏肝解郁之要药，肝郁气滞诸痛证均宜。治肝郁气滞之胁肋胀痛，可与柴胡、川芎、枳壳等药同用，如柴胡疏肝散(《景岳全书》)；治寒凝气滞，肝气犯胃之胃脘疼痛，可配高良姜，如良附丸(《良方集腋》)；治寒疝腹痛，可与小茴香、乌药、吴茱萸等药同用。

(2)肝郁气滞，产后瘀血腹痛，乳房胀痛。本品疏肝理气，善调经止痛，故为产科调经之要药。治肝郁气滞，产后瘀血腹痛，常与柴胡、艾叶、当归等药同用；治乳房胀痛，多与柴胡、青皮、瓜蒌皮等药同用。

(3)脾胃气滞，脘腹痞闷，胀满疼痛。本品味辛能行，入脾经，有行气宽中之功，故常用于治脾胃气滞证。治气滞脘腹胀痛、胸膈噎塞、嗳气吞酸、纳呆，可与砂仁、乌药、苏梗等药同用。治外感风寒兼脾胃气滞，可与苏叶、陈皮等药同用，如香苏散(《和剂局方》)；治气、血、痰、火、湿、食六郁所致胸膈痞满、脘腹胀痛、呕吐吞酸、食积不化等，可与川芎、苍术、栀子等药同用，如越鞠丸(《丹溪心法》)。

【用法用量】煎服：马、牛 15～45 g；猪、羊 5～10 g；兔、禽 1～3 g。

厚朴

【来源】本品为木兰科植物厚朴。或凹叶厚朴的干燥干皮、根皮及枝皮。4—6 月剥取，根皮和枝皮直接阴干；干皮置沸水中微煮后，堆置阴湿处，“发汗”至内表面变紫褐色或棕褐色时，蒸软，取出，卷成筒状，干燥。以皮厚、油性足、断面紫棕色、有小亮星、气味浓厚者为佳。切丝，生用或姜汁炙用。主产于四川、湖北等地。

【性味归经】苦、辛，温。归脾、胃、肺、大肠经。

【功效】燥湿，行气，消积，消痰平喘。

【主治与应用】

(1)湿滞伤中，脘痞吐泻。本品苦燥辛散，既能燥湿，又能下气除胀满，为消除胀满的要药。治湿阻中焦、脘腹痞满、呕吐泄泻，常与苍术、陈皮等药同用，如平胃散(《和剂局方》)。

(2)食积气滞，腹胀便秘。本品可行气宽中，消积导滞。治积滞便秘，常与大黄、枳实等药同用，如厚朴三物汤(《金匮要略》)。配大黄、芒硝、枳实，以达峻下热结、消积导滞之效，常用于热结便秘，如大承气汤(《伤寒论》)。

(3)痰饮喘咳。本品能燥湿消痰，下气平喘。治痰饮阻肺、肺气不降、咳喘胸闷，与紫苏子、陈皮、半夏等药同用，如苏子降气汤(《和剂局方》)。治寒饮化热、胸闷气喘、喉间痰声辘辘、烦躁不安，与麻黄、石膏、杏仁等药同用，如厚朴麻黄汤(《金匮要略》)。治宿有喘病，因外感风寒而发，与桂枝、杏仁等药同用，如桂枝加厚朴杏子汤(《伤寒论》)。

【用法用量】煎服：马、牛 15～45 g；驼 30～60 g；猪、羊 5～15 g；兔、禽 1.5～3 g。

【使用注意】脾胃无积滞及气虚津亏者慎用。

丁香

【来源】本品为桃金娘科植物丁香的干燥花蕾。当花蕾由绿色转红时采摘，晒干。以个大、色棕褐、香气浓、油多者为佳。生用。主产于广东、海南和热带地区。

【性味归经】辛，温。归脾、胃、肾经。

【功效】温中降逆，散寒止痛，温肾助阳。

【主治与应用】

(1)脾胃虚寒，呃逆呕吐，食少吐泻。本品辛温芳香，暖脾胃而行气滞，尤善降逆，故有温中散寒、降逆止呕、止呃之功，为治胃寒呕吐呃逆之要药。正如《本草正》谓其“温中快气，治上焦呃逆。”

治虚寒呕逆，常与柿蒂、人参、生姜等药同用，如丁香柿蒂汤（《症因脉治》）；治脾胃虚寒之吐泻、食少，常与白术、砂仁等药同用；治妊娠恶阻，以之与藿香、人参配伍，如人参丁香散（《证治准绳》）。

（2）心腹冷痛。本品辛散温通，功能温中散寒止痛，可用治心腹冷痛。治胸痹心冷痛，可与附子、薤白、川芎等药配伍；治胃寒脘腹冷痛，可与干姜、高良姜、延胡索等药同用。

（3）肾虚阳痿，宫冷。本品性味辛温，入肾经，有温肾助阳起痿之功。治肾虚阳痿、宫冷不孕，可与附子、肉桂、淫羊藿等药同用。

【用法用量】马、牛 10～30 g；猪、羊 3～6 g；犬、猫 1～2 g；兔、禽 0.3～0.6 g。

【使用注意】畏郁金，不宜与之同用；热证腹痛忌用。

木香

【来源】本品为菊科植物木香的干燥根。秋冬两季采挖，除去泥沙及须根，切段，大的再纵剖成瓣，干燥后撞去粗皮。以香气浓郁、油性足者为佳。切厚片，生用或煨用。原产于印度、缅甸、巴基斯坦，从广州进口，称为广木香。国内云南引种者，名云木香。

【性味归经】辛、苦，温。归脾、胃、大肠、三焦、胆经。

【功效】行气止痛，健脾消食。

【主治与应用】

（1）脾胃气滞，脘腹胀痛，食积不消，食欲不振。本品辛行苦泄温通，芳香气烈，能通理三焦，尤善行脾胃之气滞，故为行气调中止痛之佳品，又能健脾消食，故食积气滞尤宜。治脾胃气滞、脘腹胀痛，可单用本品磨汁，或与砂仁、陈皮、厚朴等药同用；治食滞中焦、脘痞腹痛，可与陈皮、半夏、枳实等药同用；治寒凝中焦、食积气滞，可与干姜、小茴香、枳实等药同用；治脾虚食少，兼食积气滞，可与砂仁、枳实、白术等药同用，如香砂枳术丸（《景岳全书》）；治脾虚气滞、脘腹胀满、食少便溏，可与人参、白术、陈皮等药同用，如香砂六君子汤（《和剂局方》）。

（2）泻痢后重。本品辛行苦降，善行大肠之滞气，为治泻痢后重之要药。治湿热泻痢、里急后重，常与黄连配伍，如香连丸（《和剂局方》）；治饮食积滞、脘腹胀满、泻而不爽，可与槟榔、青皮、大黄等药同用，如木香槟榔丸（《儒门事亲》）。

（3）胸胁胀痛，黄疸，疝气疼痛。本品辛香能行，味苦能泄，走三焦和胆经，能疏理肝胆和三焦之气机。治湿热郁蒸，肝失疏泄，气机阻滞之胸胁胀痛，黄疸口苦，可与郁金、大黄、茵陈等药配伍；治寒疝腹痛及睾丸偏坠疼痛，可与川楝子、小茴香等药同用，如导气汤（《医方简义》）。

（4）本品芳香醒脾开胃，在补益方剂中用之，能减轻补益药的腻胃和滞气之弊，如归脾汤（《济生方》）中配伍木香，能使补气养血药补而不滞。

【用法用量】马、牛 30～60 g；猪、羊 6～12 g；犬、猫 2～5 g；兔、禽 0.3～1 g。

【使用注意】本品辛温苦燥，凡阴虚火旺者慎用。

枳壳

【来源】本品为芸香科植物酸橙及其栽培变种的干燥未成熟果实。7 月果皮尚绿时采收，自中部横切为两半，晒干或低温干燥。切薄片。生用或麸炒用。主产于浙江、福建、广东、江苏、湖南等地。

【性味归经】苦、辛、酸，微寒。归脾、胃经。

【功效】行气宽中，化痰，消食。

【主治与应用】性味、归经与枳实相同，但作用较为缓和。功能理气宽中，行滞消胀。用于胸胁气滞，胀满疼痛，食积不化，痰饮内停，脏器下垂。

【用法用量】马、牛 15～45 g；驼 40～80 g；猪、羊 5～10 g。

【使用注意】孕畜慎用。

砂仁

【来源】本品为姜科植物阳春绿壳砂或海南砂的干燥成熟果实。夏秋两季果实成熟时采收，晒干或低温干燥。生用或炒用。主产于广东、广西、海南等地。

【性味归经】辛，温。归脾、胃、肾经。

【功效】化湿开胃，温脾止泻，理气安胎。

【主治与应用】

(1)湿浊中阻，脾胃气滞，脘痞不饥。本品辛散温通，气味芳香，其化湿醒脾开胃，行气温中之效均佳，古人谓其"为醒脾调胃要药"。故凡湿阻或气滞所致之脘腹胀痛等脾胃不和诸证常用，尤其是寒湿气滞者最为适宜，常与厚朴、陈皮、枳实等药同用。治脾胃气滞者，与木香、枳实同用，如香砂枳术丸(《景岳全书》)；治脾胃气虚、痰阻气滞之证，配健脾益气之党参、白术、茯苓等，如香砂六君子汤(《和剂局方》)。

(2)脾胃虚寒，呕吐泄泻。本品善于温中暖胃以达止呕止泻之功，其作用重在温脾。治脾胃虚寒、呕吐泄泻，可单用研末投服，或与干姜、附子等药同用。

(3)妊娠恶阻，胎动不安。本品能行气和中而止呕安胎。治妊娠呕逆不能食，可单用，或与紫苏梗、白术等药同用；治气血不足，胎动不安，与人参、白术、熟地等药配伍，如泰山磐石散(《古今医统大全》)。

【用法用量】马、牛 15～30 g；猪、羊 3～10 g；兔、禽 1～2 g。

【使用注意】阴虚火旺及胃肠热结者忌用。

乌药

【来源】本品为樟科植物乌药的干燥块根。全年均可采挖，除去细根，洗净，趁鲜切片，晒干。以质嫩、粉性大、切面淡黄棕色、香气浓者为佳。生用。主产于浙江、安徽、湖南、湖北等地。

【性味归经】辛，温。归肺、脾、肾、膀胱经。

【功效】行气止痛，温肾散寒。

【主治与应用】

(1)寒凝气滞，胸腹胀痛，气逆喘急，疝气疼痛。本品辛温，能疏理气机、散寒止痛，入肺、脾、肾经，故能治三焦寒凝气滞疼痛。治气滞胸腹胁肋闷痛，可配香附、川楝子、木香等药；治气滞脘腹胀痛，可配木香、青皮、莪术等药；治寒疝腹痛，可配小茴香、青皮、高良姜等药，如天台乌药散(《医学发明》)；治寒凝气滞之痛经，可配当归、吴茱萸、香附等药。本品理气散寒，治寒郁气滞、气逆喘急，可与麻黄、沉香、小茴香等药同用。

(2)肾阳不足，膀胱虚冷，遗尿尿频。本品辛散温通，入肾与膀胱经而能温肾散寒，缩尿止遗。治肾阳不足，膀胱虚冷之小便频数、小儿遗尿，可与益智仁、山药等药同用，如缩泉丸(《校注妇人良方》)。

【用法用量】煎服：马、牛 30～60 g；猪、羊 10～15 g；犬、猫 3～6 g；兔、禽 1.5～3 g。

【使用注意】气血虚亏而有热证表现者忌用。

佛手

【来源】 本品为芸香科植物佛手的干燥果实。秋季果实尚未变黄或刚变黄时采收，纵切成薄片，晒干或低温干燥。以片大、绿皮白肉、香气浓者为佳。切片，生用。主产于四川、广东等地。

【性味归经】 辛、苦、酸，温。归肝、脾、胃、肺经。

【功效】 疏肝理气，和胃止痛，燥湿化痰。

【主治与应用】

(1)肝胃气滞，胸胁胀痛。本品辛香行散，味苦疏泄，善于疏肝解郁、行气止痛。治肝郁气滞及肝胃不和之胸胁胀痛、脘腹痞满等证，可与柴胡、香附、郁金等药同用。

(2)脾胃气滞，胃脘痞满，食少呕吐。本品入脾胃经，能理气和中止痛。治脾胃气滞之脘腹胀痛、呕恶食少等证，可与木香、香附、砂仁等药同用。

(3)咳嗽痰多。本品苦温燥湿而化痰，辛香又能行气。治湿痰咳嗽、痰多胸闷，可与丝瓜络、瓜蒌皮、陈皮等药配伍。

【用法用量】 煎服：马、牛 15～30 g；猪、羊 3～10 g。

【使用注意】 阴虚血燥、气无瘀滞者慎服。

大腹皮

【来源】 本品为棕榈科植物槟榔的干燥果皮。冬季至次春采收未成熟的果实，煮后干燥，纵剖两瓣，剥取果皮，习称大腹皮；春末至秋初采收成熟果实，煮后干燥，剥取果皮，打松，晒干，习称大腹毛。以色黄白、质柔韧者为佳。生用。国外主产于印度尼西亚、印度、菲律宾等地；国内主产于海南、广东、云南等地。

【性味归经】 辛，微温。归脾、胃、大肠、小肠经。

【功效】 行气宽中，行水消肿。

【主治与应用】

(1)湿阻气滞，脘腹胀闷，排便不爽。本品辛散，入脾、胃、大肠经，能行气导滞、宽中利气。治湿阻气滞之脘腹胀满，可与藿香、陈皮、厚朴等药同用；治食积气滞之脘腹痞胀，粪便秘结或泻而不爽，可与山楂、麦芽、枳实等药同用。

(2)水肿胀满，脚气浮肿，小便不利。本品能行气利水消肿。治水肿、小便不利，可与茯苓皮、五加皮等药同用，如五皮饮(《麻科活人全书》)；治脚气肿满、小便不利，可与桑白皮、槟榔、木瓜等药同用。

【用法用量】 煎服：马、牛 20～45 g；猪、羊 6～12 g；兔、禽 1～3 g。

【使用注意】 气虚体弱者慎服。

甘松

【来源】 本品为败酱科植物甘松的干燥根及根茎。春秋两季采挖，除去泥沙和杂质，晒干或阴干。以主根肥壮、芳香气浓者为佳。切段，生用。主产于四川等地。

【性味归经】 辛、甘，温。归脾、胃经。

【功效】 理气止痛，开郁醒脾；外用祛湿消肿。

【主治与应用】

(1)寒郁气滞，脘腹胀满，食欲不振，呕吐。本品辛温芳香，专归脾胃经，故能行气消胀，醒脾开胃，散寒止痛。治寒湿阻滞、气机不畅之脘腹胀痛，食欲不振、恶心呕吐等，可与木香、砂仁、陈皮等药同用；治思虑伤脾、胸闷腹胀、食欲不振，可与柴胡、郁金、豆蔻等药同用。

(2)脚气肿痛，牙痛。本品外用有祛湿消肿之功。治湿脚气，可配荷叶、藁本等药煎汤外洗。单用泡汤漱口，可治牙痛。

【用法用量】煎服：马、牛 15～45 g；猪、羊 3～6 g。

柿蒂

【来源】本品为柿树科植物柿的干燥宿萼。冬季果实成熟时采摘，食用时收集，洗净，晒干。以个大、肥厚、质硬、色黄褐者为佳。生用。主产于河北、河南、山东等地。

【性味归经】苦、涩，平。归胃经。

【功效】降气止呃。

【主治与应用】

(1)呃逆。本品味苦降泄，专入胃经，善降胃气而为止呃逆之要药。治胃寒呃逆，可与丁香、生姜等药同用，如柿蒂汤(《济生方》)；治虚寒呃逆，可与人参、丁香等药同用，如丁香柿蒂汤(《症因脉治》)；治胃热呃逆，可与黄连、竹茹等药同用；治痰浊内阻之呃逆，可与半夏、陈皮、厚朴等药同用；治命门火衰、元气暴脱、上逆作呃，配伍附子、人参、丁香等药。

【用法用量】煎服：马、牛 15～45 g；猪、羊 10～15 g。

任务实施

(一)布置任务

根据所学知识，针对以上提供的病例资料，按要求分别完成以下任务。

(1)治疗原则：________________

(2)选用药物：________________

(二)工作评价

针对以上任务的完成情况，分别对治疗原则和选用药物两项任务给予评价和点评。

工作评价			
评价内容	评价结果		
	正确	基本正确	错误
治疗原则			
选用药物			
学生反思			
教师点评			

任务八 消食药

任务导读

凡以消食化积为主要功效，常用以治疗饮食积滞的药物，称为消食药。消食药多味甘性平，归脾、胃经。具有消食化积以及健胃和中之功，使食积得消，食滞得化，脾胃之气得以恢复。此外，部分消食药又兼有行气、活血、祛痰等功效。消食药主治宿食停留，饮食不消所致的脘腹胀满、嗳腐吞酸、恶心呕吐、食欲不振、大便失常等，以及脾胃虚弱、消化不良者。

本类药物多属渐消缓散之品，适用于病情较缓，积滞不甚者。但食积者多有兼证，故临床应根据不同病情予以适当配伍。若宿食内停，气机阻滞，需配理气药，使气行而积消；若积滞化热，当配苦寒清热或轻下之品；若寒湿困脾或胃有湿浊，当配芳香化湿药；若中焦虚寒者，宜配温中健脾之品；而脾胃虚弱，运化无力，食积内停者，则当配伍健脾益气之品，以标本兼顾，使消积而不伤正。

本类药物虽多数效缓，但仍不乏耗气之弊，故气虚而无积滞者慎用。

案例导入

某农户饲养的水牛因鼻绳被扯断偷吃了红薯藤，第二天发现该牛肚胀不吃，呼吸困难而求诊。临证所见：精神不振，躁动不安，左腹胀大，时起时卧，回头顾腹，行走缓慢，步幅短缩；呼吸短促，28 次/min，呼气酸臭，食欲及反刍停止，瘤胃蠕动消失，内容物坚硬，胃壁回复力缓慢而弱，叩诊瘤胃呈实音，心跳 72 次/min，脉滑数，体温 37.6 ℃，口色紫红。本证乃饱伤胃腑，升降失职的宿草不转。

请思考：该牛病证的治疗原则是什么？该选用哪些药物？

山楂

【来源】本品为蔷薇科植物山里红或山楂的干燥成熟果实。秋季果实成熟时采收，切片，干燥，以片大、皮红、肉厚、核少者为佳。生用或炒黄、炒焦用。主产于河北、江苏、浙江、安徽、湖北、贵州、广东等地。

【性味归经】酸、甘，微温。归脾、胃、肝经。

【功效】消食健胃，行气散瘀。

【主治与应用】本品甘温益脾，消食化积，行气散瘀，为宿食不化，伤食泄泻与瘀血恶阻之良药。

(1)消食健脾。用于草料停滞于胃所致的宿食不消、肚腹饱胀等证，常与麦芽、枳壳、厚朴、丁香、炒莱菔子等药同用；用于伤食泄泻，粪便黏腻恶臭，常与神曲、半夏、陈皮、茯苓、连翘等药配伍。

(2)活血行瘀。用于产后恶露不尽，瘀血内阻致腹痛等证，常与当归、川芎、益母草、五灵脂等药同用。

【用法用量】马、牛 20～60 g；猪、羊 10～15 g；犬、猫 3～6 g；兔、禽 1～2 g。生山楂、炒山楂偏于消食散瘀；焦山楂消食导滞作用增强，适用于肉食积滞，泄泻。

【使用注意】脾胃虚弱而无积滞者慎用。

神曲

【来源】本品为辣蓼、青蒿、杏仁等药加入面粉混合后经发酵而成的加工品。以色黄棕、具香气者为佳。生用或炒用。全国各地均有生产。

【性味与归经】甘、辛，温。归脾、胃经。

【功效】消食化积，健脾和胃。

【主治与应用】本品辛以行散消食，甘温健胃和中。治食积停滞、脘腹胀满、食少纳呆、肠鸣腹泻者，常与山楂、麦芽、莱菔子等药同用。又因本品略能解表退热，故尤宜食滞兼外感表证者。

【用法用量】马、牛 30～60 g；猪、羊 10～20 g。

莱菔子

【来源】本品为十字花科植物萝卜的成熟种子。夏季果实成熟时采割植株，晒干，搓出种子。生用或炒用，用时捣碎。全国各地均产。

【性味归经】辛、甘，平。归脾、胃、肺经。

【功效】消食除胀，降气化痰。

【主治与应用】莱菔子消食除胀，降气化痰。适用于食积气滞、胸满腹胀、咳嗽气喘等证。

(1)消食除胀。本品味辛行散，消食化积之中尤善行气消胀。用于食积气滞、肚腹胀满、嗳气腹痛、泻痢不爽等证，常与山楂、神曲、陈皮等药同用，如保和丸(《丹溪心法》)。

(2)降气化痰。用于痰湿壅阻所致的肺失清肃、咳嗽气喘及痰多证，常与白芥子、苏子等药同用，如三子养亲汤(《韩氏医通》)。

【用法用量】马、牛 18～60 g；猪、羊 6～15 g。

【使用注意】本品其性辛散耗气，故气虚及无食积者慎用。

任务实施

(一)布置任务

根据所学知识，针对以上提供的病例资料，按要求分别完成以下任务。

(1)治疗原则：____________________

(2)选用药物：____________________

(二)工作评价

针对以上任务的完成情况，分别对治疗原则和选用药物两项任务给予评价和点评。

工作评价			
评价内容	评价结果		
	正确	基本正确	错误
治疗原则			
选用药物			
学生反思			
教师点评			

任务九 止 血 药

任务导读

凡以制止体内外出血为主要功效，主要用以治疗各种出血病证的药物，称为止血药。

止血药入血分，因心主血、肝藏血、脾统血，故本类药物以归心、肝、脾经为主，尤以归心、肝经者为多。根据止血药的药性和功效不同，本类药物也相应地分为凉血止血药、温经止血药、化瘀止血药和收敛止血药四类。

其适用于治咳血、衄血、吐血、便血、尿血、崩漏、紫癜以及外伤出血等体内外各种出血病证。同时结合出血之证发生的病因、病情以及部位的不同，选择合适的止血药，并做必要的配伍，使药证相符，标本兼顾。

"止血不留瘀"为止血药使用中必须遵循的原则，且凉血止血药、收敛止血药其性凉，有止血留瘀之弊，故出血兼有瘀滞者不宜单独使用。同时，在使用过程中止血药多炒炭用。

案例导入

某奶牛便血，色鲜红，出血量较大，体瘦毛焦，食少便溏。当地兽医师用大剂量止血敏注射2 d，未见效果。

请思考：该牛病证的治疗原则是什么？该选用哪些药物？

一、凉血止血药

本类药物性多甘凉或苦寒，且入血分，多归肝、心经，具有清泄血分之火热和止血之效，能清血分之热而止血。适用于血热妄行之出血证。所谓出血证，其属热者多十之八九。因此在所有止血药中，凉血止血药数量最多，而且也最为常用。

本类药物原则上不适用于虚寒性出血证，但通过合理配伍后，也可用之。

小蓟

【来源】本品为菊科植物刺儿菜的干燥地上部分。夏秋两季花开时采割，除去杂质，晒干。切段，生用或炒炭用。全国各地均产。

【性味归经】甘、苦，凉。归心、肝经。

【功效】凉血止血，散瘀解毒，消痈。

【主治与应用】

(1)血热所致的出血证。本品性寒凉，善清血分之热而凉血止血，凡血热妄行之吐血、衄血、便血、尿血、崩漏，皆可选用。以本品捣烂外涂，治金疮出血(《食疗本草》)；治多种出血证，常与大蓟、侧柏叶、茅根等药同用，如十灰散(《十药神书》)。

(2)痈肿疮毒。本品能清热解毒，散瘀消肿。治热毒疮疡初起肿痛之证，可单用鲜品捣烂敷患处，也可与蒲公英、紫花地丁等药同用。

【用法用量】马、牛 20～60 g；猪、羊 10～15 g；犬 5～10 g，鲜品捣烂外敷。

大蓟

【来源】本品为菊科植物蓟的干燥地上部分。夏秋两季花开时采割，除去杂质，晒干。切段，生用或炒炭用。全国各地均产。

【性味与归经】甘、苦，凉。归心、肝经。

【功效】凉血止血，散瘀解毒，消痈。

【主治与应用】

(1)血热出血诸证。本品味甘苦性凉，入血分，去血热，故能凉血止血。治血热出血诸证，如吐血、咳血、咯血、衄血、崩漏下血、便血、血淋尿血等。治内伤出血，可用鲜大蓟根或叶捣汁内服(《普济方》)；治血热出血，常与小蓟相须为用，如十灰散(《十药神书》)。

(2)痈肿疮毒。本品甘苦而凉，能凉血解毒，又能散瘀消肿，如"疗痈肿"(《新修本草》)。治外科疮疡，尤以痈肿为宜，可单用鲜品捣烂外敷，也可配伍其他清热解毒药同用。

【用法用量】马、牛 20～60 g；猪、羊 10～20 g。鲜品可用 30～60 g。外用适量，捣敷患处。

地榆

【来源】本品为蔷薇科植物地榆或长叶地榆的干燥根。春秋两季采挖，洗净泥土，除去茎叶及须根，晒干，切片。生用或炒炭用。全国各地均产，但以浙江、安徽、湖南、湖北、山东等地产量为多。

【性味归经】苦、酸、涩，微寒。归肝、大肠经。

【功效】凉血止血，解毒敛疮。

【主治与应用】本品清热凉血，适用于多种出血证，尤为治下焦出血佳品，同时为治解毒疗疮、烫火伤的要药。

(1)凉血止血。本品性味苦寒，善泄血中之热而凉血止血；味兼酸涩，又能收敛止血，治多种血热出血之证。又因其性沉降，善治下焦血热之便血、血痢，常配伍生地黄、黄芩、槐花等药，如槐角丸(《和剂局方》)；治血痢，可与马齿苋、仙鹤草、当归等药配伍；治崩漏下血，可与茜草、苎麻根、黄芩等药配伍。

(2)解毒敛疮。本品性苦寒,泻火解毒,为治烧烫伤之要药,可单味研末用麻油调敷,或配伍紫草、冰片等药。治热毒疮痈,鲜品治为佳;治湿疹及皮肤溃烂,可用本品浓煎后外洗,也可与土茯苓、白鲜皮等药同用。

【用法用量】马、牛 15～60 g;猪、羊 6～12 g。外用适量。

【使用注意】虚寒性出血或有瘀者慎用。

槐花

【来源】本品为豆科植物槐的干燥花及花蕾。夏季花开放或花蕾形成时采收,及时干燥,除去枝、梗及杂质。前者习称槐花,后者习称槐米。生用、炒黄用或炒炭用。主产于辽宁、湖北、安徽、北京等地。

【性味归经】苦,微寒。归肝、大肠经。

【功效】凉血止血,清肝泻火。

【主治与应用】本品凉血止血,善清大肠火热,适用于血痢、便血,以及血热妄行所致的吐血等出血证;清肝火,常用于目赤肿痛等。

(1)凉血止血。本品性属寒凉,治血热妄行所致的各种出血之证。因其性苦降下行,善清泄大肠火热,故对大肠火盛之便血、痔血、血痢最为适宜。治新久痔血,常配伍黄连、地榆等药,如榆槐脏连丸(《成方便读》);治血热便血,常与荆芥穗、枳壳等药配伍,如槐花散(《本事方》)。

(2)清肝明目。本品味苦性寒,长于清泻肝火。治肝火上炎之目赤肿痛,常与夏枯草、菊花等药配伍。

(3)痈肿疮疡。其多以热毒为患,槐花清热凉血散血,故可用本品治之。

【用法用量】马、牛 30～60 g;猪、羊 6～15 g。外用适量。止血多炒炭用,清热泻火宜生用。

【使用注意】脾胃虚寒及阴虚发热而无实火者慎用。

白茅根

【来源】本品为禾本科植物白茅的干燥根茎。春秋两季采挖,洗净,晒干,除去须根和膜质叶鞘,捆成小把。生用或炒炭用。全国大多数地区均产。

【性味归经】甘,寒。归肺、胃、膀胱经。

【功效】凉血止血,清热利尿。

【主治与应用】

(1)血热出血。本品甘寒入血分,能清血分之热而凉血止血。治多种血热出血之证,可单用,或配伍其他凉血止血药。以茅根煎汁或鲜品捣汁服用(《千金翼方》);治尿血,可配伍小蓟、黄芩、血余炭等药。

(2)热病烦渴,肺热咳嗽,胃热呕吐。本品甘寒,善清肺胃之热,降泄火逆。治热病烦渴,可与芦根、天花粉等药配伍;治胃热呕吐,常与麦冬、竹茹、半夏等药同用;治肺热咳喘,常与桑白皮、地骨皮等药同用。

(3)湿热黄疸,热淋。本品清热利尿以除湿退黄、消水肿与通淋。治湿热黄疸,常与茵陈、栀子等药同用;治热淋、水肿,可单用本品煎服,也可与其他清热利尿药同用。

【用法用量】马、牛 30～100 g;驼 50～100 g;猪、羊 10～20 g。鲜品加倍。止血多炒炭用,清热利尿多生用。

二、温经止血药

本类药物味多苦辛，性多温涩，善于温里散寒，能温脾阳，固冲脉而统摄血液，温经止血。适用于脾不统血，冲脉失固之虚寒性出血病证。部分药物兼有温中散寒、止泻止痛、温经散寒调经等功效，故又可用于脾胃虚寒之呕吐、泄泻、腹痛等证。

因其性温热，故血热妄行之出血证不宜使用。

艾叶

【来源】本品为菊科植物艾的干燥叶。夏季花未开时采摘，除去杂质，晒干。以湖北蕲州产者为佳，称为蕲艾。其炮制品称为醋艾炭。生用、炒炭用或揉绒用。全国大部分地区均有分布。

【性味归经】辛、苦，温；有小毒。归肝、脾、肾经。

【功效】温经止血，散寒止痛，调经，安胎；外用祛湿止痒。

【主治与应用】本品入肝、脾经，其性辛行气血，温通散寒，能暖气血而温经脉，具有温经止血之功，主下血、衄血、脓血痢(《新修本草》)，适用于虚寒性出血之证。

(1)温经止血。本品气香味辛，温中散寒，能暖气血而温经脉，为温经止血之要药。用于虚寒性出血病证，可单用本品，水煎服，也可与阿胶、芍药、干地黄等药同用，如胶艾汤(《金匮要略》)。治血热妄行之出血证，可配伍生地黄、生荷叶、生柏叶等清热凉血止血药，如四生丸(《妇人良方》)。治脾胃虚寒所致的脘腹冷痛，可单味艾叶煎服，或以之炒热熨敷脐腹，或配伍温中散寒之品。

(2)安胎。本品为产科安胎之要药。如《肘后方》中以艾叶，酒煎服，治妊娠期胎动不安。临床多与阿胶、桑寄生等药同用，治胎动不安，胎漏下血。

(3)皮肤瘙痒。艾叶辛香苦燥，局部煎汤外洗有祛湿止痒之功，适用于湿疹、阴痒、疥癣等证。

(4)将本品捣绒，制成艾条、艾炷等，用以熏灸体表穴位，能温煦气血，透达经络，为温灸的主要原料。

【用法用量】煎服：马、牛 15～45 g；驼 30～60 g；猪、羊 6～12 g；犬、猫 1～3 g；兔、禽 1～1.5 g。外用适量，供灸治或熏洗用。醋艾炭温经止血，用于虚寒性出血；其余生用。

【使用注意】阴虚血热者忌用。

炮姜

【来源】本品为干姜的炮制加工品。以干姜砂烫至鼓起，表面呈棕褐色，或炒炭至外表色黑、内呈棕褐色者入药。其炮制品称为姜炭。

【性味归经】辛，热。归脾、胃、肾经。

【功效】温经止血，温中止痛。

【主治与应用】

(1)虚寒性出血。本品性温，尤以温脾胃为善，温中止痛、止泻。单用本品治中寒水泻(《千金要方》)，或与附子、高良姜等药同用，如朴附丸(《世医得效方》)。治脾虚冷泻，则以炮姜与厚朴、附子等药配伍。

(2)腹痛、腹泻。本品性温，归脾经，能温经止血，温中止痛、止泻。治产后恶露不尽、少腹疼痛，常与当归、川芎、桃仁等药配伍，用以补血、活血、温经止痛，如生化汤(《傅青主女科》)。治寒凝脘腹冷痛，可配伍高良姜，如二姜丸(《和剂局方》)。

【用法用量】马、牛 15～45 g；驼 30～60 g；猪、羊 5～15 g；犬、猫 1～3 g；兔、禽 1～1.5 g。

三、化瘀止血药

三七

【来源】本品为五加科植物三七的干燥根及根茎。秋季花前采挖，干燥。研细粉生用。主产于云南、广西、江西等地。

【性味归经】甘、微苦，温。归肝、胃经。

【功效】散瘀消肿，定痛止血。

【主治与应用】

《兽医药性赋》言："治吐血伤性。"《兽药规范》言："散瘵止血，消肿止痛。熟品补血、和血。治家畜便血、衄血、吐血、外伤出血、跌打瘀血。熟品用于失血、亏血。"《兽医本草》言："治鼻出血，肺出血，跌打损伤，腰椎疼痛，小便出血，外伤出血。"

(1)散瘀止血。本品性甘温苦，尤以调肝胃为善。治牛马鼻出血方：三七、生地黄、紫丹参、黑栀子、白茅根、藕节。煎水调服(湖北《中兽医验方汇编》)。治马骡肺出血方：汉三七、山栀子、侧柏叶、白芍。共研细末，开水冲服(《吉林省中兽医验方选集》)。

(2)跌打损伤。治牛马跌打损伤方：三七、土鳖虫、血竭、乳香、木瓜、桂枝、山栀子、没药、杜仲、申姜(骨碎补)、牛膝、自然铜。共研细末，开水冲服(《吉林省中兽医验方选集》编者经验)。治马跌扑伤损方：用三七、乳香、没药、血竭、儿茶、冰片。共研细末，黄酒、红糖为引，开水冲服(安徽《中兽医诊疗》)。

【用法用量】马、牛 9～30 g；猪、羊 3～9 g；犬、猫 1～3 g；兔、禽 1～1.5 g。

四、收敛止血药

海螵蛸

【来源】本品为乌贼科动物金乌贼等的背骨。收集乌贼鱼的骨状内壳，洗净，干燥。主产于浙江、福建、广东等沿海地区。

【性味归经】味咸，微温。归脾、肾经。

【功效】除湿制酸，止血止痢，敛疮解毒。

【主治与应用】

明目杀虫；治眼中一切翳，治马心痛，疮流脓水用之良，结马用之(《师皇安骥集》)。去翳明目(《元亨疗马集》)。此鱼骨疗牛马目中翳障，亦疗人目中翳，用之良也(《唐本草》)。其骨能消目中一切浮翳，细研和蜜点之妙；又点马眼热泪甚良(《食疗本草》)。

(1)治马点眼明睛散：白矾(飞过)、乌鱼骨、羌活。共研细匀，频频点之(《安骥药方》)。

(2)治牛鼻癖法：明雄、川椒、枯矾、石脂、胆矾、龙骨、冰片、黄丹、甘石、青黛、海螵蛸。共为细末，入麝香搽上(《活兽慈舟》)。

(3)治马患筋毒生疮方：乳香、乌鱼骨、白矾、龙骨。各等分为末，醋调浆水洗净干贴之，痊愈在三五日之间(《岐伯疮肿病源论》)。

(4)治马生骨眼方：乌鱼骨(去皮)、铜绿。右件为细末，用少许点眼角内(《痊骥通玄论》)。

【用法用量】马、牛 30～60 g；猪、羊 9～15 g。

任务实施

(一)布置任务

根据所学知识,针对以上提供的病例资料,按要求分别完成以下任务。

(1)治疗原则:________

(2)选用药物:________

(二)工作评价

针对以上任务的完成情况,分别对治疗原则和选用药物两项任务给予评价和点评。

工作评价			
评价内容	评价结果		
	正确	基本正确	错误
治疗原则			
选用药物			
学生反思			
教师点评			

任务十　活血化瘀药

任务导读

凡以疏通血脉、消散瘀滞为主要作用的药物,称为活血化瘀药,又称为活血祛瘀药。

此类药物性味多辛温,归肝、心、脾等经,具有祛瘀化滞、通行血脉、散瘀消肿、通络止痛等作用,适用于一切瘀血阻滞之证。例如,治疗动物因产后血瘀所致的胎衣不下、恶露不尽、瘀血腹痛,因跌打损伤所致的瘀血肿痛,因气滞血瘀所致的胸痛,以及疮黄肿毒等证。

此类药物根据其作用强度不同,可分为活血止痛药、活血通经药、活血疗伤药、活血消癥药四类。应用此类药物时,须遵循因证选药、中病即止的原则,根据药物的不同效用特点有针对性地选药,同时结合瘀血发生的原因和具体的病证进行相应配伍。根据中兽医学"气行则血行"理论,本类药物常与理气药配伍使用。

同时,活血化瘀药主要体现八法之中的"消法",根据中兽医药学中"消而勿伤"的原则,结合该类药物行散走窜之性,使用过程中应防其攻泄太过而损伤正气,应做到化瘀不伤正,适可而止。孕畜慎用或忌用。

案例导入

某养殖户饲养一头母牛，因难产经人工助产后，第2天饮食欲大减，就诊。临证所见：回头顾腹，间有后肢踢腹，确诊为产后瘀血。本证乃产后血虚，寒邪乘虚而入，寒凝血瘀，留阻胞宫，导致恶露不行，肚腹疼痛。

请思考：该牛病证的治疗原则是什么？该选用哪些药物？

一、活血止痛药

本类药物大多具有辛行，辛散之性，活血兼行气，有比较强的止痛效果，可广泛应用于瘀血疼痛证。

川芎

【来源】本品为伞形科多年生草本植物川芎的干燥根茎。夏季当茎上的节盘显著突出，并略带紫色时采挖，除去泥沙，晒后烘干，再去须根。生用、酒炒或麸炒用。主产于四川，全国大部分地区也有种植。

【性味归经】味辛，性温。归肝、胆、心包经。

【功效】活血化瘀，行气通滞，止痛。

【主治与应用】本品辛散温通，能下行血海，有活血化瘀，行气通滞的功效，故称为"血中气药"(《本草汇言》)。因其功善止痛，为治疗气滞血瘀诸痛证的要药。

(1)活血祛瘀。凡跌打损伤所致瘀血肿痛，临床治疗上常以川芎为主药。用于胸中瘀血所致的胸痛，口色暗红或舌有瘀点，脉涩或弦紧，常与红花、当归、桃仁、赤芍、生地、牛膝等药配伍；用于瘀阻膈下，可配伍当归、桃仁、香附、乌药、枳壳等药；用于瘀阻经络、痹证等，常配伍桃仁、红花、秦艽、羌活等药；用于火毒壅盛、气滞血瘀所致的疮痈肿痛，可与金银花、连翘、当归等药配伍。

(2)行气止痛。因川芎性善走窜，《本草汇言》称其能"下调经水，中开郁结"，同时善通达气血，故可为产科经产诸证之要药，适用于气滞血瘀所致的难产、胎衣不下、恶露不尽、瘀血腹痛等证，常与红花、桃仁、干姜等药配伍，如生化汤(《傅青主女科》)。

【用法用量】马、牛15～45 g；猪、羊8～10 g；犬、猫1～3 g；兔、禽0.5～1.5 g。

【使用注意】本品辛温发散，阴虚火旺、肝阳上亢以及子宫出血忌用。

延胡索

【来源】本品为罂粟科植物延胡索的干燥块茎。夏初茎叶枯萎时采挖，除去须根，洗净，置沸水中煮至恰无白心时，取出，晒干。生用或醋炙用。主产于浙江、天津、黑龙江等地。

【性味归经】辛、苦，温。归肝、脾、心经。

【功效】活血，行气，止痛。

【主治与应用】本品活血行气，凡气滞血瘀所致诸痛，均有显著止痛效果，为活血行气止痛佳品。"专治一身上下诸痛，用之中的，妙不可言。"(《本草纲目》)

(1)活血散瘀。用于产后瘀阻所致的恶露不尽等，常与当归、赤芍、蒲黄等药配伍；用于肝脾不和所致的肚腹疼痛，食少，口色稍红而干，脉弦数，证属热者，常与金铃子、川楝子等药配伍，如金铃子散(《素问·病机气宜保命集》);若属寒者,则配桂枝、肉桂、高良姜等温中止痛药,如安中散(《和剂局方》)。

(2)行气止痛。用于跌打损伤,风湿痹痛,可单用为末,以酒送服助药力,常与当归、川芎、桃仁、红花等药配伍。

【用法用量】马、牛 15～30 g;驼 35～75 g;猪、羊 3～10 g;兔、禽 0.5～1.5 g。

【使用注意】本品辛温发散,无瘀滞及孕畜忌用。

乳香

【来源】本品为橄榄科小乔木卡氏乳香树皮部渗出的树脂。炒用或醋炙用。主产于地中海沿岸及其岛屿。

【性味归经】苦、辛,温。归心、肝、脾经。

【功效】活血行气止痛,消肿生肌。

【主治与应用】本品辛散苦降温通走窜,内能宣通脏腑之气血,外能透达于经络,为活血止痛之良药。"乳香香窜,能入心经,活血定痛,故为痈疽疮疡、心腹痛要药……产科诸方多用之,亦取其活血之功尔。"(《本草纲目》)常用于跌打损伤、疮黄肿毒等证,不论内服还是外用,均有良效,是行气、散瘀、止痛要药,常与没药相须为用。

(1)活血止痛。用于跌打损伤,瘀血肿痛,常与没药、当归、血竭等药配伍,如定痛散(《元亨疗马集》);或与没药、当归、生草乌、川乌、牛膝等药配伍;用于痹痛拘挛,常与没药、血竭、儿茶等药同用,如七厘散(《良方集腋》)。

(2)托疮生肌。若疮痈初起者可与没药、天花粉、金银花、皂角刺等药同用,如仙方活命饮(《外科发挥》);用于疮黄肿痛,常与没药、金银花、天花粉、皂角刺配伍;用于疮疡溃破,久不收口,与没药共同研末,外敷溃疡疮面,具有止痛,消肿,去腐生肌的功效,如海浮散(《外科摘要》)。

【用法用量】马、牛 15～30 g;驼 35～75 g;猪、羊 3～10 g;兔、禽 0.5～1.5 g。

【使用注意】孕畜与无瘀滞者忌用。

没药

【来源】本品为橄榄科植物地丁树和哈地丁树的干燥树脂。分为天然没药与胶质没药,为野生或栽培品。采集由树皮裂缝处渗出的白色油胶树脂,于空气中变成红棕色而坚硬的圆块。炒用或醋炙用。主产于非洲、阿拉伯半岛及印度等地。

【性味归经】苦、辛、平。归心、肝、脾经。

【功效】活血止痛,消肿生肌。

【主治与应用】本品辛散苦泄,气香走散,既能活血散瘀、消肿止痛,又能生肌敛疮,为外伤科要药,常用于跌打损伤、瘀血肿痛、疮痈初起或溃后久不敛口之证。没药、乳香二者功效相似,均为行气,散瘀,止痛要药,但乳香以活血伸筋止痛效果为好,而没药以凉血散瘀止痛效果为强,常与乳香相须为用。

【用法用量】马、牛 25～45 g;猪、羊 6～10 g;犬 1～3 g。外用适量,生用或炒用,研末调敷或外搽患处。

【使用注意】孕畜忌用。

二、活血通经药

本类药物性味差异较大，既有苦、辛、甘，也有寒、平、温各不同；归肝经入血分。具活血化瘀之性，通经止痛之功，善于通血脉，且行血不峻烈，通经不伤正的特点。主治血行不畅、瘀血阻滞、跌打损伤、疮痈肿痛等。

丹参

【来源】本品为唇形科多年生草本植物丹参的根。春秋两季采挖，干燥。生用或酒炒用。主产于四川、安徽、湖北等地。

【性味归经】苦，微寒。归心、肝、心包经。

【功效】活血祛瘀，凉血消痈，除烦安神。

【主治与应用】本品功擅活血祛瘀通经，能祛瘀生新不伤正，临床上广泛应用于瘀血所致的各种病证。本品首载于《神农本草经》，《本草正义》提出"丹参，专入血分，其功在活血行血，内之达脏腑而化瘀滞，故积聚消而癥瘕破，外之利关节而通经络，则腰膝健而痹著行"，且本品泄降清热，活血祛瘀，凉血消肿止痛，以治血热瘀滞为佳。

(1)活血祛瘀。"一味丹参，功同四物汤"(《本草纲目》)，其用于血热瘀滞所致的产后瘀血、恶露不尽等，常与益母草、当归、桃仁等药配伍。治跌打损伤，常与当归、红花、桃仁等药配伍，如跛行镇痛散(《中国兽药典》)；治风湿痹痛，常配伍牛膝、杜仲、续断等药，如丹参丸(《千金方》)。

(2)凉血消痈。适用于热毒瘀阻之疮疡痈肿及皮肤病，常与清热解毒药配伍使用，如丹参与赤芍、白芷配伍，制丹参膏，或将丹参细锉，以水微调，取羊脂调制，敷疮(《肘后方》)。

【用法用量】马、牛 15～45 g；驼 30～60 g；猪、羊 5～10 g；猫、犬 3～5 g；禽 0.5～1.5 g。外用适量，熬膏涂或煎汤熏洗。

【使用注意】

(1)与藜芦相反，不可同用。

(2)孕畜与无瘀血者忌用。

(3)酒炒可增强其活血之功。

益母草

【来源】本品为唇形科一年生或二年生草本植物益母草的新鲜或干燥地上部分。鲜品春季幼苗期至初夏花前期采割；干品夏季茎叶茂盛、花未开或初开时采割，晒干或切段晒干。生用或熬膏用。全国各地均产。

【性味归经】辛、苦，微寒。归肝、心、膀胱经。

【功效】活血祛瘀，利尿消肿，清热解毒。

【主治与应用】

(1)活血化瘀。本品辛行苦泄，性善走散，能活血祛瘀而通经，为治母畜产后血瘀腹痛、胎衣不下、恶露不尽等证之要药，与当归、川芎、乳香、桃仁等药配伍，如生化汤(《傅青主女科》)。

(2)利水消肿。本品既利水消肿，又兼活血化瘀，适用于水瘀互结的水肿。其可单用，也常与白茅根、泽兰等药相须为用。

【用法用量】马、牛 15～45 g；驼 30～60 g；猪、羊 5～10 g；犬、猫 3～5 g；兔、禽 0.5～1.5 g。

【使用注意】孕畜忌用。

红花

【来源】本品为菊科二年生草本植物红花的干燥花，夏季开花，当花色由黄变红之时采摘，阴干或微火烘干。生用。主产于四川、河南、云南、河北等地。

【性味归经】辛，温。归心、肝经。

【功效】活血通经，散瘀止痛。

【主治与应用】本品辛散温通，活血养血，能补能泻，为活血通瘀之要药，使用时，多用则破血，少用则养血(《本草衍义补遗》)。

(1)活血通经。本品性温，擅长通经，主胎产百病(《本草汇言》)。凡产后腹内恶血不尽、脐腹绞痛、恶露不行，甚至血晕口噤，以及胎死腹中，胞衣不下，尽可用之。用于产后瘀阻所致的血瘀腹痛、胎衣不下、恶露不尽，常与川芎、桃仁、牛膝、枳壳、当归等药配伍，如血府逐瘀汤(《医林改错》)。

(2)散瘀止痛。用于跌打损伤所致的瘀血肿痛，常与川芎、桃仁、赤芍、木香等药配伍，如复元活血汤(《医学发明》)。用于气滞血瘀所致的胸痛、束步难行、频频换蹄等，常与没药、大黄、丹皮、桔梗、枇杷叶、黄药子等药配伍；用于气滞食积所致的料伤五攒痛、精神倦怠、束步难行、口色红燥、舌苔黄厚腻、脉实有力等，常与没药、枳壳、当归、六曲、厚朴、山楂、陈皮等药配伍。

【用法用量】马、牛 15～30 g；猪、羊 3～10 g。

【使用注意】孕畜慎用，血虚无瘀滞者忌用。

桃仁

【来源】本品为蔷薇科植物桃或山桃的干燥成熟种子。果实成熟后采收，除去果肉和核壳，取出种子，晒干。以颗粒饱满、整齐、不破碎者为佳。生用或炒用。主产于四川、陕西、河北、山东、贵州等地。

【性味归经】苦、甘，平。归心、肝、大肠经。

【功效】活血祛瘀，润肠通便，止咳平喘。

【主治与应用】本品苦泄降祛瘀，甘和气血生新，其药“苦以泄滞血凝血须用，又去血中之热”(《用药心法》)，为临床治疗瘀阻病证的常用药，且可润燥滑肠。

(1)活血祛瘀。本品性平入肝，祛瘀通经。用于产后瘀阻所致的瘀血腹痛、胎衣不下、恶露不尽等，可与当归、川芎、炮姜、炙甘草等药配伍，如生化汤(《傅青主女科》)；与红花、川芎、当归、熟地、赤芍等药配伍，如桃红四物汤(《医宗金鉴》)；用于气滞血瘀、跌打损伤等，且不论新旧内外之伤，皆可用桃仁祛瘀，常与红花、川芎等药配伍，如桃仁汤(《千金方》)。

(2)润肠通便。桃仁既能活血，又能通滞开结，用于郁热内结或气血凝滞导致的大便秘结等证，可与大黄、火麻仁等药配伍，如桃核承气汤(《伤寒论》)。

(3)止咳平喘。入前肢太阴肺经，具有“止咳逆上气”之功(《名医别录》)。用于新久虚实咳喘，多与杏仁等化痰、止咳、平喘药物同用，也可单用，如桃仁一味浸酒(《肘后方》)。

【用法用量】马、牛 15～30 g；猪、羊 3～10 g。

【使用注意】孕畜慎用。

牛膝

【来源】本品为苋科植物牛膝的干燥根。冬季茎叶枯萎时采挖，除去须根，晒干。以切面淡棕色、略呈角质样者为佳。生用或酒炙用。主产于河南，习称怀牛膝。以栽培品为主。。

【性味归经】苦、甘、酸，平。归肝、肾经。

【功效】逐瘀通经，补肝肾，强筋骨，利尿通淋，引血下行。

【主治与应用】本品活血祛瘀之力强，其“所主皆气血壅滞之病。”(《本草正义》)。其性善下行，走而能补，直达肝肾，长于逐瘀通经，且有疏利降泄之特点。生用行血祛瘀，疗伤止痛，并能引诸药下行；酒炒强筋骨，补肝肾。

(1)活血祛瘀。用于产后瘀阻所致的瘀血腹痛、胎衣不下等，常与川芎、当归、红花等药配伍，如血府逐瘀汤(《医林改错》)；用于跌打损伤，尤其腰部、四肢下部肿痛最为适宜，常与续断、杜仲、当归、乳香、没药等药配伍；或与桃仁、红花、川芎、赤芍、五灵脂等药配伍，如身痛逐瘀汤(《医林改错》)。

(2)强筋骨补肝肾。用于肝肾不足所致的筋骨无力、腰膝疼痛等证，常与熟地、当归、杜仲、菟丝子等药配伍，如独活寄生汤(《千金方》)；痹痛风湿胜者，配伍独活、木瓜、威灵仙、五加皮等药，偏寒者，与肉桂、吴茱萸等药配伍；偏热者，可与黄柏、苍术、薏苡仁等药配伍，如三妙丸(《医学正传》)。

【用法用量】马、牛 15～45 g；猪、羊 5～10 g；犬、猫 1～3 g；兔、禽 0.5～1.5 g。

【使用注意】牛膝为动血之物，其性专于下行，孕畜忌服。中气下陷、脾虚泄泻者慎用。

川牛膝

【来源】本品为苋科植物川牛膝的干燥根。秋冬两季采挖，除去芦头及须根，烘干或晒干。以个大、坚实、切面棕黄色、有数轮同心环状黄点者为佳。切薄片，生用或酒制用。主产于四川、云南、贵州等地。

【性味归经】甘、微苦，平。归肝、肾经。

【功效】逐瘀通经，通利关节，利尿通淋。

【主治与应用】

(1)逐瘀通经。其性味甘且微苦，性善下行偏于逐瘀通经，用于瘀血阻滞所致难产、胎衣不下等证，可配赤芍、当归、桃仁、红花等药，共奏活血通经、止痛之效。且因其活血祛瘀力强，有活血散瘀、消肿止痛之功，可配乳香、血竭等药，以活血祛瘀止痛。

(2)风湿痹痛。其活血通利且能强筋骨，用于风湿痹痛、气血阻滞所致关节不利，以及痹证日久、筋骨失养所致的痉挛，常与桑寄生、续断、独活等药配伍，以协同奏效。用于湿热下注，关节红肿疼痛，可与黄柏、苍术等药同用。

(3)尿血、血淋。因其苦泄下行，可治下窍不利之尿血、血淋等证，具有活血化瘀、利尿通淋之效，可与木通、蒲黄等药配伍以增强疗效。

【用法用量】马、牛 15～45 g；猪、羊 5～10 g；犬、猫 1～3 g；兔、禽 0.5～1.5 g。

【使用注意】孕畜慎用。

王不留行

【来源】本品为石竹科植物麦蓝菜的干燥成熟种子。夏季果实成熟、果皮尚未开裂时采收，晒干。以颗粒饱满、色黑而有光泽者为佳。生用或炒用。主产于东北、华北、西北等地。

【性味归经】苦，平。归肝、胃经。

【功效】活血通经，下乳，消痈散结，利尿通淋。

【主治与应用】本品苦泄宣通，入血分，善通利血脉，行而不止，走而不守，具活血通经之功效，且上能通乳汁，下可通经，兼有利尿通淋之功。

(1)通络下乳。本品主归肝、胃经，秉苦泄宣通之性，行而不止，能通利乳汁，为治产后乳汁不通之佳品，常与穿山甲同用，因而有“穿山甲，王不留行，妇人服了乳长流”(《本草纲目》)之论。且有“下乳引导用之，取其利血脉也”之用(金代医家张元素)。用于血滞阻络所致的乳汁不下，常与穿山甲、当归、红花等药配伍。

(2)活血消瘀。“王不留行能走血分，乃阳明冲任之药”(《本草纲目》)，“通血脉”(《药性论》)。其性走而不守，用于乳痈肿痛、疔疮等，常与蒲公英、瓜蒌等药配伍。如在提高奶牛产奶量的试验中，将王不留行作为饲料添加剂加入，具有较好的效果。

【用法用量】马、牛 30～100 g；猪、羊 15～30 g；犬、猫 3～5 g。

【使用注意】孕畜慎用。

三、活血疗伤药

本类药物其味多辛苦，性偏温，归肝、肾经，辛能散能行，苦能泄能降，咸入血，肝主筋，肾主骨，能活血化瘀而消肿止痛，还有续筋接骨、生肌敛疮疗伤之功。主要适用于跌打损伤、筋伤骨折、金疮出血等伤科疾患，也可用于其他一般血瘀病证。因肝主筋、肾主骨，使用本类药物治骨折筋损之证时，还须配伍补肝肾强筋骨之品，以促进骨折伤损的愈合复原。

骨碎补

【来源】本品为水龙骨科蕨类植物槲蕨的干燥根茎。全年可采挖，除去泥沙，干燥。生用或砂烫至鼓起，撞去毛。以体肥大、形状扁平、色棕者为佳。主产于中南、西南及浙江、福建等地。

【性味归经】苦，温。归肝、肾经。

【功效】活血疗伤，补肾强骨。

【主治与应用】本品功能补肾温阳，消瘀止痛，为接骨续筋之要药，适用于肾虚久泻、腰胯无力、跌扑闪挫，筋骨折伤、风湿痹痛等证。

(1)补肝肾，壮筋骨。本品苦、温，归肝、肾经，能行血脉，续筋骨，疗伤止痛。“主破血，止血，补伤折。”(《开宝本草》)因其善治骨碎而得名，在活血疗伤止痛中又具补肾强骨之效，为伤科常用之品，特别适用于骨折筋伤之证。内服、外敷均可。用于肝肾虚损所致的腰肢痿软无力、五劳七伤、筋骨疼痛等证，常与杜仲、补骨脂、狗脊、牛膝等药配伍；用于跌仆闪挫、筋骨损伤、瘀滞作痛等证，常与乳香、当归、土鳖虫、红花、木香等药同用，如骨碎补散(《圣惠方》)。

(2)温肾止泻。本品味苦而性温，能温助肾阳而补火生土，肾主二便，肾阳虚则五更泄，故可用之。用于肾阳虚衰所致的久泻证，常与肉豆蔻、五味子、吴茱萸等药配伍，以加强温肾暖脾止泻之力。

(3)本品可配伍祛风湿药，治疗风湿痹痛。

【用法用量】马、牛 15～45 g；猪、羊 5～10 g；兔、禽 1.5～3 g。外用适量。

【使用注意】阴虚内热与无瘀血者不宜服用。

马钱子

【来源】本品为马钱科植物马钱的干燥成熟种子。冬季采收成熟果实，取出种子，晒干。以个大、饱满、质坚、无杂质者为佳，烫制或油制后用。主产于云南、广东等地。

【性味归经】苦，温；有大毒。归肝、脾经。

【功效】活血通络止痛，散结消肿。

【主治与应用】本品祛风湿，散瘀血消肿，活络通痹，常用于风湿痹痛、跌打损伤等证，有大毒，须制用，且不可多服久服。

(1)祛风湿，通经络。本品苦泄温通，入肝经血分，善活血通络、散结消肿，又长于止痛，为伤科疗伤止痛之佳品。用于跌打损伤、骨折筋伤、瘀肿疼痛诸证，不论单用或入复方，外敷或内服均有良效；用于风湿肢节拘挛疼痛等，常与羌活、独活、川乌、乳香、没药等药配伍，如八厘散(《医宗金鉴》)。

(2)散结消肿，止痛。本品散结消肿、祛风除湿、攻毒止痛，用于疮黄肿毒、丹毒、疥癣诸证，内外用均可，也可单用，或配伍儿茶、黄连、冰片等药。

【用法用量】马、牛 1.5～6 g；猪、羊 0.3～1.2 g。

【使用注意】不宜生用，不宜多服久服，孕畜禁用。

土鳖虫

【来源】本品为鳖蠊科昆虫地鳖或冀地鳖的雌虫干燥体。捕捉后，置沸水中烫炖，晒干或烘干。以完整、油润光泽、腹中无泥者为佳。生用。主产于福建、江苏等地。

【性味归经】咸，寒；有小毒。归肝经。

【功效】破血逐瘀，续筋接骨。

【主治与应用】本品入血软肾，功能逐瘀血、消癥瘕、通经闭、续筋骨。可治产后瘀阻及筋骨折伤、瘀血肿痛等证。

(1)跌打损伤，筋损骨折，瘀肿疼痛。本品咸寒入血，走肝经，性善走窜，能活血消肿止痛、续筋接骨而疗伤。适用于折伤接骨，可与自然铜、骨碎补、乳香等药同用，以加强祛瘀止痛、接骨疗伤之效，如接骨紫金丹(《杂病源流犀烛》)。

(2)产后瘀滞。本品入肝经血分，能破血逐瘀而消癥瘕，通经。历代医家均以本品为治癥瘕积聚、血瘀经闭之要药，可配伍大黄、桃仁等药，如瘀血汤(《金匮要略》)。

【用法用量】马、牛 15～45 g；猪、羊 5～10 g；犬、猫 1～3 g。

【使用注意】孕畜禁用。

四、活血消癥药

本类药物大都药性峻猛，性偏温，归肝经血分，因活血作用力强，也称为破血药。其功善破血逐瘀、消癥瘕散结，可用于外伤骨折、瘀肿疼痛等。

应用本类药物，常与行气、破气之药配伍，以加强其破血消癥瘕的功效。

三棱

【来源】本品为黑三棱科植物黑三棱的干燥块茎。冬季至翌年春采挖，洗净，削去外皮，晒干。以体重、质坚实、色黄白者为佳。切段，生用。主产于东北、黄河流域、长江中下游各地。

【性味归经】苦，平。归肝、脾经。

【功效】破血行气，消积止痛。

【主治与应用】本品既可走血分，破血中之气，又走气分，有破血散结，行气消结、止痛之功，常与莪术配伍应用，因药性峻烈，故使用时必佐以扶正之品，以达到祛邪而不伤正的目的。

(1)破血行气。本品辛散苦泄，破血逐瘀之力颇强，又能行气散结，为治血瘀气滞日久而致癥瘕痞块之要药。用于血瘀积滞所致的产后血瘀腹痛，常与莪术、当归、青皮、半夏等药配伍，如三棱煎(《千金翼方》)。

(2)消积止痛。本品味苦，入脾经，既能破血行气，又能消食化积，用于食积停滞所致的宿草不转、肚腹胀痛、粪干秘结等，常与莪术、木香、枳实、青皮、麦芽等行气消痞之品配伍，以消积破痞顺气。

【用法用量】马、牛 15～60 g；猪、羊 6～12 g；犬、猫 1～3 g。

【使用注意】无瘀滞及孕畜忌用，不与芒硝、玄明粉同用。

莪术

【来源】本品为姜科植物蓬莪术、广西莪术或温郁金的干燥根茎。后者习称"温莪术"。冬季茎叶枯萎后采挖，洗净，蒸或煮至透心，晒干或低温干燥后，除去须根和杂质。以质坚实、块大、气香者为佳。切段，生用。主产于广东、广西、云南、四川等地。

【性味归经】辛、苦，温。归肝、脾经。

【功效】行气破血，消积止痛。

【主治与应用】本品辛散苦泄温通，入肝经血分，与三棱功效相近，善破气中之血，有行气散瘀，攻坚化滞之功，常与三棱配伍。然行气之力，莪术为优，偏于气分；破血之功，三棱较胜，偏于血分。因药力峻猛，使用时须兼顾以扶正之品，以防伤正。

(1)破血行气。本品辛散苦泄，温通行滞，"行气破血，消积散结"(《医学心悟》)，用于血瘀积滞所致的产后血瘀腹痛，常与三棱、当归等药配伍。

(2)消积止痛。本品入脾经，有较强的行气止痛，消食化积之功，擅长治食积停滞所致的食积不化、肚腹胀痛，常与三棱、青皮、槟榔、牵牛子等药配伍，如莪术丸(《证治准绳》)。

【用法用量】马、牛 15～60 g；猪、羊 5～10 g。

【使用注意】无瘀滞及孕畜忌用。

任务实施

(一)布置任务

根据所学知识，针对以上提供的病例资料，按要求分别完成以下任务。

(1)治疗原则：______________________________

(2)选用药物：______________________________

(二)工作评价

针对以上任务的完成情况，分别对治疗原则和选用药物两项任务给予评价和点评。

工作评价			
评价内容	评价结果		
	正确	基本正确	错误
治疗原则			
选用药物			
学生反思			
教师点评			

任务十一 化痰止咳平喘药

任务导读

凡能祛痰或消痰，治“痰证”为主要作用的药物，称为化痰药；以制止或减轻咳嗽和喘息为主要作用的药物，称为止咳平喘药。

化痰药主要归肺、脾、肝经，辛、苦或甘味，而痰又有热痰、燥痰、寒痰、湿痰之分，化痰药也相应因药性有温燥与凉润之别而分为温化寒痰药与清化热痰药两类。温化寒痰药主治寒痰、湿痰，证见痰白、量多、脉缓、苔滑；清化热痰药主治热痰、燥痰，证见咳痰黄稠、烦热口渴及燥痰、咳嗽痰黏、咳吐不利，伴有咽干口燥等。

止咳平喘药主要归肺经，或寒或热，多具苦味或兼辛、甘，分别具有宣肺降气、润肺化痰、泻肺平喘、敛肺止咳等作用。

痰证分为无形之痰、有形之痰；无形之痰是指停积于脏腑经络之间各种各样的痰证；有形之痰是指肺部渗出物及呼吸道分泌物，可咯吐而出。痰的生成是由于气机瘀滞或阳气不足，不能正常运化津液，使津液聚积所致。辨证求因，随证选药，据病因病机适当配伍。因咳喘每多夹痰，痰多易发咳嗽，故化痰、止咳、平喘三者常配伍同用。

脾为生痰之源，肺为贮痰之器，治痰多宜从脾肺着手，脾虚生痰者，配健脾燥湿药。痰易阻滞气机，气滞痰凝，气行痰消，故常与理气药同用，以加强化痰之功。兼表者配解表散邪药；火热者配清热泻火药；里寒者配温里散寒药；虚劳者配补虚药；癫痫、惊厥、眩晕、昏迷者配平肝息风、开窍、安神药；痰核、瘿瘤者配软坚散结药；阴疽流注者配温阳通滞散结药。

外感咳嗽应先解表宣肺，不宜早用清热化痰。咳嗽而邪气重者，不宜单纯使用止咳平喘药，以免“闭门留寇”。温燥之性强烈的刺激性化痰药，凡痰中带血等有出血倾向者，宜慎用。有毒性的药物，应注意其炮制、用法、用量及不良反应的防治。

案例导入

何某饲养的一头育肥猪发病后，用西药治疗多日无效求诊。主诉：病猪只采食些青菜叶，其他饲料不食，有时出现空嚼，嘴角或圈内可见泡沫状分泌物。检查：病猪体重 70 kg 左右，体温正常，耳、鼻、体表俱凉，鼻镜湿润，嘴角可见到泡沫状分泌物，肷窝下陷明显，粪便干燥。此病多发生在多雨雪的秋冬季节，气候寒冷潮湿，畜体感受风寒，肺受寒邪，寒凝气滞，津液不化，转为涎沫，从嘴角流出；另外，采食冰冻食物，冷热相击，致使肺气凝结，津液聚而不行，化为涎沫，致发此病。病期拖长时，因津液积聚生涎，而不能下行润肠，致粪便干燥。

请思考：该猪病证的治疗原则是什么？该选用哪些药物？

一、温化寒痰药

本类药性味多辛、苦、温燥。辛可外散风寒，苦温可内燥寒湿，故能温化寒痰。用于咳嗽痰稀，舌淡苔白或腻，兼有眩晕、呕吐、恶心等证。

半夏

【来源】本品为天南星科多年生草本植物半夏的干燥块茎。夏秋两季采挖，晒干。一般用姜汁、明矾制用，或生用。炮制品有姜半夏、法半夏、半夏曲等。主产于四川、湖北、河南、贵州、安徽等地。

【性味归经】辛，温；有毒。归脾、胃、肺经。

【功效】燥湿化痰，降逆止呕，下气散结，宽中消痞；外用消肿止痛。

【主治与应用】

(1)湿痰，寒痰证。本品辛温有毒。体滑性燥，能走能散，能燥能润。和胃健脾，除湿化痰，补肝润肾，下逆气，止烦呕，发音声，利水道。为燥湿化痰、温化寒痰之要药。尤善治脏腑之湿痰。

(2)胃气上逆呕吐。本品为止呕要药。以痰饮气壅、胃逆不和者为主，然经适当配伍，可以用于多种呕吐。

(3)心下痞、结胸、梅核气等。本品辛开散结，化痰消痞。

(4)瘿瘤痰核，痈疽肿毒及毒蛇咬伤等。本品内服能消痰散结，外用能消肿止痛。

【用法用量】清半夏、法半夏、姜半夏：马、牛 15～45 g；驼 30～60 g；猪、羊 3～9 g；犬、猫 1～5 g。生半夏外用。

【使用注意】本品药性温燥，易伤阴助火，故阴虚燥咳、血热出血、热痰、燥痰等证当慎用。又为有毒之品，故除外敷治疮痈肿毒、瘿瘤痰核可用生品之外，内服均须经过适当炮制，以确保用药安全。阴虚燥咳者和孕畜禁服。反乌头，不宜同用。

【不良反应】生半夏，有毒。如果服用不当，可能致病畜口舌、咽喉、肠胃不适。

天南星

【来源】本品为天南星科多年生草本植物天南星、东北天南星或异叶天南星的块茎。秋冬季节采挖，除去须根及外皮，干燥。生用或制用。主产于河南、河北、江苏、浙江、四川、辽宁、吉林等地。

【性味归经】苦、辛，温；有毒。归肺、肝、脾经。

【功效】温化寒痰，燥湿化痰，祛风止痉；外用消肿止痛。

【主治与应用】

(1)湿痰、寒痰证。本品辛燥毒烈之性强于半夏，而燥湿祛痰、止咳之力与半夏相仿，故治湿痰、寒痰所致咳嗽本品不如半夏常用。治顽痰阻肺、咳嗽痰多、胸膈胀闷，常与半夏相须为用。

(2)祛风解痉，风痰眩晕。本品性辛开过之，入肝经，专主经络风痰顽痰，治眩晕、中风、癫痫及破伤风等，为治风痰之要药。治破伤风，配白附子、天麻、防风等药，如玉真散(《外科正宗》)。

(3)消肿止痛。用于瘿瘤、痈疽肿毒和毒蛇咬伤等。本品外用有消肿散结止痛之功。

【用法用量】制南星：马 15～30 g；牛 15～40 g；猪、羊 3～9 g；犬、猫 1～2 g。生品外用适量。

【使用注意】阴虚燥痰及孕畜忌用；生品内服宜慎。

【不良反应】本品未炮制时，毒性大，天南星对皮肤、黏膜均有强刺激性。牲畜口嚼生天南星，可使舌、咽、口腔麻和肿痛，出现黏膜糜烂、音哑、张口困难，甚至呼吸缓慢、窒息等。

附：炮制分类及功效

(1)除去须根及外皮，晒干，即生南星。

(2)经白矾和生姜汁炮制者，称为制南星，性味温，辛、苦，燥湿化痰、祛风止痉。

(3)用牛胆汁炮制者，称胆南星，性味寒、苦，清热化痰、息风定惊。

白附子

【来源】本品为天南星科植物独角莲的干燥块茎。秋季采挖，除去须根和外皮，晒干。生用或用白矾生姜制后切片用。河北、山东、山西、陕西、甘肃、宁夏、四川、贵州、西藏等地都有野生。东北各省、山东、江苏、河南、湖北都有栽培。

【性味归经】辛、甘，温；有毒。归胃、肝经。

【功效】燥湿化痰，祛风止痉，止痛，解毒散结。

【主治与应用】

(1)中风、口眼㖞斜、惊风癫痫、破伤风、偏头痛等风痰、头面诸疾。本品辛散温通，其性锐上行，既能燥湿化痰，更善祛风痰而解痉止痛，又具有较强的止痛作用，常用于治肝风夹痰上扰头痛、眩晕、偏头痛等头面部诸疾。

(2)中风痰壅，口眼㖞斜，惊风癫痫，破伤风。本品辛温燥烈，善祛风痰，定惊搐而解痉，是治疗风痰证的常用药。

(3)瘿瘤痰核及毒蛇咬伤。本品有解毒散结之功。治瘿瘤痰核，可鲜品捣烂外敷；治毒蛇咬伤，可磨汁内服并外敷，也可与其他清热毒药同用。

【用法用量】马、牛 15～30 g；驼 30～45 g；猪、羊 5～10 g；犬、猫 0.5～3 g。外用适量，生品捣烂，熬膏或研末以酒调敷患处。

【使用注意】本品血虚生风、内热生惊、阴虚燥咳、热痰、燥痰、血证者应慎用；孕畜慎用；生品内服宜慎。

【不良反应】误服、过量服用本品，可出现口舌麻辣，咽喉部灼热并有梗塞感，舌体僵硬，继则四肢发麻，恶心呕吐，流涎，神志呆滞，唇舌肿胀，口腔黏膜及咽部红肿，严重者可导致死亡。

白芥子

【来源】本品是十字花科植物白芥或芥的干燥成熟种子。前者习称白芥子，后者习称黄芥子。夏季果实成熟时采收，取种子晒干。炒用。主产于安徽、河南、河北、山西、山东、四川等地。

【性味归经】辛，温。归肺、胃经。

【功效】温肺化痰，利气散结，通络止痛。

【主治与应用】

(1)寒痰壅滞、胸满胁痛、咳嗽气逆痰多等证。本品辛散利气，温通祛痰，故可治寒痰壅滞肺络、胸膈之间所引起的胸满胁痛、咳嗽气逆、痰多稀薄而色白等。配苏子、莱菔子，用于痰多咳嗽；配甘遂、大戟，用以豁痰除饮，治痰涎停留胸膈。

(2)痰注肢体、关节疼痛及流注阴疽等证。本品辛散温通，能逐痰散结以消肿，治痰注肢体、关节疼痛，可与肉桂、没药、木香等药配伍；治流注阴疽，可与麻黄、肉桂、熟地、炮姜、鹿角胶、甘草等药同用。

(3)本品捣烂外敷，有活血消肿、散寒逐饮的功效，可用于胸胁刺痛、寒痰哮喘的轻症。

【用法用量】马、牛 10～45 g；猪、羊 3～9 g。外用适量，研末调敷，或作发泡用。

【使用注意】久咳肺虚及阴虚火旺忌用；外敷可使皮肤起泡；用量过大可刺激胃肠道。

【不良反应】

(1)白芥子通常有辛温走散等效用，过量会有耗气伤阴，多食会昏目动火、泄气伤精，所以阴虚火盛、气虚久咳等的病畜不宜使用。

(2)由于白芥子中含有白芥子油，会对皮肤黏膜有刺激作用，能引起充血、灼痛，严重会起泡等情况，而且内服过量可引起呕吐、腹痛、腹泻等。

旋覆花

【来源】本品为菊科植物旋覆花或欧亚旋覆花的干燥头状花序，均系野生。夏秋两季花开放时采收，除去杂质，阴干或晒干。以朵大、金黄色、有白绒毛、无枝梗者为佳。生用或蜜炙用。主产于河南、河北、江苏、浙江、安徽、山东、内蒙古等地。临床用名有旋覆花、蜜炙旋覆花。茎叶称为金沸草，也可入药。

【性味归经】苦、辛、咸，微温。归肺、胃经。

【功效】降气化痰，降逆止呕。

【主治与应用】

(1)喘咳多痰。本品消痰降气而平喘，用于痰壅气逆及痰饮蓄结所致的咳嗽痰多之证，可与桑白皮、甜葶苈、陈皮、半夏等药配伍；如有表证者，当与解表药同用。

(2)噫气，呕吐。本品性温，能降气消痰，用于脾胃虚寒或痰湿内聚所致的噫气或呕吐等证，常与代赭石、半夏、生姜等药同用。

【用法用量】包煎。马、牛 15～45 g；猪、羊 5～10 g；犬、猫 1～3 g；禽、兔 1～2 g。

【使用注意】阴虚劳嗽，津伤燥咳者忌用。因本品有绒毛，能刺激咽喉作痒引起呛咳呕吐，故须布包入煎。

白前

【来源】本品为萝藦科植物柳叶白前和芫花叶白前的干燥根茎及根，又称为石蓝、嗽药。8 月挖根，洗净泥土，稍浸泡后捞出，润透，切段，晒干。生用或蜜炙用。主产于浙江、安徽、江苏等地。

【性味归经】辛、苦，微温。归肺经。

【功效】降气化痰。

【主治与应用】

(1)咳嗽痰多,胸满喘急。本品长于祛痰,降肺气,气降痰消则咳喘胸满自除。无论属寒属热,外感内伤均可用之,尤以寒痰阻肺,肺气失降者为宜。常与半夏、紫菀等药同用。

(2)外感风寒咳嗽,配荆芥、桔梗等宣肺解表之品,如止嗽散(《医学心悟》)。

(3)内伤肺热咳喘,配桑白皮、葶苈子等药,如白前丸(《圣济总录》);咳喘浮肿,喉中痰鸣,不能平卧,配紫菀、半夏、大戟等药,以逐饮平喘,如白前汤(《深师方》)。

【用法用量】煎服或入丸、散。马、牛 15~45 g;猪、羊 3~12 g;兔、禽 1~2 g。

【使用注意】凡咳逆上气,咳嗽气逆,由于气虚气不归元,非肺气壅实者,禁用。

二、清化热痰药

本类药物性多寒凉,有清化热痰之功,部分药物质润,兼能润燥化痰,部分药物味咸,兼能软坚散结。清化热痰药主治热痰证,如咳嗽气喘、痰黄质稠者;若痰稠难咯,唇舌干燥之燥痰证,宜选质润之润燥化痰药;痰热癫痫、中风惊厥、痰火瘿瘤等,均可以清化热痰药治之。临床应用时,常与清热泻火、养阴润肺药配伍,以期达到清化热痰、润燥化痰的目的。药性寒凉的清化热痰药、润燥化痰药,寒痰与湿痰证不宜使用。

贝母

【来源】本品为百合科植物卷叶川贝、川贝母,以及浙贝母等的干燥地下鳞茎。川贝母于夏季采挖,晒或炕至上粉后,装入新麻布袋内,撞去泥土及须根,晒干。生用。主产于四川、云南、西藏等地。浙贝母于立夏植株枯萎后采挖,洗净泥土,按大小分开,大者摘心芽,小者不去心芽,分别撞擦,除去外皮,拌以贝壳粉(每 100 kg 加贝壳粉 3~4 kg),吸去擦出的浆汁,再撞至表面全部涂满贝壳粉为止,干燥。生用。原产浙江象山县,现主产于江苏、安徽、湖南等。

【性味与归经】川贝母:苦、甘,微寒。浙贝母:苦,寒。归心、肺经。

【功效】川贝母:清热化痰,润肺止咳,散结消肿。浙贝母:清热化痰,散结消痈。

【主治与应用】

(1)肺虚久咳、痰少咽燥、外感风热咳嗽、郁火痰结咳嗽、咯痰黄稠等证。川贝母与浙贝母皆属性寒而有苦味,都能清肺化痰而止咳,可用于痰热咳嗽等证。然川贝母性凉而有甘味,兼有润肺之功,而清火散结之力则不及浙贝母,故宜用于肺虚久咳、痰少咽燥等证,可与沙参、麦冬、天冬等药配伍;浙贝母苦寒之性较重,开泄力胜,大多用于外感风邪、痰热郁肺所引起的咳嗽,常与桑叶、杏仁、牛蒡子、前胡等药配伍。

(2)瘿瘤、疮痈肿毒、肺痈、乳痈等证。川贝母与浙贝母都有清热散结的功效,可用于瘿瘤、疮痈、乳痈及肺痈等证。然浙贝母偏于苦寒,长于清火散结,故一般认为用浙贝母较佳。在临床应用方面,治瘿瘤可与玄参、牡蛎等药配伍;治疮痈可与连翘、蒲公英、天花粉等药配伍;治肺痈,可与鲜芦根、生薏苡仁、冬瓜子、鱼腥草等药同用。

【用法用量】马、牛 15~30 g;猪、羊 3~9 g。

【使用注意】脾胃虚寒之痰湿咳嗽者慎用,不宜与川乌、制川乌、草乌、制草乌、附子同用。

【不良反应】过量或频繁服用贝母,会对病畜脏腑有所损伤,同时会伴有腹胀、呕吐、恶心、食欲下降等不良反应;对于脾胃虚寒的病畜,在服用后可能会对脾胃造成损伤,出现腹痛或者影响食欲等不良反应。

瓜蒌

【来源】本品为葫芦科多年生草质藤本植物栝楼和双边栝楼的干燥成熟果实。秋季果实成熟时，连果梗剪下，置通风处阴干。生用或炒用。主产于山东、安徽、河南、四川、浙江、江西等地。

【性味归经】甘、微苦，寒。归肺、胃、大肠经。

【功效】清热化痰，宽胸散结，润肠通便。

【主治与应用】

(1)肺热咳嗽、咯痰黄稠及肺痈等证。本品甘寒清润，有清肺化痰功效，故可用于痰热咳嗽、咯痰稠厚、咳吐不利及肺痈等证，常与知母、浙贝母、生薏苡仁、冬瓜子等药同用。

(2)胸痹胁痛及乳痈肿痛等证。本品能清上焦积热，又可化浊痰胶结，故能通胸膈的痹塞，而治胸痹胁痛，在应用时常与薤白配伍。此外，本品还可用于乳痈初起、肿痛而未成脓者，与蒲公英、乳香等药合用，有消肿散结之功效。

(3)肠燥便秘。瓜蒌仁质润多油，善涤痰垢而导积滞，有滑肠通便的功效，可用于肠燥便秘等证，常与火麻仁、郁李仁等药配伍。

【用法用量】马、牛 30～60 g；猪、羊 10～20 g；兔、禽 0.5～1.5 g。

【使用注意】脾虚便溏、呕吐泄泻忌用。反乌头。

【不良反应】瓜蒌性寒凉，脾胃虚弱者超量会引起疼痛，腹泻。

桔梗

【来源】本品为桔梗科植物桔梗的干燥根。春秋两季采挖，洗净，除去须根，趁鲜剥去外皮或不去外皮，干燥。切片生用。主产于安徽、江苏、浙江、湖北、河南等地。

【性味归经】苦、辛，平。归肺经。

【功效】宣肺，祛痰，利咽，排脓。

【主治与应用】

(1)肺气不宣引起的咳嗽痰多，胸闷不畅。本品辛散苦泄，宣开肺气，祛痰利气，无论属寒属热皆可应用。风寒咳痰配紫苏、杏仁，如杏苏散(《温病条辨》)；风热咳痰配桑叶、菊花、杏仁，如桑菊饮(《温病条辨》)。痰滞胸痞，常配枳壳。

(2)咽喉肿痛，失声。本品性平主肺经能宣肺利咽开音。

(3)肺痈咳吐脓痰。本品性散上行，能利肺气以排壅肺之脓痰，常配甘草用之，如桔梗汤(《金匮要略》)；也可增配鱼腥草、冬瓜仁等药以加强清肺排脓之效。此外，本品又可宣开肺气而通二便，治癃闭、便秘。

【用法用量】煎服：马、牛 15～45 g；猪、羊 3～10 g；兔、禽 1～1.5 g。

【使用注意】本品性升散，凡气机上逆、呕吐、呛咳、眩晕、阴虚火旺咳血等不宜用，胃、十二指肠溃疡者慎服。用量过大易致恶心呕吐。

【不良反应】本品性升散，若病畜阴虚火旺则用量过大易致恶心呕吐。

前胡

【来源】本品为伞形科植物白花前胡或紫花前胡的干燥根。冬季至翌年春季茎叶枯萎或未抽花茎时采挖，除去须根，洗净，晒干或低温干燥。切片生用。主产于江苏、浙江、江西、广西、安徽等地。

【药性】苦、辛，微寒。归肺经。

【功效】降气化痰，散风清热。

【主治与应用】

(1)痰热咳喘，咯痰黄稠。本品辛散苦降，性寒清热，宜于痰热壅肺，肺失宣降之咳喘胸满，咯痰黄稠量多，常配伍苦杏仁、桑白皮、浙贝母等药；本品寒性不著，配伍白前、半夏等温化寒痰药，也可用于寒痰、湿痰证。

(2)风热咳嗽痰多。本品味辛性微寒，能疏散风热，宣肺化痰止咳。治外感风热，身热头痛，咳嗽痰多，常与桑叶、牛蒡子、桔梗等药同用；配辛温发散、宣肺之品，如荆芥、紫苏等药，也可治风寒咳嗽，如杏苏散(《温病条辨》)。

【用法用量】煎服：马、牛 15～45 g；猪、羊 5～10 g；兔、禽 1～3 g。

竹茹

【来源】本品为禾本科多年生常绿乔木或灌木植物青秆竹、大头典竹或淡竹等的茎秆的干燥中间层。全年可采，以冬季采者为佳。鲜用，晒干生用或姜汁炙用。主产于我国长江流域和南部各地。

【性味归经】甘，微寒。归肺、胃经。

【功效】清热化痰，除烦止呕。

【主治与应用】

(1)肺热咳嗽，痰热心烦不寐。本品甘寒，归肺胃胆经，善除烦止呕，常治胃热呕吐及痰火内扰之心烦失眠证。善清痰热，痰热除，肺气清肃则咳止；痰火清，心神得安则烦除，寐安。

(2)胃热呕吐，妊娠恶阻。本品能清胃止呕，常与黄连、半夏等药同用；治胃虚有热而呕，可与橘皮、生姜、人参等药同用，如橘皮竹茹汤(《金匮要略》)。治胎热恶阻呕逆，常与枇杷叶、陈皮等药同用。

(3)本品还有凉血止血作用，可用于吐血、衄血、崩漏等。

【用法用量】煎服：马、牛 15～45 g；猪、羊 5～10 g。生用清化痰热，姜汁炙用止呕。

【使用注意】寒痰咳嗽、胃寒呕逆及脾虚泄泻者禁服。孕畜忌用。

天竺黄

【来源】本品为禾本科植物青皮竹或华思劳竹等竿内的分泌液干燥后的块状物。秋冬两季采收，砍破竹竿，剖取竹黄，晾干。生用。主产于云南、广东、广西等地。

【性味归经】甘，寒。归心、肝经。

【功效】清热化痰，清心定惊。

【主治与应用】痰热惊搐，中风痰壅等证。本品能清化热痰，凉心定惊，适用于痰热惊搐、中风痰壅等证。在临床上用于痰热惊搐居多，常与朱砂、郁金、黄连、僵蚕等药同用。

【用法用量】煎服：马、牛 20～45 g；猪、羊 5～10 g；犬、猫 1～3 g；兔、禽 0.3～1 g。

三、止咳平喘药

本类药物味多辛、苦，平，有宣肺祛痰、润燥止咳和下气平喘等作用，适用于治咳嗽、气喘诸证候。由于咳喘的病因，证候较为复杂。有干咳无痰、咳痰黏稠、咳痰清稀、外感咳嗽气急、虚劳喘咳等，寒热虚实表里各不相同，当对证选药，并做恰当配伍。

苦杏仁

【来源】本品为蔷薇科植物山杏、西伯利亚杏、东北杏或杏的干燥成熟种子。夏季采收成熟果实，除去果肉和核壳，取出种子，晒干。生用或炒用。主产于我国北方各地。临床用名有生苦杏仁、苦杏仁、炒苦杏仁、苦杏仁霜。

【性味归经】苦，微温。有小毒。归肺、大肠经。

【功效】止咳平喘，润肠通便。

【主治与应用】

(1)咳嗽气喘。为治咳喘之要药，可治多种咳喘病证。风寒咳喘，配麻黄、甘草，如三拗汤(《伤寒论》)；风热咳嗽，配桑叶、菊花，如桑菊饮(《温病条辨》)；燥热咳嗽，配桑叶、贝母、沙参，如桑杏汤(《温病条辨》)、清燥救肺汤(《医门法律》)；肺热咳喘，配石膏等药以清肺泄热宣肺平喘，如麻杏石甘汤(《伤寒论》)。

(2)肠燥便秘。本品质润多脂，味苦而下气，故能润肠通便。常与柏子仁、郁李仁等药同用，如五仁丸(《世医得效方》)。

(3)本品外用，可治蛲虫病、外阴瘙痒。

【用法用量】煎服，宜打碎入煎，或入丸、散。马、牛 15～30 g；猪、羊 3～10 g。

【使用注意】阴虚咳嗽及泻痢便溏者禁用。

【不良反应】动物超量食用会导致频繁呕吐、呼吸困难、四肢抽搐，甚至死亡。本品口味越苦，毒性越大，因此，只要发现中毒，就要立刻催吐救治。

款冬花

【来源】本品为菊科植物款冬的花蕾。10 月下旬至 12 月下旬在花蕾未出土时采挖，摘取花蕾，去净花梗、泥土，阴干。生用，或蜜炙用。主产于陕西、河南、山西、甘肃、青海、河北、四川、内蒙古等地。

【性味归经】辛、微苦，温。归肺经。

【功效】润肺下气，止咳化痰。

【主治与应用】本品辛散温润，为润肺化痰止咳之良药，可治外感内伤、寒嗽热咳等诸多咳嗽证。咳嗽偏寒，与干姜、紫菀、五味子等药同用，如款冬煎(《千金方》)；肺热咳喘，配知母、桑叶、川贝母，如款冬花汤(《圣济总录》)；肺气虚弱，咳嗽不已，配人参、黄芪；阴虚燥咳，配沙参、麦冬；喘咳日久，痰中带血，常配百合，如百花膏(《济生方》)。

【用法用量】煎服：马、牛 15～35 g；驼 20～60 g；猪、羊 3～10 g；犬 2～5 g；兔、禽 0.5～1.5 g。

【使用注意】外感暴咳宜生用，内伤久咳宜炙用。

紫菀

【来源】本品为菊科植物紫菀的根及根茎。多系栽培。12 月或地冻前采挖，除去有节的根茎(母根)，编成辫状晒干，或直接晒干。切厚片。生用或蜜炙用。主产于安徽、东北、华北及西北等地。临床用名有紫菀、蜜炙紫菀。

【性味归经】苦、甘，温。归肺经。

【功效】润肺下气，化痰止咳。

【主治与应用】本品甘润苦泄，性温而不热，质润而不燥，长于润肺下气，开肺郁，化痰浊而止咳。咳嗽无论新久、外感内伤、寒热虚实皆可用，尤以肺气壅塞、咳嗽有痰者最宜。取其宣开肺气、散胸中寒热结气之功,还可用于肺痈、胸痹及小便不通等证。

【用法用量】马、牛 15～45 g;驼 24～60 g;猪、羊 3～6 g;犬 2～5 g,水煎服;润肺宜蜜炙用。

【使用注意】有实热者慎服。

百部

【来源】本品为百部科植物直立百部、蔓生百部或对叶百部的干燥块根。春秋两季采挖,除去须根,置沸水中略烫或蒸至无白心,取出,晒干。切厚片生用或蜜炙用。主产于江苏、浙江、安徽、广西、贵州、四川、广东、福建、湖北、河北、河南等地。临床用名有百部、蜜炙百部。

【性味归经】甘、苦,微温。归肺经。

【功效】润肺下气止咳,灭虱杀虫。

【主治与应用】本品甘缓质润,苦降下气,性平而无寒热之偏,甘润而无燥烈之弊,长于润肺下气止咳。对咳嗽一证,不论新久寒热,适当配伍,均可应用,尤为治肺痨咳嗽及顿咳(百日咳)之良药。生用有杀虫灭虱之功,治疥癣、阴痒、头虱、体虱、蛲虫等证。蜜炙,可增强其润肺止咳之功。

【用法用量】煎服:马、牛 15～20 g;猪、羊 6～12 g;犬、猫 3～5 g。久咳虚嗽宜蜜炙用。外用适量。

【使用注意】脾虚便溏者不宜用。

枇杷叶

【来源】本品蔷薇科植物枇杷的干燥叶片。全年皆可采收,采摘后,晒至七八成干时,扎成小把,晒干。用时刷去绒毛,用水洗净,稍润,切丝,晒干。生用或蜜炙用。主产于广东、广西、福建、云南、浙江、湖南、江苏、江西等地。

【性味归经】苦,凉。归肺、胃经。

【功效】化痰止咳,和胃降逆。

【主治与应用】

(1)化痰止咳。凡风热燥邪所致的咳嗽,均可应用本品。用于风热咳嗽,常与前胡、桑叶等药同用;用于燥热咳喘,可与沙参、桑白皮等药配伍;用于实热咳喘、口燥喉痛,多与知母、浙贝母、石膏等药同用。

(2)和胃降逆。用于胃热逆气上冲之呕吐,常与竹茹、生姜、芦根、陈皮等药同用。

【用法用量】马、牛 30～90 g;猪、羊 15～30 g。

【使用注意】胃寒呕吐、风寒咳嗽者不宜用枇杷叶。

【不良反应】枇杷叶主要用于肺热引起的咳嗽、气短,短期内使用可以起到清热止咳效果,使用时间过长会导致病畜清热过度,出现肺寒的情况,从而加重原有的咳嗽、气短等不适症状。

紫苏子

【来源】本品为唇形科植物紫苏的干燥成熟果实。秋季果实成熟时采收,除去杂质,晒干。生用或炒用。主产于湖北、江苏、河南等地。

【性味归经】辛,温。归肺、大肠经。

【功效】降气化痰,止咳平喘,润肠通便。

【主治与应用】

(1)降气消痰平喘。用于痰涎壅盛、咳喘气短、喉有痰鸣声等证,常与半夏、前胡、陈皮、肉桂、厚朴、生姜等药同用,如苏子降气汤(《和剂局方》)。

(2)润肠通便。用于肠燥便秘，常与火麻仁、瓜蒌仁、杏仁、麦冬、生地等药同用(《济生方》)。

【用法用量】煎服：马、牛 15～60 g；驼 20～80 g；猪、羊 5～10 g；兔、禽 0.5～1.5 g。

【使用注意】气虚久咳、阴虚喘咳及脾虚便溏者慎用。

桑白皮

【来源】本品为桑科植物桑的干燥根皮。冬季采挖，洗净，趁新鲜刮去黄棕色栓皮，纵向剖开，以木槌轻击，使皮部与木心分离，剥取白皮，切丝，晒干。生用或蜜炙用。主产于安徽、浙江、湖南等地。

【性味归经】甘，寒。归肺经。

【功效】泻肺平喘，利水消肿。

【主治与应用】

(1)肺热咳喘。肺热咳喘，与地骨皮同用，如泻白散(《小儿药证直诀》)；水饮停肺，胀满喘急，与麻黄、杏仁、葶苈子等宣肺逐饮之药同用；肺虚有热而咳喘气短、潮热、盗汗者，与人参、五味子、熟地等药同用，如补肺汤(《永类钤方》)。

(2)水肿。尤宜用于风水、皮水等阳水实证。全身水肿，面目肌肤浮肿，胀满喘急，小便不利，配茯苓皮、大腹皮、陈皮等药，如五皮散(《中藏经》)。

(3)本品还有清肝降压止血之功，可治衄血、咯血及肝阳肝火偏旺之高血压证。

【用法用量】煎服：马、牛 15～30 g；驼 20～80 g；猪、羊 5～10 g；兔、禽 1～2 g。平肝清火宜生用，肺虚咳嗽宜蜜炙用。

【使用注意】本品性寒，不宜与补血药合用。

任务实施

(一)布置任务

根据所学知识，针对以上提供的病例资料，按要求分别完成以下任务。

(1)治疗原则：________________________________

(2)选用药物：________________________________

(二)工作评价

针对以上任务的完成情况，分别对治疗原则和选用药物两项任务给予评价和点评。

工作评价			
评价内容	评价结果		
	正确	基本正确	错误
治疗原则			
选用药物			
学生反思			
教师点评			

任务十二 安 神 药

任务导读

凡以安定神志，治疗心神不宁病证为主要作用的药物，称为安神药。安神药质重沉降而有安定之性；主要归心、肝经。根据药性不同，可分为重镇安神药和养心安神药两类。安神药有镇静安神、养血安神、补心安神及解郁安神等作用。此外，有些安神药还有平肝潜阳、明目、收敛固涩等作用。适用于心气虚、心血不足及痰火扰心所致的心悸不安、躁动或狂乱等证。

使用安神药时，须根据病因、病机，恰当配伍其他药。如阴血亏虚，配伍补血滋阴药；火热炽盛，配伍清热药或豁痰开窍药。

(1)重镇安神药。主要用于心火亢盛、痰火扰心、痰迷心窍所致的心悸失眠、烦躁易怒、惊痫癫狂、阳气浮动、心神不安等实证。常用药有朱砂、磁石、龙骨、龙齿、琥珀、珍珠、云母等。

(2)养心安神药。主要用于心血不足、思虑过度、劳伤心脾、情志不遂等所致的失眠多梦、心悸不安、神疲健忘、喜笑失常、神魂不宁等虚证。常用药有酸枣仁、柏子仁、远志、合欢皮、夜交藤、茯神、秫米等。部分安神药还可治肝阳眩晕、目暗不明、自汗盗汗、遗精、崩漏、带下等证。

案例导入

农户饲养的役用公骡突然发病就诊。主诉：上午该骡耕地 3 亩后发病。临证所见：病骡全身大汗，犹如水洗，浑身肌肉震颤，体温 40 ℃，心跳 72 次/min，呼吸困难，鼻孔开张，结膜发绀，舌色赤红，初诊为黑汗风。本证乃在烈日炎热的环境中使役，劳役过重，奔走太急致使暑热之邪侵袭机体，湿与热郁，卫气不宣，内热不得外泄，积于心胸，侵扰神明而致。

请思考：该骡的病证的治疗原则是什么？该选用哪些药物？

一、重镇安神药

本类药物多为矿石、贝壳类药物，具有质重沉降之性，重则能镇，重可镇怯，故有重镇安神、平惊定志、平肝潜阳等作用。主治心火炽盛、阳气躁动、痰火扰心、肝郁化火及惊吓所致的心悸、失眠、多梦等心神不宁实证，惊风、癫痫、癫狂、肝阳上亢等也可选用本类药物。重镇安神剂多为金石、贝壳类药物组成，质重而碍胃，对脾胃虚弱者应加注意。

朱砂

【来源】本品为硫化物类矿物辰砂族辰砂，主含硫化汞。采挖后，选取纯净者，用磁铁吸净含铁的杂质和铁屑，再用水淘去杂石和泥沙。以色鲜红、有光泽、无杂质者为佳。研末或水飞用。主产于贵州、湖南、四川，传统以产于古之辰州（今湖南沅陵）者为道地药材。

【性味归经】甘，微寒。有毒。归心经。

【功效】清心镇惊，安神，明目，解毒。

【主治与应用】

（1）镇心安神。用于心经伏热、烦躁不宁、心烦狂走、惊悸等证，常与黄连、连翘、茯神、郁金等药同用；用于血虚有热，心悸不安，可与当归、柏子仁、丹参等药配伍。

（2）解毒医疮。用于热毒疮肿，可与雄黄、续随子、山慈菇、麝香等药共研末外涂；用于咽喉肿痛，口舌生疮，可与冰片、西瓜霜等药研末吹入口腔。

【用法用量】马、牛 3～6 g；猪、羊 0.3～1 g。外用适量。

【使用注意】忌高温，多冲服。控制剂量与用次，避免慢性汞中毒。反刍动物对汞敏感，当慎用。

【不良反应】超量使用容易引发汞中毒。

磁石

【来源】本品为氧化物类矿物尖晶石族磁铁矿，主含四氧化三铁。采挖后，除去杂石和杂质，砸碎。本品具磁性，有土腥气，味淡，以色灰黑、有光泽、能吸铁者为佳。生用或煅用。主产于辽宁、河北、山东、江苏。

【性味归经】咸，寒。归心、肝、肾经。

【功效】镇惊安神，平肝潜阳，聪耳明目，纳气平喘。

【主治与应用】

（1）心神不宁，惊悸，失眠。本品质重沉降，入心经，能镇惊安神；味咸入肾，又兼有益肾之功；性寒清热，清泻心肝之火，故能益肾养阴，镇摄浮阳，安定神志，宜于肾虚肝旺，肝火上炎，扰动心神或惊恐气乱，神不守舍所致的心神不宁，惊悸，失眠及癫痫者，常与朱砂、神曲等药同用，如磁朱丸（《备急千金要方》）。

（2）肝阳上亢，头晕目眩。本品入肝、肾经，既能平肝阳，又能益肾阴。治肝阳上亢之头晕目眩，急躁易怒等证，常配石决明、珍珠、牡蛎等平肝潜阳药；治阴虚甚者，可配伍熟地黄、白芍、龟甲等滋阴潜阳药；治热甚者，可与钩藤、菊花、夏枯草等清热平肝药同用。

（3）视物昏花，耳鸣耳聋。本品入肝、肾经，能益肾阴，有聪耳明目之效。用于肾虚耳鸣、耳聋，常与熟地黄、山茱萸、五味子等滋补肾阴药同用，如耳聋左慈丸（《重订通俗伤寒论》）；治肝肾不足，视物昏花，与枸杞子、菊花、女贞子等补肝肾明目药配伍。

（4）肾虚气喘。本品入肾经，质重沉降，纳气归肾，有益肾纳气平喘之功，用于肾气不足，摄纳无权之虚喘，常与五味子、胡桃肉、蛤蚧等纳气平喘药配伍。

【用法用量】马、牛 15～60 g；猪、羊 5～10 g。先煎。镇惊安神、平肝潜阳宜生用，聪耳明目，纳气平喘宜醋淬后用。

【使用注意】因吞服后不易消化，入丸散，不可多服。脾胃虚弱者慎用。

二、养心安神药

本类药物多为植物类种子、种仁，具有甘润滋养之性，故有滋养心肝、益阴补血、交通心肾等作用。主要适用于阴血不足、心脾两虚、心肾不交等导致的心悸怔忡、虚烦不眠、健忘多梦、遗精、盗汗等虚证。常用养心安神药有：酸枣仁、柏子仁、灵芝、夜交藤、远志、合欢皮等。

酸枣仁

【来源】本品为鼠李科植物酸枣的干燥成熟种子。秋末冬初采收成熟果实，除去果肉及核壳，收集种子。晒干。生用或炒用。主产于河北、河南、陕西、辽宁等地。

【性味归经】甘、酸，平。归心、肝、胆经。

【功效】养心安神，益阴敛汗。

【主治与应用】

(1)养心安神。用于心肝血亏所致的惊悸不安，常与川芎、知母、茯苓、甘草等药配伍，如酸枣仁汤(《金匮要略》)；用于心肾精血不足所致的阴虚火旺，心悸不宁，口干津少，舌色赤绛等证，多与生地、玄参、柏子仁、麦冬、远志等药配伍，如天王补心丹(《摄生秘剖》)。

(2)益阴敛汗。用于体虚自汗，阴虚盗汗等虚证，可与牡蛎、五味子、浮小麦、麻黄根、山萸肉等药同用。

【用法用量】马、牛 18～60 g；猪、羊 6～15 g；犬 3～5 g；兔、禽 1～2 g。

【使用注意】凡有实邪郁火及患有滑泄证动物慎服。

【不良反应】服用过多，容易引起腹泻或者胃酸增多。

柏子仁

【来源】本品为柏科植物侧柏的干燥成熟种仁。秋冬两季采收成熟种子，晒干，除去种皮。生用或制霜用。主产于山东、湖南、河南、安徽等地。

【性味归经】甘、平。归心、肾、大肠经。

【功效】养心安神，润肠通便，止汗。

【主治与应用】

(1)阴血不足，虚烦失眠，心悸怔忡。本品味甘质润，药性平和，归心经，具有养心安神之功，多用于心之阴血不足。治心神失养之心悸怔忡、虚烦不眠、头晕健忘等，常与人参、五味子、酸枣仁等药配伍；治心肾不交之心悸不宁、心烦少寐、梦遗健忘，多与麦冬、熟地黄、石菖蒲等药配伍。

(2)肠燥便秘。本品质润，富含油脂，有润肠通便之功。治阴虚血亏，老年、产后等肠燥便秘，常与郁李仁、松子仁、杏仁等药同用，如五仁丸(《世医得效方》)。

(3)阴虚盗汗。本品甘润，兼能补阴以止汗，还可治阴虚盗汗，宜与酸枣仁、牡蛎、麻黄根等收敛止汗药同用。

【用法用量】马、牛 30～60 g；驼 40～80 g；猪、羊 6～15 g；犬 5～10 g。

【使用注意】便溏及痰多者慎用。

【不良反应】柏子仁可能会导致腹痛、腹泻、恶心、呕吐等不良反应。

远志

【来源】本品为远志科植物远志或卵叶远志的干燥根。春秋两季采挖，除去须根及泥沙，晒干。生用或炙用。主产于山西、陕西、吉林、河南等地。

【性味归经】苦、辛，温。归心、肺经。

【功效】安神益智，交通心肾，祛痰开窍，消散痈肿。

【主治与应用】

(1)通心安神。用于心气虚弱所致的躁动不安、惊悸等，常与石菖蒲、茯神、党参等药配伍；用于产后血虚，心悸易惊，多与当归、白芍、麦冬、党参等药同用。

(2)祛痰止咳。用于寒湿咳嗽，可与陈皮、紫菀、桔梗、杏仁、半夏等药同用。

【用法用量】马、牛 15～30 g；驼 45～90 g；猪、羊 5～10 g；犬、猫 3～6 g；兔、禽 0.5～1.5 g。

【使用注意】阴虚火旺及实热证忌用。胃溃疡及胃炎动物慎用。

任务实施

(一)布置任务

根据所学知识，针对以上提供的病例资料，按要求分别完成以下任务。

(1)治疗原则：________________

(2)选用药物：________________

(二)工作评价

针对以上任务的完成情况，分别对治疗原则和选用药物两项任务给予评价和点评。

<table>
<tr><th colspan="4">工作评价</th></tr>
<tr><td rowspan="2">评价内容</td><td colspan="3">评价结果</td></tr>
<tr><td>正确</td><td>基本正确</td><td>错误</td></tr>
<tr><td>治疗原则</td><td></td><td></td><td></td></tr>
<tr><td>选用药物</td><td></td><td></td><td></td></tr>
<tr><td>学生反思</td><td colspan="3"></td></tr>
<tr><td>教师点评</td><td colspan="3"></td></tr>
</table>

任务十三 平肝息风药

任务导读

以平肝潜阳或息风止痉为主要功效，常用以治疗肝阳上亢或肝风内动病证的药物，称平肝息风药。

平肝息风药均归肝经，多为矿石类及虫类药物，具有平肝潜阳、息风止痉的功效。部分药以其质重、性寒、沉降之性，兼有镇惊安神、清肝明目、重镇降逆、凉血以及祛风通络等功效。

平肝息风药主要用于治疗肝阳上亢证及肝风内动证。肝阳上亢多由于肝肾阴虚，阴不制阳，肝阳亢扰于上所致，证见眩晕耳鸣、头目胀痛、面红目赤、急躁易怒、腰膝酸软、头重脚轻、脉弦等；肝风内动多由肝阳化风、热极生风、阴虚动风或血虚生风等所致，证见眩晕欲仆、痉挛抽搐、项强肢颤等。部分药还可治心神不宁、目赤肿痛、呕吐呃逆、喘息、血热出血以及风中经络之口眼㖞斜、风湿痹痛等证。

使用平肝息风药时应根据引起肝阳上亢和肝风内动的病因、病机及兼证的不同，进行相应的配伍。如属阴虚阳亢者，多配伍滋养肝肾之阴药，益阴以制阳；若肝火亢盛，则当配伍清泻肝火药。由于肝风内动以肝阳化风多见，故息风止痉药常与平抑肝阳药合用；若热极生风，当配伍清热泻火解毒之药；若血虚生风，则配伍滋补阴血之药；脾虚慢惊风，多与补气健脾药同用。兼窍闭神昏者，当配伍开窍药。兼心神不安、失眠多梦者，当配伍安神药。兼夹痰邪者，应与化痰药配伍。

本类药物有性偏寒凉或性偏温燥的不同，故应区别使用。若脾虚慢惊者，不宜寒凉之药；阴虚血亏者，当忌温燥之药。由于介类、矿石类药材质地坚硬，故入汤剂应打碎先煎。个别有毒性的药物用量不宜过大，孕畜慎用。

根据平肝息风药的功效及主治的差异，可分为平肝潜阳药及息风止痉药二类。现代药理研究证明，平肝息风药具有镇静、抗惊厥、降血压作用。部分药物还有解热、抗炎、镇痛及抑制血小板聚集、抗血栓等作用。

案例导入

1 头 3 岁母水牛发生严重角膜炎，要求诊治。经检查病牛左眼出现云翳遮眼，胬肉外翻遮盖瞳仁，胬肉肥厚，羞明流泪。该病为传染性角膜炎，中兽医称为肝热传眼，翳膜遮睛。

请思考：该牛病证的治疗原则是什么？该选用哪些药物？

一、平肝潜阳药

石决明

【来源】本品为鲍科动物杂色鲍、皱纹盘鲍、羊鲍、澳洲鲍、耳鲍或白鲍的贝壳。夏秋两季捕捞，去肉，洗净，干燥。生用或煅用，用时打碎。主产于广东、山东、辽宁等地。

【性味归经】咸，寒。归肝经。

【功效】平肝潜阳，清肝明目。

【主治与应用】

(1)肝阳上亢，头痛眩晕。本品咸寒质重，专归肝经，长于潜降肝阳，清泄肝热，兼益肝阴，为平肝凉肝之要药。善治肝肾阴虚，阴不制阳而致肝阳上亢之头痛眩晕，常配伍珍珠母、牡蛎等平抑肝阳药；治邪热灼阴所致筋脉拘急、四肢抽动、头晕目眩，常与白芍、生地黄、阿胶等药配伍，如阿胶鸡子黄汤(《通俗伤寒论》)；治肝阳上亢兼肝火亢盛之头晕头痛、烦躁易怒，可与羚羊角、夏枯草、白芍等清热、平肝药同用。

(2)目赤翳障，视物昏花，青盲雀目。本品长于清肝火、益肝阴，有明目退翳之功，为治目疾常用药。凡目赤肿痛、翳膜遮睛、视物昏花、青盲雀目等目疾，不论虚实，均可应用。治肝火上炎，目赤肿痛，可与龙胆草、夜明砂等药同用；治肝虚血少、目涩昏暗、雀盲眼花，常与熟地黄、枸杞子、菟丝子等养肝明目药配伍；治风热目赤、翳膜遮睛，可与蝉蜕、菊花、蔓荆子等清肝热、疏风明目药配伍；治目生翳障，常配伍木贼、决明子、桑叶等药。

(3)本品煅用有收敛、制酸、止血之功，用于疮疡久溃不敛、胃痛泛酸及外伤出血等。

【用法用量】马、牛 45～90 g；驼 45～100 g；猪、羊 15～30 g；犬、猫 3～5 g；兔、禽 1～2 g。先煎。平肝、清肝宜生用，外用点眼宜煅用、水飞。

【使用注意】本品咸寒，易伤脾胃，故脾胃虚寒，食少便溏者慎用。

珍珠母

【来源】本品为蚌科动物三角帆蚌、褶纹冠蚌或珍珠贝科动物马氏珍珠贝的贝壳。去肉，洗净，干燥。以色白、内面有光泽者为佳。生用或煅用，用时打碎。全国各地的江河湖沼均产。

【性味归经】咸，寒。归肝、心经。

【功效】平肝潜阳，安神定惊，明目退翳。

【主治与应用】

(1)肝阳上亢，头痛眩晕。本品咸寒，归肝经，有与石决明相似的平肝潜阳，清泻肝火作用。治肝阳上亢，头痛眩晕，常与石决明、牡蛎、磁石等平肝潜阳药同用，以增强平抑肝阳作用；治肝阳上亢兼肝热烦躁易怒，可与钩藤、菊花、夏枯草等清肝火药配伍；治肝阴不足，肝阳上亢所致的头痛眩晕、耳鸣、心悸失眠等，常与白芍、生地黄、龙齿等药同用。

(2)心神不宁，惊悸失眠。本品质重入心经，有安神定惊之功。治心神不宁，惊悸失眠，可与朱砂、龙骨、琥珀等安神药配伍；治癫痫、惊风抽搐，可配伍天麻、钩藤等息风止痉药。

(3)目赤翳障，视物昏花。本品性寒，有清肝、明目、退翳之功。治肝热目赤、羞明、翳障，常与石决明、菊花、车前子等药同用；治肝虚目暗、视物昏花，与枸杞子、女贞子、黑芝麻等药配伍以养肝明目；治夜盲症，可与苍术、木贼或动物肝脏等药同用。

(4)本品研细末外用，能燥湿收敛，治湿疮瘙痒、溃疡久不收口、口疮等；内服可治胃、十二指肠球部溃疡；制成眼药膏外用，可治白内障、角膜炎及结膜炎等。

【用法用量】马、牛 30～60 g；猪、羊 15～30 g。先煎。

【使用注意】本品属性寒镇降之品，故脾胃虚寒及孕畜慎用。

牡蛎

【来源】本品为牡蛎科动物长牡蛎、大连湾牡蛎或近江牡蛎的贝壳。全年均可捕捞，去肉，洗净，晒干。以质坚硬、内面光洁、色白者为佳。生用或煅用，用时打碎。主产于东北至海南岛沿海地区。

【性味归经】咸，微寒。归肝、胆、肾经。

【功效】潜阳补阴，重镇安神，软坚散结，收敛固涩，制酸止痛。

【主治与应用】

(1)肝阳上亢，眩晕耳鸣。本品咸寒质重，归肝经，有与石决明类似的平肝潜阳之功，并能益阴。治水不涵木、阴虚阳亢、眩晕耳鸣之证，常与龟甲、龙骨、白芍等药同用，如镇肝息风汤(《医学衷中参西录》)；治热病日久、灼烁真阴、虚风内动、四肢抽搐，则与龟甲、鳖甲、生地黄等药同用，以滋阴息风止痉，如大定风珠(《温病条辨》)。

(2)心神不宁，惊悸失眠。本品质重能镇，有重镇安神之功。治心神不安、惊悸怔忡、失眠多梦，常与龙骨相须为用，如桂枝甘草龙骨牡蛎汤(《伤寒论》)；也可配伍朱砂、琥珀、酸枣仁等安神之品。

(3)瘿瘤瘰核，癥瘕痞块。本品味咸，能软坚散结。治痰火郁结之痰核、瘿瘤等，常与浙贝母、玄参等药配伍，如消瘰丸(《医学心悟》)；治血瘀气滞之癥瘕痞块，常与鳖甲、丹参、莪术等药同用。

(4)自汗盗汗，遗精滑精，崩漏带下。本品煅后有与煅龙骨相似的收敛固涩作用，可用于多种滑脱不禁之证。治自汗、盗汗，常与麻黄根、浮小麦等药同用，如牡蛎散(《和剂局方》)；治肾虚遗精、滑精，常与沙苑子、龙骨、芡实等药配伍，如金锁固精丸(《医方集解》)；治尿频、遗尿，可与桑螵蛸、金樱子、龙骨等药同用；治崩漏、带下，常与山茱萸、山药等药配伍。

(5)胃痛吞酸。煅牡蛎有制酸止痛作用，治胃痛泛酸，可与海螵蛸、瓦楞子、海蛤壳等药同用。

【用法用量】马、牛 30～90 g；猪、羊 10～30 g；犬 5～10 g；兔、禽 1～3 g。先煎。

刺蒺藜

【来源】本品为蒺藜科植物蒺藜的干燥成熟果实。秋季果实成熟时采割植株，晒干，打下果实，除去杂质。生用或炒用。主产于东北、华北、新疆、青海、西藏和长江流域等地。

【性味归经】辛、苦，微温；有小毒。归肝经。

【功效】平肝解郁，活血祛风，明目，止痒。

【主治与应用】

(1)肝阳上亢，头痛眩晕。本品味苦降泄，归肝经，有平抑肝阳之功。用于肝阳上亢，头痛眩晕等证，常与钩藤、珍珠母、菊花等药同用。

(2)肝郁气滞，胸胁胀痛，乳闭胀痛。本品辛散苦泄，有疏肝解郁之效。治肝郁气滞，胸胁胀痛，可与柴胡、香附、青皮等疏理肝气药配伍；治母畜产后肝郁气滞，乳汁不通，乳房胀痛，可单用本品研末灌服，或配伍穿山甲、王不留行等通经下乳药。

(3)风热上攻，目赤翳障。本品味辛，能疏散肝经风热而明目退翳，为祛风明目之要药。治风热目赤肿痛，翳膜遮睛，多与菊花、蔓荆子、决明子等药同用。

(4)风疹瘙痒，白癜风。本品轻扬疏散，有活血祛风止痒之功。治风疹瘙痒，常与防风、荆芥、地肤子等祛风止痒药配伍；治白癜风，可单用本品研末灌服，也可制成酊剂外用。

【用法用量】煎服：马、牛 25～45 g；驼 30～60 g；猪、羊 10～20 g；兔、禽 0.5～1.5 g。

【使用注意】孕畜慎用。

【不良反应】刺蒺藜中毒后，可见乏力、嗜睡、头昏、恶心呕吐、心悸、唇甲及皮肤黏膜呈青紫色、猩红热样药疹，严重者出现肺水肿、呼吸衰竭，并可引起高铁血红蛋白而产生窒息。

代赭石

【来源】本品为氧化物类矿物刚玉族赤铁矿，主含三氧化二铁。采挖后，除去杂石。砸碎，生用，或煅后醋淬、研成粗粉用。主产于山西、河北、河南、山东等地的多种矿床和岩石中。

【性味归经】苦，寒。归肝、心、肺、胃经。

【功效】平肝潜阳，重镇降逆，凉血止血。

【主治与应用】

(1)肝阳上亢，眩晕耳鸣。本品味苦性寒，质重沉降，长于镇潜肝阳，清降肝火，为重镇潜阳常用之品。治肝肾阴虚，肝阳上亢所致的头痛眩晕、耳鸣目胀等，常与生牡蛎、生龙骨、生白芍等滋阴潜阳药同用，如镇肝息风汤(《医学衷中参西录》)；治肝阳上亢，肝火上升所致的头晕头痛，心烦难寐，可配珍珠母、猪胆膏、冰片等药。此外，取其重镇平肝之功，也治急慢惊风，吊眼撮口，搐搦不定，如单用本品(《仁斋直指方》)，醋煅，细研水飞，白汤调灌。

(2)呕吐，噫气，呃逆。本品质重性降，为重镇降逆之要药，尤善降上逆之胃气而具止呕、止呃、止噫之效。治胃气上逆之呕吐、呃逆、噫气不止，常与旋覆花、半夏、生姜等药同用，如旋覆代赭汤(《伤寒论》)。

(3)气逆喘息。本品重镇降逆，可降上逆之肺气而平喘。治哮喘有声，卧睡不得，可单味研末，米醋调服；治肺肾不足，阴阳两虚之虚喘，须与党参、山茱萸、核桃仁等补肾纳气之药同用，如参赭镇气汤(《医学衷中参西录》)；治肺热咳喘，可与桑白皮、黄芩、苏子等清肺降气之药同用。

(4)血热吐血，崩漏下血。本品苦寒，入心肝血分，有凉血止血之效；质重又善于降气、降火，故尤适宜于气火上逆，迫血妄行之出血证。单用本品(《头门方》)煅烧醋淬，研细调灌，治吐血衄血。如因热而胃气上逆所致吐血、衄血、胸中烦热，可与白芍、竹茹、牛蒡子等药同用，如寒降汤(《医学衷中参西录》)；治血热崩漏下血，可配伍禹余粮、赤石脂、五灵脂等药，如震灵丹(《和剂局方》)。

【用法用量】马、牛 30～120 g；猪、羊 15～30 g。先煎。

【使用注意】孕畜慎用。

罗布麻叶

【来源】本品为夹竹桃科植物罗布麻的干燥叶。在夏季开花前摘叶，晒干或阴干。生用或蒸炒揉制后用。主产于东北、华北、西北及河南等地。

【性味归经】甘、苦，凉。归肝经。

【功效】平肝安神，清热利水。

【主治与应用】

(1)肝阳眩晕，心悸失眠。本品味苦性凉，归肝经，既有平抑肝阳之功，又有清泻肝热之效，故可治疗肝阳上亢及肝火上攻之头晕目眩、烦躁失眠等。可单用本品也可与牡蛎、石决明、代赭石等药配伍，治肝阳上亢之证；或配伍钩藤、夏枯草、野菊花等药，治肝火上攻之证；治心悸失眠，可与龙骨、磁石、远志等安神药配伍。

(2)浮肿尿少。本品能清热利尿，治水肿、尿少而有热象者，可单用或与茯苓、泽泻、车前子等利水渗湿药同用。

【用法用量】马、牛 15～45 g;猪、羊 10～30 g;犬、猫 5～10 g;兔、禽 1～2 g。

【使用注意】脾胃虚寒者慎用,孕畜禁用。

二、息风止痉药

本类药物多为虫类药,归肝经,以平息肝风、制止痉挛抽搐为主要功效。适用于温热病热极动风、肝阳化风及血虚生风等所致之眩晕欲仆、项强肢颤、痉挛抽搐等。也可用于风阳夹痰、痰热上扰之癫痫、惊风抽搐,或风毒侵袭、引动内风之破伤风、痉挛抽搐、角弓反张等。部分息风止痉药兼有平肝潜阳、清泻肝火、祛风通络之功,还可治肝阳上亢之头晕目眩,肝火上攻之目赤头痛及风中经络之口眼㖞斜、肢麻痉挛、头痛、风湿痹痛等。

天麻

【来源】本品为兰科植物天麻的干燥块茎。立冬后至翌年清明前采挖,立即洗净,蒸透,敞开低温干燥。生用。主产于四川、贵州、云南、陕西等地。

【性味归经】甘,平。归肝经。

【功效】息风止痉,平抑肝阳,祛风通络。

【主治与应用】

(1)惊风,癫痫抽搐,破伤风。本品归肝经,功擅息风止痉。味甘质润,药性平和,故治肝风内动,惊痫抽搐,不论寒热虚实,皆可配伍应用。治急惊风,可配伍钩藤、全蝎、僵蚕等药,如钩藤饮(《小儿药证直诀》);治破伤风,可与全蝎、制南星、僵蚕等药同用;治痉挛抽搐、角弓反张,可与天南星、白附子、防风等药配伍,如玉真散(《外科正宗》)。

(2)肝阳上亢,头痛眩晕。本品既息肝风,又平肝阳,善治多种原因之眩晕、头痛,为止眩晕之良药。治肝阳上亢之眩晕、头痛,常与钩藤、石决明、牛膝等药同用,如天麻钩藤饮(《中医内科杂病证治新义》);治风痰上扰之眩晕、头痛,痰多胸闷,常与半夏、茯苓、白术等健脾燥湿之药同用,如半夏白术天麻汤(《医学心悟》);治头风头痛、头晕欲倒,可配等量川芎为丸,如天麻丸(《普济方》)。

(3)四肢不遂,肢体麻木,风湿痹痛。本品既息内风,又祛外风,并能通经络,止痹痛。治中风四肢不遂、筋骨疼痛等,可与没药、制乌头、麝香等药配伍;治风湿痹痛、肢体麻木、关节屈伸不利,多与秦艽、羌活、桑枝等祛风湿药同用。

【用法用量】煎服:马、牛 10～40 g;猪、羊 6～10 g;犬、猫 1～3 g。

【使用注意】阴虚者忌用。

钩藤

【来源】本品为茜草科植物钩藤、大叶钩藤、毛钩藤、华钩藤或无柄果钩藤的干燥带钩茎枝。秋冬两季采收,晒干。切段生用。主产于广西、广东、湖南、江西、浙江、福建等地。

【性味归经】甘,凉。归肝、心包经。

【功效】息风定惊,清热平肝。

【主治与应用】

(1)肝风内动,惊痫抽搐,高热惊厥。本品味甘性凉,归肝、心包经,长于清心包之火,泻肝经之热，有息风止痉作用，为治肝风内动，惊痫抽搐之常用药，尤宜于热极生风，四肢抽搐及高热惊厥等。治急惊风，壮热神昏、牙关紧闭、手足抽搐，可配伍天麻、全蝎、僵蚕等药，如钩藤饮子（《小儿药证直诀》）；治温热病，热极生风，痉挛抽搐，多与羚羊角、白芍、菊花等药同月，如羚角钩藤汤（《通俗伤寒论》）。

（2）头痛眩晕。本品性凉，归肝经，既能清肝热，又能平肝阳，故可治肝火上攻或肝阳上亢之头胀头痛、眩晕等证。治肝火上攻，常与夏枯草、龙胆草、栀子等药配伍；治肝阳上亢，常与天麻、石决明、牛膝等药同用，如天麻钩藤饮（《中医内科杂病证治新义》）。

（3）感冒夹惊，惊啼。本品性凉，有轻清疏泄之性，能清透热邪、定惊止搐，用于感冒夹惊、风热头痛等；又能凉肝止惊，治惊哭夜啼，多与蝉蜕、薄荷等药同用。

【用法用量】煎服：马、牛 15～60 g；猪、羊 5～15 g；兔、禽 1.5～2.5 g。后下。

【使用注意】无风热及实火者忌用。

牛黄

【来源】本品为牛科动物牛的干燥胆结石。在宰牛时，发现牛黄，立即滤去胆汁，取出牛黄，裹以灯心草或通草丝，外面包以白布或毛边纸，悬挂阴凉处，阴干即得。研细末用。全国各地均产，西北、西南、东北等地较多。

【性味归经】苦，凉。归心、肝经。

【功效】凉肝息风，清心豁痰，开窍醒神，清热解毒。

【主治与应用】

（1）温热病及急惊风，惊厥抽搐，癫痫发狂。本品味苦性凉，归心、肝经，有清心凉肝、息风止痉之功。治急惊风，壮热神昏，惊厥抽搐，常与胆南星、朱砂、天竺黄等药同用，如牛黄抱龙丸（《医学入门》）；治痰蒙清窍之癫痫发作，证见突然仆倒、昏不知人、口吐涎沫、四肢抽搐，可与全蝎、钩藤、胆南星等药配伍，以加强豁痰息风、开窍醒神之功。

（2）热病神昏，中风痰迷。本品性凉，气味芳香，归心经，既能清心热，又能豁痰开窍而苏醒神志。治温热病热入心包及中风、惊风、癫痫等痰热阻闭心窍所致神昏谵语、高热烦躁、口噤舌謇、痰涎壅盛等证，常与麝香、冰片、黄连等开窍醒神。清热解毒之药配伍，如安宫牛黄丸（《温病条辨》），也可单用本品为末，竹沥水投服。

（3）咽喉肿痛，口舌生疮，痈肿疔疮。本品性凉，为清热解毒之良药，治火热内盛之咽喉肿痛、牙龈肿痛、口舌生疮、目赤肿痛，常与黄芩、冰片、大黄等药同用；治咽喉肿痛、溃烂，可与珍珠为末吹喉，如珠黄散（《绛囊撮要》）；治痈肿疔疮、瘿瘤，可与麝香、乳香、没药等药合用，以清热解毒、活血散结，如犀黄丸（《外科全生集》）。

【用法用量】马、牛 6～9 g；猪、羊 1～2 g。多入丸、散用。外用适量，研末敷患处。

【使用注意】非实热证不宜使用。孕畜慎用。

附药：体外培育牛黄、人工牛黄

（1）体外培育牛黄。本品以牛科动物牛的新鲜胆汁作母液，加入去氧胆酸、胆酸、复合胆红素钙等制成。本品性味归经、功能主治、用法用量、使用注意与牛黄相同。偶有轻度消化道不适。

（2）人工牛黄。本品由牛胆粉、胆酸、猪去氧胆酸、牛磺酸、胆红素、胆固醇、微量元素等加工制成。性味苦凉。归心、肝经。功能清热解毒，化痰定惊。

全蝎

【来源】本品为钳蝎科动物东亚钳蝎的干燥体。春末至秋初捕捉，除去泥沙，置沸水或沸盐水中，煮至全身僵硬，捞出，置通风处，阴干。以完整、色黄褐、盐霜少者为佳。生用、酒洗用或制用。主产于河南、山东、湖北、安徽等地。

【性味归经】辛，平；有毒。归肝经。

【功效】息风镇痉，通络止痛，攻毒散结。

【主治与应用】

(1)肝风内动，痉挛抽搐，惊风，中风口㖞，半身不遂，破伤风。本品归肝经，性善走窜，既平息肝风，又搜风通络，有良好的息风止痉之功，为治痉挛抽搐之要药。治各种原因之惊风、痉挛抽搐，常与蜈蚣同用；治急惊风高热、神昏、抽搐，常与羚羊角、钩藤、天麻等清热、息风止痉之药配伍；治慢惊风抽搐，常与党参、白术、天麻等益气健脾药同用；治痰迷癫痫抽搐，可与郁金、白矾等份，研细末服；治破伤风痉挛抽搐、角弓反张，可与蜈蚣、钩藤、天南星等药配伍；治风中经络，口眼㖞斜，可与僵蚕、白附子等药同用，如牵正散(《杨氏家藏方》)。

(2)风湿顽痹，偏正头痛。本品为虫类药，善于搜风、通络止痛。治风寒湿痹日久不愈，筋脉拘挛，甚则关节变形之顽痹，常配伍川乌、蕲蛇、没药等祛风通络、活血舒筋之药；治顽固性偏正头痛，多与天麻、蜈蚣、川芎等祛风止痛药同用，也可单用研末投服。

(3)疮疡，瘿瘤。本品味辛有毒，能以毒攻毒，解毒而散结消肿。治诸疮肿毒，可用全蝎、栀子各7个，麻油煎黑去渣，入黄蜡为膏，外敷；以本品10枚，焙焦，分二次黄酒下，治颌下肿硬(《医学衷中参西录》)；小金散(《经验方》)，以本品配马钱子、半夏、五灵脂等药，共为细末，制成片剂，治瘿瘤。

【用法用量】煎服：马、牛15～30 g；猪、羊3～9 g；犬、猫0.5～1.0 g；兔、禽0.5～1.0 g。外用适量。

【使用注意】本品有毒，用量不宜过大，过敏体质者忌用。孕畜禁用。

【不良反应】全蝎用量过大可致头痛头昏、血压升高、心慌心悸、烦躁不安；严重者血压突然下降、呼吸困难、发绀、昏迷，最后多因呼吸麻痹而死亡。过敏体质者还可出现过敏反应，表现为全身性红色皮疹、发热、全身剥脱性皮炎等。此外，还可引起蛋白尿、神经中毒，表现为面部咬肌强直性痉挛。其中毒原因，一是用量过大，二是过敏体质者出现过敏反应。故应严格掌握剂量。

蜈蚣

【来源】本品为蜈蚣科动物少棘巨蜈蚣的干燥体。春夏两季捕捉，用竹片插入头、尾，绷直，干燥。生用或微炒用。主产于江苏、浙江、安徽、湖北、湖南、四川、广东、广西等地。

【性味归经】辛，温；有毒。归肝经。

【功效】息风镇痉，通络止痛，攻毒散结。

【主治与应用】

(1)肝风内动，痉挛抽搐，惊风，中风口㖞，半身不遂，破伤风。本品性温，性善走窜，通达内外，息风止痉及搜风通络作用比全蝎更强，二者常相须为用，治多种原因引起的痉挛抽搐。治撮口、四肢抽搐，可配全蝎、钩藤、僵蚕等药；治破伤风、角弓反张，多配伍天南星、防风等药。

(2)风湿顽痹，顽固性偏正头痛。本品有较强的搜风、通络止痛作用。常与独活、威灵仙、川乌等祛风除湿、通络止痛药同用，治顽痹疼痛；对久治不愈的顽固性偏正头痛，可与天麻、川芎、僵蚕等药配伍。

(3)疮疡，蛇虫咬伤。本品有毒，能以毒攻毒，味辛又能散结。以之与雄黄、猪胆汁配伍制膏，外敷治恶疮肿毒(《拔萃方》)；与茶叶共为细末，外敷治疮疖溃烂；此外，还可治蛇虫咬伤。

【用法用量】煎服：马、牛 5～10 g；猪、羊 1～1.5 g。外用适量。

【使用注意】本品有毒，用量不宜过大。过敏体质者忌用。孕畜禁用。

【不良反应】蜈蚣所含有毒成分具有溶血作用，并能引起过敏反应。大量蜈蚣能使心肌麻痹，并能抑制呼吸中枢。中毒表现为恶心呕吐、腹痛腹泻、不省人事、心跳缓慢、呼吸困难、体温下降、血压下降等。出现溶血反应时，尿呈酱油色、排黑便、并出现溶血性贫血症状。出现过敏者，全身皮肤出现红色粟粒样皮疹，瘙痒难忍，目赤肿痛，羞明流泪，眼睑可见粟粒样脓点，伴发热、胸闷、纳差等，严重者可出现过敏性休克。另有，因服用蜈蚣粉致肝功能损害及急性肾功能衰竭者。蜈蚣中毒原因：一是用量过大，二是过敏体质者出现过敏反应。故应严格掌握剂量。

附：

全蝎、蜈蚣均辛散有毒，有较强的息风镇痉、通络止痛之功效，每相须为用，协同增效，治肝风内动之痉挛抽搐、风中经络之口眼㖞斜及风湿顽痹、筋脉拘挛、顽固性头痛等证；且均能攻毒散结，治疮疡肿毒、瘿瘤、结核等证。然全蝎性平，息风镇痉，攻毒散结之力不及蜈蚣；蜈蚣力猛性燥，善走窜通达，息风止痉、解毒散结之功优于全蝎。

僵蚕

【来源】本品为蚕蛾科昆虫家蚕 4～5 龄的幼虫感染(或人工接种)白僵菌致死的干燥体。多于春秋季节生产，将感染白僵菌病死的蚕干燥。生用或麸炒用。主产于浙江、江苏、安徽等地。

【性味归经】咸、辛，平。归肝、肺、胃经。

【功效】息风止痉，祛风止痛，化痰散结。

【主治与应用】

(1)肝风夹痰，惊痫抽搐，急惊风，破伤风。本品咸辛平，归肝、肺经，既能息风止痉，又能化痰定惊，故对急惊风、癫痫夹有痰热者尤为适宜。治痰热急惊风，常与全蝎、牛黄、胆南星等清热化痰、息风止痉药配伍；治脾虚久泻、慢惊抽搐，又与人参、白术、天麻等益气健脾、息风止痉药同用；治破伤风痉挛抽搐、角弓反张者，则与全蝎、蜈蚣、钩藤等药配伍。

(2)中风口眼㖞斜。本品味辛行散，有祛风、化痰、通络之效，用于风中经络，口眼㖞斜，痉挛抽搐之证，常与全蝎、白附子等药同用，如牵正散(《杨氏家藏方》)。

(3)风热头痛，目赤咽痛，风疹瘙痒。本品辛散，归肝、肺经，有祛外风、散风热、止痛、止痒之功。治肝经风热上攻之头痛、目赤肿痛、迎风流泪等证，常与桑叶、木贼、荆芥等疏风清热之药配伍；治风热上攻、咽喉肿痛、声音嘶哑，可与薄荷、桔梗、甘草等药同用；治风疹瘙痒，可配伍蝉蜕、薄荷、防风等祛风止痒药，也可单用研末，灌服。

(4)瘿瘤痰核，发颐痄腮。本品味辛能散，咸能软坚，具有化痰软坚散结之功，可治痰核瘿瘤之证，多与浙贝母、夏枯草、连翘等清热、化痰、散结药同用；治发颐、痄腮、乳痈、疔疮，可配伍金银花、板蓝根、蒲公英等清热解毒药。

【用法用量】煎服：马、牛 30～60 g；猪、羊 10～15 g；犬 5～8 g。散风热宜生用。

任务实施

(一)布置任务

根据所学知识,针对以上提供的病例资料,按要求分别完成以下任务。

(1)治疗原则:________

(2)选用药物:________

(二)工作评价

针对以上任务的完成情况,分别对治疗原则和选用药物两项任务给予评价和点评。

工作评价			
评价内容	评价结果		
	正确	基本正确	错误
治疗原则			
选用药物			
学生反思			
教师点评			

任务十四 开窍药

任务导读

凡以开窍醒神为主要功效,常用以治疗闭证神昏的药物,称为开窍药。因具辛香走窜之性,又称为芳香开窍药。

心藏神,主神明,心窍开通则神明有主,神志清醒,思维敏捷。若心窍被阻,清窍被蒙,则神明内闭,神志昏迷,意识丧失,治疗须用辛香开通心窍之品。本类药物辛香走窜,皆归心经,具有通关开窍、醒脑回苏的作用。部分开窍药兼有活血、行气、止痛、解毒等功效。

开窍药主要治温病热陷心包、痰浊蒙蔽清窍之神昏谵语,以及惊风、癫痫、中风等卒然昏厥、痉挛抽搐。部分开窍药兼治血瘀气滞,心腹疼痛,经闭癥瘕,目赤咽肿,痈疽疔疮等。

神志昏迷有虚实之别,虚证即脱证,实证即闭证。脱证治当补虚固脱,非本类药物所宜;闭证治当通关开窍、醒神回苏,宜用本类药物治疗。然而闭证又有寒闭、热闭之分,面青、身凉、苔白、脉迟之寒闭,须施"温开"之法,宜选用辛温的开窍药,配伍温里祛寒之品;面红、身热、苔黄、脉数之热闭,当用"凉开"之法,宜选用药性寒凉的开窍药,配伍清热泻火解毒之品。若闭证神昏兼惊厥抽搐者,还须配伍息风止痉药;若见烦躁不安者,须配伍安神定惊药;若痰浊壅盛者,须配伍化湿、祛痰药。

开窍药辛香走窜，为救急、治标之品，且能耗伤正气，故只宜暂服，不可久用；其药性辛香，有效成分易于挥发，内服多不宜入煎剂，宜入丸剂、散剂灌服。

现代药理研究表明，开窍药的醒脑回苏功效与其主要作用于中枢神经系统有关，对中枢神经系统有兴奋作用，也与镇静、抗惊厥、抗心脑损伤等药理作用有关。多数开窍药可透过血脑屏障，发挥兴奋中枢，或双向调节中枢神经作用。部分开窍药尚有抗炎、镇痛、抗生育等作用。

案例导入

陈某家一头5岁水牛发生癫痫病，发病症状较轻缓，此牛体况消瘦，一天发作3～5次，且每次间隔时间较长。发作前无异常症状，发作时突然倒地，全身肌肉震颤，眼睑闪动，瞳孔散大，口角有白沫，头颈后仰，四肢抽搐，呼吸浅短，发作持续时间为2～10 min，随后正常。

请思考：该牛病证的治疗原则是什么？该选用哪些药物？

麝香

【来源】本品为鹿科动物林麝、马麝或原麝成熟雄体香囊中的干燥分泌物。宜于冬春两季采收；采用活体取香技术，取下香囊，阴干，并频换纸捻，插入囊孔中吸取水分。贮闭遮光容器中，用时破皮取香。研末用。主产于四川、西藏、云南、陕西、内蒙古等地。

【性味归经】辛，温。归心、脾经。

【功效】开窍醒神，活血通经，消肿止痛。

【主治与应用】

(1)开窍醒神。用于热逼心包所致的昏迷、惊厥或癫狂等，可与牛黄、朱砂、犀角、黄连等药配伍。

(2)消肿止痛。用于跌打损伤、血瘀气滞疼痛，常与冰片、血竭、乳香、没药、红花、朱砂、儿茶等药配伍，如七厘散(《良方集腋》)；用于痈疮肿毒、咽喉肿痛，多与牛黄、冰片、雄黄、蟾酥等药同用。

(3)催产下胎。用于难产、胎死腹中和胎衣不下，可与肉桂配伍。

【用法用量】马、牛0.5～1.5 g；猪、羊0.1～0.3 g。多入丸散用。外用适量。

【使用注意】孕畜禁用。

蟾酥

【来源】本品为蟾蜍科动物中华大蟾蜍或黑眶蟾蜍的干燥分泌物。多于夏秋两季捕捉蟾蜍，洗净，挤取耳后腺和皮肤腺的白色浆液，加工，干燥。研末用。全国大部分地区均产。

【性味归经】甘、辛，温；有毒。归心、胃经。

【功效】开窍醒神，解毒消肿。

【主治与应用】

(1)开窍醒神。用于中暑神昏，可与牛黄、麝香、犀角、冰片等药配伍；用于感受秽浊之气，猝然倒地，可与其他芳香开窍药配伍吹鼻。

(2)解毒消肿。用于疮痈肿毒，可与雄黄、轻粉等药同用；用于咽喉肿痛，多与冰片、硼砂、白矾等药配伍。

【用法用量】马、牛 0.1～0.2 g；猪、羊 0.03～0.06 g；犬 0.075～0.15 g。

【使用注意】临床多作外用，防止药末入眼。孕畜忌用。

【不良反应】蟾酥主要对心脏有毒性。中毒时刺激迷走神经或直接损害心肌，引起心动过缓伴有心律不齐，最后心脏停搏致死。蟾酥中毒的主要原因是过量服用。中毒时主要表现为呕吐腹泻，呼吸急促，心律不齐，惊厥，最后麻痹而死亡。

冰片

【来源】本品为龙脑香科植物龙脑香树脂的加工品，或龙脑香树的树干、树枝切碎，经蒸馏冷却而得的结晶，又称为龙脑冰片、梅片。由菊科植物艾纳香的新鲜叶经提取加工制成的结晶，称为艾片（左旋龙脑）。现多用松节油、樟脑等为原料，经化学方法合成，称为合成龙脑。本品气清香，味辛、凉以片大、色洁白、气清香纯正者为佳。成品贮于阴凉处，密闭。研粉用。由樟科植物樟的新鲜枝、叶经提取加工制成，称为天然冰片（右旋龙脑）。龙脑香主产于东南亚地区；艾纳香主产于广东、广西、云南等地；天然冰片主产于江西、湖南等地。

【性味归经】辛、苦，微寒。归心、脾、肺经。

【功效】开窍醒神，清热止痛。

【主治与应用】

（1）热病神昏，惊厥，中风痰厥，气郁暴厥，中恶昏迷。本品味辛气香，有开窍醒神之功效，功似麝香但力较弱，二者常相须为用。因其性偏寒凉，为凉开之品，宜用于热病神昏。治痰热内闭、热病神昏、暑热卒厥等热闭神昏，常与牛黄、麝香、黄连等药配伍，如安宫牛黄丸（《温病条辨》）；治寒闭神昏，常与苏合香、安息香、丁香等温开药配伍，如苏合香丸（《和剂局方》）。

（2）胸痹心痛。本品归心经，止心痛，治冠心病、心绞痛，可与川芎或丹参等药配伍，如速效救心丸、复方丹参滴丸。

（3）目赤肿痛，口舌生疮，咽喉肿痛，耳道流脓。本品苦寒清热，有良好的泻火解毒、清热止痛之功，为五官科常用药。治目赤肿痛，单用点眼即可，或与炉甘石、硼砂、熊胆粉等制成点眼药水，如八宝眼药水（《全国中成药处方集》）；治咽喉肿痛、口舌生疮、牙龈肿痛，常与硼砂、朱砂、玄明粉等药配伍，如冰硼散（《外科正宗》），或研细末，吹敷患处；治风热喉痹，与灯心草、黄柏、白矾等药共为末，吹患处（《濒湖集简方》）；治急、慢性化脓性中耳炎，可用本品搅溶于核桃油中滴耳。

（4）疮疡肿痛，久溃不敛，烧烫伤。本品有清热解毒、去腐生肌作用。治疮疡溃后不敛，可配伍牛黄、珍珠、炉甘石等药，如八宝丹（《疡医大全》），或与象皮、血竭、乳香等药同用，如生肌散（《经验方》）；治烧烫伤，可与朱砂、香油等药制成药膏外用。

【用法用量】马、牛 3～6 g；猪、羊 1～1.5 g；犬 0.5～0.75 g。入丸散用。外用适量，研粉，点敷患处。

【使用注意】孕畜慎用。

附：

冰片与麝香均为开窍醒神之品，均可治热病神昏、中风痰厥、气郁窍闭、中恶昏迷等证。然麝香开窍力强而冰片力逊，麝香为温开之品，冰片为凉开之剂，二者又常相须为用；二者均可消肿止痛、生肌敛疮，外用治疮疡肿毒。但冰片性偏寒凉，以清热泻火止痛见长，善治口齿、咽喉、耳目之疾，外用有清热止痛、防腐止痒、明目退翳之功；麝香性温辛散，多以活血消肿止痛为用，善治疮疡、瘿瘤痰核，内服外用均可。二者均应入丸散用，不入煎剂。

石菖蒲

【来源】本品为天南星科植物石菖蒲的干燥根茎。秋冬两季采挖，除去须根和泥沙，晒干。切片生用。主产于四川、浙江等地。

【性味归经】辛、苦，温。归心、胃经。

【功效】开窍豁痰，醒神益智，化湿和胃。

【主治与应用】

(1)豁痰开窍。用于痰湿蒙蔽清窍所致的神志迷乱，惊痫癫狂，常与远志、郁金、连翘、栀子、竹沥等药配伍。

(2)芳香化湿。用于湿阻中焦，脾为湿困所致的纳食减少，腹胀疼痛，大便稀泻等，可与香附、木香等药同用。

(3)本品外用有收湿止痒功效。

【用法用量】马、牛 20～45 g；驼 30～60 g；猪、羊 10～15 g；犬、猫 3～5 g；兔、禽 1～1.5 g。

任务实施

(一)布置任务

根据所学知识，针对以上提供的病例资料，按要求分别完成以下任务。

(1)治疗原则：________________

(2)选用药物：________________

(二)工作评价

针对以上任务的完成情况，分别对治疗原则和选用药物两项任务给予评价和点评。

工作评价			
评价内容	评价结果		
	正确	基本正确	错误
治疗原则			
选用药物			
学生反思			
教师点评			

任务十五 补虚药

任务导读

凡能补益正气，增强体质，以提高抗病能力，治疗虚证为主的药物，称为补虚药，又称补养药或补益药。一是补虚扶弱，主要用于久病大病之后，正气虚弱的病证，以之辅助正气，改善虚弱的症状，促进机体恢复健康。二是扶正祛邪，主要用于正虚邪实或正气虚弱而病邪未尽的病证，以之配合祛邪药，通过扶正祛邪而达到祛除病邪，促进疾病痊愈的目的。

虚证一般分为气虚、血虚、阴虚、阳虚四种，故补虚药分为补气、助阳、补血、滋阴四类。在生命活动中，气、血、阴、阳是密切联系的，一般阳虚多兼气虚，而气虚常导致阳虚；阴虚多兼血虚，而血虚常导致阴虚。因此补气时，常配助阳药，补血时，常配滋阴药。

补虚药虽能扶正，但应用不当也会产生留邪的不良反应，所以当患病动物实邪未尽时，不宜早用。正虚而外邪未尽者，当先祛邪，一般不宜过早使用补益剂，以免留邪为患，必要时扶正祛邪并用。要辨别虚实真假，若“大实而有羸状”出现真实假虚的证候时，不可妄投补剂而以实其实；若“至虚而有盛候”出现真虚假实的证候时，当补反攻，以虚其虚，则贻害无穷。使用补益剂还要根据病情区别使用，若气血暴脱，元气虚极当用峻补之剂急救危亡；若久病体虚，病势较缓，病程较长的宜用平补之剂，缓慢调养。使用补益剂时一定要调理脾胃，以使补而不滞。补益剂多需久服，宜作丸散使用，又多属厚味，入煎剂宜久煎。

现代研究表明，补益药具有增强机体免疫能力、调节胃肠功能、改善内分泌、调节神经系统和心血管系统等作用。有些补虚药能提高机体的适应性，增强机体对各种有害刺激的抵抗能力，调节病理过程，使紊乱的机能恢复正常。有些补益药对肾上腺皮质系统有兴奋作用，能促进乳腺、子宫、阴道、卵巢、睾丸的发育；有些补益药对糖、脂肪代谢有调节作用，并能促进蛋白质合成，增高白蛋白及球蛋白含量。某些补益药有强心作用，能扩张冠状血管、改善心肌供血，对心肌缺血有保护作用；某些补益药能提高造血机能，促进血红细胞和血红蛋白生成；某些补益药有提高机体工作能力、改善睡眠和食欲，并能降低疲劳、增加体重，有滋补强壮作用。

案例导入

李某饲养的 1 头 10 岁的西门塔尔奶牛前来就诊。病牛精神不振，饮食欲废绝，子宫脱出呈篮球样大，触诊瘤胃半充满，脉细数而无力，舌苔白，诊为中气下陷，引起子宫脱垂。

请思考：该牛病证的治疗原则是什么？应选用哪些药物？

一、补气药

补气药，又称益气药，就是能治气虚病证的药物，如党参、黄芪、山药、白术、甘草等。具有补肺气、益脾气的功效，适用于肺气虚及脾气虚等病证。本类药物性味多甘温或甘平，能补益脏腑之气，尤善补脾肺之气。补气药适用于食欲不振、神疲倦怠、胸腹胀满、便溏或泄泻、脱肛、子宫脱垂和气短声低，动则喘咳乏力，舌胖嫩色淡，脉弱等证。临床上应用补气药，应根据不同症状及兼证，选用适当的补气药，进行随证配伍，以达到扶正祛邪的临床效果。

党参

【来源】本品为桔梗科植物党参、素花党参或川党参的干燥根。秋季采挖，洗净，晒干。切厚片生用。主产于东北、西北及四川等地。

【性味归经】甘，平。归脾、肺经。

【功效】补中益气，健脾生津。

【主治与应用】治脾肺气虚、食少倦怠、咳嗽虚喘、气血不足、津伤口渴、内热消渴以及血虚萎黄等证，常与白术、茯苓、炙甘草等药同用。

【用法用量】马、牛 20～60 g；猪、羊 5～10 g；兔、禽 0.5～1.5 g。

【使用注意】不宜与藜芦同用。

黄芪

【来源】本品为豆科植物蒙古黄芪或膜荚黄芪的干燥根。春秋两季采挖，除去须根和根头，晒干。切厚片生用或蜜炙用。主产于甘肃、内蒙古、陕西及东北等地。

【性味归经】甘，微温。归脾、肺经。

【功效】补气升阳，固表止汗，托毒生肌，利水退肿。

【主治与应用】

(1)补中益气。治脾肺气虚，与党参、白术等药同用；治中气下陷，如补中益气汤(《脾胃论》)。

(2)固表止汗。治表虚自汗，如玉屏风散(《世医得效方》)。

(3)利水消肿。治小便不利及水肿等证，与防己、白术等药同用。

(4)托毒排脓。治气血不足，疮疡脓成不溃或溃后久不收口等病证。

【用法用量】马、牛 20～60 g；驼 30～80 g；猪、羊 5～15 g；兔、禽 1～2 g。

【使用注意】阴虚火盛、邪热实证者不宜用。

白术

【来源】本品为菊科植物白术的干燥根茎。冬季下部叶枯黄、上部叶变脆时采挖，除去泥沙，烘干或晒干，再除去须根。切厚片生用，或土炒或麸炒用。主产于浙江、安徽、湖南、湖北及福建等地。

【性味归经】甘、苦，温。归脾、胃经。

【功效】补气健脾，燥湿利水，止汗，安胎。

【主治与应用】

(1)补脾益气。治脾胃气虚，如四君子汤(《和剂局方》)；治脾胃虚寒，如理中汤(《伤寒论》)。

(2)燥湿利水。治水湿内停之痰饮或水湿外溢之水肿。

(3)固表止汗。用于表虚自汗，如玉屏风散(《世医得效方》)。

(4)安胎。用于胎动不安，常与黄芩、白芍、当归等药配伍。

【用法用量】马、牛 15～60 g；驼 30～90 g；猪、羊 6～12 g；犬、猫 1～5 g；兔、禽 1～2 g。

【使用注意】阴虚燥渴、气滞胀闷者忌服。

山药

【来源】本品为薯蓣科植物薯蓣的干燥根茎。冬季茎叶枯萎后采挖，切去根头，洗净，除去外皮和须根，干燥，习称毛山药；或除去外皮，趁鲜切厚片，干燥，称为山药片；也有选择肥大顺直的干燥山药，置清水中，浸至无干心，闷透，切齐两端，用木板搓成圆柱状，晒干，打光，习称光山药。切片生用或炒用。主产于河南、湖南、河北、广东等地。

【性味归经】甘，平。归脾、肺、肾经。

【功效】补脾胃，益肺肾。

【主治与应用】

(1)补脾胃。不论脾阳虚或胃阴亏，皆可应用。

(2)益肺肾。用于肺虚久咳、肾虚滑精尿频等证。

【用法用量】马、牛 30～90 g；猪、羊 10～15 g；犬 5～15 g；兔、禽 1.5～3 g。

白扁豆

【来源】本品为豆科植物扁豆的干燥成熟种子。秋冬两季采收成熟果实，晒干，取出种子，再晒干。捣碎生用或炒黄用。主产于浙江、江苏、陕西、山西、河南、安徽等地。

【性味归经】甘，微温。归脾、胃经。

【功效】健脾化湿、和中消暑。

【主治与应用】治脾虚湿盛、运化失常而见食少便溏或泄泻。治脾虚而湿浊下注，白带过多。治暑湿吐泻等。

【用法用量】马、牛 15～45 g；猪、羊 5～15 g；兔、禽 1.5～3g。

甘草

【来源】本品为豆科植物甘草、胀果甘草或光果甘草的根及根茎。春秋两季采挖，以秋采者为佳。除去须根，晒干。切厚片，生用或蜜炙用。主产于内蒙古、新疆、甘肃等地。

【性味归经】甘，平。归脾、肺、胃经。

【功效】补中益气，清热解毒，润肺止咳，缓和药性。

【主治与应用】

(1)补脾益气。治脾胃虚弱，如四君子汤(《和剂局方》)。治气虚血少，心悸脉代，如炙甘草汤(《伤寒论》)。

(2)祛痰止咳。用于多种痰多咳嗽、气喘病证。

(3)清热解毒。生用有清热解毒作用，治疮痈肿痛、咽喉肿痛等，且解百药之毒，故称“国老”。

(4)调和药性。缓和药物的烈性，在处方中也起矫味作用。

【用法用量】马、牛 15～60 g；驼 45～100 g；猪、羊 3～10 g；犬、猫 1～5 g；兔、禽 0.6～3 g。

【使用注意】不宜与海藻、大戟、甘遂、芫花同用。湿盛中满者不宜用。

二、助阳药

助阳药，又称补阳药，就是能治阳虚病证的药物，如淫羊藿、巴戟天、杜仲、肉苁蓉、菟丝子等。具有助肾阳、益心阳、补脾阳的功能，适用于肾阳不足、心阳不振、脾阳虚弱等证。可表现为身体怕冷、四肢寒冷、喜喝热饮、小便清长、大便稀薄等症状。

续断

【来源】本品为川续断科多年生草本植物川续断的根。秋季采挖，除去根头和须根，用微火烘至半干，堆置“发汗”至内部变绿时，再烘干。生用、酒炒或盐炒用。主产于四川、贵州、湖北、云南等地。

【性味归经】苦、辛，微温。归肝、肾经。

【功效】补肝肾，强筋骨，续伤折，止崩漏。

【主治与应用】用于腰膝酸软，风湿痹痛，崩漏，胎漏，跌扑损伤。酒续断多用于风湿痹痛，跌扑损伤，可消肿止痛，接续筋骨，促进组织再生。盐续断多用于腰膝酸软。

【用法用量】马、牛 25～60 g；猪、羊 5～15 g；兔、禽 1～2 g。

【使用注意】阴虚火旺者忌用。

巴戟天

【来源】本品为茜草科植物巴戟天的根。多为野生，也有栽培品。全年可采挖，除去须根，晒干。切段生用、盐蒸或制用。主产于广东、广西等地。

【性味归经】甘、辛，微温。归肝、肾经。

【功效】补肾阳，强筋骨，祛风湿。

【主治与应用】

(1)补肾助阳。肾阳虚之阳痿、尿频、宫冷不孕、腰膝冷痛。

(2)祛风湿，强筋骨。肝肾不足之筋骨萎软，腰膝疼痛；风湿久痹。

【用法用量】马、牛 30～50 g；猪、羊 10～15 g；犬、猫 1～5 g；兔、禽 0.5～1.5 g。

【使用注意】阴虚火旺者忌用。

肉苁蓉

【来源】本品为列当科植物肉苁蓉或管花肉苁蓉的干燥带鳞叶的肉质茎。春季苗刚出土时或秋季冻土之前采挖，除去茎尖，切段，晒干。切片生用。主产于内蒙古、甘肃、青海、新疆等地。

【性味归经】甘、咸，温。归肾、大肠经。

【功效】补肾壮阳，润肠通便。

【主治与应用】

(1)补肾壮阳。用于肾虚阳痿、滑精早泄以及肝肾不足引起的筋骨痿弱、腰膝冷痛等证，常与熟地黄、山茱萸、菟丝子、五味子等药同用。

(2)润肠通便。用于老弱血虚及病后、产后津液不足之肠燥便秘，常与火麻仁、桃仁、当归等药同用。

【用法用量】马、牛 15～45 g；猪、羊 5～10 g；犬 3～5 g；兔、禽 1～2 g。

【使用注意】阴虚火旺、脾虚便溏者忌用。

淫羊藿

【来源】本品为小檗科植物淫羊藿、箭叶淫羊藿、柔毛淫羊藿、巫山淫羊藿及朝鲜淫羊藿的干燥叶。夏秋两季茎叶茂盛时采割，除去粗梗，晒干或阴干。切丝生用或炙用。主产于山西、陕西、湖南等地。

【性味归经】辛、甘，温。归肝、肾经。

【功效】补肾阳，强筋骨，祛风湿。

【主治与应用】

(1)温肾壮阳。用于肾阳不足所致的阳痿、滑精、尿频、腰膝冷痛等证，与仙茅、山茱萸等药同用。

(2)祛风除湿。用于风湿痹痛、四肢拘挛、筋骨痿弱等证，与威灵仙、独活、杜仲、桑寄生等药同用。

【用法用量】马、牛 15～30 g；猪、羊 10～15 g；犬、猫 3～5 g；兔、禽 0.5～1.5 g。

【使用注意】阴虚火旺者忌用。

补骨脂

【来源】本品为豆科植物补骨脂的干燥成熟果实。秋季果实成熟时采收果序，晒干，搓出果实，除去杂质。生用或盐水炒用。主产于河南、安徽、山西、陕西、江西、云南、四川、广东等地。

【性味归经】辛、苦，大温。归肾、脾经。

【功效】补肾助阳，温脾止泻。

【主治与应用】

(1)补肾助阳。用于肾阳不足，命门火衰所致的阳痿、滑精、尿频及腰胯冷痛等，与淫羊藿、菟丝子、熟地黄等药同用。

(2)温脾止泻。用于脾肾阳虚之泄泻，配肉豆蔻、吴茱萸、五味子治之。

【用法用量】马、牛 15～45 g；猪、羊 5～10 g；犬 2～5 g；兔、禽 1～2 g。

【使用注意】本品温燥，易伤阴助火，故阴虚内热及粪便秘结者忌服。

杜仲

【来源】本品为杜仲科植物杜仲的干燥树皮。4—6 月剥取，刮去粗皮，堆置“发汗”至内皮呈紫褐色，晒干。切丝生用，或酒炒、盐炒用。主产于四川、贵州、云南、湖北等地。

【性味归经】甘，温。归肝经、肾经。

【功效】补肝肾，强筋骨，安胎。

【主治与应用】

(1)补肝肾，强筋骨。用于肾虚腰弱、后躯痿软等证，配补骨脂、牛膝治之。治肾虚阳痿、尿频，与山茱萸、菟丝子等药同用。

(2)暖宫安胎。用于肾经虚寒、妊娠漏血、胎动不安，常与续断、阿胶、艾叶等药同用。

【用法用量】马、牛 15～45 g；猪、羊 5～10 g；犬 2～5 g；兔、禽 1～2 g。

【使用注意】阴虚火旺者慎服。

三、补血药

补血药，是指能补血的，主要用于血虚证的药物，如当归、白芍、熟地黄、何首乌等。本类药物性味多甘平或甘温，补益阴血，尤善补心肝血虚。临床应用补血药时，常配伍补气药，益气生血，因“有形之血不能自生，生于无形之气”。兼阴虚者则应配伍滋阴药。补血药性质多黏腻，故脘腹胀满，食少便溏者，不宜应用。若脾胃虚弱，当配伍健脾药。

当归

【来源】本品为伞形科植物当归的干燥根。秋末采挖，除去须根和泥沙，待水分稍蒸发后，捆成小把，上棚，用烟火慢慢熏干。切薄片生用或酒炙用。主产于甘肃、宁夏、四川、云南、陕西等地。

【性味归经】甘、辛，温。归肝、心、脾经。

【功效】补血活血，调经止痛，润肠通便。

【主治与应用】用于血虚萎黄，眩晕心悸，虚寒腹痛，肠燥便秘，风湿痹痛，跌扑损伤，痈疽疮疡。酒当归活血通经。

【用法用量】马、牛 15～60 g；驼 35～75 g；猪、羊 5～15 g；犬、猫 2～5 g；兔、禽 1～2 g。

【使用注意】

(1)当归性温，故外感温热、火热内盛、阴虚火旺者，不宜单味药大量长期服用。

(2)当归为滋阴补血之品，有助湿之弊，故脾虚湿盛，证见脘闷纳呆、泛恶欲吐、大便溏薄、舌苔腻滑者，不宜单味药大量内服。

熟地黄

【来源】本品为玄参科多年生草本植物地黄的块根，经加黄酒拌蒸至内外色黑、油润，或直接蒸至黑润而成。切片用。主产于河南、浙江等地。

【性味归经】甘，微温。归肝、肾经。

【功效】补血滋阴。

【主治与应用】

(1)补血。为补血要药，用于血虚诸证，常与当归、川芎、白芍等药同用，如四物汤(《和剂局方》)。

(2)滋阴。用于肝肾阴虚所致的潮热、盗汗、滑精等证，常与山药、山茱萸、丹皮、泽泻、知母、黄柏等药同用，如六味地黄丸(《小儿药证直诀》)、知柏地黄丸(《医宗金鉴》)。

【用法用量】马、牛 15～90 g；猪、羊 6～15 g；犬 1～5 g，兔、禽 1.3～5 g。

【使用注意】

(1)性质滋腻，较生地尤甚，易助湿碍胃，故气滞痰多、湿盛苔腻、脾胃虚弱、食少便溏者均应忌用。

(2)脾胃虚弱者，宜与砂仁同炒，或配橘皮、砂仁、木香等行气健胃药同用。

白芍

【来源】本品为毛茛科植物芍药的干燥根。夏秋两季采挖，洗净，除去头尾及细根，置沸水中煮后除去外皮或去皮后再煮，晒干。切薄片生用或炒黄、酒炙用。主产于东北、河北、陕西、山东、浙江、四川等地。

【性味归经】苦、酸，微寒。归肝经。

【功效】养血敛阴，柔肝止痛，平肝抑阳。

【主治与应用】

(1)养血敛阴。用于胎产血虚，配当归、熟地黄；营卫不和之自汗，配桂枝；阴虚盗汗，配龙骨、牡蛎等。

(2)柔肝止痛。用于肝旺乘脾所致腹部挛急作痛,与甘草同用。

【用法用量】马、牛 15～60 g;驼 30～100 g;猪、羊 6～15 g;犬、猫 1～5 g;兔、禽 1～2 g。

【使用注意】不宜与藜芦同用。

何首乌

【来源】本品为蓼科植物何首乌的干燥块根。秋冬两季叶枯萎时采挖,削去两端,洗净,个大的切成块,干燥。晒干未经炮制的为生首乌,加黑豆汁反复蒸晒而成为制首乌。生用或制用。主产于广东、广西、河南、安徽、贵州等地。

【性味归经】温,苦、甘、涩。归肝、肾、心经。

【功效】生首乌解毒,润肠通便;制首乌补肝肾,益精血,强筋骨。

【主治与应用】本品有补肝肾、益精血的功效,常用于肝肾阴虚、血虚、久病体虚等,多与熟地黄、枸杞子、菟丝子等药配伍。

【用法用量】马、牛 30～90 g;猪、羊 10～15 g;犬、猫 2～6 g;兔、禽 1～3 g。

【使用注意】脾虚湿盛或有湿痰者不宜用。

四、滋阴药

滋阴药,又称为养阴药或补阴药,就是能治疗阴虚病证的药物。临床上滋阴的药物有很多,如沙参、麦冬、天冬、石斛、玉竹、女贞子、百合等。本类药物性味多甘寒,滋养阴液,重在补肺胃、肝肾之阴,具有滋肾阴、补肺阴、养胃阴、益肝阴等功效,适用于肾阴不足、肺阴虚弱、胃阴耗损、肝阴匮乏等病证。其基本症状是虚热、口干舌燥、大便秘结或潮热盗汗等。应用补阴药时,针对兼证可配伍清热药、助阳药、补血药等。滋阴药大都甘寒滋腻,故凡脾胃虚弱、痰湿内阻、腹胀便溏者均不宜用。

北沙参

【来源】本品为伞形科植物珊瑚菜的干燥根。夏秋两季采挖,除去须根,洗净,稍晾,置沸水中烫后,除去外皮,干燥。或洗净直接干燥。切段生用。主产于山东、江苏,福建等地也产。

【性味归经】甘、微苦,微寒。归肺、胃经。

【功效】滋阴清热,润肺止咳,益胃生津。

【主治与应用】

(1)肺阴虚证。本品甘润而偏于苦寒,能补肺阴,兼能清肺热,适用于阴虚肺燥有热之干咳少痰、咳血或咽干音哑等证。常与麦冬、南沙参、杏仁、桑叶、玄参等药同用。

(2)胃阴虚证。本品能补胃阴,而生津止渴,兼能清胃热。适用于胃阴虚有热之口干多饮、饥不欲食、粪便干结、舌苔光剥或舌红少津及胃痛、胃胀、干呕等证,常与石斛、玉竹、乌梅等养阴生津之品同用。胃阴脾气俱虚者,宜与山药、太子参、黄精等养阴、益气健脾之品同用。

【用法用量】马、牛 15～30 g;驼 30～45 g;猪、羊 3～15 g;犬、猫 2～5 g;兔、禽 1～2 g。

【使用注意】不宜与藜芦同用。

南沙参

【来源】本品为桔梗科植物轮叶沙参或沙参的干燥根。春秋两季采挖,除去须根,洗后趁鲜刮去粗皮，洗净，干燥。切厚片生用。主产于安徽、江苏、四川等地。

【性味归经】甘，微寒。归肺、胃经。

【功效】滋阴清热，润肺止咳，益胃生津。

【主治与应用】肺热燥咳，阴虚咳嗽，干咳痰黏，热病伤津，气阴两虚，胃阴不足，口渴欲饮。

【用法用量】马、牛 15～30 g；驼 30～45 g；猪、羊 3～15 g；犬、猫 2～5 g；兔、禽 1～2 g。

【使用注意】

(1)风寒咳嗽、寒饮喘咳及脾胃虚寒者慎用。

(2)本品恶防己，反藜芦，故不宜与之同用。

麦冬

【来源】本品为百合科植物麦冬(沿阶草)的干燥块根。夏季采挖，反复曝晒、堆置，至七八成干，除去须根，干燥。生用。主产于江苏、安徽、浙江、四川、云南等地。

【性味归经】甘、微苦，微寒。归心、肺、胃经。

【功效】养阴生津，润肺清心。

【主治与应用】阴虚内热，肺燥干咳，肠燥便秘。

(1)主治阴虚肺燥、干咳、燥咳、劳热咳血等证。

(2)善治胃阴不足、舌干口渴、纳呆不饥等证。

(3)还可治阴虚肠燥、粪便秘结者。

【用法用量】马、牛 20～60 g；猪、羊 10～15 g；犬 5～8 g；兔、禽 0.6～1.5 g。

【使用注意】凡脾胃虚寒泄泻、胃有痰饮湿浊及风寒咳嗽者均忌服。

天冬

【来源】本品为百合科植物天冬的干燥块根。秋冬两季采挖，除去须根，置沸水中煮或蒸至透心，趁热除去外皮，干燥。切薄片生用或酒蒸用。从河北、山西、陕西、甘肃等地的南部至华东、中南、西南都有分布。

【性味归经】甘、苦，寒。归肺、肾经。

【功效】养阴润燥，润肺生津。

【主治与应用】肺热燥咳，阴虚内热，热甚伤津，肠燥便秘。

(1)天冬及麦冬均为甘寒濡润之品，天冬通肾气，滋肾清热之力较强，麦冬定肺气，有润肺化痰之功。二者相伍，不仅在养阴清热方面有协同作用，且润肺滋肾，清金益水，兼理肺肾二脏。肺与肾，素有金水相生之谓。肺阴不足常可下汲肾阴，肾水亏乏也能上损肺阴。二冬相合，用之补肺可防伤肾，用之滋肾又可助肺，有安此定彼之用。

(2)治肾阴亏虚、眩晕耳鸣、腰膝酸痛，配熟地、枸杞子、牛膝等滋肾益精、强筋健骨之品同用。

(3)治阴虚火旺、骨蒸潮热，宜与生地黄、麦冬、知母、黄柏等滋阴降火之药同用。

(4)治热病伤津之食欲不振、口渴及肠燥便秘，与生地、当归、生首乌等养阴生津、润肠通便之品同用。

【用法用量】马、牛 15～40 g；猪、羊 5～10 g；犬、猫 1～3 g；兔、禽 0.5～2 g。

【使用注意】本品大寒滋润，故脾胃虚寒、食少便溏者慎用。

百合

【来源】本品为百合科植物卷丹、百合或细叶百合的干燥肉质鳞叶。秋季采挖，洗净，剥取鳞叶，置沸水中略烫，干燥。生用或蜜炙用。主产于浙江、江苏、湖南、广东、陕西等地。

【性味归经】甘、苦，寒。归肺、肾经。

【功效】养阴润燥，润肺生津。

【主治与应用】肺热燥咳，阴虚内热，热甚伤津，肠燥便秘。

(1)润肺止咳。兼有清热作用，治肺热咳喘、肺燥咳嗽及肺虚久咳、痰中带血等，如百合固金汤(《医方集解》)。

(2)清心安神。用于温病余热未尽，躁动不安，心神不宁。

【用法用量】马、牛 15～40 g；猪、羊 5～10 g；犬、猫 1～3 g；兔、禽 0.5～2 g。

【使用注意】本品性寒，风寒咳嗽、脾虚出血者忌用。

石斛

【来源】本品为兰科植物环草石斛、马鞭石斛、黄草石斛、铁皮石斛或金钗石斛的新鲜或干燥茎。全年均可采收，鲜用者除去根及泥沙；干用者采收后，除去杂质，用开水略烫或烘软，再边搓边烘晒，至叶鞘搓净，干燥。铁皮石斛剪去部分须根后，边炒边扭成螺旋形或弹簧状，烘干，习称耳环石斛。生用或熟用。主产于广西、四川、贵州、云南、广东等地。

【性味归经】甘，微寒。归胃、肾经。

【功效】益胃生津，养阴清热。

【主治与应用】热病伤津，口渴欲饮，病后虚热。用于热病伤津、口渴舌燥、病后虚热、胃病干呕等。

【用法用量】马、牛 15～60 g；驼 30～100 g；猪、羊 5～15 g；犬、猫 3～5 g；兔、禽 1～2 g。

【使用注意】湿温及湿热尚未化燥者忌用。在处方中，石斛在与其他中药材一起煎熬时，应提前煎煮 30 min 及以上，再与其他中药材一起煎煮，以便发挥其药效。

玉竹

【来源】本品为百合科植物玉竹的干燥根茎。秋季采挖，除去须根，晒干。切厚片或段生用。主产于华东、华北、东北及西南等地。

【性味归经】甘，微寒。归肺、胃经。

【功效】滋阴润肺，养胃生津。

【主治与应用】肺燥干咳，胃热，热病伤阴，虚劳发热。

【用法用量】马、牛 15～60 g；猪、羊 5～10 g；兔、禽 0.5～2 g。

【使用注意】脾胃虚弱、中寒便溏、痰湿中阻者忌用。

黄精

【来源】本品为百合科植物滇黄精、黄精或多花黄精的干燥根茎。按形状不同，习称“大黄精”“鸡头黄精”“姜形黄精”。春秋两季采挖，除去须根，洗净，置沸水中略烫或蒸至透心，干燥。

切厚片生用或酒蒸用。主产于广西、四川、云南、河南等地。

【性味归经】甘，平。归脾、肺、肾经。

【功效】补气养阴，健脾，润肺，益肾。

【主治与应用】脾胃虚弱，倦怠无力，肺虚燥咳，精血不足，阴虚贪水。

【用法用量】马、牛 20～60 g；驼 30～100 g；猪、羊 5～15 g；兔、禽 1～3 g。

【使用注意】脾虚有湿、中寒泄泻、痰湿痞满气滞者忌用。

枸杞子

【来源】本品为茄科植物宁夏枸杞的干燥成熟果实。夏秋两季果实呈红色时采收，热风烘干或晒干。生用。因主产于宁夏，故又称为宁夏枸杞。

【性味归经】甘，平。归肝、肾经。

【功效】补益肝肾，益精明目。

【主治与应用】肝肾阴虚，腰肢无力，目昏不明，阳痿滑精。

(1)养阴补血。用于肝肾虚损、精血不足、腰胯乏力等证，与菟丝子、熟地黄、山萸肉等药同用。

(2)益精明目。用于肝肾不足，精血不济于目之视力减退等，与菊花、熟地等药同用，如杞菊地黄丸(《医级宝鉴》)。

【用法用量】马、牛 15～60 g；猪、羊 10～15 g；犬、猫 3～8 g。

【使用注意】外邪实热、脾虚有湿及泄泻者忌用。

鳖甲

【来源】本品鳖科动物鳖的背甲。3—9 月捕捞。捕得后，砍去鳖头，将鳖身置沸水中煮 1～2 h，至甲上硬皮能脱落时取出，剥下背甲，刮净残肉后晒干。生用或醋淬用。主产于安徽、江苏、湖北等地。

【性味归经】咸，平。归肝、脾经。

【功效】滋阴潜阳，软坚散结。

【主治与应用】

(1)滋阴潜阳。用于阴虚发热、盗汗等，常与龟板、地骨皮、青蒿、地黄等药同用。

(2)软坚散结。用于肝脾肿大、疼痛等，常与三棱、莪术、木香、桃仁、红花、青皮、香附等药同用。

【用法用量】马、牛 15～60 g；猪、羊 5～10 g；犬、猫 3～5 g。

【使用注意】脾胃虚寒、食少便溏及孕畜禁用。

任务实施

(一)布置任务

根据所学知识，针对以上提供的病例资料，按要求分别完成以下任务。

(1)治疗原则：________________

(2)选用药物：________________

(二)工作评价

针对以上任务的完成情况,分别对治疗原则和选用药物两项任务给予评价和点评。

工作评价			
评价内容	评价结果		
	正确	基本正确	错误
治疗原则			
选用药物			
学生反思			
教师点评			

任务十六 收 涩 药

任务导读

凡具有收敛固涩作用,可以治疗各种滑脱证(主要表现为自汗、盗汗、久泻、久痢、久咳虚喘、遗精滑精、溲多遗尿、白带日久、失血崩漏等)的药物,称为收涩药。

收涩药所治为正气内虚,气血津精耗散或滑脱而设,以正虚为本,滑脱或耗散之证为标,故根据气血津精偏衰的程度,配伍补益药,以标本兼顾,但不宜过早使用。表邪未解、内有湿滞及郁热未清者忌用,以免闭门留寇。

现代药理研究表明,本类药物多含大量鞣质。鞣质味涩,是收敛作用的主要成分。由于它与黏膜接触后,能与组织蛋白结合,并在黏膜表面形成保护层,减少有毒物质对肠黏膜的刺激而止泻。若黏膜与创伤面接触,则与血液凝固,堵塞出血口而起止血作用;可与蛋白质形成保护膜,覆盖患部;对分泌细胞也有同样作用,可使其干燥。此外,还有抑菌、消炎、防腐、吸收肠内有毒物质等作用。

案例导入

1头8岁的公黄牛自连续春耕后,4月21日出现腹泻,前来求诊。主诉:病牛泄泻,且多发于晚上,使役后精神欠佳,被毛粗乱,采食、反刍减少,四肢无力,倦怠喜卧,体质消瘦,久泻不愈,唇舌淡白,脉沉细。诊断为过度劳役所致肾虚泄泻。

请思考:该牛病证的治疗原则是什么?应选用哪些药物?

一、涩肠止泻药

本类药物味多酸涩，用于久泻久痢，甚至滑脱不禁者，是具有收敛、固肠、止泻作用的药物。久痢不止，易使津液渐渐地丢失，涩肠法通过止泻作用阻止津液的丢失，防止正气进一步虚弱，适用于脾肾阳虚所致的久泻久痢不止、大便滑脱不禁之证，兼见神疲乏力、面色少华、倦怠食少、腹痛喜温喜按、舌质淡白、脉沉细无力等证。

乌梅

【来源】本品为蔷薇科植物梅的近成熟果实。夏季果实近成熟时采收，低温烘干后闷至皱皮，色变黑时即成，去壳生用或炒炭用。主产于浙江、福建、云南等地。

【性味归经】酸、涩，平。归肝、脾、肺、大肠经。

【功效】敛肺，涩肠，生津，安蛔。

【主治与应用】

(1)肺虚久咳。本品味酸而涩，其性收敛，归肺经能敛肺气，止咳嗽。适用于肺虚久咳少痰或干咳无痰之证，可与罂粟壳、杏仁等药同用，如一服散(《世医得效方》)。

(2)久泻久痢。本品酸涩归大肠经，有良好的涩肠止泻痢作用，为治久泻、久痢之常用药；可与罂粟壳、诃子等药同用，如固肠丸(《证治准绳》)；取其涩肠止痢之功，配伍解毒止痢之黄连，也可用于湿热泻痢、便脓血者，如乌梅丸(《伤寒论》)。

(3)蛔厥腹痛，呕吐。蛔得酸则静，本品极酸，具有安蛔止痛、和胃止呕的功效，为安蛔之良药。适用于蛔虫所致腹痛、呕吐、四肢厥冷的蛔厥证，常与细辛、川椒、黄连、附子等药同用，如乌梅丸(《伤寒论》)。

(4)虚热消渴。本品至酸性平，善能生津液，止烦渴。

【用法用量】马、牛 15～60 g；猪、羊 3～9 g；犬、猫 2～5 g；兔、禽 0.6～1.5 g。

【使用注意】外有表邪或内有实热积滞者均不宜用。

【不良反应】

(1)可增强抗凝效果，大剂量联用时易发生出血性不良反应。

(2)乌梅中的有机酸可与含钙、钾、镁等金属离子的化学药物生成相应的盐，可形成结石。

诃子

【来源】本品为使君子科植物诃子或绒毛诃子的干燥成熟果实。秋冬两季果实成熟时采收，除去杂质，晒干。打碎生用。主产于广东、广西、云南等地。

【性味归经】苦、酸、涩，平。归肺、大肠经。

【功效】涩肠敛肺，降火利咽。

【主治与应用】久泻久痢，便血脱肛，肺虚喘咳，久嗽不止，咽痛音哑。

【用法用量】马、牛 15～60 g；猪、羊 3～10 g；犬、猫 1～3 g；兔、禽 0.5～1.5 g。

【使用注意】外邪未解，内有湿热积滞者慎服。

肉豆蔻

【来源】本品为肉豆蔻科植物肉豆蔻的干燥成熟种仁。果实成熟时采收，除去皮壳后干燥，用时以面裹煨去油。煨用。主产于印度尼西亚、西印度洋群岛及马来半岛等地。我国广东有栽培。

【性味归经】辛，温。归脾、胃、大肠经。

【功效】收敛止泻，温中行气。

【主治与应用】

(1)涩肠止泻。脾肾虚寒之五更泄、久泻。

(2)温中行气。胃寒气滞之脘腹胀痛、食少呕吐。

【用法用量】马、牛 15～30 g;猪、羊 5～10 g;犬 3～5 g。

【使用注意】热泻、热痢者忌用。

二、敛汗涩精药

本类药物大多味酸涩。具有敛汗固表、涩精止遗功效的药物。用于虚汗、滑精、阳痿、早泄等证。应用时,尚须根据证候恰当配伍。例如,属气虚多汗者,宜配补气药;阴虚多汗者,宜配养阴药;阳虚精滑者,宜配壮阳温肾药;阴虚火旺精滑者,宜配滋阴潜阳药。

莲子

【来源】本品为睡莲科植物莲的干燥成熟种子。秋季果实成熟时采割莲房,取出果实,除去果皮,干燥。生用。主产于湖南、福建、江苏、浙江及南方各地。

【性味归经】甘、涩,平。归脾、肾、心经。

【功效】补脾止泻,收敛止带,益肾涩精,养心安神。

【主治与应用】

(1)脾虚泄泻。本品甘可补脾,涩能止泻,既可补益脾气,又能涩肠止泻。治脾虚久泻,食欲不振者,常与人参、茯苓、白术等药同用,如参苓白术散(《和剂局方》)。

(2)带下。本品既能补脾益肾,又能固涩止带,其补涩兼施,为治脾虚、肾虚带下之常用药。治脾虚带下者,常与茯苓、白术、山药等药同用;治脾肾两虚、带下清稀、腰膝酸软者,可与山茱萸、山药、芡实等药同用。

(3)肾虚遗精滑精,遗尿尿频。本品味甘而涩,归肾经能益肾固精。治肾虚精关不固之遗精、滑精,常与芡实、龙骨等药同用,如金锁固精丸(《医方集解》)。

(4)虚烦,心悸,失眠。本品能养心益肾,交通心肾而宁心安神。治心肾不交之虚烦、心悸,常与酸枣仁、茯神、远志等药同用。

【用法用量】马、牛 50～100 g;猪、羊 10～20 g;犬、猫 5～10 g。

【使用注意】胃肠道肿胀、中脘痞胀者禁用。

(1)莲须。本品为睡莲科植物莲的干燥雄蕊。性味甘、涩,平;归心、肾经。功能固肾涩精。适用于遗精滑精、带下、尿频。

(2)莲房。本品为睡莲科植物莲的干燥花托。性味苦、涩,温;归肝经。功能化瘀止血。适用于崩漏、尿血、痔疮出血、产后瘀阻、恶露不尽。

(3)莲子心。本品为睡莲科植物莲的成熟种子中的干燥幼叶及胚根。性味苦,寒;归心、肾经。功能清心安神,交通心肾,涩精止血。适用于热入心包、神昏谵语、心肾不交、失眠遗精、血热吐血。

(4)荷叶。本品为睡莲科植物莲的干燥叶。性味苦,平;归肝、脾、胃经。功能清暑化湿,升发清阳,凉血止血。适用于暑热烦渴、暑湿泄泻、脾虚泄泻、血热吐血、便血崩漏。荷叶炭收涩化瘀止血,适用于出血证和产后血晕。

(5)荷梗。本品为睡莲科植物莲的干燥叶柄及花柄。性味苦,平;归肺、脾、胃经。功能通气宽胸,和胃安胎。主治外感暑湿、胸闷不畅、妊娠呕吐、胎动不安。

(6)石莲子。本品为睡莲科植物莲老熟的果实。10 月间当莲子成熟时,割下莲蓬,取出果实晒干，或于整修池塘时拾取落于淤泥中之莲实，洗净，晒干。性味甘、涩、微苦，寒；归脾、胃、心经。功能清湿热，开胃进食，清心宁神，涩精止遗。适用于噤口痢、呕吐不食、心烦失眠、遗精、尿浊、带下。虚寒久痢者忌用。

五味子

【来源】本品为木兰科植物五味子或华中五味子的成熟果实。前者习称北五味子，主产于辽宁、黑龙江、吉林。后者习称南五味子，主产于陕西、湖北、山西、河南、云南等地。以北五味子品质较佳，尤以辽宁产者油性大、紫红色、肉厚、气味浓，品质最佳，故有辽五味之称。秋季果实成熟时采摘，晒干或蒸后晒干，除去果梗和杂质。捣碎生用或醋蒸用。

【性味归经】甘、酸，温。归肺、心、肾经。

【功效】敛肺，滋肾，敛汗涩精，止泻。

【主治与应用】

(1)敛肺滋肾。①肺虚久咳。②肺肾两虚之虚喘敛肺，滋肾，敛汗涩精，止泻。③寒饮喘咳。配伍细辛、干姜、麻黄等药。

(2)生津敛汗。①津伤口渴及消渴。②自汗、盗汗。

(3)涩精止泻。①遗精、滑精。②久泻、五更泄。

【用法用量】马、牛 15～30 g；猪、羊 3～10 g；犬、猫 1～2 g；兔、禽 0.5～1.5 g。

【使用注意】外有表邪，内有实热者不宜应用。

浮小麦

【来源】本品为禾本科植物小麦的干瘪轻浮的果实。麦收后将瘪瘦轻浮与未脱净皮的麦粒，拣去杂质，用水漂洗，晒干即得。生用或炒用。各地均产。

【性味归经】甘，凉。归心经。

【功效】除虚热，止汗。

【主治与应用】

(1)敛汗。自汗、盗汗。

(2)退虚热。阴虚发热。

【用法用量】马、牛 15～30 g；猪、羊 3～10 g；犬、猫 1～2 g；兔、禽 0.5～1.5 g。

【使用注意】无汗而烦躁或虚脱汗出者忌用。

山茱萸

【来源】本品为山茱萸科植物山茱萸的成熟果肉。多为野生，也有栽培。秋末冬初果实变红时采收，用文火烘或置沸水中略烫后，除去果核，干燥。生用或酒蒸用。主产于浙江、河南、安徽等地。

【性味归经】酸、涩，微温。归肝、肾经。

【功效】补益肝肾，涩精敛汗。

【主治与应用】

(1)补益肝肾。肝肾两虚之腰膝酸软、阳痿、头晕耳鸣。治肝肾阴虚之腰膝酸软、头晕耳鸣，如六味地黄丸(《小儿药证直诀》)。治肾阳虚之腰膝酸软、畏寒肢冷，如肾气丸(《金匮要略》)。

(2)收敛固涩。各种滑脱证。

【用法用量】马、牛 30～60 g；猪、羊 10～15 g；犬、猫 3～6 g；兔、禽 1.3～5 g。

【使用注意】素有湿热、小便淋涩者忌用。

牡蛎

【来源】本品为牡蛎科动物近江牡蛎、长牡蛎或大连湾牡蛎等的贝壳。全年均可捕捞。取得后，去肉，取壳，洗净，晒干。

【性味归经】咸，微寒。归肝、胆、肾经。

【功效】滋阴潜阳，敛汗固涩，软坚散结。

【主治与应用】阴虚内热，虚汗，滑精，带下，泄泻，骨软化症。

【用法用量】马、牛 30～90 g；猪、羊 10～30 g；兔、禽 1～3 g。

三、固精缩书法止带药

芡实

【来源】本品为睡莲科植物芡的干燥成熟种仁。秋末冬初采收成熟果实，除去果皮，取出种子，洗净，再除去硬壳(外种皮)，晒干。生用或麸炒用。主产于湖南、江苏、广东、福建等地。

【性味归经】甘、涩，平。归脾、肾经。

【功效】益肾涩精，补脾祛湿。

【主治与应用】滑精，尿频数，脾虚泄泻，腰肢痹痛，带下。

【用法用量】马、牛 20～45 g；猪、羊 10～20 g。

任务实施

(一)布置任务

根据所学知识，针对以上提供的病例资料，按要求分别完成以下任务。

(1)治疗原则：________

(2)选用药物：________

(二)工作评价

针对以上任务的完成情况，分别对初治疗原则和选用药物两项任务给予评价和点评。

工作评价			
评价内容	评价结果		
	正确	基本正确	错误
治疗原则			
选用药物			
学生反思			
教师点评			

模块八 方剂

方剂，是借助望、闻、问、切等收集信息，通过八纲辨证，在脏腑理论、伤寒六经、温病卫气营血等理论指导下，以君臣佐使为原则组成的中药方。在几千年里，中兽医被继承和发扬，通过人民群众和兽医的实践，拓展了中兽医的使用范围。方剂很多，初学中兽医者即使学会了理论，也不知道选方来治病防病。临床实践出真知，《伤寒论》和《金匮要略》的方子，条文清晰，经久不衰，现在应用于临床效果也很好，为中兽医的终南捷径和杀手锏，《伤寒杂病论》为论，其内涵逻辑为《汤液经法》等经典，现存世有《辅行诀》以窥其天地真理，但《辅行诀》字少意深，很难探究真意，在此不多阐述，仅以伤寒经方展示方剂的要义。

一、葛根汤

1.《伤寒论·辨太阳病脉证并治中》第31条

太阳病，项背强几几，无汗、恶风，葛根汤主之(图8-1)。组成：葛根四两，麻黄三两(去节)，桂枝二两(去皮)，生姜三两(切)，甘草二两(炙)，芍药二两，大枣十二枚(擘)。上七味，以水一斗，先煮麻黄、葛根，减二升，去白沫，内诸药，煮取三升，去滓，温服一升。覆取微似汗，余如桂枝汤法将息及禁忌。诸汤皆仿此。

2.《伤寒论·辨太阳病脉证并治中》第32条

太阳与阳明合病者，必自下利，葛根汤主之。

3.《金匮要略·痓湿暍病脉证并治第二》第12条

太阳病，无汗而小便反少，气上冲胸，口噤不得语，欲作刚痓，葛根汤主之。组成：上七味，㕮咀，以水一斗，先煮麻黄、葛根，减二升，去沫，内诸药，煮取三升，去滓，温服一升，覆取微似汗，不须啜粥，余如桂枝汤法将息及禁忌。

图8-1 葛根汤证

二、桂枝加葛根汤

《伤寒论·辨太阳病脉证并治上》第14条：太阳病，项背强几几，反汗出恶风者，桂枝加葛根汤主之(图8-2)。组成：葛根四两，芍药二两，生姜三两(切)，甘草二两(炙)，桂枝二两(去皮)，大枣十二枚(擘)。

三、麻黄汤

《伤寒论·辨太阳病脉证并治中》第35条：太阳病，头痛发热，身疼腰痛，骨节疼痛，恶风无汗而喘者，麻黄汤主之(图8-3)。组成：麻黄(去节)三两，桂枝(去皮)二两，甘草(炙)一两，杏仁(去皮尖)七十个。上四味，以水九升，先煮麻黄，减二升，去上沫，内诸药，煮取二升半，去滓，温服八合。覆取微似汗，不须啜粥，余如桂枝法将息及禁忌。

图 8-2 桂枝加葛根汤证

图 8-3 麻黄汤证

四、麻杏石甘汤

1.《伤寒论•辨太阳病脉证并治中》第 63 条

发汗后，不可更行桂枝汤。汗出而喘，无大热者，可与麻黄杏仁甘草石膏汤(图 8-4)。组成：麻黄四两(去节)，杏仁 50 个(去皮尖)，炙甘草二两，石膏半斤(碎，绵裹)。上四味，以水七升，先煮麻黄，减二升，去上沫，内诸药，煮取三升，去滓，温服一升。

2.《伤寒论•辨太阳病脉证并治中》第 162 条

下后不可更行桂枝汤，若汗出而喘，无大热者，可与麻黄杏仁甘草石膏汤。

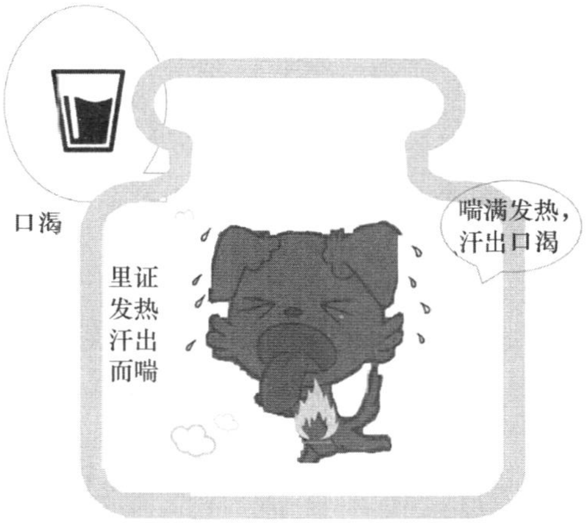

图 8-4 麻杏石甘汤证

五、大青龙汤

1.《伤寒论•辨太阳病脉证并治中》第 38 条

太阳中风，脉浮紧、发热、恶寒、身疼痛、不汗出而烦躁者，大青龙汤主之；若脉微弱，汗出恶风者，不可服之。服之则厥逆，筋惕肉瞤，此为逆也(图 8-5)。组成：麻黄六两(去节)，桂枝二两(去皮)，甘草二两(炙)，杏仁四十枚(去皮尖)，生姜三两(切)，大枣十枚(擘)，石膏(如鸡子大，碎)。上七味，以水九升，先煮麻黄，减二升，去上沫，内诸药，煮取三升，去滓，温服一升。取微似汗，汗出多者，温粉粉之。一服汗者，停后服；若复服，汗多亡阳，遂虚，恶风烦躁，不得眠也。

2.《伤寒论•辨太阳病脉证并治中》第 39 条

伤寒，脉浮缓，身不疼，但重，乍有轻时，无少阴证者，大青龙汤发之。

图 8-5　大青龙汤证

六、小青龙汤

1.《伤寒论·辨太阳病脉证并治中》第 40 条

伤寒，表不解，心下有水气，干呕、发热而咳，或渴，或利，或噎，或小便不利、少腹满，或喘者，小青龙汤主之。组成：麻黄三两（去节），桂枝三两（去皮），芍药三两，五味子半升，干姜三两（切），甘草三两（炙），细辛三两，半夏半升（汤洗）。上八味，以水一斗，先煮麻黄，减二升，去上沫，内诸药，煮取三升，去滓，温服一升。若微利者，去麻黄，加荛花如鸡子大，熬（炒也）令赤色；若渴者，去半夏加栝蒌根三两；若噎者，去麻黄加附子一枚，炮；若小便不利少腹满者，去麻黄加茯苓四两；若喘者去麻黄加杏仁半升（图 8-6）。

图 8-6　小青龙汤证

2.《伤寒论·辨太阳病脉证并治中》第 41 条

伤寒，心下有水气，咳而微喘，发热不渴。服汤已，渴者，此寒去欲解也，小青龙汤主之。

3.《金匮要略·痰饮咳嗽病脉证并治第十二》第 23 条

病溢饮者，当发其汗，大青龙汤主之；小青龙汤亦主之。

4.《金匮要略·痰饮咳嗽病脉证并治第十二》第 35 条

咳逆倚息不得卧，小青龙汤主之。

七、葛根黄芩黄连汤

《伤寒论·辨太阳病脉证并治中》第 34 条：太阳病，桂枝证，医反下之，利遂不止，脉促者，表未解也，喘而汗出者，葛根黄芩黄连汤主之(图 8-7)。组成：葛根半斤，甘草二两(炙)，黄芩三两，黄连三两。上四味，以水八升，先煮葛根，减二升，内诸药，煮取二升，去滓，分温再服。

八、黄芩汤

《伤寒论·辨太阳病脉证并治下》第 172 条：太阳与少阳合病，自下利者，与黄芩汤；若呕者，黄芩加半夏生姜汤主之(图 8-8)。组成：黄芩三两，芍药二两，甘草二两(炙)，大枣十二枚(擘)。上四味，以水一斗，煮取三升，去滓，温服一升，日再，夜一服。

图 8-7 葛根黄芩黄连汤证

图 8-8 黄芩汤证

九、白虎汤

1.《伤寒论·辨太阳病脉证并治》第 219 条

三阳合病，腹满、身重，难以转侧，口不仁、面垢(又作枯，一云向经)，谵语、遗尿。发汗则谵语；下之则额上生汗、手足逆冷；若自汗出者，白虎汤主之(图 8-9)。组成：知母六两，石膏一斤(碎)，甘草二两(炙)，粳米六合。上四味，以水一斗，煮米熟，汤成去滓。温服一升，日三服。

2.《伤寒论·辨太阳病脉证并治》第 350 条

伤寒脉滑而厥者，里有热也，白虎汤主之。

十、大承气汤

《伤寒论·辨太阳病脉证并治》第 208 条：阳明病，脉迟，虽汗出，不恶寒者，其身必重，短气，腹满而喘。有潮热者，此外欲解，可攻里也；手足濈然汗出者，此大便已硬也，大承气汤主之。若汗多，微发热恶寒者，外未解也；其热不潮，未可与承气汤；若腹大满不通者，可与小承气汤，微和胃气，勿

图 8-9 白虎汤证

令至大泄下(图 8-10)。组成:大黄四两(酒洗),厚朴半斤(炙,去皮),枳实五枚(炙),芒硝三合。上四味,以水一斗,先煮二物,取五升,去滓,内大黄,更煮取二升,去滓,内芒硝,更上微火一两沸,分温再服。得下,余勿服。

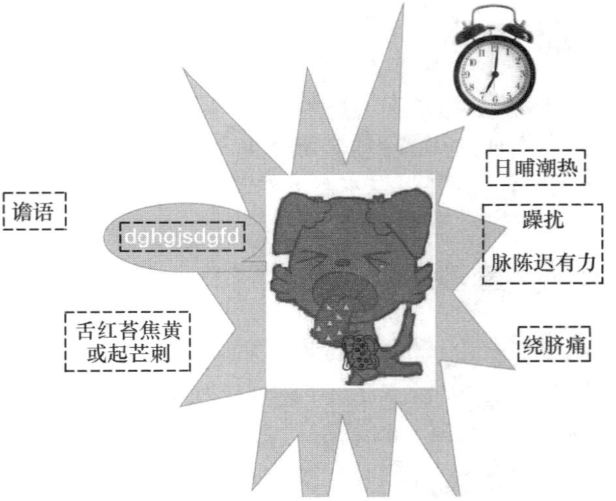

图 8-10 大承气汤证

十一、 小柴胡汤

《伤寒论·辨太阳病脉证并治中》第 96 条:伤寒五六日,中风,往来寒热,胸胁苦满,嘿嘿不欲饮食、心烦喜呕,或胸中烦而不呕,或渴,或腹中痛,或胁下痞硬,或心下悸,小便不利,或不渴,身有微热,或咳者,小柴胡汤主之(图 8-11)。

组成:柴胡半斤,黄芩三两,人参三两,半夏半升(汤洗),甘草三两(炙),生姜三两(切),大枣十二枚(擘)。上七味,以水一斗二升,煮取六升,去滓,再煎,取三升,温服一升,日三服。加减:若胸中烦而不呕者,去半夏、人参,加栝蒌实一枚;若渴者,去半夏,加人参合前成四两半,栝蒌根四两;若腹中痛者,去黄芩,加芍药三两;若胁下痞硬,去大枣,加牡蛎四两;若心下悸、小便不利者,去黄芩,加茯苓四两;若不渴、外有微热者,去人参,加桂枝三两,温覆微汗愈;若咳者,去人参、大枣、生姜,加五味子半升,干姜二两。

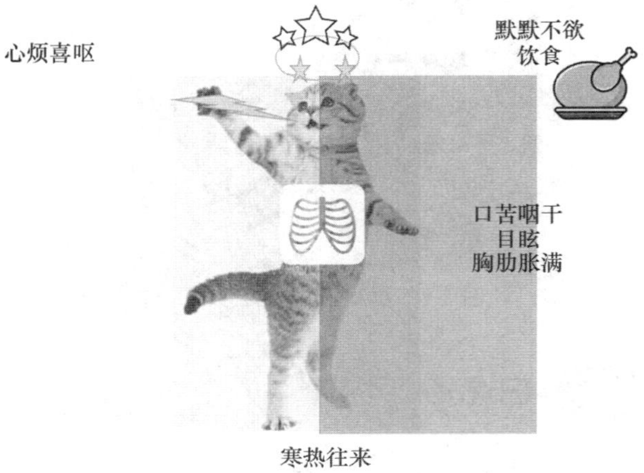

图 8-11 小柴胡汤证

十二、 大柴胡汤

1.《伤寒论·辨太阳病脉证并治中》第 103 条

太阳病,过经十余日,反二三下之,后四五日,柴胡证仍在者,先与小柴胡汤。呕不止、心下急,郁郁微烦者,为未解也,与大柴胡汤下之,则愈(图 8-12)。组成:柴胡半斤,黄芩三两,芍药三两,半夏半升(汤洗),生姜五两(切),枳实四枚(炙),大枣十二枚(擘),大黄二两。上八味,以水一斗二升,煮取六升,去滓,再煎,温服一升,日三服。

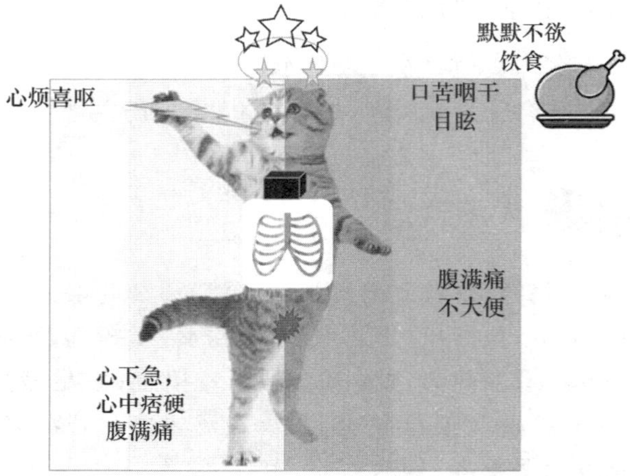

图 8-12 大柴胡汤证

2.《伤寒论·辨太阳病脉证并治下》第165条

伤寒，发热，汗出不解，心中痞硬，呕吐而下利者，大柴胡汤主之。

十三、 白头翁汤

《伤寒论·辨厥阴病脉证并治》第371条：热利下重者，白头翁汤主之(图8-13)。组成：白头翁二两，黄柏、黄连、秦皮各三两。上四味，以水七升，煮取二升，去滓，温服一升；不愈，更服一升。

十四、 猪苓汤

1.《伤寒论·辨阳明病脉证并治》第223条

若脉浮，发热，渴欲饮水，小便不利者，猪苓汤主之(图8-14)。组成：猪苓(去皮)，茯苓、阿胶、滑石(碎)、泽泻各一两。上五味，以水四升，先煮四味，取二升，去滓，内阿胶烊消，温服七合，日三服。

2.《伤寒论·辨阳明病脉证并治》第224条

阳明病，汗出多而渴者，不可与猪苓汤。以汗多胃中燥，猪苓汤复利其小便故也。

3.《伤寒论·辨少阴病脉证并治》第319条

少阴病，下利六七日，咳而呕、渴，心烦、不得眠者，猪苓汤主之。

图8-13 白头翁汤证

图8-14 猪苓汤证

十五、 真武汤

《伤寒论·辨少阴病脉证并治》第316条：少阴病，二三日不已，至四五日，腹痛，小便不利，四肢沉重疼痛，自下痢者，此为有水气。其人或咳，或小便利，或下利，或呕者，真武汤主之(图8-15)。组成：茯苓三两，芍药三两，白术二两，生姜三两(切)，附子一枚(炮，去皮，破八片)。上五味，以水八升，煮取三升，去滓，温服七合，日三服。若咳者，加五味子半升、细辛一两、干姜一两；若小便利者，去茯苓；若下利者，去芍药，加干姜二两；若呕者，去附子，加生姜、足前为半斤。

十六、四逆汤

1.《伤寒论·辨太阳病脉证并治上》第 29 条

伤寒脉浮，自汗出，小便数，心烦，微恶寒，脚挛急，反与桂枝，欲攻其表，此误也，得之便厥。咽中干、烦躁、吐逆者，作甘草干姜汤与之，以复其阳。若厥愈足温者，更作芍药甘草汤与之，其脚即伸。若胃气不和谵语者，少与调胃承气汤。若重发汗，复加烧针者，四逆汤主之(图 8-16)。

组成：甘草二两(炙)、干姜一两半、附子一枚(生用，去皮，破八片)。上三味，以水三升，煮取一升二合，去滓，分温再服。强人可大附子一枚，干姜三两。

2.《伤寒论·辨厥阴病脉证并治》第 354 条

大汗，若大下利而厥冷者，四逆汤主之。

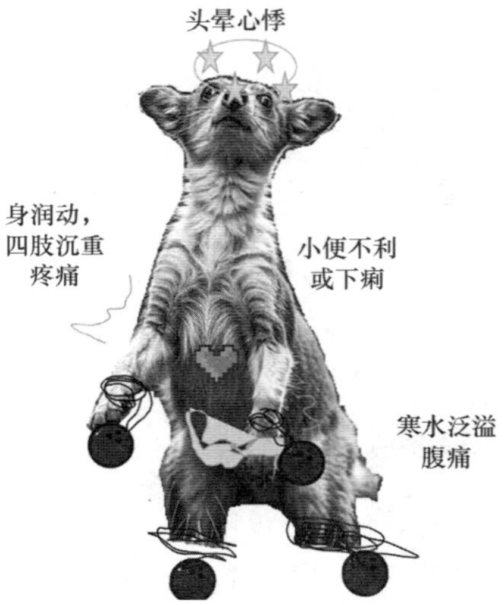

图 8-15　真武汤证

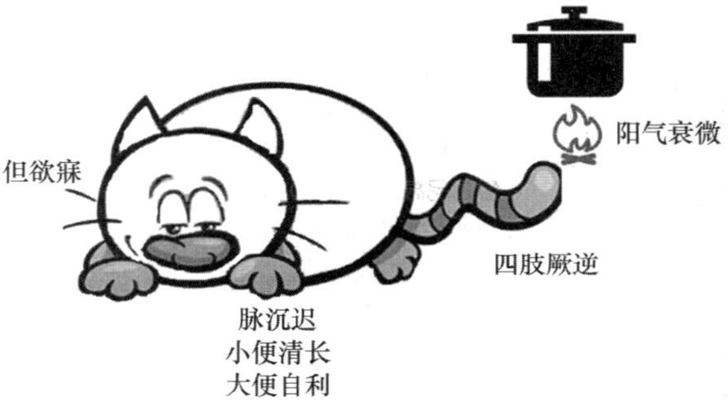

图 8-16　四逆汤证

十七、理中汤

1.《伤寒论·辨太阳病脉证并治》第 277 条

自利不渴者，属太阴，以其脏有寒故也，当温之，宜服四逆辈(图 8-17)。组成：党参、甘草、干姜、白术各三两右。上四味，以水八升，煮取三升，温服一升，日三服。

2.《伤寒论·辨霍乱病脉证并治》第 386 条

霍乱，头痛，发热，身疼痛，热多欲饮水者，五苓散主之；寒多不用水者，理中汤主之。

图 8-17　理中汤证

中兽医

模块九 经络总论

模块导读

经络学说是中兽医学基础理论的重要组成部分，是研究机体生理作用和病理现象的依据，对于辨证、用药以及针灸治疗具有重要的指导意义。

《灵枢·经脉篇》说："经脉者，所以能决死生，处百病，调虚实，不可不通。"清代喻嘉言也说："凡治病不明脏腑经络，开口动手便错。"

模块目标

知识目标

1. 理解经络的基本概念和针灸的特点。
2. 掌握经络系统的组成及其主要作用。
3. 了解针灸的取穴方法和选穴配穴原理。

技能目标

1. 能把十二经脉的走向和交接规律进行熟悉运用。
2. 能把经络在生理、病理、诊断和治疗方面的作用进行临床应用。
3. 能合理选穴和应用针灸的方法开展临床动物病证治疗。

素质目标

1. 培养自主学习能力、吃苦耐劳精神和团队协作能力。
2. 培养实事求是、科学严谨的学习作风。
3. 培养良好的职业道德、敬业精神和民族自豪感。

项目一
经络的组成和作用

案例导入

犬，暑日发病，证见神昏发热，张口伸舌，呼吸急促，运步不稳，尿少，口干舌红，舌苔黄腻，脉濡数，针刺治疗时宜用穴位是（　　）。【2022执业兽医资格考试真题】

A. 上关　　B. 人中　　C. 睛明　　D. 抢风　　E. 承泣

请思考：

1. 该犬最有可能诊断为什么病？
2. 诊断依据主要有哪些？
3. 若使用针灸急救，针刺时最宜使用的穴位是哪个？
4. 急救穴位属于奇经八脉中的哪一脉？有什么作用？

任务准备

一、经络的概念

经络是动物体内经脉和络脉的总称，是机体联络脏腑、沟通内外、运行气血、调节功能的通路，是动物体组织结构的重要组成部分。经，即经脉，有路径的意思，是经络系统的主干；络，即络脉，有网络的意思，是经脉的分支。经络在体内纵横交错，内外连接，遍布全身，无处不至，把动物体的脏腑、器官、组织都紧密地联系起来，形成一个有机的统一整体。

经络学说是研究机体经络系统的组织结构、生理功能、病理变化及其与脏腑关系的学说，是中兽医学理论体系的重要组成部分。

二、经络系统的组成

经络系统（图9-1）主要由四部分组成，即经脉、络脉、内属脏腑部分和外连体表部分。其中经脉是经络系统的主干，除分布在体表一定部位外，还深入体内连属脏腑；络脉是经脉的细小分支，一般多分布于体表，联系“经筋”和“皮部”。

（一）经脉

经脉主要由十二经脉、十二经别和奇经八脉构成。十二经脉，即前肢三阳经和三阴经，后肢三阳经和三阴经。十二经脉有一定的起止、一定的循行部位和交接顺序，与脏腑有着直接的络属关系，是全部经络系统的主体，又称为十二正经。十二经别是从十二经脉分出的纵行支脉，故又称为“别行的正经”。奇经八脉，包括任脉、督脉、冲脉、带脉、阴维脉、阳维脉、阴跷脉、阳跷脉八条，其循行、分布与十二经脉、十二经别有所不同。虽然大部分是纵行的，左右对称的，但也有横行和分布在躯干正中线的；除与子宫和脑有直接联系外，与五脏、六腑没有直接的络属关系，相互之间也不存在表里相合、相互衔接及相互循环流注的关系，故又称其为别道奇行的“奇经”。因其有八条，故称“奇经八脉”。

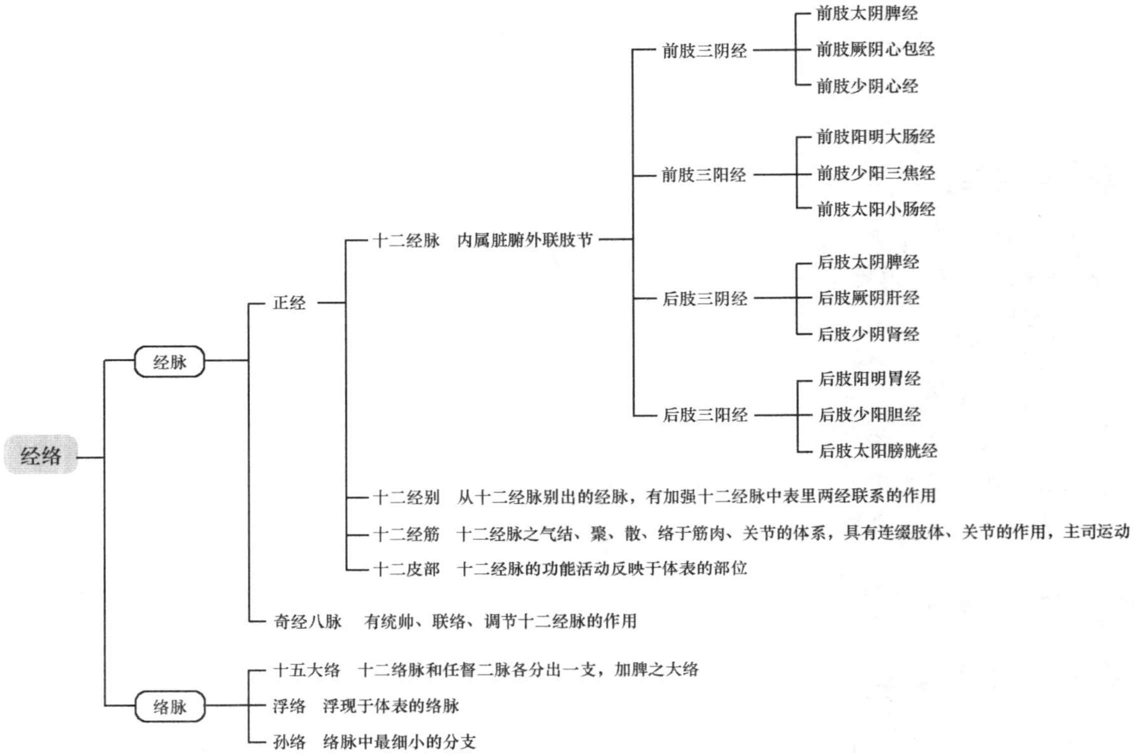

图 9-1 经络系统的组成

(二)络脉

络脉是经脉的细小分支，多数无一定的循行路径。络脉包括十五大络、络脉、孙络、浮络和血络。十五大络，即十二络脉（每一条正经都有一条络脉）加上任脉、督脉的络脉和脾的大络，总共为十五条，它是所有络脉的主体。另有胃的大络，加起来实际上是十六条大络，但因脾胃相表里，故习惯上仍称十五大络。从十五大络分出的斜横分支，一般统称为络脉。从络脉中分出的细小分支，称为孙络。络脉浮于体表的，称为浮络。络脉，特别是浮络，在皮肤上暴露出的细小血管，称为血络。

(三)内属脏腑部分

经络深入体内连属各个脏腑。十二经脉各与其本身脏腑直接相连，称为“属”；同时也各与其相表里的脏腑相联，称为“络”。阳经皆属腑而络脏，阴经皆属脏而络腑。如前肢太阴肺经的经脉，属肺络于大肠；前肢阳明大肠经的经脉，属大肠络于肺等。互为表里的脏腑之间的这种联系，称为“脏腑络属”关系。此外，通过经络的循环、交叉和交会，各经脉还与其他有关内脏贯通连接，构成脏腑之间错综复杂的联系。

(四)外连体表部分

经络与体表组织相联系主要有十二经筋和十二皮部。经筋是经脉所连属的筋肉系统,即十二经脉及其络脉中气血所濡养的肌肉、肌腱、筋膜、韧带等,其功能主要是连缀四肢百骸,主司关节运动。皮部是经脉及其所属络脉在体表的分布部位,即皮肤的经络分区。经筋、皮部与经脉、络脉有紧密联系,故称经络"外络于肢节"。

三、十二经脉和奇经八脉

(一)十二经脉

1. 十二经脉的命名

十二经脉对称地分布于动物体的两侧,分别循行于前肢或后肢的内侧和外侧,每一经分别属于一个脏或一个腑。因此,每一经脉的名称包括前肢或后肢、阴或阳、脏或腑三个部分。根据阴阳学说,四肢内侧为阴,外侧为阳;脏为阴,腑为阳。故行于四肢内侧的为阴经,属脏;行于四肢外侧的为阳经,属腑。由于十二经脉分布于前、后肢的内、外两侧共四个侧面,每一侧面有三条经脉分布,这样一阴一阳就衍化为三阴三阳,即太阴、少阴、厥阴、阳明、太阳、少阳。各条经脉就是按其所属脏腑,并结合循行于四肢的部位来确定其名称。十二经脉的命名见表 9-1。

表 9-1　十二经脉命名

循行部位(阴经行于内侧,阳经行于外侧)		阴经(属脏络腑)	阳经(属腑络脏)
前肢	前缘	太阴肺经	阳明大肠经
	中线	厥阴心包经	少阳三焦经
	后缘	少阴心经	太阳小肠经
后肢	前缘	太阴脾经	阳明胃经
	中线	厥阴肝经	少阳胆经
	后缘	少阴肾经	太阳膀胱经

2. 十二经脉的循行路线

一般来说,前肢三阴经,从胸部开始,循行于前肢内侧,止于前肢末端;前肢三阳经,由前肢末端开始,循行于前肢外侧,抵达于头部;后肢三阳经,由头部开始,经背腰部,循行于后肢外侧,止于后肢末端;后肢三阴经,由后肢末端开始,循行于后肢内侧,经腹达胸。从十二经脉的分布来看,前肢三阳经止于头部,后肢三阳经又起于头部,所以称头为"诸阳之会"。后肢三阴经止于胸部,而前肢三阴经又起于胸部,所以称胸为"诸阴之会"。

3. 十二经脉的流注次序

气血由中焦水谷精气所化生,十二经脉是气血运行的主要通道。经脉中气血的运行是依次循环贯注的,即经脉在中焦受气后,上注于肺,自前肢太阴肺经开始,逐经依次相传,至后肢厥阴肝经,再复注于肺,首尾相贯,如环无端,构成十二经脉循环。十二经脉流注次序见表 9-2。

表 9-2　十二经脉流注次序

三阳（表）			三阴（里）	
前肢阳明	大肠 ↓	←	肺 ←	前肢太阴
后肢阳明	胃	→	脾 ↓	后肢太阴
前肢太阳	小肠 ↓	←	心	前肢少阴
后肢太阳	膀胱	→	肾 ↓	后肢少阴
前肢少阳	三焦 ↓	←	心包	前肢厥阴
后肢少阳	胆	→	肝（→ 肺）	后肢厥阴

营气在脉中运行时，还有一条分支，即由前肢太阴肺经开始，专注于任脉，上行通连督脉，循脊背，绕经阴部，又连接任脉，到胸腹再与前肢太阴肺经衔接，构成了十四经脉的循行通路。

（二）奇经八脉

奇经八脉是任、督、冲、带、阴维、阳维、阴跷、阳跷八条经脉的总称。因其不直接与脏腑相连属，有别于十二正经，故称“奇经”。其中，任脉行于腹正中线，总任一身之阴脉，称为“阴脉之海”。任脉还有妊养胞胎的作用，故又有“任主胞胎”之说。督脉行于背正中线，总督一身之阳脉，有“阳脉之海”之称。十二经脉加上任、督二脉，合称“十四经脉”，是经脉的主干。冲脉行于颈、腹两侧，经后肢内侧达足或蹄之中心，与后肢少阴经并行。冲脉总领一身气血的要冲，能调节十二经气血，故有“十二经之海”和“血海”之称。因任脉、督脉、冲脉，同起于胞中，故有“一源三歧”之说。带脉环行于腰部，状如束带，有约束纵行诸脉、调节脉气的作用。阴维脉和阳维脉，分别具有维系、联络全身阴经或阳经的作用。阴跷脉和阳跷脉，具有交通一身阴阳之气和调节肌肉运动，司眼睑开合的作用。

总之，奇经八脉出于十二经脉之间，具有加强十二经脉的联系和调节十二经脉气血的功能。当十二经脉中气血满溢时，则流注于奇经八脉，蓄以备用。古人将气血比作水流，将十二经脉比作江河，而将奇经八脉比作湖泊，相互间起着调节、补充的作用。

【附】马体十四经脉的循行路线

关于十四经脉的循行部位，《元亨疗马集》中提到：“马、牛周身有十二道经脉”，对每一条经脉都记有一个代表穴位，如胸堂心之经、鹘脉肺之经等，但缺乏经脉具体循行部位的描述。20 世纪 70 年代，有关学者在汇总了关于马体经络循行资料的基础上，参考人体经络的循行路线，绘制了马体经脉循行路线示意图。

任务实施

（一）布置任务

根据所学知识，针对以上提供的病例资料，按要求分别完成以下任务。

(1)初步诊断：______________________________

(2)诊断依据：______________________________

(3)鉴别诊断：______________________________

(4)为了确诊疾病,需做哪些进一步检查：______________________________

____

(5)确诊疾病：______________________________

____

(6)治疗原则：______________________________

(7)治疗处方：

Rp：
兽医师：

(二)工作评价

针对以上任务的完成情况,分别对初步诊断、诊断依据、鉴别诊断、进一步检查、确诊疾病、治疗原则和治疗处方等7项任务给予评价和点评。

工作评价			
评价内容	评价结果		
	正确	基本正确	错误
初步诊断			
诊断依据			
鉴别诊断			
进一步检查			
确诊疾病			
治疗原则			
治疗处方			
学生反思			
教师点评			

项目二
经络的生理功能和临床应用

案例导入

犬，证见发热，精神沉郁，食欲减退，口渴多饮，泻粪腥臭，尿短赤，口色赤红，舌苔黄腻，脉沉数。针治宜选用的穴位是(　　)。【2020 执业兽医资格考试真题】

A. 大肠俞　　B. 曲池　　C. 肩井　　D. 山根　　E. 肾堂

请思考：

1. 该犬最有可能诊断为什么病？
2. 诊断依据主要有哪些？
3. 若使用针灸救治，针刺时最宜使用的穴位是哪个？
4. 经络在针灸时起什么作用？

任务准备

经络能密切联系周身的组织和脏器，在生理功能、病理变化、药物及针灸治疗等方面，都起着重要作用。

一、生理方面

(一)运行气血，温养全身

动物体的各组织器官均需气血的温养，才能维持正常的生理活动，而气血必须通过经络的传注，方能通达周身，发挥其温养脏腑组织的作用，故《灵枢 · 本藏篇》说："经脉者，所以行血气而营阴阳，濡筋骨，利关节者也。"

(二)协调脏腑，联系周身

经络既有运行气血的作用，又有联系动物体各组织器官的作用，使机体内外上下保持协调统一。经络内连脏腑，外络肢节，上下贯通，左右交叉，将动物体各个组织器官，相互紧密地联系起来，从而起到协调脏腑功能枢纽的作用。

(三)保卫体表，抗御外邪

经络在运行气血的同时，卫气伴行于脉外，因卫气能温煦脏腑、腠理、皮毛，开合汗孔，故有保卫体表、抗御外邪的作用。同时，经络外络肢节、皮毛，营养体表，是调节防卫机能的要塞。

二、病理方面

经络与疾病的发生和传变有着密切的联系，主要表现在以下两个方面。

(一)传导病邪

当病邪侵入时，动物体通过经络以调整体内营卫气血等防卫力量来抵抗病邪。若动物体正气虚弱，气血失调，病邪可通过经络由表及里传入脏腑而引发病证。如外感风寒在表不解，可通过前肢太阴肺经传入肺脏，引起咳喘等证。

(二)反映病变

脏腑出现病变通过经络反映到体表，临床上可据此对疾病进行诊断。例如，心火亢盛，可循心经上传于舌，出现口舌红肿、糜烂的症状；肝火亢盛，可循肝经上传于眼，出现目赤肿痛、睛生翳膜等症状；肾出现病变可循肾经传于腰部，出现腰胯疼痛、无力等症状。

三、临床应用方面

(一)传递药物的治疗作用

1186 年，南宋的张洁古在《珍珠囊》一书中，以经络学说为基础，提出了药物归经的理论。该理论认为药物作用于机体，需通过经络的传递，经络能够选择性地传递某些药物，致使某些药物对某些脏腑具有主要作用。例如，同为泻火药，由于被不同的经络传递，则有黄连泻心火，黄芩泻肺火，白芍泻脾火，知母泻肾火，木通泻小肠火，黄芩又泻大肠火，石膏泻胃火，栀子泻三焦火，柴胡、黄连泻肝胆火，黄柏泻膀胱火等的区分。据此，总结出“药物归经”“按经选药”的原则。此外，按照药物归经的理论，在临床实践中还归纳了某些引经药，如桔梗引药上行专入肺经，牛膝引药下行专入肝肾两经等。

(二)感受和传导针灸的刺激作用

经络能够感受和传导针灸的刺激作用。针刺体表的穴位之所以能够治疗内脏的疾病，就是借助于经络的这种感受和传导作用。因此，在针灸治疗方面就提出了“循经取穴”的原则，即治疗某一经的病变，就在这一经上选取某些特定的穴位，对其施以一定的刺激，进而调理气血和脏腑功能。例如，胃热针玉堂穴(后肢阳明胃经)，腹泻针带脉穴(后肢太阴脾经)，冷痛针三江穴(后肢阳明胃经)和蹄头穴(前蹄头属前肢阳明大肠经，后蹄头属后肢阳明胃经)等。

总之，经络理论与中兽医临床实践有着紧密的关系，特别是在针灸方面更为突出。根据经络理论，按经选药或循经取穴，通过用药物或针灸的方法治疗动物疾病，往往能取得较好效果。

任务实施

(一)布置任务

根据所学知识，针对以上提供的病例资料，按要求分别完成以下任务。

(1)初步诊断：________________

(2)诊断依据：________________

(3)鉴别诊断：________________

(4)为了确诊疾病，需做哪些进一步检查：________________

(5)确诊疾病：

(6)治疗原则：

(7)治疗处方：

Rp：   兽医师：

(二)工作评价

针对以上任务的完成情况，分别对初步诊断、诊断依据、鉴别诊断、进一步检查、确诊疾病、治疗原则和治疗处方等 7 项任务给予评价和点评。

工作评价			
评价内容	评价结果		
	正确	基本正确	错误
初步诊断			
诊断依据			
鉴别诊断			
进一步检查			
确诊疾病			
治疗原则			
治疗处方			
学生反思			
教师点评			

项目三
腧穴的分类、命名及作用

案例导入

奶牛，4岁，生产过后，食欲减退，精神倦怠，发热恶寒，鼻流清涕，偶见咳嗽，口色青白，舌苔薄白，脉浮紧。针治宜选用的穴位是(　　)。【2019执业兽医资格考试真题】

A. 阴俞　　B. 肺俞　　C. 脾俞　　D. 肷俞　　E. 肾俞

请思考：

1. 该奶牛最有可能诊断为什么病？
2. 诊断依据主要有哪些？
3. 使用针灸救治，针刺时最宜使用的穴位是哪个？
4. 穴位的作用有哪些？该穴位名称是以哪种方式命名的？

任务准备

一、腧穴概述

腧穴是机体经络、脏腑之气输注于体表的特殊部位，刺激腧穴部位可以达到诊断和治疗疾病的目的。腧穴的“腧”有转输、输注或沟通的含义；“穴”指孔洞、隙或凹陷。

腧穴是疾病的反应点，又是针灸的施术部位。腧穴常位于或邻近于肌肉、血管、淋巴管或神经之处，腧穴都有其定位标准和生理功能。千百年的临床应用积累了丰富的经验，日益丰富的临床经验又明确了腧穴的诊断功能和治疗效果。

当前收录的腧穴，主要来源于中兽医古籍记载的传统兽医穴位，还有从人体经络穴位转换而来的穴位。中兽医古籍记载的腧穴主要是马和牛的穴位，犬、猫的穴位参考人体经络穴位及马、牛的穴位进行制定。

二、腧穴的命名

腧穴的传统中文名称常揭示其解剖位置、生理功能、治疗作用或象征含义，这些穴位名称有助于理解穴位定位及治疗作用，但是对于西方人来说，这些名称没有任何意义。为了在全世界推广应用针灸技术，需要建立国际通用的命名方法。目前，世界中兽医协会(World Association of Traditional Chinese Veterinary Medicine，WATCVM)已建立国际标准的动物穴位命名方法。

(一)传统命名法

(1)根据所在部位命名。根据其解剖部位来命名。例如,尾尖穴位于尾的末端。

(2)根据脏腑命名。一些腧穴根据其与内脏的关系而命名。例如,胃俞穴是与胃相关的穴位,是胃的背俞穴,位于犬的第12胸椎棘突后缘,背正中线旁开1.5寸。

(3)根据作用命名。根据腧穴对某种疾病的特殊作用而命名。例如,断血穴常用来治疗马的出血证,位于马的背正中线,第18胸椎与第1腰棘突间的凹陷中为主穴。

(4)根据引申含义命名。有些腧穴根据其所在部位或作用功效的引申含义来命名。例如,龙会穴意为龙的交会,位于两外眼角连线的中点;六缝穴在趾间缝中,两侧共6穴。

(二)国际标准命名法

由经络和数字组合来命名,经络用英文单词的缩写,数字代表穴位在经脉上的序号(表9-3)。例如,胃经(Stomach 缩写为ST)共有45个穴位,胃经第1个穴位的名称是ST-1,第36个穴位是ST-36,第45个穴位是ST-45。为了推动兽医针灸国际化,采用传统命名法和国际标准命名法相结合的方法来介绍穴位。

表9-3 十四经脉的缩写及腧穴数目

经脉名称	缩写	单侧腧穴数目	经脉名称	缩写	单侧腧穴数目
肺经	LU	11	大肠经	LI	20
胃经	ST	45	脾经	SP	21
心经	HT	9	小肠经	SI	19
膀胱经	BL	67	肾经	KI	27
心包经	PC	9	三焦经	TE	23
胆经	GB	44	肝经	LR	14
任脉	CV	24	督脉	GV	28

* 任脉和督脉是单条经脉。

三、腧穴的分类

腧穴的分类可依据不同针术、不同经脉、穴位大小及区域、功效而定。

(一)依据针术分类

根据针术的不同,一般将穴位分为两类。

(1)常规腧穴。即可使用白针、水针、电针或灸法的大多数腧穴。例如,后三里,可使用白针、水针或灸法,治疗虚证。

(2)血针腧穴。这种腧穴位于体表血管部位,血针疗法常用于治疗急性实热证或气血瘀滞。例如,血针耳尖穴是治疗犬发热和风热感冒的常用方法。注意血针禁用于气血虚弱的动物。

(二)依据经脉分类

根据腧穴与相关经脉的联系而分类。

(1)经穴。是指位于十四经脉(肺经、大肠经、胃经、脾经、心经、小肠经、膀胱经、肾经、心包经、三焦经、胆经、肝经、任脉、督脉)上的腧穴,使用经络数字法来命名(如LU-11、SI-9、GV-14)。位于十四经脉上的经穴共有361个。

(2)经外奇穴。简称为奇穴,是指未归入十四经脉系统的腧穴,大多不在十四经循行路线上,但与经络系统仍有一定关系。常用奇穴有 44 个。其中头颈部有 12 个、躯干部有 11 个、四肢部位有 21 个。这些奇穴只有中文名(国际上用拼音表示),如太阳(Tai-yang)、尾尖(Wei-jian)等。

(3)阿是穴。是指没有固定位置和名称的腧穴,“阿是”意为压痛点,表示肌肤的压痛点或通过针术缓解疼痛的位点。

(三)根据腧穴大小及区域分类

动物体形大小不同,腧穴大小和形状也有差异,了解腧穴的大小和形状有助于发挥针灸的最佳疗效。一些区域分布相对较大的腧穴很容易定位,但一些小如缝隙的穴位,定位时容易出现偏差。

(1)方形穴。该类腧穴常位于大的孔洞或凹陷中。如抢风穴位于三角肌和肱三头肌交会的凹陷中;百会穴位于背部正中腰荐结合的凹陷中。

(2)线形穴。穴位沿着经脉的走向、呈线状分布,如后三里。

(3)细小穴。穴位非常狭小,如睛明。

(四)根据腧穴功效分类

每个腧穴都具有一定功效,有些腧穴的作用有相同之处,有些具有特殊疗效,有些既有共同作用又有特殊疗效。具有特殊疗效的腧穴又进一步分为不同类别,腧穴的作用将在下面详细介绍。

四、腧穴的疗效

一般来说,针灸可以产生下列一种或多种治疗效果。

(一)近治作用

所有腧穴均能够治疗其所在位置的疾病。换而言之,病变周围区域的腧穴都可以用于治疗局部病证。眼睛:睛明、承泣、瞳子髎、攒竹等穴均能治疗结膜炎或其他眼疾。咽喉:廉泉、人迎可治疗喉偏瘫。肩胛:肩髎、肩井、肩髃、抢风可以治疗肩部疼痛。腰胯:巴山、居髎、环跳用于治疗髋关节发育不良。

(二)远治作用

部分腧穴,尤其是十二经脉在四肢肘、膝关节以下的腧穴,不仅可治疗局部病证,还可治疗本经循行所及的远端部位的脏腑组织或区域的疾病。穴位的远治作用扩大了腧穴的应用范围,尤其在病变周围的腧穴不方便使用或无法使用时。另外,利用远治作用,内脏疾病可通过体表取穴进行治疗。合谷:不仅治疗腕部的疾病,由于大肠经循行至面部和下颌,还常用于治疗面部和口腔的疾病。后三里:胃经循行过腹不仅治疗后肢局部疾病,还能够调节整个消化系统的功能,对机体防卫及免疫系统也具有调节作用。

(三)特殊作用

上千年的临床实践及现代研究均证实,某些穴位具有特殊的治疗效果,医者可有针对性地选用。大椎:有解热功效,对高热,尤其不明原因高热有显著效果。至阴:具有矫正胎位的作用。内关:治疗恶心呕吐。神门:安神,治疗焦虑不安。将后三里、合谷、大椎联合使用,可治疗免疫缺陷。有些穴位具有双向调节作用。例如,后海既治疗泄泻,又治疗便秘;胃俞在胃肠功能低下时可以提高胃肠活动,而在胃肠功能亢进时则会降低胃肠活动;内关既用于心动过速,又用于心动过缓。

五、特定穴

腧穴除具有近治作用、远治作用、特殊作用外，有些穴位还具有特殊疗效和临床应用，这些穴位称为特定穴，包括五输穴、原穴、背俞穴和前募穴、络穴、下合穴、郄穴、八会穴、八脉交会穴、交会穴等。

(一)五输穴

1. 五输穴的概述

五输穴是指在十二经脉中，分布在肘、膝关节以下，分别称为“井、荥、输、经、合”五个具有特定称号的腧穴。四肢最末端的穴位称为井穴，从四肢末端至前肢的肘部或后肢的膝部分布着另外四个腧穴，分别称为荥穴、输穴、经穴、合穴，合穴位于肘、膝部位。《灵枢·九针十二原第一》记载，十二经脉的气血流注周身，气血在十二经脉的运行始于四肢末端，循行至肘、膝部达到充盛状态。这种充盛状态是逐渐积累的，这个过程就像自然界的溪流，由小到大，由浅入深。“井”意为水之源头，井穴为经气初出；“荥”意为小水流、山溪细流，荥穴为经气开始流动；“输”意为水流由小到大，由浅至深以灌注，输穴为经气渐盛；“经”意为水流宽阔且顺畅，经穴的经气充盈奔流；“合”意为汇合，江河之水汇入大海，合穴的经气充盛并合于脏腑。五输穴分别具有木、火、土、金、水的五行属性，需要注意的是，阴经与阳经的五行属性不同。阴经的井穴为木、荥穴为火、输穴为土、经穴为金、合穴为水；阳经的井穴为金、荥穴为水、输穴为木、经穴为火、合穴为土。五输穴的详细内容见表 9-4 和表 9-5，兽医师可依据下述的五级理论或五行理论进行选择。

2. 五输穴的五级理论

五输穴具有不同等级，井穴为第一级，荥穴、输穴、经穴、合穴分别为第二、三、四、五级。五输穴的主治依其等级而异(表 9-6)。《难经·六十八难》提到：“井主心下满，荥主身热，输主体重节痛，经主喘咳寒热，合主逆气而泄。”

表 9-4　五输穴在阴经上的穴位

阴经	井穴(木)	荥穴(火)	输穴(土)	经穴(金)	合穴(水)
肺经	少商	鱼际	太渊	经渠	尺泽
心包经	中冲	劳宫	大陵	间使	曲泽
心经	少冲	少府	神门	灵道	少海
脾经	隐白	大都	太白	商丘	阴陵泉
肝经	大敦	行间	太冲	中封	曲泉
肾经	涌泉	然谷	太溪	复溜	阴谷

表 9-5　五输穴在阳经上的穴位

阳经	井穴(金)	荥穴(水)	输穴(木)	经穴(火)	合穴(土)
大肠经	商阳	二间	三间	阳溪	曲池
三焦经	关冲	液门	中渚	支沟	天井
小肠经	少泽	前谷	后溪	阳谷	小海
胃经	厉兑	内庭	陷谷	解溪	足三里
胆经	足窍阴	侠溪	足临泣	阳辅	阳陵泉
膀胱经	至阴	足通谷	束骨	昆仑	委中

表 9-6　五输穴的五级特性

五输穴	功效	主治	实例
井穴	经气初出，安神作用	神明紊乱	中冲、少冲用于安神
荥穴	经气始动，解热作用	发热	鱼际治疗肺热（如发热、咽喉疼痛、咳嗽）
输穴	经气渐盛，止痛作用	气血瘀滞疼痛	太冲治疗各种气血瘀滞的疼痛
经穴	经气奔流，止咳平喘	咳喘	经渠用于肺虚咳嗽，阳溪治疗肺热咳嗽
合穴	经气充盛，脏腑疾病	阴穴治疗肾虚，阳穴治疗胃肠病	曲泉、阴谷、阴陵泉治肾衰竭；足三里、阳陵泉止呕

（1）井穴。第一级的井穴为经气初出，类似于井中冒出的第一个水泡。除涌泉穴外，其他井穴均位于四肢最末端，是十二经脉的经气（气血）之源。所有阴经的井穴在五行中属木，木气（肝）易郁结化火，火扰神明，因此井穴具有安神作用。如中冲、少冲、少商等井穴，用于治疗心神不安或胸满。所有阳经的井穴在五行中属金，金克木，因此阳经的井穴，如商阳、厉兑，能够疏肝理气，治疗肝气郁结。

（2）荥穴。荥穴是第二级，位于四肢末端倒数的第二个穴位，经气在此穴开始流动。荥穴能够解热，治疗热证。例如，肺热引起的发热、咽喉疼痛、咳嗽等，选择鱼际（肺经的荥穴）治疗；胃热或大肠热，出现发热、泄泻时，可以用二间或内庭进行治疗。

（3）输穴。输穴是第三级，四肢末端的倒数第三个穴位，输穴位于腕关节或跗关节，为经气渐盛，具有止痛作用。所有阴经的输穴在五行中属土（脾），由于脾主运化水湿，主肌肉和四肢，所以阴经的输穴能够消除肢体肿满重着，如太冲常用于治疗气血瘀滞之疼痛。阳经的输穴在五行中属木，可以缓解瘀滞疼痛或肝气郁结。

（4）经穴。经穴为第四级，此时经气充盈奔流。经穴能够止咳平喘，阴经的经穴在五行中属金，故经渠用于肺虚咳喘；阳经的经穴在五行中属火，火克金，故阳溪可治疗肺热咳喘。

（5）合穴。合穴为第五级，多位于肘或膝周围，此时经气充盛。合穴主气的无休流转，可用于治疗气脱。阴经的合穴，在五行中属水（肾），用于治疗肾阳不足的阳痿或肾阴不足的燥咳。阳经的合穴在五行中属土（脾胃），可用于脾气不足的泄泻或胃气上逆的呕吐。

3. 五输穴的五行理论

根据五行理论，每条经脉上的五输穴分别有其母穴和子穴，因此运用五输穴时，同样遵循两个基本原则：虚则补其母，实则泻其子。以肺经为例，肺为金，其母为土（脾），其子为水（肾），如图 9-2 所示，太渊为输穴，属土，可视作肺经的母穴；尺泽属水，为其子穴。心经和心包经的少冲、中冲分别为其母穴，神门、大陵为子穴（图 9-3）。同理，大都为脾经的母穴，商丘为子穴（图 9-4）。曲池为大肠经的母穴，二间为子穴（图 9-5）。其他经脉的母穴及子穴如

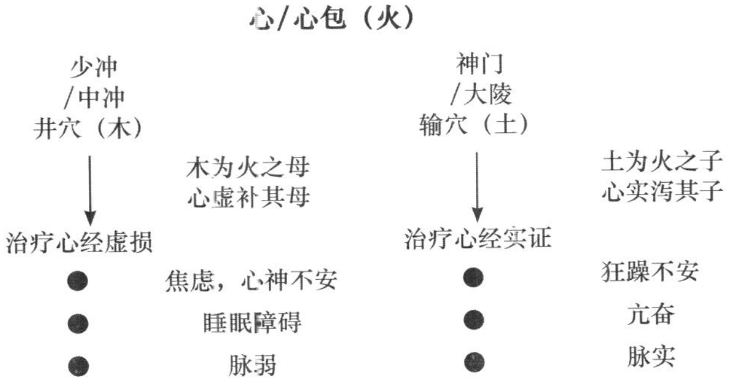

图 9-2　肺经的母穴和子穴

表 9-7 所示。

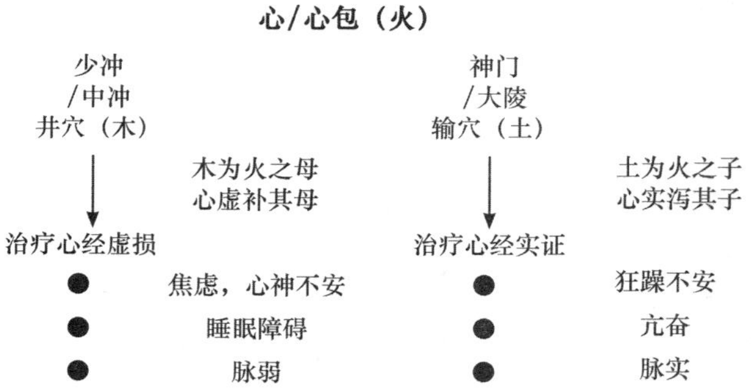

图 9-3　心经与心包经的母穴和子穴

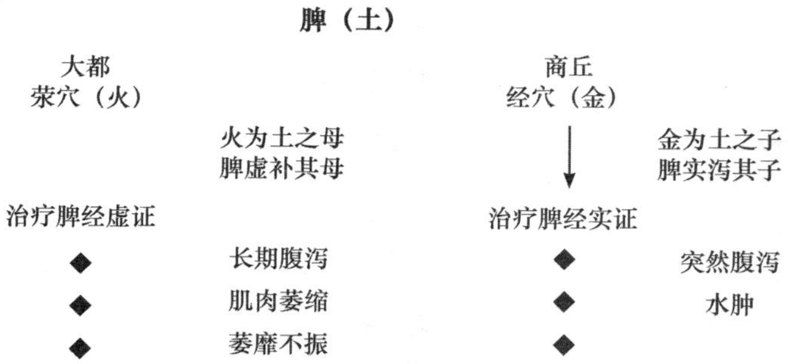

图 9-4　脾经的母穴和子穴

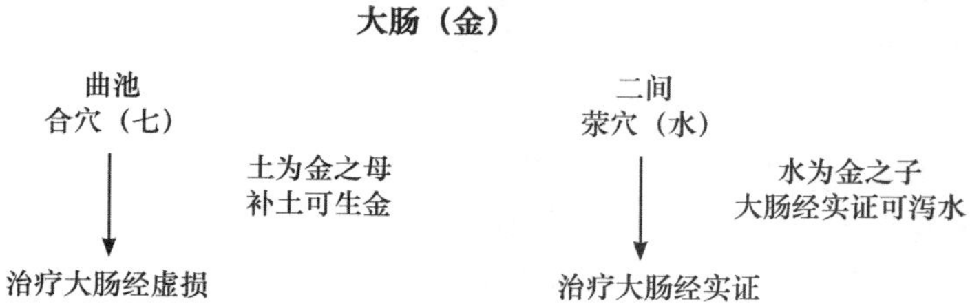

图 9-5　大肠经的母穴和子穴

表 9-7　十二经的母穴及子穴

经脉	虚证选母穴	实证选子穴	经脉	虚证选母穴	实证选子穴
肺经	太渊	尺泽	大肠经	曲池	二间
胃经	解溪	厉兑	脾经	大都	商丘
心经	少冲	神门	小肠经	前缠腕	小海
膀胱经	至阴	束骨	肾经	复溜	涌泉
心包经	中冲	大陵	三焦经	中渚	天井
胆经	侠溪	阳辅	肝经	曲泉	行间

胃经(土):解溪(火)为母穴,厉兑(金)为子穴。小肠经(火):前缠腕(木)为母穴,小海(土)为子穴。膀胱经(水):至阴(金)为母穴,束骨(木)为子穴。三焦经(火):中渚(木)为母穴,天井(土)为子穴。胆经(木):侠溪(水)为母穴,阳辅(火)为子穴。

4. 五输穴的临床应用

【例 1】如图 9-6 所示,肺属金,其母为土,肺气不足时,可选用肺经的母穴(土)以补肺虚。根据肺经的五输穴所示,土穴为太渊,因此该穴是补益肺气虚的穴位。

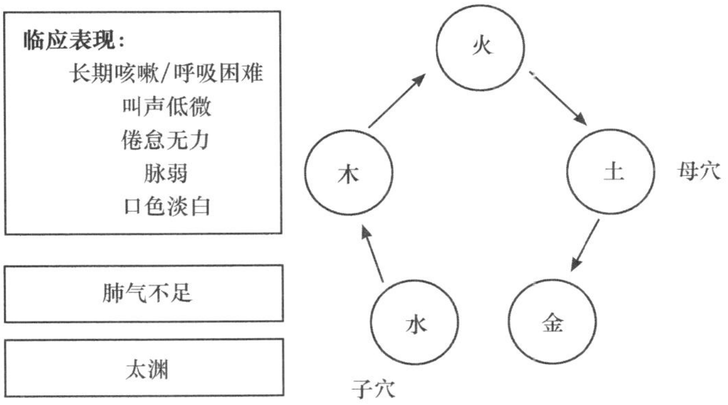

图 9-6　肺经的母穴——太渊(LU-9)

【例 2】如图 9-7 所示,肺热时,肺经的子穴可以泻肺火。金之子为水,因此尺泽是治疗肺热的穴位。

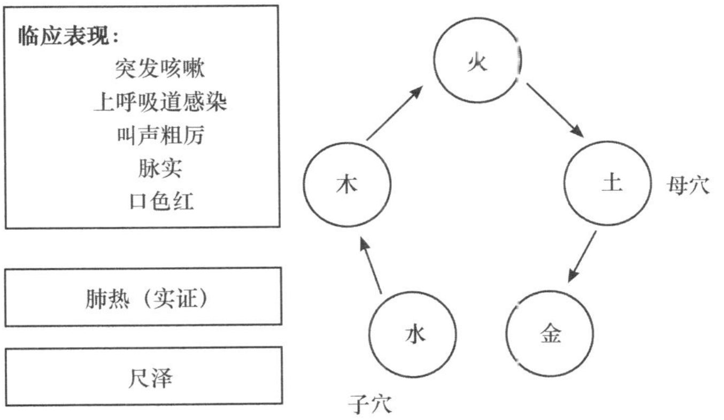

图 9-7　肺经的子穴——尺泽(LU-5)

【例 3】如图 9-8 所示,肺热时,肺经的子穴可以泻肺火。大肠与肺相表里,大肠经也可治疗肺经病证,因此肺经和大肠经的子穴,尺泽和二间均能清泄肺热。

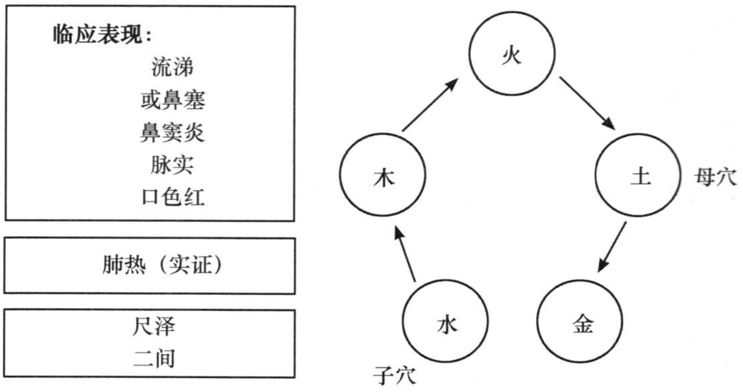

图 9-8　大肠经的子穴——二间(LI-2)

【例 4】如图 9-9 所示,心属火,其母为木,心血不足时,应用心经的母穴能够补血养心。根据心经的五输穴所示,属木的穴位为少冲,能够补益心血。

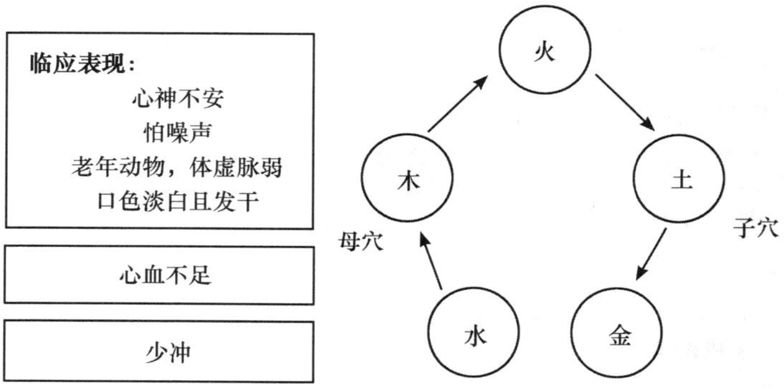

图 9-9　心经的母穴——少冲(HT-9)

【例 5】如图 9-10 所示,心火亢盛时,心经的子穴能够清心降火。土为火之子,因此神门可用于清泄心火。

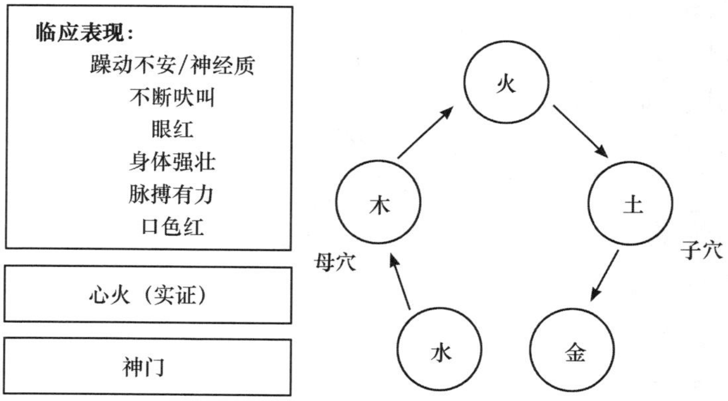

图 9-10　心经的子穴——神门(HT-7)

【例 6】如图 9-11 所示,胃属土,胃热时,胃经的子穴有助于清泄胃火。土之子为金,胃经属金的穴位为厉兑,可用于泄胃热。

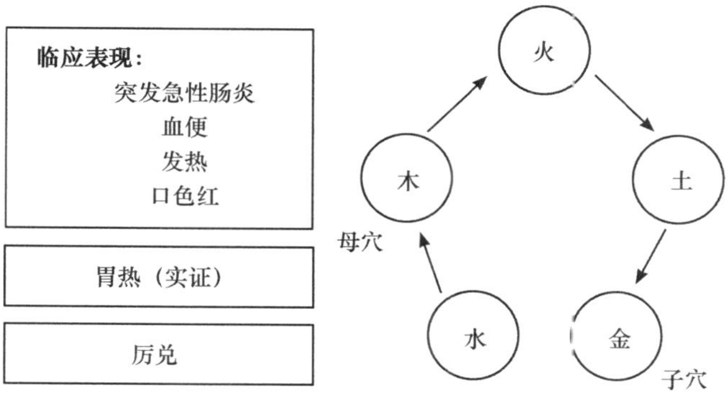

图 9-11　胃经的子穴——厉兑(ST-45)

【例 7】如图 9-12 所示，脾属土，其母为火，脾气不足时，大都有助于补益脾气。

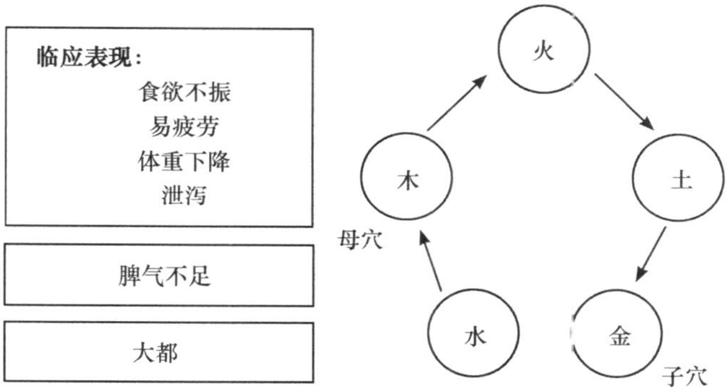

图 9-12　脾经的母穴——大都(SP-2)

(二)原穴

原气源于肾精，通过三焦分布于全身，原气是动物体生命活动的原动力。原穴既贮藏原气，又输布原气。每条经脉都只有一个原穴，是治疗脏腑失调的重要穴位，无论虚证、实证均可使用。例如，太溪为肾经原穴，常用于治疗肾阴虚或肾阳不足。太冲是肝经原穴，常用于疏理肝气。原穴均分布在腕、踝关节附近。

六阴经之原穴与五输穴的输穴为同一穴，六阳经之原穴，另置一穴。因此，对阴经而言，原穴与输穴一致。对阳经而言，前肢阳经的原穴在输穴之后，前肢阳经的原穴＝输穴＋1；后肢阳经的原穴在输穴之前，后肢阳经的原穴＝输穴－1。见表 9-8。

表 9-8　原穴

经脉	肺经、大肠经、胃经、脾经、心经、小肠经、膀胱经、肾经、心包经、三焦经、胆经、肝经
原穴	太渊、合谷、冲阳、太白、神门、腕骨、京骨、太溪、大陵、阳池、丘墟、太冲

(三)背俞穴与前募穴

背俞穴和前募穴是脏腑之气输注和汇聚之处。这些穴位常用于诊断和治疗，背俞穴和前募穴触诊敏感，预示相应脏腑的病变(图 9-13)。例如，触诊肺俞部位敏感，预示肺脏病证；触及中脘敏感，预示胃的病证。这些穴位还能用于治疗相应脏腑的病证，如胃俞或中脘用于治疗胃痛(表 9-9)。

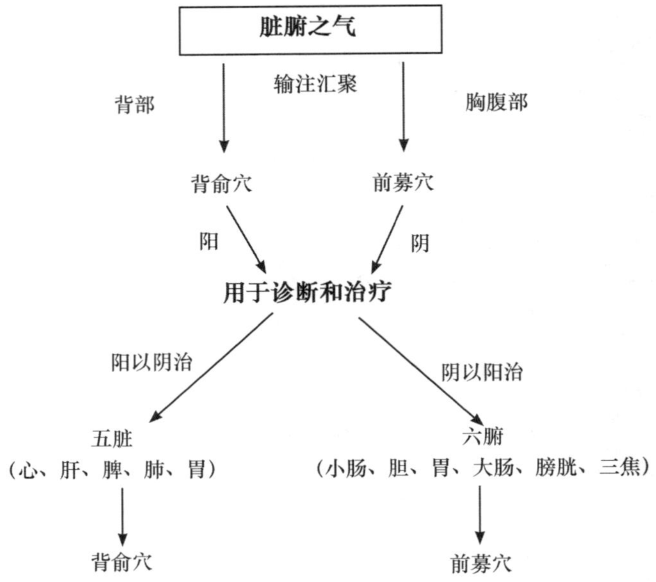

图 9-13 背俞穴和前募穴的诊断和治疗

表 9-9 背俞穴与前募穴

脏腑	背俞穴	膀胱经第二侧支背俞穴	前募穴
肺经	肺俞	魄户	中府
心包经	厥阴俞	膏肓	膻中
心经	心俞	神堂	巨阙
督脉	督俞	譩譆	
血	膈俞	膈关	
肝经	肝俞	魂门	期门
胆经	胆俞	阳纲	日月
脾经	脾俞	意舍	章门
胃经	胃俞	胃仓	中脘
三焦经	三焦俞	肓门	石门
肾经	肾俞	志室	京门
气	气海俞		
大肠经	大肠俞		天枢
关元	关元俞		
小肠经	小肠俞		关元
膀胱经	膀胱俞		中极

（四）络穴

肺与大肠如何相表里？中兽医学认为，肺与大肠通过经络相连，互相影响，相表里的两条经脉相互交接的位置称为络穴。络穴不但治疗本经病证，同时还可治疗相表里经脉的病证。例如，列缺主治咳嗽、胸痛、咽喉疼痛等肺经病证，同时治疗面部麻痹和流涕等大肠经循行路线上的病证。同理，公孙可同时治疗脾经和胃经的病证，见表 9-10。

表 9-10　络穴

经脉	肺经、大肠经、胃经、脾经、心经、小肠经、膀胱经、肾经、心包经、三焦经、胆经、肝经、督脉、任脉、脾之大络
络穴	列缺、偏历、丰隆、公孙、通里、支正、飞扬、大钟、内关、外关、光明、蠡沟、长强、鸠尾、大包

(五)下合穴

十二经脉均有其合穴，但阳经同时还有下合穴。六条阳经包括前肢三阳经(大肠、小肠、三焦)和后肢三阳经(胃、膀胱、胆)，前肢阳经与后肢阳经相连接。由于阳经与六腑相通，六腑之气以通降为顺，故每条阳经在后肢部位都有其下合穴(图 9-14，表 9-11)，后肢阳经的下合穴与其合穴相同，而前肢阳经在后肢另有其下合穴。

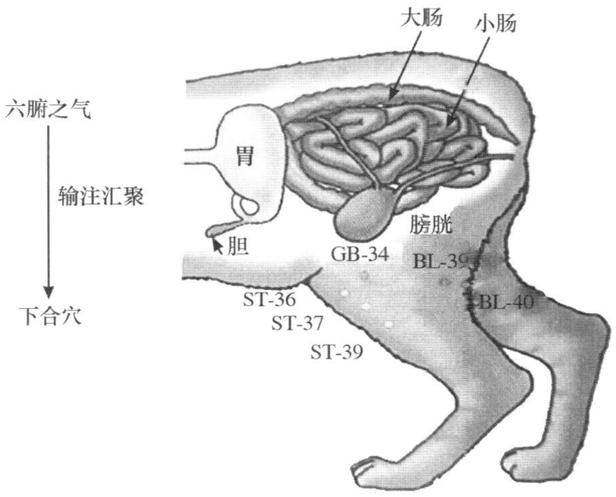

图 9-14　下合穴(引自马爱团和许文武，2021)

表 9-11　下合穴

六腑	合穴	下合穴	主治
胃经	后三里	后三里	恶心呕吐、胃痛、胃溃疡
大肠经	曲池	上巨虚	泄泻、肠溃疡、阑尾炎、大肠炎、便秘
小肠经	小海	下巨虚	小腹疼痛
胆经	阳陵泉	阳陵泉	呕吐、胆病
膀胱经	委中	委中	排尿困难、尿失禁、腰背痛
三焦经	天井	委阳	水肿、排尿困难、尿淋漓

(六)郄穴

郄有空隙或孔洞之意。郄穴是指经脉之气血在四肢部位汇聚之处。十二经脉和奇经八脉中的阴跷脉、阳跷脉、阴维脉、阳维脉均有一郄穴，共 16 个(表 9-12)。郄穴主要用于脏腑急症，如梁丘用于急性腹痛、孔最治疗急性上呼吸道感染、养老治疗急性肩痛(表 9-12)。

表 9-12　郄穴

经脉	郄穴	主治
肺经	孔最	急性上呼吸道感,染、咳血
心包经	郄门	急性胸痛

续表 9-12

经脉	郄穴	主治
心经	阴郄	突发心痛
大肠经	温溜	急性腹胀、急腹症
三焦经	会宗	突发癫痫、耳聋
小肠经	养老	突发肩痛
胃经	梁丘	突发腹痛
胆经	外丘	肝阳上亢
膀胱经	金门	头痛、癫痫
脾经	地机	腹痛、腹泻
肝经	中都	疝气
肾经	水泉	雌性动物发情周期紊乱、不发情
阳跷脉	跗阳	腰骶疼痛
阴跷脉	交信	雌性动物发情周期紊乱
阳维脉	阳交	胸部胀闷
阴维脉	筑宾	亢奋

(七)八会穴

脏、腑、气、血、筋、脉、骨、髓是动物体最重要的组织器官或系统,其精气汇聚的 8 个腧穴,称八会穴,除此之外,还有痰的会穴——丰隆及风/气管的会穴——风门,见表 9-13。

表 9-13 八会穴

经脉	会穴	其他作用
脏	章门	脾经的前募穴
腑	中脘	胃经的前募穴
气	膻中	心包经的前募穴
血	膈俞	呕吐、胆病
筋	阳陵泉	胆经的下合穴
脉	太渊	肺经的原穴
骨	大杼	
髓	绝骨(悬钟)	
痰	丰隆	
风/气管	风门	

(八)八脉交会穴

十二经脉与奇经八脉相通的 8 个腧穴,称为八脉交会穴。均位于腕、踝部上下,用于治疗奇经八脉病证及相应内脏病证(表 9-14)。

表 9-14 八脉交会穴

八脉交会穴	十二经脉	奇经八脉	主治部位
内关	心包经	阴维脉	心、胸、胃
公孙	脾经	冲脉	

续表 9-14

八脉交会穴	十二经脉	奇经八脉	主治部位
列缺	肺经	任脉	肺、胸、咽喉
照海	肾经	阴跷脉	
后溪	小肠经	督脉	颈、肩、背、耳、眼内眦
申脉	膀胱经	阳跷脉	
外关	三焦经	阳维脉	肩、颈、面颊、内耳、目外眦
足临泣	胆经	带脉	

(九)交会穴

两经或数经相交会的腧穴，称为交会穴。例如，三阴交(SP-6)是脾经、肾经和肝经三经交会之所。

六、腧穴的定位方法

穴位的正确定位对行针安全及疗效非常重要，一般有以下几种定位方法。

(一)体寸取穴法

针灸穴位可以通过体表的标志或者其他穴位的距离来定位。由于个体之间的差异性，很难用统一的丈量标准，如寸或厘米进行定位。在针灸实践中，经常使用体寸的方法。体寸是一种相对的身体部位丈量法，用于定位经络和穴位。例如，不论人的男女、老少、高矮、胖瘦，均将手腕和肘之间的距离定为 12 寸，动物也是。

如图 9-15 所示，将马的臀部(股骨大转子)至膝关节定为 18 寸；后肢外侧，由膝关节至跗关节定为 16 寸；后肢内侧，由膝关节至跗关节定为 13 寸。肩胛骨最宽处的前后距离为 3 寸；由肩部(大结节)到肘部为 9 寸；由肘部中心到腕部为 12 寸。在头部，由头骨后缘中线至眼睛前缘为 12 寸。

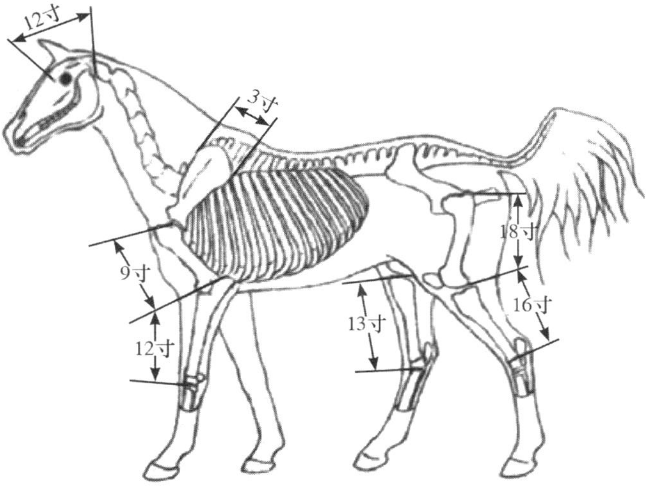

图 9-15　马的体寸(引自马爱团和许文武，2021)

如图 9-16 所示，将犬的股骨大转子至膝关节中心定为 18 寸；后肢外侧，由膝关节至外踝为

16 寸;后肢内侧,由胫骨内上端到内踝为 13 寸。肩胛骨最宽处的前后距离为 3 寸;由肩部(大结节)到肘部为 9 寸;前肢由肘关节至腕关节定为 12 寸。在头部,由头骨后缘中线至眼睛前缘为 12 寸。

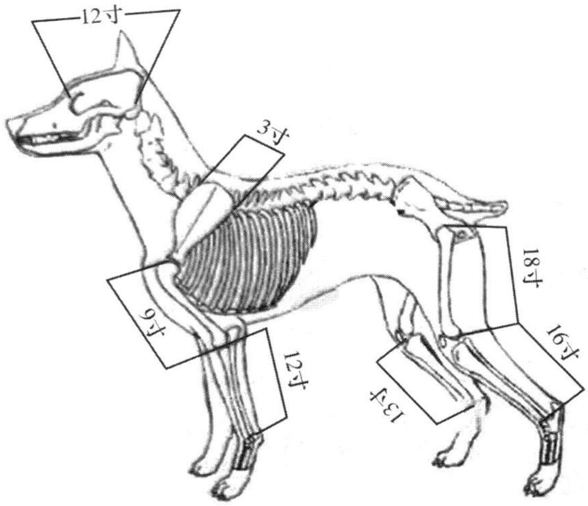

图 9-16 犬的体寸(引自马爱团和许文武,2021)

如图 9-17 所示,由耻骨至肚脐为 5 寸,由肚脐至剑状软骨为 8 寸,中脘位于胸骨剑突至肚脐连线的中点。巨阙位于中脘和胸骨剑突的中点。若将耻骨至肚脐平均分为 5 部分,起点即耻骨为曲骨,终点即肚脐为神阙,中极、关元、石门、阴交分别位于耻骨至肚脐的平分等距离点上,气海位于石门和阴交中点。

(二)比例取穴法

将身体或四肢平均分为几部分,通过身体或四肢到某个固定点的距离来确定穴位的位置。例如,外关位于前肢远端外侧,腕横纹距离肘关节 1/4 处(或腕横纹上 3 寸)、尺骨和桡骨之间(图 9-18)。中脘位于胸骨剑突与肚脐连线的中点。

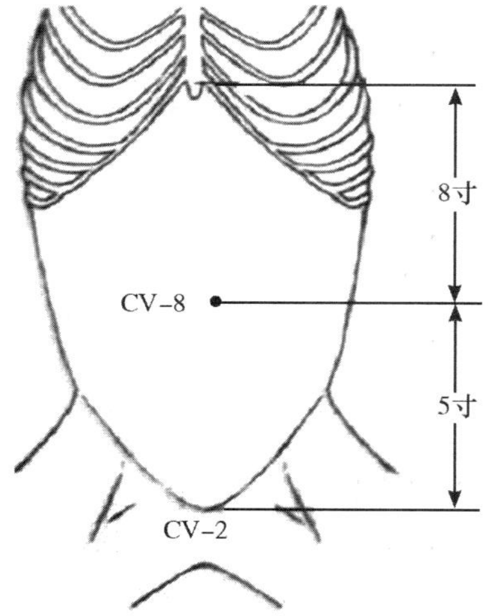

图 9-17 腹部的体寸(引自马爱团和许文武,2021)

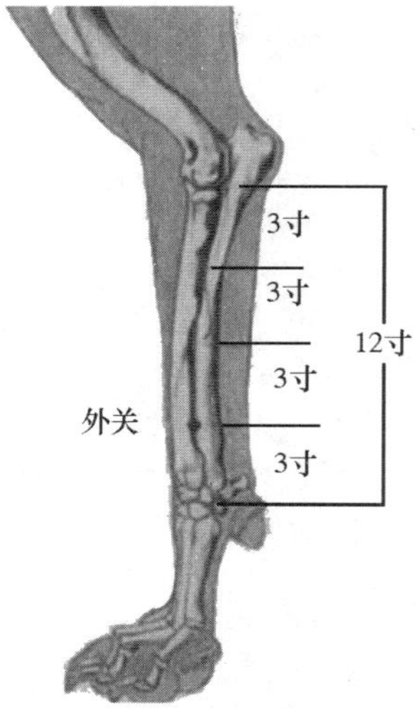

图 9-18 犬外关穴定位(引自马爱团和许文武,2021)

(三)解剖标志

解剖学的各种体表标志为穴位定位提供了准确的依据，穴位常位于关节、血管或筋骨之间，因此解剖标志是确定穴位的可靠方法。除骨骼突起、肌肉等作为定位标志外，其他一些结构也可帮助定位。例如，犬百会穴位于背中线最后腰椎、荐椎棘突之间的凹陷处，百会穴旁开 1 寸为肾俞，肾俞前方 1 寸为肾棚(图 9-19)。

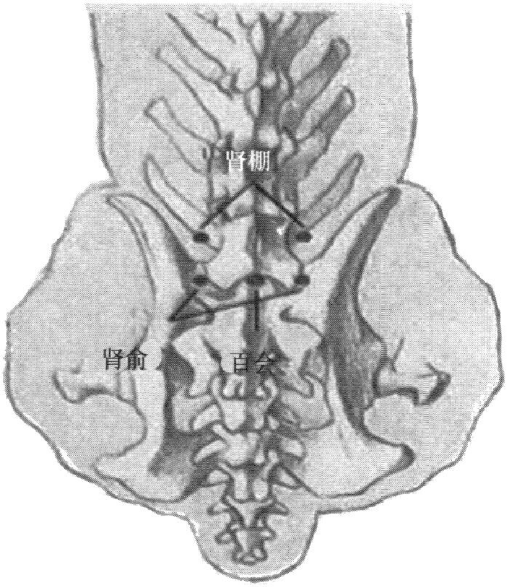

图 9-19　犬百会、肾俞和肾棚定位(引自马爱团和许文武，2021)

(四)尾椎或最后肋骨体寸丈量法

将第一尾椎的长度定为 1 寸，或将最后肋骨的宽度定为 1 寸，从而进行穴位定位(图 9-20)。指寸法在确定大动物穴位时可以使用，1 指寸相当于兽医师第 2、3 手指的宽度，2 指寸相当于第 2～5 手指的宽度，1 寸(2 个手指的宽度)大约为 3 cm，2 寸(4 个手指)大约为 6 cm(图 9-21)。

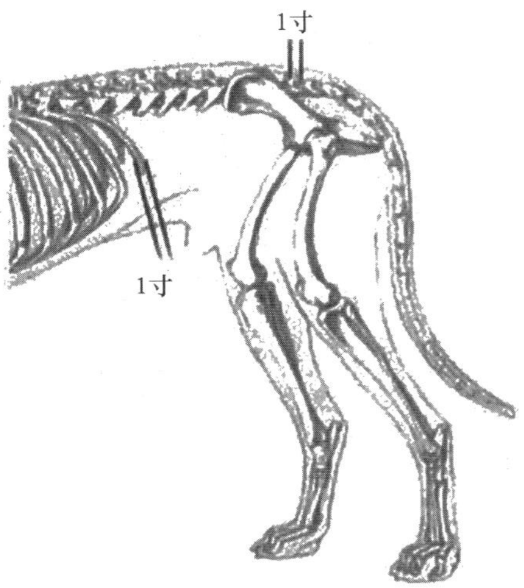

图 9-20　犬第 1 尾椎的长度或最后肋骨的宽度为 1 寸
(引自马爱团和许文武，2021)

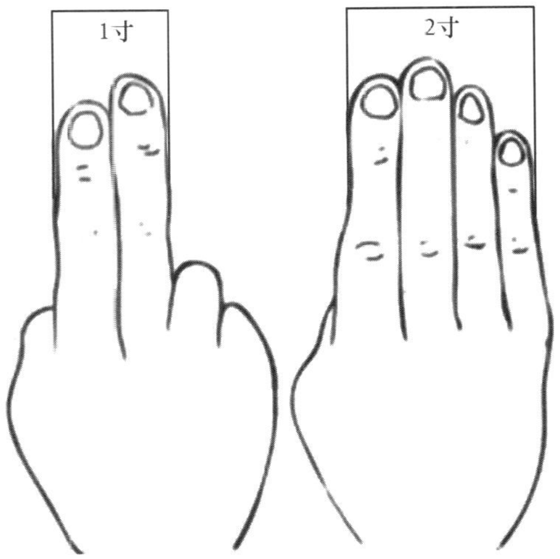

图 9-21　兽医师指寸取穴法
(引自马爱团和许文武，2021)

任务实施

(一)布置任务

根据所学知识,针对以上提供的病例资料,按要求分别完成以下任务。

(1)初步诊断:________

(2)诊断依据:________

(3)鉴别诊断:________

(4)为了确诊疾病,需做哪些进一步检查:________

____

(5)确诊疾病:________

(6)治疗原则:________

(7)治疗处方:

Rp: 兽医师:

(二)工作评价

针对以上任务的完成情况,分别对初步诊断、诊断依据、鉴别诊断、进一步检查、确诊疾病、治疗原则和治疗处方等 7 项任务给予评价和点评。

工作评价			
评价内容	评价结果		
	正确	基本正确	错误
初步诊断			
诊断依据			
鉴别诊断			
进一步检查			
确诊疾病			
治疗原则			
治疗处方			
学生反思			
教师点评			

项目四
针法和灸法

案例导入

病马，证见食欲废绝，耳鼻发凉，肠鸣如雷，泻粪如水，尿清长，前蹄刨地，后肢踢腹，不时起卧、滚转，口色青黄，口津滑利，舌苔白滑，脉沉迟。该病可辨证为（　　）。【2019 执业兽医资格考试真题】

A. 大肠湿热　　B. 冷泻　　C. 食积大肠　　D. 大肠液亏　　E. 脾虚不运

请思考：

1. 该马最有可能诊断为什么病？
2. 诊断依据主要有哪些？
3. 你认为该病可以用哪些中兽医治疗方法？
4. 若使用针灸和艾灸治疗，都有哪些手法？

任务准备

针灸术是我国劳动人民在与动物疾病长期斗争中，总结和发展起来的一种独特的医疗技术，是传统兽医学的重要组成部分，是我国医药学的宝贵遗产。

针灸是研究针法（针刺）、灸法（艾灸）和腧穴特殊疗法防治动物疾病的一门传统医疗技术。因针刺与艾灸用途最广，均依经络学说选穴施术，且常并用，故合称为针灸。历来针灸疗法，在防治动物疾病方面做出了很大的贡献。针灸具有以下特点。

第一，应用范围广，不受地区、畜种的限制，都可采用。

第二，对某些疾病收效快、疗效较好，如腹痛、风湿、闪伤、跛行等。

第三，设备简单，携带方便，经济实用。

总之，针灸疗法在临床应用上有许多独特之处，具有治疾广泛、疗效迅速、安全、节省药品、操作简单、易学易用、便于推广等优点。

一、针灸基本知识

（一）针术

针术是用各种不同类型的针具（图 9-22），刺入机体一定穴位，给予适当的刺激，达到通经活络、宣导气血、扶正祛邪效果的医疗技术，故又称针刺术或针刺疗法。

1. 针具

（1）毫针。毫针又称为芒针、微针、新针。由针尖、针身、针根、针柄、针尾五部分构成，针尖呈松针形、针身圆滑细柔，直径 0.64～1.25 mm，身长 20～300 mm 不等。毫针细长适宜深刺、透刺，多用于软组织、皮肤细薄处穴位及小动物的穴位，用途广泛。

(2)圆利针。圆利针的形状、结构与毫针基本一致，直径 1.25～2 mm，身长 20～100 mm。圆利针比毫针针身粗大，针身更短，适宜直刺，多用于大中动物的白针穴位。

(3)宽针。其针头状如矛头，针刃锋利，分大、中、小三种。大宽针长约 12 cm，针头宽约 0.8 cm；小宽针长约 8 cm，针头宽约 0.5 cm。宽针多用于血针穴位，有时也用于巧治和白针穴位。使用宽针针刺颈脉、胸堂、肾堂、蹄头等穴位时，也可把宽针固定在针锤上，这样既能固定针刺深度，又利于机体安全。

(4)三弯针。针尖锐利的优质钢针，长约 12 cm，在距尖端约 0.5 cm 处有小弯，专用于针刺开天穴，治疗浑睛虫病。

(5)宿水管。一般为铜制的锥形小管，形似笔帽，长约 5.5 cm，上有 8～10 个直径为 2.5 mm 的小圆孔。用于放腹水，治疗宿水停脐。

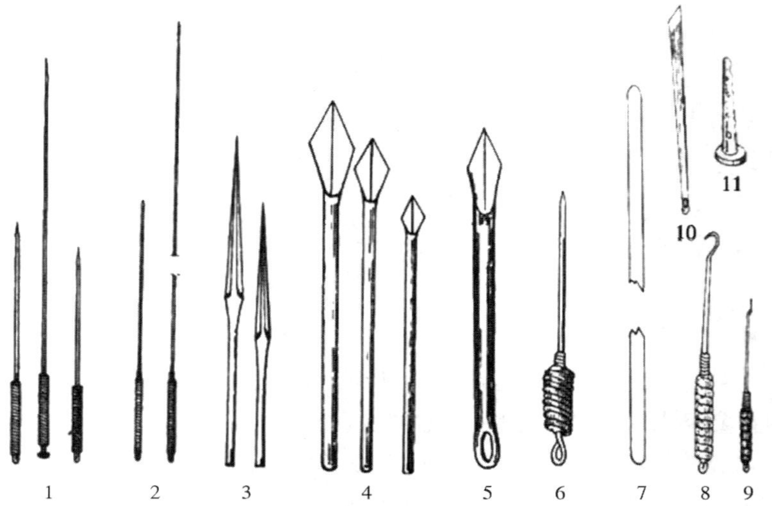

1.圆利针 2.毫针 3.三棱针 4.宽针 5.穿黄针 6.火针 7.夹气针 8.玉堂钩 9.三弯针 10.眉刀针 11.宿水管

图 9-22 针具

2.针刺前的准备

(1)针具。根据施针目的选择适当的针具，并检查针具有无生锈、带钩或弯折现象。针具一般用 75%酒精消毒，必要时用蒸汽或煮沸消毒。

(2)患病动物。为了便于操作、定穴准确和人畜安全，施术时要适当加以保定，并对施针穴位剪毛消毒。

(3)术者。术者手指应该消毒，同时根据临床诊断确定针治处方，正确施针。

3.持针法

针刺时以手把持针具的方法称为持针法。常用的持针法有以下 3 种。

(1)手握式持针法。右手的拇指和食指捏住针头，根据刺入的深度留出针刃，中指和无名指将针柄固定在掌心。此法用于宽针、三棱针和大圆利针。

(2)执笔式持针法。如执毛笔一样夹持针柄，该法多用于圆利针。

(3)代替针锤持针法。将宽针握于右手食指、中指、无名指之内，小指背侧托住针头，并控制针尖留出的长度，拇指端按住针柄的末端，应用臂力的摆动进行速刺。此法多用于扎胸堂等穴位。

4. 按穴法

在刺针时，一般以左手切压穴位皮肤，以便使针能顺利地刺入穴位。

(1)指切按穴法。针刺时，以一手拇指压切穴位附近皮肤，另一手持针，沿着按穴的拇指甲前缘刺入穴位。

(2)夹持按穴法。用左手拇指、食指将穴位皮肤捏起，右手持针刺入两指之间的穴位皮肤。此法多用于皮下肌肉较薄处的穴位。

(3)指张按穴法。用左手拇指、食指将穴位处皮肤向两侧撑开，绷紧，以便进针。此法多用于皮肤松弛部位。

5. 进针法

常用的有速刺和缓刺两种进针法。

(1)速刺进针法。速刺进针法又称为急刺进针法，是以急速的手法将针刺入穴位。一般多在使用圆利针、宽针、三棱针和火针时运用。使用圆利针时，先将针尖急速刺入穴位皮下，调整针刺角度后，随即迅速地刺入一定深度；使用宽针或三棱针时，要固定针尖长度，对准穴位，针刃顺血管方向敏捷地刺入血管，要求一针见血；使用火针时，选择一定长度的火针针具，待针烧透后，一次急速刺入所需深度，不可中途加深。

(2)缓刺进针法。缓刺进针法又称为捻转进针法。一般仅用于小圆利针。进针时先将针尖刺入穴位皮下，以右手的拇指和食、中指持针柄，左手的拇指和食指固定针体，然后右手用轻捻小旋转的手法，缓缓刺入一定深度。

6. 针刺角度

针刺角度是指针刺穴位时，针身与穴位表面所形成的角度，一般分直刺、斜刺和平刺三种。

(1)直刺。直刺即针身与穴位皮肤呈 90°角垂直刺入，多用于肌肉较厚的穴位。如巴山、环跳、百会等穴。

(2)斜刺。斜刺即针身与穴位皮肤呈 45°角斜向刺入，适用于骨骼边缘和不宜深刺的穴位。如关元俞、脾俞等穴。

(3)平刺。平刺又称为沿皮刺，即针身与穴位皮肤呈 15°角刺入，用于肌肉较薄处的穴位。如锁口、肺门、肺攀等穴。有时施行透针时也常应用。

7. 进针的深度与针感

针刺时进针深度必须适当，不同的穴位对针刺深度各有不同的要求，如开关穴刺入 2～3 cm，而夹气穴一般要刺入 30 cm 左右。一般情况下，其他穴位均应以本书规定的深度为依据，但又需根据动物体形、年龄、体质、病情等的不同而灵活掌握。一般肌肉菲薄，或靠近大血管，或内部有重要脏器的穴位，尤其是胸背部和肋下有肝、脾的穴位，针刺则不宜过深。而肌肉丰厚的穴位则可酌情深刺。

当针刺达到适当深度后，就能产生针感。针感即"得气"，是指在针刺过程中，术者手下感到沉紧，患病动物出现提肢、弓腰、摆尾、局部肌肉收缩或跳动等反应。针刺在出现针感后，还应施以恰当的刺激，才能获得满意的治疗效果。其刺激强度一般可分为三种。

(1)强刺激。进针较深，捻转、提插幅度大，速度快，用力重。适用于体质较强的动物。

(2)弱刺激。进针浅,捻转、提插幅度小,速度慢,用力轻。适用于老弱动物。

(3)中刺激。介于强弱刺激之间。针刺治病要达到一定的刺激量,除刺激强度外,还需维持一定的刺激时间,才能取得较好效果。

8.进针后的手法

进针后的手法很多,在兽医临证时常用的有以下几种。

(1)提插。提是将已刺入穴位的针往上提起一些;插是将针向内再刺入一些,提和插是连续的动作。将针刺进穴位后,再做一上一下的连续不断变动针刺深度的手法称为提插。只用于圆利针和毫针。

(2)捻转。进针到达一定深度后,以拇指和食指、中指持针柄,一左一右来回转动针体,称为捻转手法。捻转幅度的大小,视病情而定。但不能只单向捻转,否则会发生肌纤维缠绕针体,造成滞针。

(3)徐疾。"徐"是慢,"疾"是快。无论是提插或捻转,都可徐可疾。因此,它是各种手法中的一种配合动作。一般徐缓进针,疾速出针为补;疾速进针,徐缓出针为泻。

(4)轻重。轻重手法也是配合其他手法的一种操作。"轻"是在提插捻转时用力要轻;"重"是在提插捻转时较为用力,速度较快。轻者为补,重者为泻。

(5)留针。留针是在施针运用手法后,将针留在穴内一段时间,其长短根据病情决定,一般10～20 min。通常毫针、火针都要留针。

此外,还有捣针、摇针、弹针、拨针等手法。捣针就是将针上、下捣动;摇针就是把针摇动;弹针就是用手指弹动针柄,引起针体震动;拨针就是使进针后的针头向不同方向微微拨动。

9.退针法

退针又称为起针。兽医临证时常用的有两种。

(1)捻转退针法。捻转退针法即起针时,一手按定针旁皮肤,另一手把持针柄,左右捻转,慢慢将针退出穴位。

(2)抽拔退针法。抽拔退针法即起针时将针轻捻后,一手按定针旁皮肤,另一手把住针柄,将针迅速拔出穴外,这种方法又称为急起针。

起针时如有滞针现象,则应在穴位附近另用一针进行针刺,以缓解穴位肌肉紧张,然后起针;也可以先用手指刮拨针柄,然后起针。

10.注意事项

(1)患病动物在过饥、过饱、饮水、大出汗、大出血、劳役及配种后,不能立即施针;妊娠后期母畜的腹部、腰部及其针刺反应敏感的穴位也不宜针刺,特别是火针,更应慎用。

(2)应根据病情拟好针治方案(一般以 7 d 为一个疗程),做到施针时心中有数。

(3)施针前认真检查针具是否完好,并应消毒。

(4)患病动物必须保定好,注意人畜安全。

(5)用宽针放血时,要做到针刃与血管平行,以免切断血管。火针刺入穴位后,一般不留针或稍留针,然后将针柄稍稍捻转一下再退针,以防裹针或针孔出血。退针后,要用消炎药膏封闭针孔,以防感染。

(6)对高热、剧痛及疑难病证,针刺无效时,不宜再针,可改用其他疗法。

(7)针后应注意护理。如需复针,应选好时间,按期诊治。

11. 选穴规律及取穴方法

(1)选穴规律。针灸治病与方药治病一样，其目的主要是扶正祛邪，补虚泻实，同样有规律可循。一般是急性病宜针，慢性病宜灸；实证、热证宜泻，虚证、寒证宜补。只有辨证施治，才能发挥针灸的补泻作用，收到预期的治疗效果。古人根据腧穴的主治，得出如下的取穴规律。

①循经取穴：根据经络循行部位选穴。因疾病发生在某一脏腑，可通过经络反映在体表的相应部位，故可在相关的经脉上选穴治疗，如肝热传眼，可放肝经的太阳血；肺热喘粗，可放肺经的颈脉血；心热神昏、口舌红肿糜烂，可放心经的胸堂血；肠黄，放脾经的带脉血等。

②局部选穴：某一局部发病就在该部取穴治疗。如浑睛虫病取开天穴，舌肿取通关穴，低头难取九委穴；锁口黄选锁口穴；胃热选玉堂穴；迎风痛选掠草穴等。这种取穴方法使用范围广泛，对体表、脏腑、急性或慢性疾病都可使用。

③邻近选穴：在患部上下或左右的经络线上取穴。如中风选大、小风门穴；尾根歪斜选尾根穴；公畜肾阴黄选阴俞穴，母畜选会阴穴等。

④远端选穴：在患病的远离部位选穴，主要用于脏腑疾病的治疗。如脾虚泄泻、消化不良选后三里穴等。近 20 年来，在针刺镇痛方面，也多采用远端选穴。如抢风穴组等。

⑤随证选穴：根据某些病证选主要穴。如感冒主选天门穴，高烧加大椎穴以退热，通鼻解表加风门穴，咳嗽加肺俞穴或肺攀穴。又如在疝痛时放三江、蹄头、带脉血，或取三江、分水穴等。

(2)取穴方法。又称为定穴方法，是指确定针灸穴位位置的方法。针刺时，能否准确定位取穴，直接影响疗效。常用的定穴方法有四种。

①自然标志定穴法：穴位多分布在骨骼、关节、肌肉、韧带之间或皮下浅表的静脉血管上，因此可根据穴位局部的突起、凹陷等解剖结构的体表投影位置或头面部的五官为标志定位。如背正中线上第三、第四胸椎棘突间的凹陷正中取鬐甲穴；腰荐结合处取百会穴。又如牛的下唇正中有毛与无毛交界处取承浆穴等。

②体躯比例间距定穴法：在解剖标志的基础上，按体躯比例确定腧穴的位置。如两耳连线与背正中线交点处取天门穴，猪的两鼻孔之间、鼻中隔正中取鼻梁穴等。

③指量定穴法：以术者第二指关节的宽度为取穴尺度，适用于中等体形的大动物。中指第二指关节的宽度为 1.5 cm，食指、中指相并为 3 cm，食指、中指、无名指 3 指相并为 4.5 cm，食指、中指点、无名指、小指相并为 6 cm。如马外眼角外侧 4 横指为眼脉穴，2 横指为太阳穴，肘后 4 横指脉管上为带脉穴等。这种定穴法流传至今，《伯乐针经》所载"带脉穴：在肘后四指"。

④同身寸取穴法。以患病动物坐骨结节相对的一节尾椎骨(牛、猪为第三尾椎)之长度作为 1 寸，用以量取穴位的标准。

(二)灸术

点燃艾卷或艾炷，熏灼动物体表穴位或特定部位，或利用其他温热物体，在动物体表的腧穴部位或患部给予温热灼痛刺激，借以疏通经络、驱散寒邪，达到治疗目的的方法称为灸术。常见的灸术有以下几种。

1. 艾灸

艾灸是指将艾绒制成艾卷或艾炷，点燃后熏灼动物体表穴位或特定部位，以治疗疾病的方法。艾绒由艾叶制成。以叶厚绒多、艾叶药气味芳香、易于燃烧、火力均匀者为佳，具有温通经脉、驱除寒邪、回阳救逆的功效。艾灸有艾卷灸、艾炷灸和温针灸 3 种。

(1)艾卷灸。不受体位限制，全身各部均可施术。可用火纸或毛边纸将艾绒卷成纸烟形，长

18～20 cm，直径约 18 cm。根据操作方法的不同，又分温和灸、雀啄灸、回旋灸。

①温和灸：将艾卷点燃，距穴位 1～2 cm 连续地给患病动物一种温和刺激。一般每穴灸 3～5 min。

②雀啄灸：手持点燃的艾卷，用艾头刺激一下穴位皮肤后立即离开，再刺激，再离开，如此反复，如麻雀啄食。每穴灸 3～5 min。此法刺激强烈，施术时应注意不要灼伤皮肤。

③回旋灸：将燃着的艾卷在患部的皮肤上往返、回旋熏灼，用于病变范围较大的肌肉风湿等证。

(2)艾炷灸。艾炷灸为我国古代常用灸法。其形状为圆锥体，上尖下圆。可分为直接灸和间接灸两种。

①直接灸：将艾炷直接置于穴位上，点燃，待燃烧至底部时，再换一个艾炷。每燃尽一个艾炷称为"一壮"。艾炷的大小和壮数的多少决定了刺激量的大小，一般治疗以 3～5 壮为宜。

②间接灸：将穿有小孔的姜片、蒜片、附子片或食盐等其他药物，置于艾炷和穴位之间，点燃艾炷对穴位进行熏灼的方法称为间接灸，也称为隔物灸。艾炷炙有隔姜灸、隔蒜灸、隔盐灸、隔附子灸等。艾炷灸多用于腰背部穴位。

(3)温针灸。温针灸是将毫针或圆利针刺入穴位，待出现针感后，再将艾绒捏在针柄上点燃，使热经针传入穴位深部而发挥作用的方法，具有针刺和灸的双重作用。

2. 温熨

温熨是用温热物体对动物患部或穴位施行敷熨，具有温经散寒的作用，也属灸法范畴，为治疗风湿症的常用疗法。

(1)醋麸熨。麦麸 10 kg(或酒糟、醋糟)，陈醋 2.5 kg，麻袋 2 条，先将一半麦麸，放在大铁锅中炒，随炒随加醋，加醋至手握麦麸成团，放手即散为度，温度 40～60 ℃，即可装入麻袋。用该法再炒另一半麦麸，两袋交替，温熨患部，至患部微汗时，即可停止，熨后注意保暖，常用于腰胯风湿症的治疗，1 次/d，连续数日。

(2)醋酒灸。醋酒灸又称为"火烧战船""背火鞍"，常用于治疗腰背部风湿症和破伤风等。操作时，先把患病动物保定于柱栏内，用温醋润湿患部及外围被毛，再盖以醋浸的草纸或白布，然后在湿布上喷洒酒精，以火点燃，反复地喷洒浇醋，火小喷酒精，火大浇陈醋，切勿使敷布或被毛烧干。直至患病动物耳根或腋下出汗为止。术后注意保暖，或以毡被覆盖。本法对老弱患病动物慎用，孕畜禁用。

(3)软烧法。软烧法是治疗慢性关节炎、屈腱炎、变形性关节炎、腰风湿与腰挫伤的一种治疗方法。

①工具：烧灼棒长 40 cm，直径 1.5 cm，一端用棉花纱布包裹，再用细铁丝扎紧，呈圆形棉纱球，长约 8 cm，直径约 3 cm，小扫把 1 个(蘸醋工具)。

②药液：95%酒精 0.5 kg(或 60°白酒 1 kg)作为燃料；食醋 1 kg、花椒 30 g 混合煮沸 20～30 min，候温备用。

③方法：患病动物站在六柱栏内，系起吊带将前或后健肢吊起(向前方或后方转位)固定。以小扫把蘸醋椒液，在患部周围上下大面积涂刷，再将烧灼棒的棉球蘸酒点燃，于患部先行缓慢燎烧(文火)，待 2～3 min 患部皮温逐渐增高后，可加大火力(武火)，节律一致地摆动烧灼棒，将火焰呈直线甩于患部及其周围。在烧灼过程中要不断涂刷醋椒液，以免烧伤患病动物。烧灼一次约需 45 min。

④护理及注意：烧灼后因汗出过多，应免受风寒，停止使役，早晚牵遛 1 h。烧灼时，切忌用

棉纱球拍打皮肤，以免严重烧伤。

3. 烧烙

烧烙是将特制的烙铁烧红后，在动物体表进行画烙或熨烙的一种传统疗法。烧烙术是取其强力的热烙作用，使之透入皮肤组织深部，以温通经络，促使患部气血运行，消肿破瘀，使患部疼痛逐渐消失，恢复其功能，且能直接限制病灶不再继续发展。此法盛行于古代，现在某些地区仍在使用。

(1)直接烧烙。

①器材：刀状烙铁 2 把，倒马绳，陈醋，木材，火炉等。

②方法：患病动物在施术前 12 h 以内少喂或不喂，避免施术时患病动物骚动不安发生危险。然后用烧好的刀形烙铁在患部直接进行烧烙。先烧掉毛，再由轻到重，边烙边喷醋，烙至皮肤呈焦黄色为度。烙后防止啃咬和感染。

③适应证：各种慢性关节炎、屈腱炎、骨瘤等。

(2)间接烧烙。

①器材：方形烙铁 4 把(加大火力时用)，棉纱垫数个，陈醋，木炭等。

②方法：患病动物站立保定，将浸醋的棉纱垫固定于穴位上，然后用烧至半红的烙铁，反复在棉纱垫烧焦。若不愈，1 周后再烙。

③适应证：破伤风、脑炎、风湿症、面神经麻痹等。

④注意事项：烙铁不可长时间强压患部不动，以免局部烫伤。烙铁以呈黑褐色时的温度为宜，不要过高。

4. 拔火罐

拔火罐又称为火罐疗法，是借助燃烧排去罐中空气，使其吸附在局部皮肤上，造成瘀血的一种治疗方法。

①用具。竹筒、陶瓷罐或玻璃罐，也可用大罐头瓶或小玻璃杯代替。

②方法。拔罐应选择体表平阔之处，按罐口大小，先在皮肤上剃毛，并涂上一层黏滑剂(不易燃物)，使被毛平顺，不透气。常用的烧罐方法有投火法和闪火法两种。投火法，将纸片或酒精棉球点燃后投入罐内，待火焰烧到最旺时，急将罐扣在术部。闪火法，用镊子夹一块酒精棉球，点燃后深入罐内烧一下即抽出，而后将罐迅速扣在术部。一般拔罐时间为 10～15 min。连续 2～3 次，间隔 2～3 d。急性病痛，可 1 次/d，连续 3～4 次为 1 个疗程。

③适应证。常用于治疗腰背风湿、闪伤等，也可用于拔除痈疽疮疡的脓血。

二、针刺麻醉

针刺麻醉是根据针刺能够镇痛和调节动物体生理功能的原理，对动物某些穴位施以一定的物理刺激，使动物的痛觉明显地减弱或消失，从而使其在清醒状态下接受外科手术的一种麻醉技术，简称为针麻。不需要任何麻醉药物辅助。

1. 常用针麻穴位

(1)三阳络穴组。三阳络穴组由三阳络、抢风二穴组成，多用于马属动物。

三阳络穴在前肢桡骨外侧韧带结节下方约 6 cm 处的肌沟中。进针角度为 15°～20°，沿桡骨后缘斜向内下方刺入 10～12 cm，使针尖抵达夜眼皮下，不穿透但能触感针尖为度。

抢风穴位于肩关节后方，肱骨正中后缘三角肌隆起上部的凹陷中，即臂三头肌长头、外头之间的肌间隙中。

(2)百会腰旁穴组。百会穴又称为千金穴，十字骨穴，位于背中线上，最后腰椎与第1荐椎棘突间的凹陷中，一穴。小宽针、圆利针或火针直刺3～5 cm，毫针直刺6～9 cm。

腰旁穴共有3个，用于马、牛的多种手术。第一腰椎横突末端与最后肋骨之中点为腰旁一穴，第二、第三腰椎横突末端之间为腰旁二穴，第三、第四腰椎横突末端之间为腰旁三穴。采用透穴针刺法，由第四腰椎横突末端进针，穿过皮肤，针尖经其他腰椎横突末端，抵达最后肋骨为止。

(3)岩池颌溪穴组。用于马、牛多种外科手术，站立、倒卧保定均可。

岩池穴位于耳壳后缘，岩骨乳突前下方凹陷处。针法是向对侧口角方向进针6～8 cm。

颌溪穴位于下颌关节突下缘凹陷处后方约1.5 cm处。针法是向后下方刺入4.5～6 cm。

(4)安神穴。组用于猪的外科手术麻醉。横卧或仰卧保定。

安神穴位于耳根基部与颈部交界处，寰椎翼前缘上方1～2 cm处。针法是向前内下方，对准同侧最后一对臼齿进针5～10 cm。

2. 针麻方法

针麻方法较多，现在兽医临证上常用的有捻针麻醉、电针麻醉和水针麻醉。

(1)捻针麻醉。捻针麻醉是指根据捻针方式，用毫针和圆利针刺入某些穴位，施以针刺手法，以达到镇痛和麻醉的效果。可分为人工捻针麻醉和电子捻针麻醉。人工捻针麻醉要求术者具有熟练的技能和一定的指力、腕力；电子捻针麻醉是用电子捻针机代替人工捻针，根据手术需要选取穴位，进针后，采用捻转或提插等手法，给予一定的刺激，逐渐加大频率和电流强度进行诱导，时间一般为10～30 min。运针频率为100～120次/min或120～150次/min，捻转针体的幅度为120°～360°，提针幅度为15mm。针刺术部皮肤，痛觉消失，患病动物进入麻醉期，这时可酌情减小刺激量。捻针要轻巧平稳。在捻针过程中，如发生弯针、滞针等情况，应起针重扎，或改变针尖方向。

(2)电针麻醉。电针麻醉是指在动物体穴位上刺入针体，得到针感后，再通以电流诱导，使患病动物获得持久而适量的刺激，从而达到麻醉效果的一种方法。

①根据手术需要，选定针麻穴组，按针刺疗法要求进针。

②在针柄上分别连接电疗机(如为治疗麻醉两用机，应调至麻醉档)的两条输出导线，接通电源，调节频率由低到高，输出由弱到强，使患病动物逐渐适应。经3～5 min，频率达到50次/s左右，输出达患病动物最大耐受量。一般诱导10～20 min，即可进行手术。

③在手术过程中一直通电，并可根据手术需要适当调节输出和频率。手术完毕后，先将输出和频率调至“0”后再关闭电源，除去毫针，消毒针孔。

④在麻醉过程中，要注意观察，防止掉针，并可用纱布条或胶布固定针柄。

(3)水针麻醉。根据手术部位的需要，选取适当的穴位，采用穴位注射法，使手术部位达到镇痛和麻醉的效果。操作方法见水针疗法。

三、新针疗法

1. 毫针疗法

毫针疗法是在白针疗法的基础上发展起来的，在实践中应用较普遍，治疗效果显著。

(1)针具。毫针多采用19、20、23号不锈钢丝制成，针体直径为0.64～1.25 mm，长度有6 cm、10 cm、12 cm、15 cm、20 cm、25 cm和30 cm等多种。其中细针(23号)多用于眼部穴位及中小动物，长针常用于透穴。

(2)毫针疗法的特点。

①进针深：毫针比传统的白针刺得深，具体深度以针达部位后“得气”和不刺伤内脏器官为标准。例如，马、牛百会穴，传统针刺深度为4～5 cm，而毫针可深刺达6～7.5 cm；后海穴传统针刺深度为1～2 cm，而毫针在猪可刺入10 cm，在马、牛可刺入30 cm。

②刺激强：除进针深外，还可采取大幅度捻转和提插，因而加大了刺激强度。

③透穴多：由于毫针细长，对某些并列的穴位可以横刺透穴，以减少进针点，加大刺激量。例如，肾棚穴透腰前穴，一针透4穴；也可锁口穴透开关穴。

④疗效高：由于进针深、捻转提插幅度大，易调整使其得气，且刺激强度大，故疗效也好。易愈合，也可埋入施针。

⑤损伤小：毫针细而长，因而对组织的损伤小，不易感染，容易愈合，也可每天施针。

(3)操作方法。穴位及针具消毒后，术者一手按穴，一手持针，先使针尖露出适当长度，对准穴位刺入，然后运用指力进针，当达到有针感的适当深度，即可进行补泻手法，以发挥针刺的治疗作用。如针下松弛、没有针感，多由于针刺体表穴位不准，或进针角度不对，或深度不够，或动物体位不正所致。应提起针体，改变方向、深度，调整体位或起针重扎，务以产生针感为好。

2.电针疗法

电针疗法是在毫针疗法的基础上发展起来的。它是根据疾病的需要选取适当穴位，用毫针或圆利针刺入一定深度，再通以适当的电流，刺激针刺穴位，以调节机体功能，从而达到治疗疾病的目的。

(1)电针器具。圆利针或毫针、电疗机及其附属用具。

(2)电针方法。电针疗法一般可根据病情，选取2～4个穴位，经剪毛消毒后，将针刺入穴位达一定深度，在捻转提插出现针感后，先将电疗机的正负极导线分别夹在针柄上，把电疗机的波形置于治疗档，输出置于刻度“0”，然后接通电源，将频率由低到高，输出由弱到强，逐渐调到所需的程度，以患病动物能安静地接受治疗为准。

通电时间一般为15～30 min，也可根据需要适当延长时间。在治疗过程中，应不时调整电疗机，使输出和频率适当变化，或每数分钟停电1次，这样以利于消除患病动物的适应性，增强治疗效果。最后频率应该由高到低，输出由强到弱，逐渐调至刻度“0”后再关闭电源，然后除去金属夹，退针后消毒针孔，一般每日或隔日施针1次，5～7 d为1个疗程，每个疗程间隔3～5 d。

(3)电针疗法的应用。电针疗法除用于治疗外，还广泛用于麻醉。电针疗法的治疗范围很广，凡是圆利针的治疗范畴，均可采用电针。电针疗法对各种动物的起卧症、消化不良、神经麻痹、肌肉萎缩、风湿症、直肠脱及阴道脱等，有较好的治疗效果。

3.水针疗法

水针疗法也称为穴位注射法，是一种针刺与药物相结合的新疗法。它是在穴位、痛点或肌肉起止点注射某些药物，通过针刺和药物对穴位的刺激，以达到治疗疾病的方法。此法操作简便，器材简单，用药量小(一般仅为肌内注射的1/5～1/3)，疗效显著。多用于眼疾、风湿症、神经麻痹等。

(1)操作方法。常用的操作方法有以下3种。

①痛点注射:根据诊断,找出痛点,进行注射。

②穴位注射:一般白针穴位均可使用。可根据病情需要,适当选用。

③患部肌肉起止点注射:如痛点不明显,可在患部肌肉的起止点进行注射,注射深度要达到骨膜和肌膜之间。

其注射方法与肌内注射相同。但穴位注射时应达到其他针法一样的深度,待出现针感后再缓慢注射药液。一般 2～3 d 注射 1 次,3～5 次为一个疗程,必要时可停药 3～7 d,再进行第二疗程。

(2)药物及剂量。凡能皮下注射或肌内注射的药物,均可用于水针疗法。常用的药物有 5%～10%葡萄糖溶液、生理盐水、0.5%普鲁卡因溶液、维生素 B_1、维生素 B_{12} 等,但也可以根据不同的疾病使用相应的中、西药物,如抗生素、止痛药、镇静药、抗风湿药、当归液、红花液、黄连素液、穿心莲液等注射剂。用药量可根据药物性质、注射部位及注射点多少来决定,一般为 10～15 mL。

(3)注意事项。

①注射后局部常有轻度的肿胀和疼痛,一般经 1 d 左右可自行消失,所以 2～3 d 注射 1 次为宜。

②个别动物注射后有体温升高现象,因此,对发热的患病动物最好不用此法治疗。

4.激光针灸疗法

激光是 20 世纪 60 年代发展起来的一项技术,现已用于多个科学领域。激光在兽医针灸方面的应用始于 20 世纪 70 年代。实践证明,激光具有提高机体抗病能力、强筋壮骨、增强脾胃功能、活血散瘀、理气止痛、保胎等功能。激光针灸疗法简称为激光疗法。从目前中兽医临床的应用情况看,可分为光针疗法和光灸疗法。

(1)激光器。目前,兽医临床使用最多的是 He-Ne 激光器和 CO_2 激光器,前者功率 1～40 mW,输出一种波长为 632.8 nm,穿透力较强而热效应较弱的红光,主要用于照射穴位和局部组织;后者功率为 15～30 W 或 50～300 W,输出波长为 100～6 000 nm,穿透力较弱而热效应较强的红外不可见光,可用于穴位烧灼,也可代替手术刀。

(2)操作方法。

①应用 He-Ne 激光器:可根据病情选穴 2～3 个,剪毛,然后将激光束对准穴位,距穴位 5～10 cm 进行照射,每穴照射 10 min,1 次/d,连续 10～14 d 为一个疗程。光照时应注意避免光点偏离穴位。

②应用 CO_2 激光器:如烧灼穴位,可将激光输出端接触皮肤,每穴烧灼 2～6 s;如散焦辐射,距离应为 20～30 cm,每穴 5～10 min。

③取穴一般白针穴位均可选用。马病:消化不良,取脾俞、关元俞、后三里等穴;颈风湿,取风门、九委等穴;背腰风湿,取百会、肾棚、腰中、腰后等穴;四肢风湿,取抢风、大胯、小胯、百会、冲天、乘重、邪气等穴。牛病:不孕症,取后海、阴俞等穴;乳房炎,取阳明、滴明、通乳等穴;犊牛消化不良,取后海等穴。猪病:仔猪白痢,取后海、后三里等穴。

任务实施

(一)布置任务

根据所学知识,针对以上提供的病例资料,按要求分别完成以下任务。

（1）初步诊断：______

（2）诊断依据：______

（3）鉴别诊断：______

（4）为了确诊疾病，需做哪些进一步检查：______

______

（5）确诊疾病：______

______

（6）治疗原则：______

（7）治疗处方：

Rp：
兽医师：

（二）工作评价

针对以上任务的完成情况，分别对初步诊断、诊断依据、鉴别诊断、进一步检查、确诊疾病、治疗原则和治疗处方等 7 项任务给予评价和点评。

工作评价			
评价内容	评价结果		
	正确	基本正确	错误
初步诊断			
诊断依据			
鉴别诊断			
进一步检查			
确诊疾病			
治疗原则			
治疗处方			
学生反思			
教师点评			

项目五

犬猫牛马穴位图

案例导入

冬季，6 月龄幼犬突然发病，证见恶寒，耳鼻俱凉，鼻流清涕，湿咳声低，不喜饮水，舌苔薄白，脉浮紧。【2018 执业兽医资格考试真题】

1. 引起该病的原因是（　　）。

A. 风热　　B. 风寒　　C. 风湿　　D. 燥热　　E. 气虚

2. 治疗宜采取的治法是（　　）。

A. 疏风散寒，宣肺止咳　　B. 疏风清热，化痰止咳　　C. 清肺降火，化痰止咳

D. 益气补肺，化痰止咳　　E. 滋阴清热，润肺止咳

3. 针灸治疗可选用的穴位是（　　）。

A. 心俞　　B. 脾俞　　C. 肝俞　　D. 肺俞　　E. 肾俞

请思考：

1. 该犬最有可能诊断为什么病？
2. 诊断依据主要有哪些？
3. 针灸可选择的穴位有哪些？
4. 为什么选这些穴位？

真实病例

威尔士柯基犬，雌性，10 岁，双后肢瘫软无力，左后肢更甚，偶有尖叫，四肢温热，脉弦，舌粉红偏淡紫，触诊胸腰椎多处敏感（图 9-23）。CT 检查提示多处椎体骨质增生，多处椎间盘突出，其中胸椎 T12～T13 以及腰荐椎处矿化；椎间盘突出对脊髓造成不同程度的压迫。

请思考：

1. 该犬最有可能诊断为什么病？
2. 诊断依据主要有哪些？
3. 针灸可选择的穴位有哪些？
4. 为什么选这些穴位？

图 9-23　患病威尔士柯基犬

任务准备

一、犬的常用穴位与应用

(一)头部穴位

穴名	定位	针法	主治
水沟	上唇唇沟上、中 1/3 交界处，一穴	毫针或三棱针直刺 0.5 cm	中风，中暑，支气管炎
山根	鼻背正中有毛与无毛交界处，一穴	三棱针点刺 0.2～0.5 cm，出血	中风，中暑，感冒，发热
三江	内眼角下的血管上，左右侧各一穴	三棱针点刺 0.2～0.5 cm，出血	便秘，腹痛，目赤肿痛
承泣	下眼眶上缘中部，左右侧各一穴	上推眼球，毫针沿眼球与眼眶之间刺入 2～3 cm	目赤肿痛，睛生云翳，白内障
睛明	内眼角上、下眼睑交界处，左右眼各一穴	外推眼球，毫针直刺 0.2～0.3 cm	目赤肿痛，睛生云翳
上关	下颌关节后上方，下颌骨关节突与颧弓之间，张口时出现的凹陷中，左右侧各一穴	毫针直刺 3 cm	歪嘴风，耳聋
下关	下颌关节前下方，颧弓与下颌骨角之间的凹陷中，左右侧各一穴	毫针直刺 3 cm	歪嘴风，耳聋
翳风	耳基部，下颌关节后下方的凹陷中，左右侧各一穴	毫针直刺 3 cm	歪嘴风，耳聋
耳尖	耳郭尖端背面的血管上，左右耳各一穴	三棱针或小宽针点刺，出血	中暑，感冒，腹痛
天门	枕寰关节背侧正中点的凹陷中，一穴	毫针直刺 1～3 cm，或艾灸	发热，脑炎，抽风，惊厥

(二)躯干部穴位

穴名	定位	针法	主治
大椎	第七颈椎与第一胸椎棘突间的凹陷中，一穴	毫针直刺 2～4 cm，或艾灸	发热，咳嗽，风湿症，癫痫
身柱	第三、四胸椎棘突间的凹陷中，一穴	毫针向前下方刺入 2～4 cm，或艾灸	肺热，咳嗽，肩扭伤
灵台	第六、七胸椎棘突间的凹陷中，一穴	毫针稍向前下方刺入 1～3 cm，或艾灸	胃痛，肝胆湿热，肺热咳嗽
悬枢	最后(第十三)胸椎与第一腰椎棘突间的凹陷中，一穴	毫针斜向后下方刺入 1～2 cm，或艾灸	风湿症，腰部扭伤，消化不良，腹泻
脾俞	倒数第二肋间，距背中线 6 cm 的髂肋肌沟中，左右侧各一穴	毫针沿肋间向下方斜刺 1～2 cm，或艾灸	脾胃虚弱，呕吐，泄泻

续表

穴名	定位	针法	主治
命门	第二、三腰椎棘突间的凹陷中，一穴	毫针斜向后下方刺入 1～2 cm，或艾灸	风湿症，泄泻，腰痿，水肿，中风
阳关	第四、五腰椎棘突间的凹陷中，一穴	毫针斜向后下方刺入 1～2 cm，或艾灸	性功能减退，子宫内膜炎，风湿症，腰部扭伤
百会	最后腰椎与第一荐椎棘突间的凹陷中，一穴	毫针直刺 1～2 cm，或艾灸	腰胯疼痛，瘫痪，泄泻，脱肛
三焦俞	第一腰椎横突末端相对的髂肋肌沟中，左右侧各一穴	毫针直刺 1～3 cm，或艾灸	食欲不振，消化不良，呕吐，贫血
肾俞	第二腰椎横突末端相对的髂肋肌沟中，左右侧各一穴	毫针直刺 1～3 cm，或艾灸	肾炎，多尿症，不孕症，腰部风湿、扭伤
大肠俞	第四腰椎横突末端相对的髂肋肌沟中，左右侧各一穴	毫针直刺 1～3 cm，或艾灸	消化不良，肠炎，便秘
关元俞	第五腰椎横突末端相对的髂肋肌沟中，左右侧各一穴	毫针直刺 1～3 cm，或艾灸	消化不良，便秘，泄泻
中脘	胸骨后缘与肚脐的连线中点，一穴	毫针向前斜刺 0.5～1 cm，或艾灸	消化不良，呕吐，泄泻，胃痛
天枢	肚脐眼旁开 3 cm，左右侧各一穴	毫针直刺 0.5 cm，或艾灸	腹痛，泄泻，便秘
后海	尾根与肛门间的凹陷中，一穴	毫针稍向前上方刺入 3～5 cm	泄泻，便秘，脱肛，阳痿
尾根	最后荐椎与第一尾椎棘突间的凹陷中，一穴	毫针直刺 0.5～1 cm	瘫痪，尾麻痹，脱肛，便秘，腹泻
尾本	尾部腹侧正中，距尾根部 1 cm 处的血管上，一穴	三棱针直刺 0.5～1 cm，出血	腹痛，尾麻痹，腰风湿
尾尖	尾末端，一穴	毫针或三棱针从末端刺入 0.5～0.8 cm	中风，中暑，泄泻

(三)前肢穴位

穴名	定位	针法	主治
胸堂	胸前、胸外侧沟中的臂头静脉上，左右侧各一穴	头高位，小宽针或三棱针顺血管直刺 1 cm，出血	中暑，肩肘扭伤，风湿症
肩井	肩峰前下方、臂骨大结节上缘的凹陷中，左右肢各一穴	毫针直刺 1～3 cm	肩部神经麻痹，扭伤
肩外俞	肩峰后上方、臂骨大结节后上方的凹陷中，左右肢各一穴	毫针直刺 2～4 cm，或艾灸	肩部神经麻痹，扭伤
抢风	肩关节后方，三角肌后缘、臂三头肌长头和外头形成的凹陷中，左右肢各一穴	毫针直刺 2～4 cm，或艾灸	前肢神经麻痹，扭伤，风湿症
郄上	肩外俞与肘俞连线的下 1/4 处，左右肢各一穴	毫针直刺 2～4 cm，或艾灸	前肢神经麻痹，扭伤，风湿症

续表

穴名	定位	针法	主治
肘俞	臂骨外上髁与肘突之间的凹陷中，左右肢各一穴	毫针直刺 2～4 cm，或艾灸	前肢及肘部疼痛，神经麻痹
曲池	肘关节前外侧，肘横纹外端凹陷中，左右肢各一穴	毫针直刺 3 cm，或艾灸	前肢及肘部疼痛，神经麻痹
前三里	前臂外侧上 1/4 处肌沟中，左右肢各一穴	毫针直刺 2～4 cm，或艾灸	桡、尺神经麻痹，前肢神经痛，风湿症
外关	前臂外侧下 1/4 处的桡、尺骨间隙中，左右肢各一穴	毫针直刺 1～3 cm，或艾灸	桡、尺神经麻痹，前肢风湿，便秘，缺乳
内关	前臂内侧下 1/4 处的桡、尺骨间隙处，左右肢各一穴	毫针直刺 1～2 cm，或艾灸	桡、尺神经麻痹，肚痛，中风
涌泉	第三、四掌骨间的血管上，每肢各一穴	三棱针直刺 1 cm，出血	风湿症，感冒
指间	前足背指间，掌指关节水平线上，每足三穴	毫针斜刺 1～2 cm，或三棱针点刺	指扭伤或麻痹

(四)后肢穴位

穴名	定位	针法	主治
环跳	股骨大转子前方，髋关节前缘的凹陷中，左右侧各一穴	毫针直刺 2～4 cm，或艾灸	后肢风湿，腰胯疼痛
肾堂	股内侧上部的血管上，左右肢各一穴	三棱针或小宽针顺血管刺入 0.5～1 cm，出血	腰胯闪伤、疼痛
膝下	膝关节前外侧的凹陷中，左右肢各一穴	毫针直刺 1～2 cm，或艾灸	膝关节炎，扭伤神经痛
后三里	小腿外侧上 1/4 处的胫、腓骨间隙内，左右肢各一穴	毫针直刺 1～2 cm，或艾灸	消化不良，腹痛，泄泻，胃肠炎，后肢疼痛、麻痹
阳辅	小腿外侧下 1/4 处的腓骨前缘，左右肢各一穴	毫针直刺 1 cm，或艾灸	后肢疼痛、麻痹，发热，消化不良
解溪	跗关节背侧横纹中点、两筋之间，左右肢各一穴	毫针直刺 1 cm，或艾灸	后肢扭伤，趾关节炎、后肢麻痹
后跟	跟骨与腓骨远端之间的凹陷中，左右肢各一穴	毫针直刺 1 cm，或艾灸	扭伤，后肢麻痹
滴水	第三、四跖骨间的血管上，每肢各一穴	三棱针直刺 1 cm，出血	风湿症，感冒
趾间	后足背趾间，跖趾关节水平线上，每足三穴	毫针斜刺 1～2 cm，或三棱针点刺	趾扭伤或麻痹

(五)犬的肌肉及穴位

犬的肌肉及穴位见图 9-24。

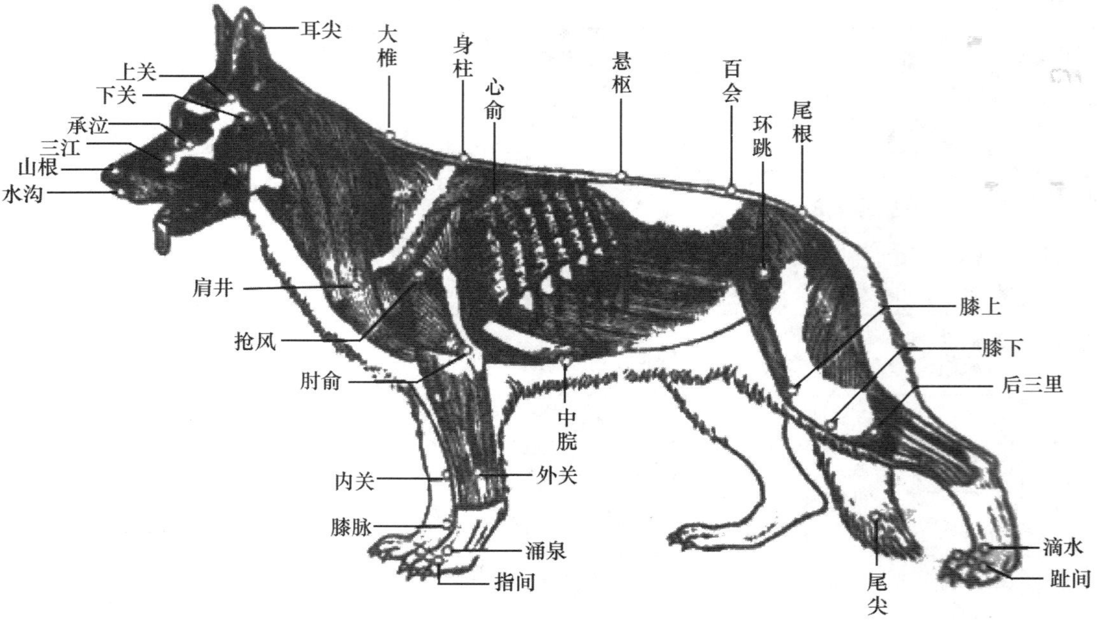

图 9-24 犬的肌肉及穴位

(六)犬的骨骼及穴位

犬的骨骼及穴位见图 9-25。

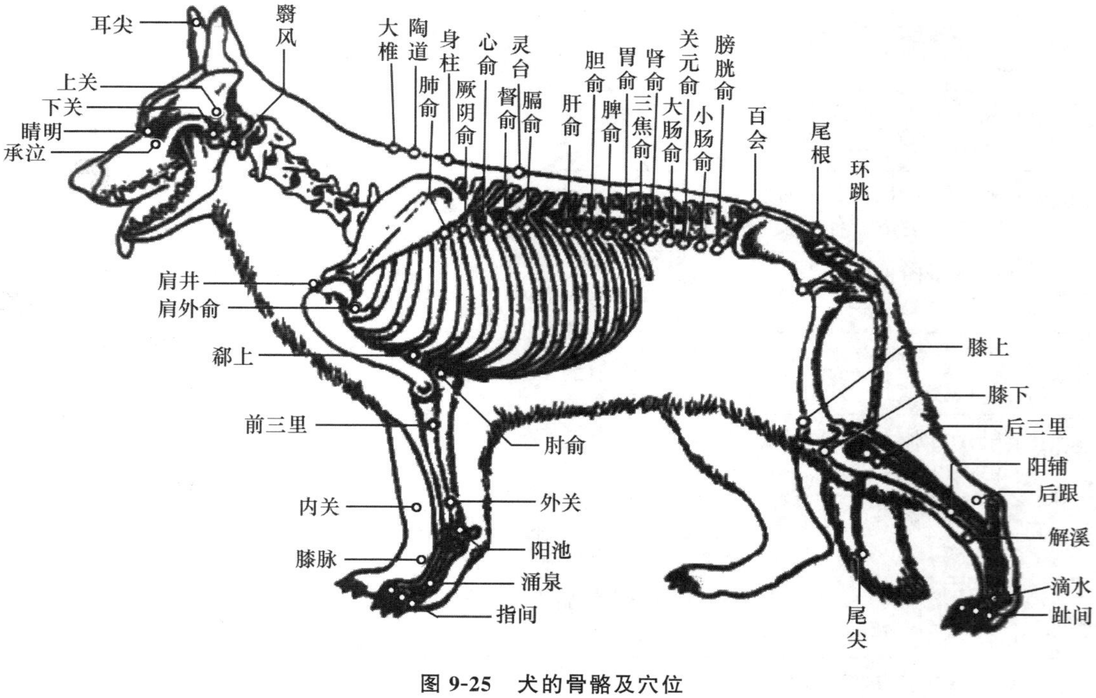

图 9-25 犬的骨骼及穴位

二、猫的常用穴位与应用

（一）头颈部穴位

穴名	定位	针法	主治
水沟	鼻唇沟中点处，一穴	毫针直刺 0.2 cm	休克，昏迷，中暑，冷痛
素髎	鼻尖上，一穴	毫针或三棱针点刺	呼吸微弱，虚脱
开关	口角后上方、咬肌前缘，左右侧各一穴	毫针向后上方平刺 1.5～3 cm	歪嘴风，面肌痉挛
睛明	眼内角，上下眼睑交界处，左右眼各一穴	外推眼球，毫针沿眼眶与眼球之间直刺 0.2～0.5 cm	眼病
太阳	外眼角后上方的凹陷中，左右侧各一穴	毫针直刺 0.2～0.3 cm	眼病，中暑
耳尖	耳尖背面静脉上，左右耳各一穴	小三棱针点刺血管，出血	中暑，感冒，中毒，痉挛，眼病
伏兔	耳后 1 cm、背中线旁开 2 cm，即寰椎翼后缘的凹陷处，左右侧各一穴	毫针直刺 0.5～1 cm	颈部疾病，聋症

（二）躯干部穴位

穴名	定位	针法	主治
大椎	第七颈椎与第一胸椎棘突间的凹陷中，一穴	毫针直刺 2～3 cm	发热，咳喘
身柱	第三、四胸椎棘突间的凹陷中，一穴	毫针直刺 2～3 cm	咳嗽，气喘
脊中	第十一、十二胸椎棘突间的凹陷中，一穴	毫针直刺 0.5～1 cm	泄泻，消化不良
百会	腰荐十字部，即最后腰椎与第一荐椎棘突间的凹陷中，一穴	毫针直刺 0.5～1 cm	腰胯风湿，后肢麻木
肝俞	倒数第四肋间的髂肋肌沟中，左右侧各一穴	毫针向脊柱方向刺入 1～1.5 cm	胸腰部疼痛，排尿失常
脾俞	倒数第二肋间的髂肋肌沟中，左右侧各一穴	毫针向脊柱方向刺入 1～1.5 cm	脾胃虚弱，便秘，泄泻
次髎	第二背荐孔处，左右侧各一穴	毫针直刺 1～2 cm	髋部疼痛，便秘
后海	尾根与肛门间的凹陷中，一穴	毫针稍向前上方刺入 3～5 cm	腹泻，便秘，脱肛，阳痿
尾尖	尾部尖端，一穴	毫针直刺 1～2 cm	便秘，后躯麻痹等后躯疾病

(三)前肢穴位

穴名	定位	针法	主治
膊尖	肩胛骨前角的凹陷中,左右侧各一穴	毫针向后下方刺入 1 cm	颈部疼痛,肩关节疼痛
膊栏	肩胛骨后角的凹陷中,左右侧各一穴	毫针向前下方刺入 1 cm	肩、胸部疼痛
肩井	肩关节前上缘的凹陷中,左右肢各一穴	毫针直刺 0.5～1 cm	肩部疼痛,前肢风湿,麻木
抢风	肩关节后方,三角肌后缘与臂三头肌长头和外头形成的凹陷中,左右侧各一穴	毫针直刺 1～1.5 cm	前肢疼痛,麻痹,便秘
肘俞	臂骨外上髁与肘突之间的凹陷中,左右肢各一穴	毫针直刺 1～1.5 cm	肘部肿痛,前肢麻木
曲池	肘窝横纹外端与肱骨外上髁之间,左右肢各一穴	毫针直刺 0.5～1 cm	前肢疼痛,麻木,发热
前三里	前臂上 1/4 处,腕外侧屈肌与第五指伸肌之间的肌沟中,左右肢各一穴	毫针直刺 1～1.5 cm,或艾灸	前肢疼痛,麻痹,肠痉挛
太渊	腕部桡侧缘的凹陷中,左右肢各一穴	毫针直刺 0.5～1 cm	腕部疼痛
指间	前足背指缝间,每足三穴	毫针直刺 0.2～0.3 cm	前肢麻痹,聋症

(四)后肢穴位

穴名	定位	针法	主治
环跳	股骨头和髋部连接处形成的凹陷中,左右侧各一穴	毫针直刺 0.3～0.5 cm	胯部疼痛
汗沟	股骨大转子与坐骨结节的连线与股二头肌沟的交点处,左右侧各一穴	毫针直刺 1.5～2 cm	荐骨痛,腰胯痛
掠草	膝盖骨与胫骨近端形成的凹陷中,左右肢各一穴	毫针斜刺 1.5～2 cm	膝关节疼痛,后肢麻痹
后三里	小腿外侧上部,髌骨下 2 cm 的肌沟内,左右肢各一穴	毫针直刺 1.5～2 cm	食欲不振,呕吐,泄泻,后肢麻痹
太溪	内踝与跟腱之间,左右肢各一穴	毫针直刺 0.5 cm,或透刺跟端穴	排尿异常,难产
跟端	外踝与跟腱之间,左右肢各一穴	毫针直刺 0.5 cm,或透刺太溪穴	飞节肿痛
趾间	后足背趾缝间,每足三穴	毫针直刺 0.2～0.3 cm	后肢麻痹,泌尿器官疾病

(五)猫的肌肉及穴位

猫的肌肉及穴位见图 9-26。

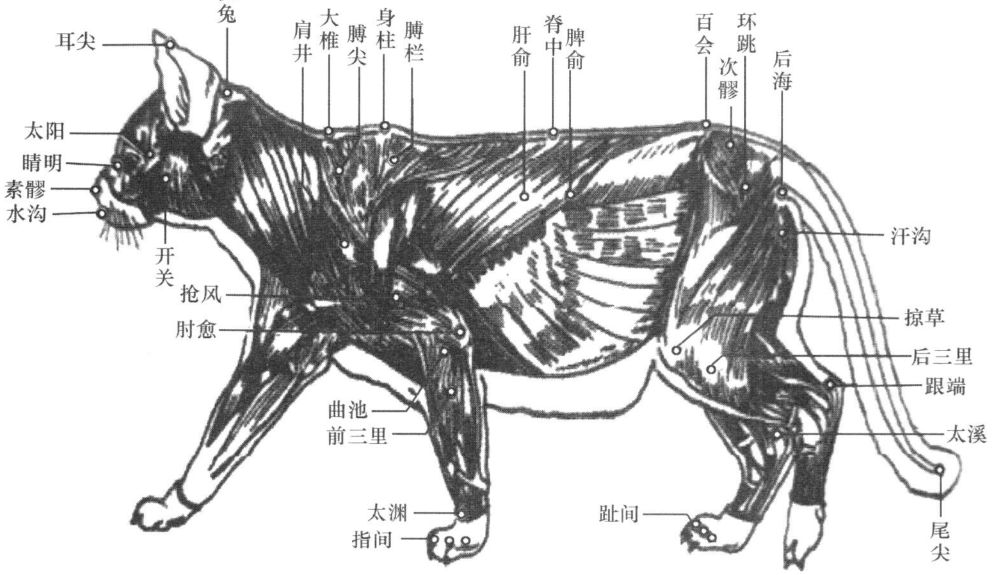

图 9-26　猫的肌肉及穴位

(六)猫的骨骼及穴位

猫的骨骼及穴位见图 9-27。

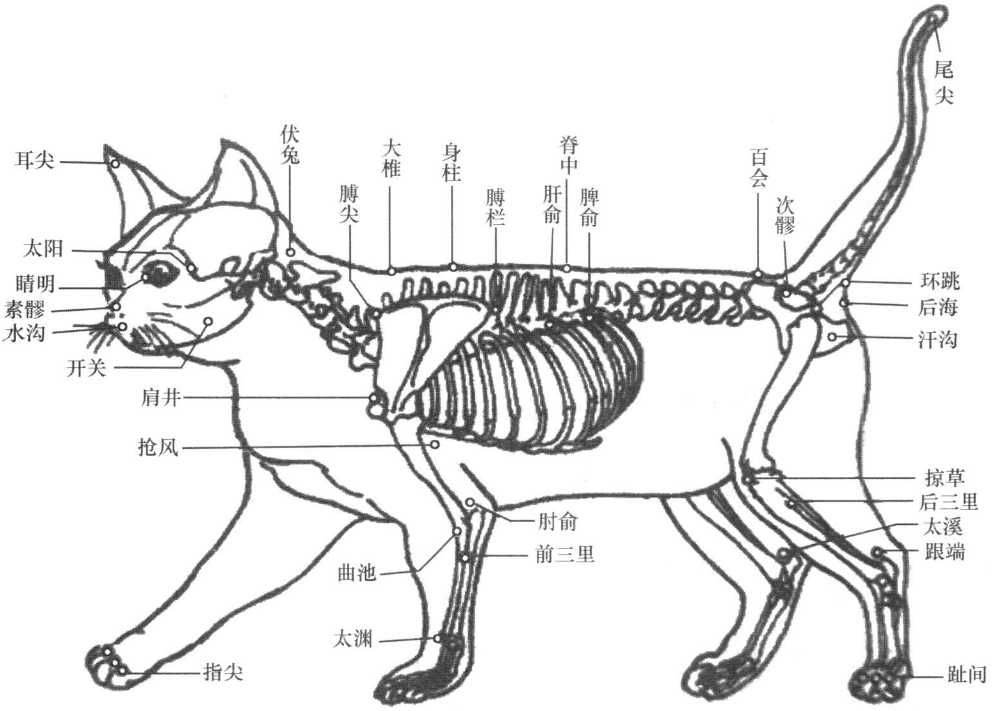

图 9-27　猫的骨骼及穴位图

三、牛的常用穴位与应用

(一)头颈部穴位

穴名	定位	针法	主治
山根	主穴在鼻唇镜上缘正中有毛与无毛交界处,两副穴在左右鼻孔背角处,共三穴	小宽针向后下方斜刺 1 cm,出血	中暑,感冒,腹痛,癫痫
鼻中	两鼻孔下缘连线中点,一穴	小宽针或三棱针直刺 1 cm,出血	慢草,热病,唇肿,衄血,黄疸
顺气	口内硬腭前端,齿板后切齿乳头上的两个鼻腭管开口处,左右侧各一穴	将去皮、节的鲜细柳、榆树条端部削成钝圆形,徐徐插入 20~30 cm,剪去外露部分,留置 2~3 h 或不取出	肚胀,感冒,睛生翳膜
通关	舌体腹侧面,舌系带两旁的血管上,左右侧各一穴	将舌拉出,向上翻转,小宽针或三棱针刺入 1 cm,出血	慢草,木舌,中暑,春秋季节开针洗口有防病作用
承浆	下唇下缘正中有毛与无毛交界处,一穴	中、小宽针向后下方刺入 1 cm,出血	下颌肿痛,五脏积热,慢草
锁口	口角后上方约 3 cm 凹陷处,左右侧各一穴	小宽针或火针向后上方平刺入 3 cm,毫针刺入 4~6 cm,或透刺开关穴	牙关紧闭,歪嘴风
开关	口角向后的延长线与咬肌前缘相交处,左右侧各一穴	中宽针、圆利针或火针向后上方刺入 2~3 cm,毫针刺入 4~6 cm,或向前下方透刺锁口穴	破伤风,歪嘴风,腮黄
鼻俞	鼻孔上方 4.5 cm 处(鼻颌切迹内),左右侧各一穴	三棱针或小宽针直刺 1.5 cm,或透刺到对侧,出血	肺热,感冒,中暑,鼻肿
三江	内眼角下方约 4.5 cm 处的血管分叉处,左右侧各一穴	低拴牛头,使血管怒张,用三棱针或小宽针顺血管刺入 1 cm,出血	疝痛,肚胀,肝热传眼
睛明	下眼眶上缘,两眼角内、中 1/3 交界处,左右眼各一穴	上推眼球,毫针沿眼球与泪骨之间向内下方刺入 3 cm,或三棱针在下眼睑黏膜上散刺,出血	肝热传眼,睛生翳膜
睛俞	上眼眶下缘正中的凹陷中,左右眼各一穴	下压眼球,毫针沿眶上突下缘向内上方刺入 2~3 cm,或三棱针在上眼睑黏膜上散刺,出血	肝经风热,肝热传眼
太阳	外眼角后方约 3 cm 处的颞窝中,左右侧各一穴	毫针直刺 3~6 cm;或小宽针刺入 1~2 cm,出血;或施水针	中暑,感冒,癫痫,肝热传眼,睛生翳膜
通天	两内眼角连线正中上方 6~8 cm 处,一穴	火针沿皮下向上平刺 2~3 cm,或火烙;治脑包虫可施开颅术	感冒,脑黄,癫痫,破伤风,脑包虫
耳尖	耳背侧距尖端 3 cm 的血管上,左右耳各三穴	捏紧耳根,使血管怒张,中宽针或大三棱针速刺血管,出血	中暑,感冒,中毒,腹痛,热病

续表

穴名	定位	针法	主治
耳根	耳根后方,耳根与寰椎翼前缘之间的凹陷中,左右侧各一穴	中宽针或火针向内下方刺 1～1.5 cm,圆利针或毫针刺 3～6 cm	感冒,过劳,腹痛,风湿
天门	两角根连线正中点后方,枕寰关节背侧的凹陷中,一穴	火针、小宽针或圆利针向后下方斜刺 3 cm,毫针刺入 3～6 cm,或火烙	感冒,脑黄,癫痫,破伤风

(二)躯干部穴位

穴名	定位	针法	主治
颈脉	颈静脉沟上、中 1/3 交界处的血管上,左右侧各一穴	高拴牛头,徒手按压或扣颈绳,大宽针刺入 1 cm,出血	中暑,中毒,脑黄,肺风毛燥
健胃	颈侧上、中 1/3 交界处的颈静脉沟上缘,左右侧各一穴	毫针向对侧斜下方刺入 4.5～6 cm,或电针	瘤胃积食,前胃弛缓
丹田	第一、二胸椎棘突间的凹陷中,一穴	小宽针、圆利针或火针向前下方刺入 3 cm,毫针刺入 6 cm	中暑,过劳,前肢风湿,肩痛
鬐甲	第三、四胸椎棘突间的凹陷中,一穴	小宽针或火针向前下方刺入 1.5～2.5 cm,毫针刺入 4～5 cm	前肢风湿,肺热咳嗽,脱膊,肩肿
苏气	第八、九胸椎棘突间的凹陷中,一穴	小宽针、圆利针或火针向前下方刺入 1.5～2.5 cm,毫针刺入 3～4.5 cm	肺热,咳嗽,气喘
天平	最后胸椎与第一腰椎棘突间的凹陷中,一穴	小宽针、圆利针或火针直刺 2 cm,毫针刺入 3～4 cm	尿闭,肠黄,尿血,便血,阉割后出血
关元俞	最后肋骨与第一腰椎横突顶端之间的髂肋肌沟中,左右侧各一穴	小宽针、圆利针或火针向内下方刺入 3 cm,毫针刺入 4.5 cm;也可向脊椎方向刺入 6～9 cm	慢草,便结,肚胀,食积,泄泻
肺俞	倒数第五、六、七、八任一肋间与肩、髋关节连线的交点处,左右侧各一穴	小宽针、圆利针或火针向内下方刺入 3 cm,毫针刺入 6 cm	肺热咳喘,感冒,劳伤气喘
六脉	倒数第一、二、三肋间,髂骨翼上角水平线上的髂肋肌沟中,左右侧各三穴	小宽针、圆利针或火针向内下方刺入 3 cm,毫针刺入 6 cm	便秘,肚胀,积食,泄泻,慢草
脾俞	倒数第三肋间,髂骨翼上角水平线上的髂肋肌沟中,左右侧各一穴	小宽针、圆利针或火针向内下方刺入 3 cm,毫针刺入 6 cm	消化不良,肚胀,积食,泄泻
食胀	左侧倒数第二肋间与髋结节下角水平线相交处,一穴	小宽针、圆利针或毫针向内下方刺入 9 cm,达瘤胃背囊内	宿草不转,肚胀,消化不良
命门	第二、三腰椎棘突间的凹陷中,一穴	小宽针、圆利针或火针直刺 3 cm,毫针刺入 3～5 cm	腰痛,尿闭,尿血,胎衣不下,慢草
百会	腰荐十字部,即最后腰椎与第一荐椎棘突间的凹陷中,一穴	小宽针、圆利针或火针直刺 3～4.5 cm,毫针刺入 6～9 cm	腰胯风湿、闪伤,二便不利,后躯瘫痪

续表

穴名	定位	针法	主治
雁翅	髋结节最高点前缘到背中线所作垂线的中、外1/3交界处，左右侧各一穴	圆利针或火针直刺3～5 cm，毫针刺入8～15 cm	腰胯风湿，不孕症
肷俞	左侧肷窝部，即肋骨后、腰椎下与髂骨翼前形成的三角区内，左右侧各一穴	套管针或大号采血针向内下方刺入6～9 cm，徐徐放出气体	急性瘤胃臌气
滴明	脐前约15 cm，腹中线旁开约12 cm处的血管上，左右侧各一穴	中宽针顺血管刺入2 cm，出血	乳腺炎，尿闭
云门	脐旁开3 cm，左右侧各一穴	治肚底黄，用大宽针在肿胀处散刺；治腹水，先用大宽针破皮，再插入宿水管	肚底黄，腹水
阳明	乳头基部外侧，每个乳头一穴	小宽针向内上方刺入1～2 cm，或激光照射	乳腺炎，尿闭
阴俞	肛门与阴门或阴囊中间的中心缝上，一穴	毫针、圆利针或火针直刺1～2 cm	阴道脱，子宫脱；阴囊肿胀
阴脱	阴唇两侧，阴唇上下联合中点旁开2 cm处，左右侧各一穴	毫针向前下方刺入4～8 cm，或电针、水针	阴道脱，子宫脱
肛脱	肛门两侧旁开2 cm处，左右侧各一穴	毫针向前下方刺入3～5 cm，或电针、水针	直肠脱
后海	肛门上、尾根下的凹陷处正中，一穴	小宽针、圆利针或火针向前上方刺入3～4.5 cm，毫针刺入6～10 cm	久痢，泄泻，胃肠热结，脱肛，不孕症
尾根	荐椎与尾椎棘突间的凹陷中，即上下摇动尾巴，在动与不动交界处，一穴	小宽针、圆利针或火针直刺1～2 cm，毫针刺入3 cm	便秘，热泻，脱肛，热病
尾本	尾腹面正中，距尾基部6 cm处的血管上，一穴	中宽针直刺1 cm，出血	腰风湿，尾神经麻痹，便秘
尾尖	尾尖末端，一穴	中宽针直刺1 cm或将尾尖十字劈开，出血	中暑，中毒，感冒，过劳，热病

(三)前肢穴位

穴名	定位	针法	主治
轩堂	鬐甲两侧,肩胛软骨上缘正中,左右肢各一穴	中宽针、圆利针或火针沿肩胛骨内侧向内下方刺入 9 cm,毫针刺入 10～15 cm	脱膊,夹气痛
膊尖	肩胛骨前角与肩胛软骨结合处的凹陷中,左右肢各一穴	小宽针、圆利针或火针沿肩胛骨内侧向后下方斜刺 3～6 cm,毫针刺入 9 cm	脱膊,前肢风湿
膊栏	肩胛骨后角与肩胛软骨结合处的凹陷中,左右肢各一穴	小宽针、圆利针或火针沿肩胛骨内侧向前下方斜刺 3 cm,毫针斜刺 6～9 cm	脱膊,前肢风湿
肩井	肩关节前上缘,臂骨大结节外上缘的凹陷中,左右肢各一穴	小宽针、圆利针或火针向内下方斜刺 3～4.5 cm,毫针斜刺 6～9 cm	脱膊,前肢风湿,肩胛上神经麻痹
抢风	肩关节后下方,三角肌后缘与臂三头肌长头、外侧头之间的凹陷中,左右肢各一穴	小宽针、圆利针或火针直刺 3～4.5 cm,毫针直刺 6 cm	脱膊,前肢风湿、肿痛、神经麻痹
肘俞	臂骨外上髁与肘突之间的凹陷中,左右肢各一穴	小宽针、圆利针或火针向内下方斜刺 3 cm,毫针刺入 4.5 cm	肘部肿胀,前肢风湿、闪伤、麻痹
夹气	前肢与躯干相接处的腋窝正中,左右侧各一穴	先用大宽针向上刺破皮肤,然后以涂油的夹气针向同侧抢风穴方向刺入 10～15 cm,达肩胛下肌与胸下锯肌之间的疏松结缔组织内,出针消毒后前后摇动患肢数次	肩胛痛,内夹气
腕后	腕关节后面正中的凹陷中,左右肢各一穴	中、小宽针直刺 1.5～2.5 cm	腕部肿痛,前肢风湿
膝眼	腕关节背外侧下缘的陷沟中,左右肢各一穴	中、小宽针向后上方刺入 1 cm,放出黄水	腕部肿痛,膝黄
膝脉	前肢内侧,副腕骨下方 6 cm 处的血管上,左右肢各一穴	中、小宽针沿血管刺入 1 cm,出血	腕关节肿痛,攒筋肿痛
前缠腕	前肢球节上方两侧,掌内、外侧沟末端的指内、外侧静脉上,每肢内外侧各一穴	中、小宽针沿血管刺入 1.5 cm,出血	蹄黄,球节肿痛,扭伤
涌泉	前蹄叉前缘正中稍上方的凹陷中,左右肢各一穴	中、小宽针沿血管刺入 1～1.5 cm,出血	蹄肿,扭伤,中暑,感冒
前蹄头	第三、四指的蹄匣上缘正中,有毛与无毛交界处,每蹄内、外侧各一穴	中宽针直刺 1 cm,出血	蹄黄,扭伤,便结,腹痛,感冒

(四)后肢穴位

穴名	定位	针法	主治
大转	髋关节前缘，股骨大转子前下方约 6 cm 处的凹陷中，左右肢各一穴	小宽针、圆利针或火针直刺 3～4.5 cm，毫针直刺 6 cm	后肢风湿、麻木，腰胯闪伤
大胯	髋关节上缘，股骨大转子正上方 9～12 cm 处的凹陷中，左右肢各一穴	小宽针、圆利针或火针直刺 3～4.5 cm，毫针直刺 6 cm	后肢风湿、麻木，腰胯闪伤
小胯	髋关节下缘，股骨大转子正下方约 6 cm 处的凹陷中，左右肢各一穴	小宽针、圆利针或火针直刺 3～4.5 cm，毫针直刺 6 cm	后肢风湿、麻木，腰胯闪伤
邪气	股骨大转子和坐骨结节连线与股二头肌沟相交处，左右肢各一穴	小宽针、圆利针或火针直刺 3～4.5 cm，毫针直刺 6 cm	后肢风湿、闪伤、麻痹，胯部肿痛
仰瓦	邪气穴下 12 cm 处的同一肌沟中，左右肢各一穴	小宽针、圆利针或火针直刺 3～4.5 cm，毫针直刺 6 cm	后肢风湿、闪伤、麻痹，胯部肿痛
肾堂	股内侧，大腿褶下方约 9 cm 处的血管上，左右肢各一穴	吊起对侧后肢，以中宽针顺血管刺入 1 cm，出血	外肾黄，五攒痛，后肢风湿
掠草	膝关节前外侧的凹陷中，左右肢各一穴	圆利针或火针向后上方斜刺 3～4.5 cm	掠草痛，后肢风湿
阳陵	膝关节后方，胫骨外髁后上缘的凹陷中，左右肢各一穴	圆利针或火针直刺 3 cm，毫针直 4.5～6 cm	掠草痛，后肢风湿、麻木
后三里	小腿外侧上部，腓骨小头下部的肌沟中，左右肢各一穴	毫针向内后下方刺入 6～7.5 cm	脾胃虚弱，后肢风湿、麻木
曲池	跗关节背侧稍偏外，中横韧带下方，趾长伸肌外侧的血管上，左右肢各一穴	中宽针直刺 1 cm，出血	跗骨肿痛，后肢风湿
后缠腕	后肢球节上方两侧，跖内、外侧沟末端的趾内、外侧血管上，每肢内外侧各一穴	中、小宽针沿血管刺入 1.5 cm	蹄黄，球节肿痛，扭伤
滴水	后蹄叉前缘正中稍上方的凹陷中，左右肢各一穴	中、小宽针沿血管刺入 1～1.5 cm，出血	蹄肿，扭伤，中暑，感冒
后蹄头	第三、四趾的蹄匣上缘正中，有毛与无毛交界处，每蹄内、外侧各一穴	中宽针直刺 1 cm，出血	蹄黄，扭伤，便结，腹痛，中暑，感冒

(五)牛的肌肉与穴位

牛的肌肉与穴位见图 9-28。

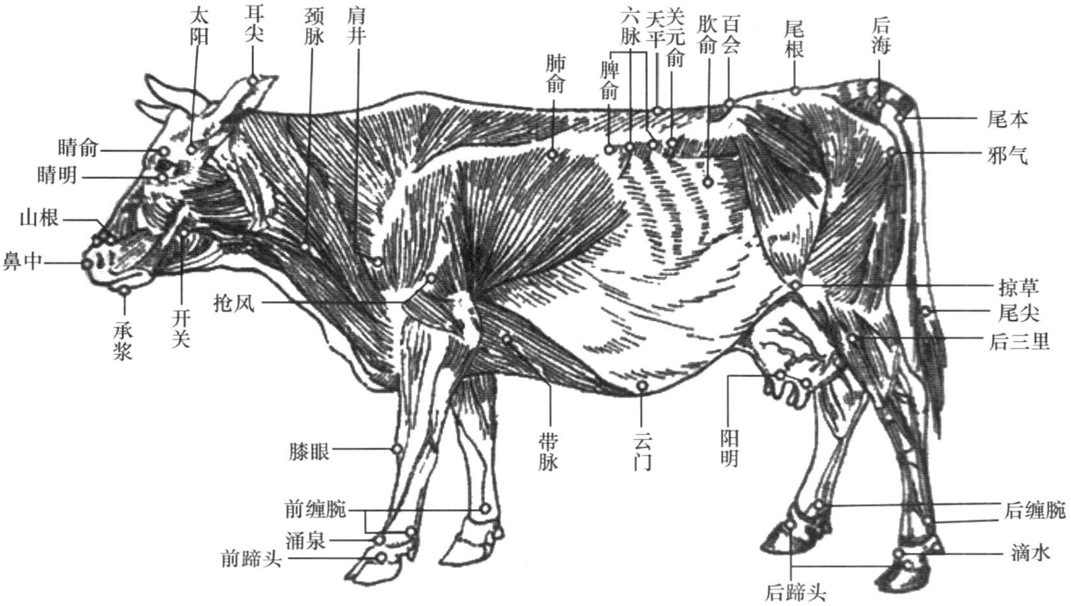

图 9-28　牛的肌肉及穴位

(六)牛的骨骼及穴位

牛的骨骼及穴位见图 9-29。

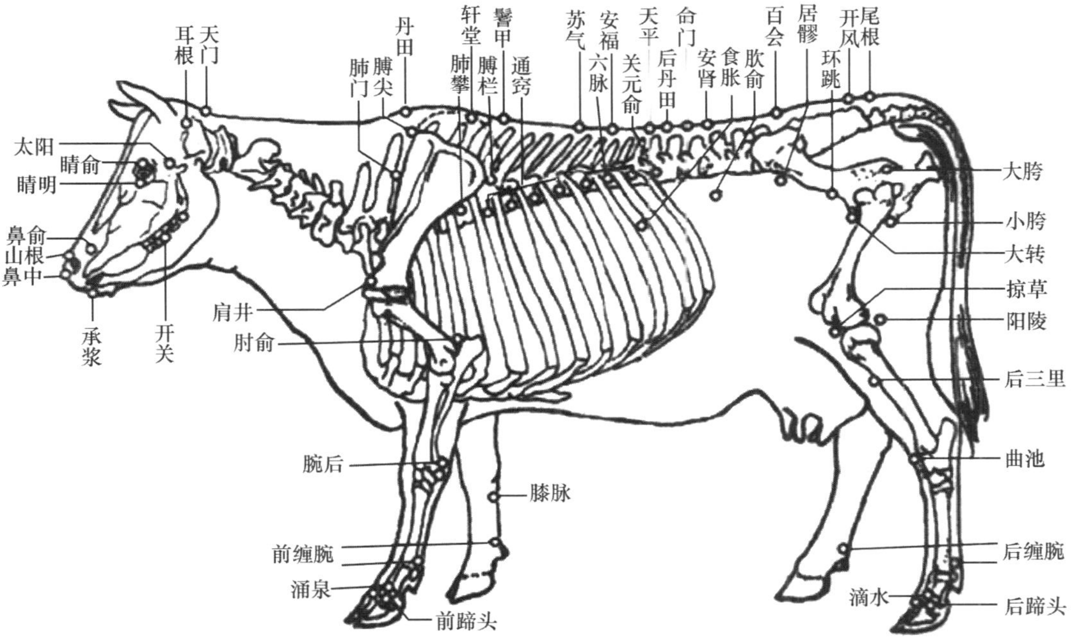

图 9-29　牛的骨骼及穴位

四、马的常用穴位与应用

(一)头部穴位

穴名	定位	针法	主治
分水	上唇外面旋毛正中点,一穴	小宽针或三棱针直刺 1~2 cm,出血	中暑,冷痛,歪嘴风
玉堂	口内上腭第三棱上,正中线旁开 1.5 cm 处,左右侧各一穴	将舌拉出,以拇指顶住上腭,用玉堂钩钩破穴点,或用三棱针或小宽针向前上方斜刺 0.5~1 cm,出血,然后用盐擦之	胃热,舌疮,上腭肿胀
通关	舌体腹侧面,舌系带两旁的血管上,左右侧各一穴	将舌拉出,向上翻转,以三棱针或小宽针刺入 0.5~1 cm,出血	舌疮,胃热,慢草,黑汗风
承浆	下唇正中,距下唇边缘 3 cm 的凹陷中,一穴	小宽针或圆利针向上刺入 1 cm	歪嘴风,唇龈肿痛
锁口	口角后上方约 2 cm 处,左右侧各一穴	毫针向后上方透刺开关穴,火针斜刺 3 cm,或间接烧烙	破伤风,歪嘴风,锁口黄
开关	口角向后的延长线与咬肌前缘相交处,左右侧各一穴	圆利针或火针向后上方斜刺 2~3 cm,毫针刺入 9 cm,或向前下方透刺锁口穴,或灸烙	破伤风,歪嘴,面颊肿胀
鼻前	两鼻孔下缘连线上,鼻内翼内侧 1 cm 处,左右侧各一穴	小宽针或毫针直刺 1~3 cm,毫针刺入 2~3 cm,捻针后可适当留针	发热,中暑,感冒,过劳
姜牙	鼻孔外侧缘下方,鼻翼软骨(姜牙骨)顶端处,左右侧各一穴	将上唇向另一侧拉紧,使姜牙骨充分显露,用大宽针挑破软骨端,或切开皮肤,用姜牙钩钩拉或割去软骨尖	冷痛及其他腹痛
鼻俞	鼻梁两侧,距鼻孔上缘 3 cm 处的鼻颌切迹内,左右侧各一穴	小宽针横穿鼻中隔,出血(如出血不止可高吊马头,用冷水、冰块冷敷或采取其他止血措施)	肺热,感冒,中暑,鼻肿痛
三江	内眼角下方约 3 cm 处的血管分叉处,左右侧各一穴	低拴马头,使血管怒张,用三棱针或小宽针顺血管刺入 1 cm,出血	冷痛,肚胀,月盲,肝热传眼
睛明	下眼眶上缘,两眼角连线的内、中 1/3 交界处,左右眼各一穴	上推眼球,毫针沿眼球与泪骨之间向内下方刺入 3 cm,或在下眼睑黏膜上点刺出血	肝经风热,肝热传眼,睛生翳膜
睛俞	上眼眶下缘正中,左右眼各一穴	下压眼球,毫针沿眼球与额骨之间向内后上方刺入 3 cm,或在上眼睑黏膜上点刺出血	肝经风热,肝热传眼,睛生翳膜

续表

穴名	定位	针法	主治
开天	眼球角膜与巩膜交界处，一穴	将头牢固保定，冷水冲眼或滴表面麻醉剂使眼球不动，待虫体游至眼前房时，用三弯针轻手急刺0.3 cm，虫体随眼房水流出；也可用注射器吸取虫体或注入3%精制敌百虫杀死虫体	浑睛虫病
太阳	外眼角后方约3 cm处的血管上，左右侧各一穴	低拴马头，使血管怒张，用小宽针或三棱针顺血管刺入1 cm，出血；或用毫针避开血管直刺5～7 cm	肝热传眼，肝经风热，中暑，脑黄
上关	下颌关节后上方的凹陷中，左右侧各一穴	圆利针或火针向内下方刺入3 cm，毫针刺入4.5 cm	歪嘴风，破伤风，下颌脱臼
下关	下颌关节下方，外眼角后上方的凹陷中，左右侧各一穴	圆利针或火针向内上方刺入2 cm，毫针刺入2～3 cm	歪嘴风，破伤风
大风门	头顶部，门鬃下缘、顶骨矢状嵴分叉处为主穴，沿顶骨外嵴向两侧各旁开3 cm为两副穴，共三穴	毫针、圆利针或火针沿皮下向上方平刺3 cm，或艾灸、烧烙	破伤风，脑黄，脾虚湿邪，心热风邪
耳尖	耳背侧尖端的血管上，左右耳各一穴	捏紧耳尖，使血管怒张，小宽针或三棱针刺入1 cm，出血	冷痛，感冒，中暑

（二）躯干部穴位

穴名	定位	针法	主治
风门	耳后3 cm、寰椎翼前缘的凹陷处，左右侧各一穴	毫针向内下方刺入6 cm，火针刺入2～3 cm，或艾灸、烧烙	破伤风，颈风湿，风邪证
伏兔	耳后6 cm，寰椎翼后缘的凹陷处，左右侧各一处	毫针向内下方刺入6 cm，火针刺入2～3 cm，或艾灸、烧烙	破伤风，颈风湿，风邪证
九委	颈两侧弧形肌沟内，左右侧各九穴。伏兔穴后下方3 cm、鬃下缘约3.5 cm为上上委；膊尖穴前方4.5 cm、鬃下缘约5 cm为下下委，两穴之间八等分，分点处为其余七穴	毫针直刺4.5～6 cm，火针刺入2～3 cm	颈风湿，破伤风
颈脉	颈静脉沟上、中1/3交界处的颈静脉上，左右侧各一穴	高拴马头，颈基部拴一细绳，打活结，用装有大宽针的针锤，对准穴位急刺1 cm，出血。术后松开绳扣，血流停止	脑黄，中暑，中毒，遍身黄，破伤风、肺热
迷交感	颈侧，颈静脉沟上缘的上、中1/3交界处，左右侧各一穴	水针，针头向对侧稍斜下方刺入4～6 cm，针尖抵达气管轮后，再稍退针，连接注射器，回抽无血液时注入药液。也可选择毫针同法刺入，或选择电针	腹泻，便秘，少食

续表

穴名	定位	针法	主治
大椎	第七颈椎与第一胸椎棘突间的凹陷中，一穴	毫针或圆利针稍向前下方刺入 6～9 cm	感冒，咳嗽，发热，癫痫，腰背风湿
鬐甲	鬐甲最高点前方，第三、四胸椎棘突间的凹陷中，一穴	毫针向前下方刺入 6～9 cm，火针刺入 3～4 cm，治鬐甲肿胀时用宽针散刺	咳嗽，气喘，肚痛，腰背风湿，鬐甲痈肿
断血	最后胸椎与第一腰椎棘突间的凹陷中为主穴，向前、后移一脊椎为副穴；共三穴	毫针、圆利针或火针直刺 2.5～3 cm	阉割后出血，便血，尿血等
关元俞	最后肋骨后缘、距背中线 12 cm 的髂肋肌沟中，左右侧各一穴	圆利针或火针直刺 2～3 cm，毫针直刺 6～8 cm，可达肾脂肪囊内，常用作电针治疗，也可上下透刺	结症，肚胀，泄泻，冷痛，腰脊疼痛
脾俞	倒数第三肋间，距背中线 12 cm 的髂肋肌沟中，左右侧各一穴	圆利针或火针直刺 2～3 cm，毫针向上或向下斜刺 3～5 cm	胃冷吐涎，结症，泄泻，冷痛
胃俞	倒数第六肋间，距背中线 12 cm 的髂肋肌沟中，左右侧各一穴	圆利针或火针直刺 2～3 cm，毫针向上或向下斜刺 3～4 cm	胃寒，胃热，消化不良，肠臌气，大肚结
命门	第二、三腰椎棘突间的凹陷中，一穴	毫针、圆利针或火针直刺 3 cm	闪伤腰胯，寒伤腰胯，破伤风
肷俞	肷窝中点处，左右侧各一穴	巧治。用套管针穿入盲肠放气（右侧），或剖腹术（左侧）	盲肠臌气，急腹症手术
百会	腰荐十字部，即最后腰椎与第一荐椎棘突间的凹陷中，一穴	火针或圆利针直刺 3～4.5 cm，毫针刺入 6～7.5 cm	腰胯闪伤，风湿，破伤风，便秘，肚胀，泄泻，疝痛
尾根	尾背侧，第一、二尾椎棘突间，一穴	火针或圆利针直刺 1～2 cm，毫针刺入 3 cm	腰胯闪伤，风湿，破伤风
巴山	百会穴与股骨大转子连线的中点处，左右侧各一穴	圆利针或火针直刺 3～4.5 cm，毫针刺入 10～12 cm	腰胯风湿，闪伤，后肢风湿、麻木
穿黄	胸前正中线旁开 2 cm，左右侧各一穴	拉起皮肤，用穿黄针穿上马尾穿通两穴，马尾两端拴上适当重物，引流黄水；或用宽针局部散刺	胸黄，胸部浮肿
胸堂	胸骨两旁，胸外侧沟下部的血管上，左右侧各一穴	拴高马头，用中宽针沿血管急刺 1 cm，出血（出血量 500～1 000 mL）	心肺积热，胸膊痛，五攒痛，前肢闪伤
黄水	胸骨后、包皮前，两侧带脉下方的胸腹下肿胀处	避开大血管和腹白线，用大宽针在局部散刺 1 cm 深	肚底黄，胸腹部浮肿
阴俞	肛门与阴门或阴囊中点的中心缝上，一穴	火针或圆利针，直刺 2～3 cm，毫针直刺 4～6 cm，或艾卷灸	阴道脱，子宫脱，带下；垂缕不收
阴脱	阴唇两侧，阴唇上下联合中点旁开 2 cm，左右侧各一穴	毫针向前下方斜刺 6～9 cm，或电针、水针	阴道脱，子宫脱

续表

穴名	定位	针法	主治
肛脱	肛门两侧旁开 2 cm，左右侧各一穴	毫针向前下方刺入 4～6 cm，或电针、水针	直肠脱
莲花	脱出的直肠黏膜，脱肛时用此穴	巧治。用温水洗净，除去坏死皮膜，以 2%明矾水和生理盐水冲洗，再涂以植物油，缓缓纳入	脱肛
后海	肛门上、尾根下的凹陷中，一穴	火针或圆利针向前上方刺入 6～10 cm，毫针刺入 12～18 cm	结症，泄泻，直肠麻痹，不孕症
尾本	尾腹面正中，距尾基部 6 cm 处血管上，一穴	中宽针向上顺血管刺入 1 cm，出血	腰胯闪伤、风湿，肠黄，尿闭
尾尖	尾尖末端，一穴	中宽针直刺 1～2 cm，或将尾尖十字劈开，出血	冷痛，感冒，中暑，过劳

(三)前肢穴位

穴名	定位	针法	主治
膊尖	肩胛骨前角与肩胛软骨结合处，左右肢各一穴	圆利针或火针沿肩胛骨内侧向后下方刺入 3～6 cm，毫针刺入 12 cm	前肢风湿，肩膊闪伤、肿痛
膊栏	肩胛骨后角与肩胛软骨结合处，左右肢各一穴	圆利针或火针沿肩胛骨内侧向前下方刺入 3～5 cm，毫针刺入 10～12 cm	前肢风湿，肩膊闪伤、肿痛
弓子	肩胛冈后方，肩胛软骨上缘中点直下方约 10 cm 处，左右肢各一穴	用大宽针刺破皮肤，再用两手提拉切口周围皮肤，让空气进入；或以 16 号注射器针头刺入穴位皮下，用注射器注入滤过的空气，然后用手向周围推压，使空气扩散到所需范围	肩膊麻木，肩膊部肌肉萎缩
肩井	肩端，臂骨大结节外上缘的凹陷中，左右肢各一穴	火针或圆利针向后下方刺入 3～4.5 cm，毫针刺入 6～8 cm	抢风痛，前肢风湿，肩臂麻木

(四)后肢穴位

穴名	定位	针法	主治
环跳	髋关节前缘，股骨大转子前方约 6 cm 的凹陷中，左右肢各一穴	圆利针或火针直刺 3～4.5 cm，毫针刺入 6～8 cm	雁翅肿痛，后肢风湿、麻木
大胯	髋关节前下缘，股骨大转子前下方约 6 cm 的凹陷中，左右肢各一穴	圆利针或火针沿股骨前缘向后下方斜刺 3～4.5 cm，毫针刺入 6～8 cm	后肢风湿，闪伤腰胯
小胯	股骨第三转子后下方的凹陷中，左右侧各一穴	圆利针或火针直刺 3～4.5 cm，毫针刺入 6～8 cm	后肢风湿，闪伤腰胯
邪气	肛门水平线与股二头肌沟相交处，左右侧各一穴	圆利针或火针直刺 4.5 cm，毫针刺入 6～8 cm	后肢风湿、麻木，股胯闪伤
肾堂	股内侧，大腿褶下 12 cm 处的血管上，左右肢各一穴	吊起对侧后肢，以中宽针沿血管刺入 1 cm，出血	五攒痛，闪伤腰胯，后肢风湿
后三里	小腿外侧，腓骨小头下方的肌沟中，左右肢各一穴	圆利针或火针直刺 2～4 cm，毫针直刺 4～6 cm	脾胃虚弱，后肢风湿，体质虚弱
曲池	跗关节背侧稍偏内的血管上，左右肢各一穴	小宽针直刺 1 cm，出血	胃热不食，跗关节肿痛
后缠腕	后肢球节上方两侧，跖内、外侧沟末端内的血管上，每肢内外侧各一穴	小宽针沿血管刺入 1 cm，出血	球节肿痛，屈腱炎
后蹄头	后蹄背面正中，蹄缘(毛边)上 1 cm 处，每蹄各一穴	中宽针向蹄内刺入 1 cm，出血	同前蹄头穴
滚蹄	前、后肢系部，掌/跖侧正中凹陷中，出现滚蹄时用此穴	横卧保定，患蹄推磨式固定于木桩，局部剪毛消毒，大宽针针刃平行于系骨刺入，轻症劈开屈肌腱，重症横转针刃，推动“磨杆”至蹄伸直，被动切断部分屈肌腱	滚蹄(屈肌腱挛缩)

(五)马的肌肉及穴位

马的肌肉及穴位见图 9-30。

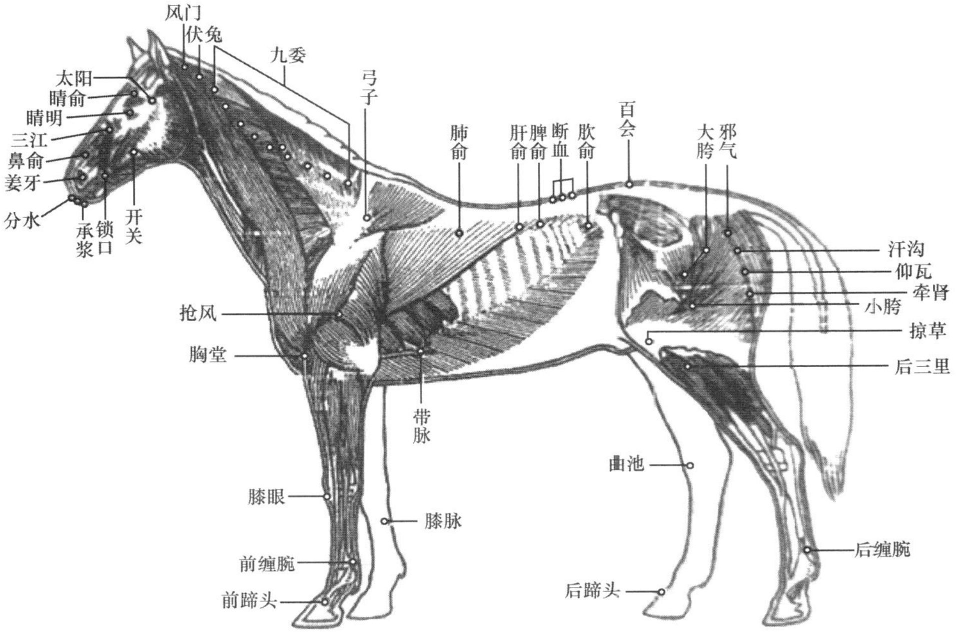

图 9-30　马的肌肉及穴位

(六)马的骨骼及穴位

马的骨骼及穴位见图 9-31。

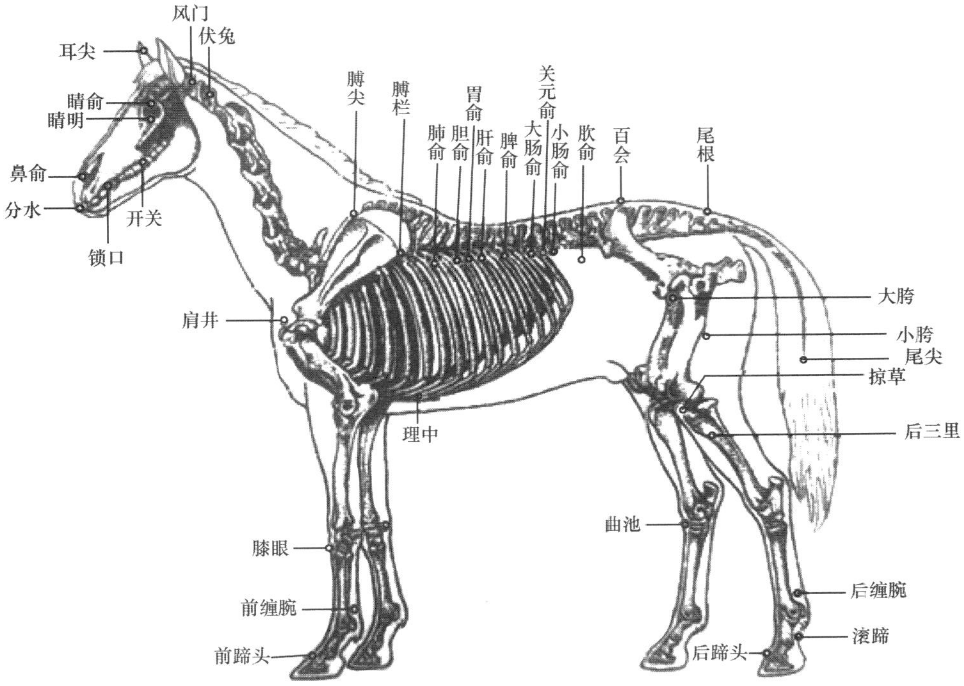

图 9-31　马的骨骼及穴位

参考文献

[1] 中国兽药典委员会.中华人民共和国兽药典:2020年版.北京:中国农业出版社,2021.

[2] 农业农村部兽医局,中国兽药协会.兽药生产质量管理规范(2020年修订)指南.北京:中国农业出版社,2021.

[3] 汪德刚,陈玉库,王长林.中兽医防治技术.2版.北京:中国农业大学出版社,2012.

[4] 李学钊,刘根新.中兽医学.2版.北京:中国农业大学出版社,2024.

[5] 陈玉库,刘根新.中兽医学.4版.北京:中国农业出版社,2020.

[6] 刘钟杰,许剑琴.中兽医学.4版.北京:中国农业出版社,2014.

[7] 胡元亮.中兽医学.北京:中国农业出版社,2006.

[8] 胡元亮.中兽医学.北京:科学出版社,2021.

[9] 陈溥言.兽医传染病学.6版.北京:中国农业出版社,2015.

[10] 张继瑜,程富胜.中兽医药传统加工技术.北京:中国农业科学技术出版社,2018.

[11] 于船,王自然.现代中兽医大全.桂林:广西科学技术出版社,2000.

[12] 国家药监局,农业农村部,国家林草局,国家中医药局.中药材生产质量管理规范.

[13] 钟秀会.中兽医手册.3版.北京:中国农业出版社,2010.

[14] 郑继方.中兽医诊疗手册.北京:金盾出版社,2007.

[15] 马爱团,许文武.犬针灸穴位图谱.沈阳:辽宁科学技术出版社,2021.